"十四五"职业教育国家规划教材

"十三五"职业教育国家规划教材

JIXIE LINGJIAN JIAGONG JISHU JI ZHILIANG KONGZHI

机械零件加工技术及质量控制

（第二版）

主　编　王莉莉

副主编　黄永华　苏建国　范丹阳

参　编　陈　伟　鲍冬艳　娄淑君　李　兵

童　雯　隋瑞红　肖宁宁

主　审　张义廷

中国电力出版社

CHINA ELECTRIC POWER PRESS

内 容 提 要

本书共分为八个项目，主要包括切削加工基础认知、车削加工技术、孔加工技术、钻夹具设计、铣削加工技术、磨削加工技术、机械加工工艺规程编制、零件加工质量检测与控制。每个项目又根据学习目标的不同分成若干可实施的工作任务，全书 26 个工作任务的训练基本能满足今后机加工相关工作技能的需要。本书的理论教学约为 64 学时，对应技能实训约为 52 学时，也可以根据所需掌握的专业技能做相应的删减。

本书可作为高职高专院校机械类、自动化技术类相关专业的教材，也可供其他专业师生和工程技术人员参考使用。

图书在版编目（CIP）数据

机械零件加工技术及质量控制/王莉莉主编．—2 版．—北京：中国电力出版社，2022.1（2023.8 重印）

ISBN 978-7-5198-6241-1

Ⅰ.①机…　Ⅱ.①王…　Ⅲ.①机械元件—加工—高等职业教育—教材　Ⅳ.①TH13

中国版本图书馆 CIP 数据核字（2021）第 240578 号

出版发行：中国电力出版社

地　　址：北京市东城区北京站西街 19 号（邮政编码 100005）

网　　址：http：//www.cepp.sgcc.com.cn

责任编辑：周巧玲（010-63412539）

责任校对：黄　蓓　李　楠

装帧设计：郝晓燕

责任印制：钱兴根

印　　刷：北京九天鸿程印刷有限责任公司

版　　次：2017 年 9 月第一版　2022 年 1 月第二版

印　　次：2023 年 8 月北京第六次印刷

开　　本：787 毫米×1092 毫米　16 开本

印　　张：20.5

字　　数：512 千字

定　　价：62.00 元

本书总码

前　言

本书是秉承现代职业教育“项目驱动，理实一体”的理念，以培养专业技术应用能力和实践能力为教学目的，把促进就业和适应产业发展需求为项目导向，以厚基础、重能力、求创新为取材思路，采用任务导向的教学方法编写而成的。为保证教材项目的针对性、合理性、时效性，编者首先调查机械加工行业岗位群日常的工作任务，分析机械加工行业从业人员的专业技能需求、企业文化素养需求，参考国内知名企业优秀员工的培养目标，将机械制造技术、机床夹具设计等课程做有机地整合，从企业现行的生产任务中提炼出像传动轴、阀体、支座等几个加工表面较典型、有企业产品代表性的零件为任务载体，采用项目教学、案例教学、工作过程导向教学等适合高职学生认知规律的教材编写模式，将机械加工工作必需的基础理论知识与专业技能知识融合到完成任务的工作过程中。

根据机械加工行业岗位技能的需求，本书分为 8 个大的模块，组成 8 个技能侧重点不同的项目：切削加工基础认知、车削加工技术、孔加工技术、钻夹具设计、铣削加工技术、磨削加工技术、机械加工工艺规程编制、零件加工质量检测与控制。每个项目又根据学习目标的不同分成几个可实施的工作任务，全书 26 个工作任务的训练基本能满足今后机加工相关工作技能的需要。

本书有以下六个特点：

（1）理论实践，有机融合。书中每个任务的编写都按照导向、信息、计划、实施、检验、拓展的步骤展开，从任务描述—任务分析—相关知识链接—任务实施—任务总结—任务评价到配套训练，将理论知识与技能训练有机地融合到一起。内容编排上，有学习，有应用，有操练，有深化，教、学、做、评、展五位一体，强化了教学、练习、深化、拓展相融合的教育教学活动。学中做、做中学、真正实现学做一体、理论与实践融会贯通，知识体系连续完整。

（2）校企合作，双元开发。本书项目载体经过多方调研论证，选取行业应用广泛、代表性强、能体现智能制造特色的零件，并根据教学目标对零件结构进行优化重构，通过精心设计的项目载体，创设直观、真实的教学环境，实现项目教学目的。选取的知识内容体现学科技术领域内的新发展，坚持创新与发展结合的理念，将新知识、新技术、新工艺、新方法、新标准纳入教材，保持教材与时俱进的先进性。

（3）图文结合，双色印刷。机械加工内容多为学生认知较少的事物，编者考虑到高职学生的认知特点，减少枯燥而冗长的大段文字的陈述，改为图形和图表对比等容易理解和记忆的表达形式，适用性与趣味性相结合，学习内容直观形象，激发学生的学习兴趣，有利学生理解牢记，也有利于学生准确地掌握正确的操作手法。

（4）活页设计，模块组合。本书采用活页式设计，“活”教、“活”学、“活”用，全书 8 个项目为模块化的形式，可根据不同专业的职业岗位所需知识和技能做针对性选学，也可以对某一模块免修，避免教学资源的浪费。随书附赠笔记纸及装订环，方便携带和组合，也可自行打印配套资源与对应模块组合学习。

（5）资源丰富，立体学习。为适应“互联网＋职业教育”发展需求，配套教材编写组自创的视频、动画，增加教材的趣味性、生动性，手机扫描二维码即可观看。另外教材的学习通平台配备有辅助教学视频、课件、在线测试、习题库等多种优质数字资源，学生端手机或电脑登录平台，开展自主学习、辅导答疑、提交作业、线上考核等活动，教材已从“平面化”转为“立体化”。

（6）课程思政，立德树人。教材编写中贯彻产品质量、节约、环保、生产效率等理念，将就业知识与思政要素有机统一，对树立正确的人生观和价值观起到了引领作用，培养为中华民族的伟大复兴而奋斗的信念，培养善于钻研、不畏困难、科学探索的工程素养和工匠精神，激发学生的担当意识和爱国情怀。

本书由山东科技职业学院王莉莉主编，黄永华、苏建国、范丹阳副主编，陈伟、鲍冬艳、娄淑君、李兵、童雯、隋瑞红、肖宁宁等参加编写，由新力超导磁电科技有限公司张义廷高级工程师主审。

由于编者水平有限，书中难免有不妥之处，恳请热心的读者和专家多提宝贵意见和建议，在此一并表示感谢！

编　者

2021.10

第一版前言

本书是秉承现代职业教育“项目驱动，理实一体”的理念，以培养专业技术应用能力和实践能力为教学目的，把促进就业和适应产业发展需求为项目导向，以厚基础、重能力、求创新为取材思路，采用任务导向的教学方法编写而成的。为保证教材项目的针对性、合理性、时效性，编者首先调查机械加工行业岗位群日常的工作任务，分析机械加工行业从业人员的专业技能需求、企业文化素养需求，参考国内知名企业优秀员工的培养目标，将机械制造技术、机床夹具设计等课程做有机地整合，从企业现行的生产任务中提炼出像传动轴、阀体、支座等几个加工表面较典型、有企业产品代表性的零件为任务载体，采用项目教学、案例教学、工作过程导向教学等适合高职学生认知规律的教材编写模式，将机械加工工作必需的基础理论知识与专业技能知识融合到完成任务的工作过程中。

根据机械加工行业岗位技能的需求，本书分为 8 个大的模块，组成 8 个技能侧重点不同的项目：切削加工基础认知、车削加工技术、孔加工技术、钻夹具设计、铣削加工技术、磨削加工技术、机械零件加工工艺规程编制、机械零件加工质量检测与控制。每个项目又根据学习目标的不同分成几个可实施的工作任务，全书 24 个工作任务的训练基本能满足今后机加工相关工作技能的需要。

本书主要有以下五个的特色：

(1) 学做融合。打破传动教材中理论学习与实践训练脱节的局面，将理论知识与技能训练融合到一个工作任务当中，学中做、做中学、真正实现学做一体、理论与实践融会贯通，知识体系连续完整。

(2) 可操作性强。教材编排采用项目驱动，任务导向。每一工作任务中选取的知识点均围绕任务的实施，从任务描述—任务分析—相关知识链接—任务实施（实训）—任务总结—任务评价到配套训练。有学习，有应用，有操练，有深化，强化了教学、练习、实训相融合的教育教学活动，有利于提高学生的学习积极性，也有利于知识的巩固和技能的提升。

(3) 内容新颖。选取的知识内容引入的是机械制造行业国内外的前沿技术，保证学生所学为必需技术、新兴技术，为今后在工作中创新发展提供理论基础。

(4) 信息配套。为适应“互联网＋职业教育”的发展需求，将“二维码”现代信息技术引入教材，扫码关联重难点讲解视频和动画，增加了教材的趣味性、生动性。另外，教学团队自主开发了线上职教课程学习平台（网址 http：//i. mooc. chaoxing. com），手机版、电脑版均可登录。该平台配备有辅助教学的视频、动画、学习指导、课件、在线测试、习题库等多种优质数字资源。同时，相关资源会随信息技术发展和产业升级情况及时做出动态更新。线上配套的练习题目，大多来自历年的职业技能等级证考试模拟题及企业能力测试题，以适应“1＋X 证书试点制度”工作的开展与实施。

(5) 校企融合。本书由校企合作双元开发，选取的工作案例是将来在工作岗位上会遇到的内容以及需要解决的问题，参考价值深远。每一个任务的提出到实施，需要掌握的技能以解决实际案例的形式呈现，解决问题的办法和思路也在教材中做了剖析，将较为枯燥的理论知识有机地整合成付诸实践的行动。每个任务都具有较强的针对性和实用性，今后工作时遇到类似的工作场景，只要参照教材中相关案例的解决步骤和方法，即可完成工作任务。此外，为发展机械行业的生产技术，也为拓展学生的应用能力，提高教师的科研能力，特成立了“机械加工创新团队”，由本课程组的教师、学生、企业技术人员三方组成，负责攻克周边企业的生产制造技术难关。此举既促进了学生的优质就业，提高了企业的生产能力，也使教师转化科研技术为生产力的同时获得了新的研究思路。

本书所需理论教学约 56 学时，对应技能实训约为 52 学时，教学学时可根据需掌握的专业技能的不同做相应删减。

本书由山东科技职业学院高级双师型教师王莉莉担任主编，黄永华副教授、苏建国高级工程师担任副主编，娄淑君、陈伟、隋瑞红、童雯参加编写。本书由潍坊新力超导磁电科技有限公司张义廷高级工程师主审。

由于编者水平有限，书中难免有不妥之处。希望热心的读者和专家多提宝贵意见和建议，在此一并表示感谢！

编　者

2017.4

目　录

项目一　切削加工基础认知

任务一　认识切削加工运动

【学习目标】

知识目标

(1) 掌握主运动和进给运动的特点。

(2) 掌握三个表面在加工零件上的位置。

(3) 掌握切削用量的概念。

(4) 了解切削层参数与切削用量之间的关系。

技能目标

(1) 针对各种切削运动能甄别出主运动和进给运动。

(2) 能根据加工情况对切削用量做计算。

(3) 能叙述切削用量与切削层参数的关系。

【任务描述】

分析如图 1-1 所示的五种切削运动，填表 1-1，说明它们分别是什么切削加工形式，其中的哪个运动是主运动，哪（几）个运动是进给运动，并用引线在图中指明已加工表面、加工表面、待加工表面的位置。

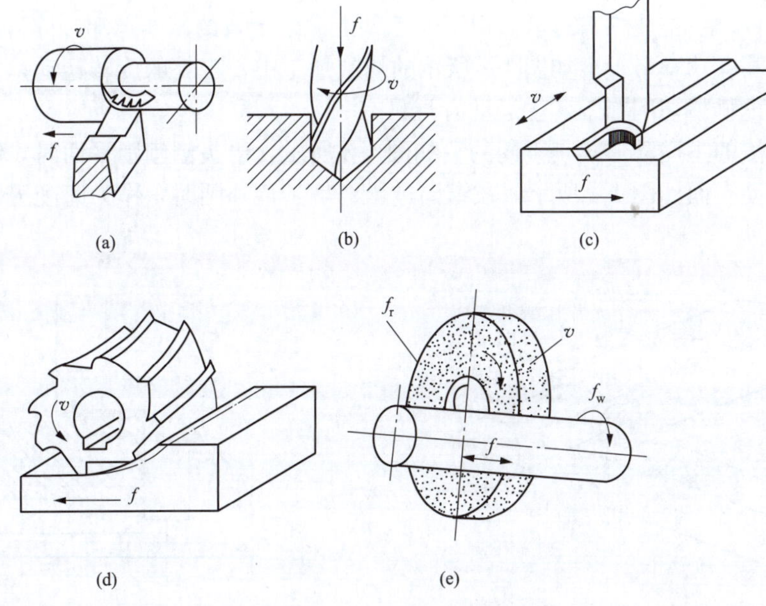

图 1-1　常见的切削加工

表 1-1　常见的切削加工运动

图中项目	切削加工形式	主运动	进给运动
(a)			
(b)			
(c)			
(d)			
(e)			

【任务分析】

切削过程中，工件和刀具之间会产生相对运动，随着切削运动的进一步开展，在工件上会形成三个表面，这三个表面在加工过程中会出现不同的物理现象；而且切削用量对加工质量、刀具耐用度乃至机床寿命都有至关重要的影响，因此每个机加工行业人员必须首先掌握切削运动的基础知识。

要做到这一点，首先要观看常见机械切削加工的视频，了解常见切削运动的形式，找出加工过程中的主运动和进给运动，以及工件上形成的三个加工表面的位置，了解切削用量的概念，分析切削层参数与切削用量之间的密切联系等。切削运动基础知识的掌握对后面学习的机床操作、加工质量等非常关键。

知识链接

一、切削运动的类型

切削时，为了切除多余的金属，必须使工件和刀具产生相对的切削运动。按运动的作用不同，切削运动可分为主运动和进给运动两种。

1. 主运动

使刀具和工件产生主要相对运动，以切除工件上多余金属的基本运动，称为主运动。主运动速度最高，消耗功率最大。如图 1-2 所示的切削加工中，工件的旋转运动是主运动。需要注意的是，无论哪种切削加工，主运动有且只有一个。

不同加工方法的主运动形式是不同的。如图 1-3 所示，牛头刨刨削平面时，刨刀的往复直线运动是主运动；而如图 1-4 所示，在纵向进给磨削工件外圆时，作为磨削刀具的砂轮的旋转运动是主运动。

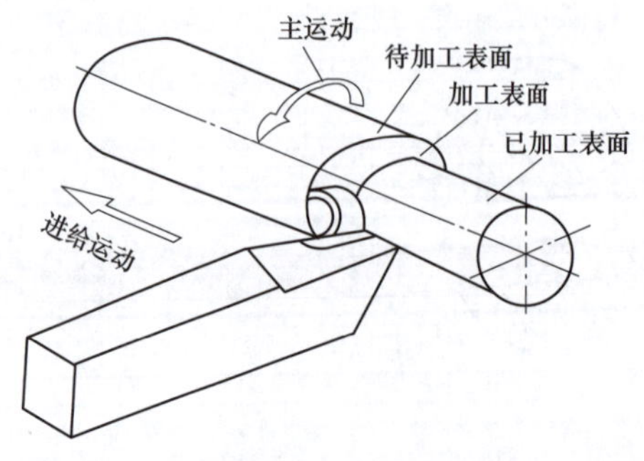

图 1-2　车削加工的切削运动及工件上的表面

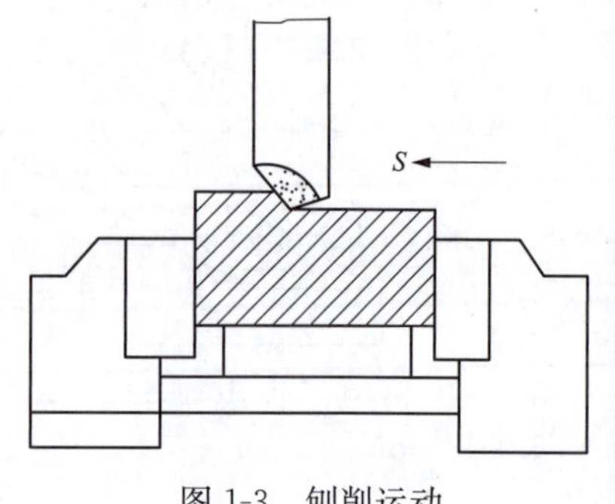

图 1-3　刨削运动

2. 进给运动

与主运动配合，连续不断地切除工件上的多余金属以切削出整个工件表面的运动，称为进给运动。如图 1-2 所示，车削外圆时车刀沿导轨的纵向运动为进给运动。

进给运动可以是一个或几个。如图 1-4 所示，纵向进给磨削外圆时，除砂轮的高速旋转为主运动外，工件的旋转运动、工件的纵向往复直线运动、砂轮横向切入工件的运动均为进给运动。

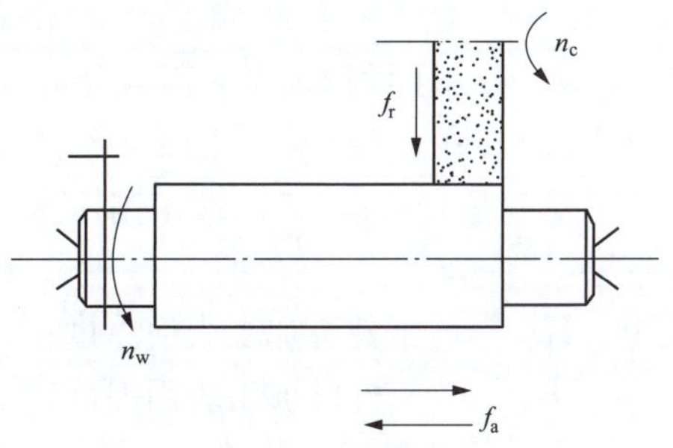

图 1-4　纵向进给磨削外圆

二、工件上形成的表面

切削时，随着刀具与工件之间的相对运动的开展，工件上会形成三个表面。

(1) 已加工表面：工件上经刀具切削后形成的新表面。

(2) 加工表面（也称过渡表面）：工件上与刀具切削刃正对的那部分表面。

(3) 待加工表面：工件上有待切除材料层的表面。

三、切削用量三要素及计算

在切削加工之前，需要针对不同的工件材料、刀具材料和其他加工要求来选定适宜的切削速度 v_c、进给量 f、背吃刀量 a_p 值。这些参数选择是否合理会影响刀具的寿命、工件的表面质量等。切削速度、进给量和背吃刀量通常总称为切削用量三要素。

1. 切削速度 v_c

切削速度 v_c 是刀具切削刃上选定点相对于工件的主运动瞬时线速度，单位 m/s 或 m/min。因为切削刃上各点的切削速度有可能不同，所以计算时常用最大切削速度代表刀具的切削速度。当主运动为回转运动时（如车削、钻削），有

$$v_c = \frac{\pi d n}{1000} \tag{1-1}$$

式中　d——切削刃上选定点的回转直径（取最大值），mm；

n——主运动的转速，r/s 或 r/min。

当主运动为直线运动时（如刨削），切削速度是刀具相对于工件的直线运动速度。

2. 进给量 f

进给量 f 是刀具在进给运动方向上相对于工件的位移量，用刀具或工件每转或每行程的位移量来表述，单位 mm/r 或 mm/行程。有时也用进给速度 v_f 和每齿进给量 f_z 表示。进给速度 v_f 是切削刃上选定点相对于工件的进给运动瞬时速度，单位 mm/s 或 mm/min。每齿进给量 f_z 是后一个刀齿相对于前一个刀齿在进给方向上的位移量，单位 mm/z。每齿进给量一般是对于铣刀、拉刀等多齿刀具而言的。

上述三者之间的关系是

$$v_f = nf = nf_z Z \tag{1-2}$$

3. 背吃刀量 a_p

背吃刀量 a_p 是在与主运动和进给运动方向相垂直的方向上度量的已加工表面与待加工表面之间的距离，单位 mm，习惯上也称为切削深度。

主运动是回转运动时（如外圆车削），有

$$a_p=\frac{d_w-d_m}{2} \tag{1-3}$$

式中 d_w——工件待加工表面直径；

d_m——工件已加工表面直径。

主运动是直线运动时（如刨削运动），有

$$a_p=H_w-H_m \tag{1-4}$$

式中 H_w——工件待加工表面厚度；

H_m——工件已加工表面厚度。

除了分清各种运动的切削用量外，我们还应灵活掌握切削用量的计算，尤其是采用不同单位时的换算。

提 示

在实际生产中，切削速度是通过调整机床的转速获得的，通过切削用量计算转速时，理论上计算出的主轴转速应参考机床转速表中最接近的一挡选取，一般为整数。

【例 1-1】 如图 1-5 所示，一次走刀车削外圆，工件加工前直径为 62mm，加工后直径为 56mm，主轴转速为 4r/s，刀具每秒钟沿工件轴向移动 2mm，工件加工长度为 110mm，切入长度为 3mm，求切削用量 v_c、f 和 a_p。

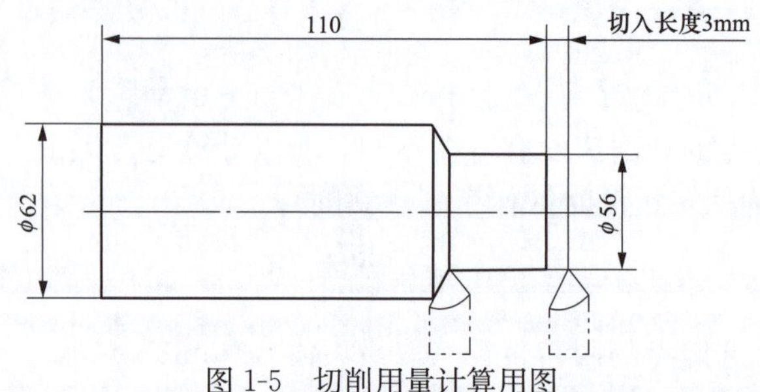

图 1-5 切削用量计算用图

分析 切削加工时，通过机床主轴转速铭牌可以查得机床主轴的转速，它和切削用量中的切削速度有着密切的关系。机械行业工作人员不但要学会根据切削用量计算公式进行计算，而且要学会在实际工作条件下切削用量的单位为非标准单位时的计算。例如，进给速度单位为 mm/r 或 m/mim，工件直径单位为 mm 或 m 时，计算公式如何做相应变化。

答 （1）切削速度 v_c。切削速度为最大直径处的线速度，将未加工表面的直径 62mm 和工件转速 4r/s 代入式（1-1），计算得

$$v_c=\pi dn/1000=\pi\times62\times4/1000=0.779\ (\text{m/s})$$

注 意

计算切削速度时，代入公式的应是工件最大直径处的数值，单位为 mm；主运动转速单位为 r/s 或 r/min。

（2）进给量 f。已知刀具每秒钟沿工件轴向移动 2mm，工件转速为 4 r/s，代入式（1-2）中，有

$$f = v_f / n = 2/4 = 0.5\ (\text{mm/r})$$

最后单位与已知条件单位的统一。

(3) 背吃刀量 a_p。已知加工前直径为 62mm，加工后直径为 56mm，代入式（1-3）中，有

$$a_p = (d_w - d_m)/2 = (62-56)/2 = 3(\text{mm})$$

四、切削层参数的表达

在切削过程中，刀具或工件沿进给方向移动一个 f 或 f_z 时，刀具的刀刃从工件待加工表面切下的金属层称为切削层。切削层参数是指切削层的截面尺寸，它决定刀具所承受的负荷和切屑的尺寸大小。

现以外圆车削为例来说明切削层参数。如图 1-6 所示，车削外圆时，工件每转一转，车刀沿工件轴线移动一个进给量 f 的距离，主切削刃及其对应的工件切削表面也连续由位置Ⅰ移至Ⅱ，因而Ⅰ、Ⅱ之间的一层金属被切下，这一切削层的参数通常都是在过刀刃选定点并与该点主运动速度方向垂直的平面内观察和度量的。

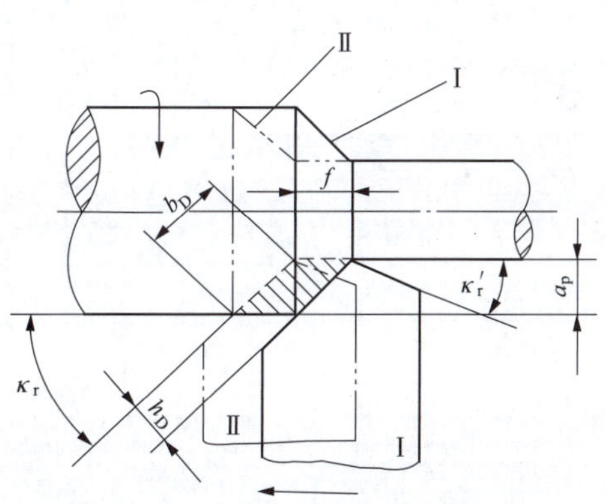

图 1-6　切削用量与切削层参数

(1) 切削层公称厚度 h_D：在加工表面法线方向测量的切削层尺寸，即相邻两加工表面之间的距离，单位 mm。h_D 反映切削刃单位长度上的切削负荷，由图中关系得

$$h_D = f\sin\kappa_r \tag{1-5}$$

式中　f——进给量，mm/r；

κ_r——车刀主偏角，(°)。

(2) 切削层公称宽度 b_D：沿加工表面测量的切削层尺寸，单位 mm。b_D反映切削刃参加切削的工作长度，由图中关系得

$$b_D = a_p / \sin\kappa_r \tag{1-6}$$

式中　a_p——背吃刀量，mm。

(3) 切削层公称横截面积 A_D：切削层公称厚度与切削层公称宽度的乘积，单位 mm^2。

$$A_D = h_D b_D = f\sin\kappa_r a_p / \sin\kappa_r = f a_p \tag{1-7}$$

切削层参数与加工后工件表面的粗糙度值以及刀具的使用寿命情况、加工生产效率等有很大关系。

【任务实施】

(1) 网络平台上搜索切削运动相关视频，分清任务中的运动形式。

(2) 分析实现切削需要的运动，根据主运动的特征，分清主运动和进给运动。

(3) 根据加工表面的定义，找出三个表面的位置，并在图中用引线标明。

【任务小结】

本任务主要学习切削运动的组成、切削时工件上形成的三个表面、切削用量的概念及运算、切削层的参数与切削用量的关系等切削加工基础知识，重点要学会分析实现切削运动所需要的主运动和进给运动，能够说明不同切削加工形式采用的切削用量，并对切削用量三要素做相应的计算。

【任务评价】

序号	考核项目	考核内容	检验规则	分值	
				小组互评	教师评分
1	区分切削运动	主运动的主要特征是什么？举例说明你见过的切削运动，并说明主运动和进给运动分别是什么运动	正确回答主运动特征得10分，正确举一例得10分		
2	区分三个表面	上网搜索加工零件图片，分析不同运动形式下工件上的加工表面、已加工表面、待加工表面分别指哪个表面	针对加工零件的图片，每说出一种加工情况的三个表面得10分		
3	清楚切削用量三要素的概念	在图1-1上指出切削用量三要素	每说出一种加工的切削用量三要素得5分		
4	切削用量三要素的换算	如果工件直径D的单位为m，切削速度的公式应有什么改变	正确说明得10分		
合计					

任务二　认识刀具材料及刀具几何角度

【学习目标】

知识目标

（1）掌握刀具材料应具备的性能。

（2）掌握常见的刀具材料种类及应用。

（3）掌握刀具切削部分的组成。

（4）掌握刀具切削部分静止参考系的建立，以及在此参考系中五个几何角度的表达。

（5）掌握刀具几何角度对切削加工的影响。

（6）掌握刀具几何角度的绘制方法。

技能目标

(1) 能用机械图样表达出刀具的五个几何角度。

(2) 能说明刀具几何角度在切削加工中的作用。

(3) 能举例说明刀具工作几何角度与静止几何角度的区别与联系。

【任务描述】

为了保证切削加工的顺利进行，获得合格的加工表面，必须采用合理的刀具材料，且刀具的切削部分必须根据要求刃磨出一定的角度。刀具几何角度是用来描述和确定刀具切削部分几何形状的重要参数，绘制刀具几何角度是工程技术人员的工作内容之一。

要求绘制硬质合金 75°外圆车刀几何角度：已知主偏角 $\kappa_r=75°$，副偏角 $\kappa_r'=15°$，前角 $\gamma_o=10°$，后角 $\alpha_o=8°$，副后角 $\alpha_o'=8°$，刃倾角 $\lambda_s=-5°$，用合理的图样表达刀具的几何角度。

【任务分析】

"工欲善其事，必先利其器"，刀具在加工中有着很重要的地位，刀具几何角度会直接影响刀具的使用性能，对加工工件的质量和加工的经济效益有决定性的作用。

要完成任务首先要学习刀具材料的种类及应用，能根据加工条件选择刀具材料。了解刀具的组成，分析刀具切削部分的结构，找到能表达刀具切削部分几何角度的正交平面参考系，再用机械制图的表达方法绘制出表达刀具切削部分空间结构的几何角度，并按照国家标准《机械制图》的有关规定绘制刀具切削部分图样。

知识链接

一、常用刀具材料及选用

在切削过程中，刀具担负着切除工件上多余金属以形成已加工表面的任务。刀具切削性能的好坏，取决于刀具切削部分的材料、几何参数及结构的合理性等。刀具材料对刀具寿命、加工生产效率、加工质量及加工成本都有很大影响，因此必须合理选择。

(一) 刀具材料应具备的性能

刀具在切削时要承受高温、高压，以及强烈的摩擦、冲击和振动，因此刀具材料必须具备以下性能：

(1) 高的硬度和耐磨性。刀具应具备高的硬度和耐磨性，一般刀具材料的硬度越高，耐磨性越好，其常温硬度一般要求大于 60HRC。

(2) 足够的强度和韧性。为承受切削负荷、振动和冲击，刀具材料必须具备足够的强度和韧性。

(3) 高的热稳定性。刀具在高温下工作，要求刀具材料具备高的热稳定性，也称高的耐热性，即刀具材料在高温下硬度、耐磨性、强度和韧性变化很小，仍能保持正常切削。

(4) 良好的物理特性。刀具材料应具备良好的导热性、大的热容量及优良的热冲击性能。

(5) 良好的工艺性。刀具材料应具备良好的锻造性、机械加工性和热处理性，而且刀具材料的经济性也要好。

(二) 常用刀具材料的特点及适用范围

刀具材料种类很多，常用的有工具钢（包括碳素工具钢、合金工具钢和高速钢）、硬质合金、陶瓷、金刚石（天然和人造）和立方氮化硼等。其中的碳素工具钢和合金工具钢，因其耐热性很差，目前仅用于手工工具。下面对高速钢、硬质合金和超硬刀具材料的使用性能进行分析。

1. 高速钢

高速钢俗称“白钢”“锋钢”等，是一种加入了较多的钨、钼、铬、钒等合金元素的高合金工具钢。高速钢抗弯强度为一般硬质合金的 2～3 倍；韧性也高，比硬质合金高几十倍。高速钢的硬度在 63HRC 以上，且有较好的耐热性，在切削温度达到 500～650℃时，尚能进行切削。高速钢可加工性好，热处理变形较小，目前常用于制造各种复杂刀具，如钻头、丝锥、拉刀、成形刀具、齿轮刀具等。高速钢刀具可以加工从有色金属到高温合金的各种材料。表 1-2 列出了常用高速钢牌号及其应用范围，可供选择刀具材料时参考。

表 1-2　　常用高速钢牌号及其应用范围

<table>
<tr><th colspan="2">类别</th><th>牌号</th><th>特点及主要用途</th></tr>
<tr><td rowspan="4">普通高速钢</td><td>钨系</td><td>W18Cr4V</td><td>综合机械性能和可磨性好，用于制造包括复杂刀具在内但不宜采用热成型法制造的各类刀具</td></tr>
<tr><td rowspan="3">钨钼系</td><td>W6Mo5Cr4V2</td><td>使用最广泛，韧性和高温塑性超过钨系高速钢，可磨性略差，脱碳敏感性高。主要用于制造热轧刀具，如麻花钻、丝锥、铣刀、铰刀、拉刀、齿轮刀具等，可以满足加工一般工程材料的要求</td></tr>
<tr><td>W9Mo3Cr4V</td><td>综合性能优于前两种，刀具寿命长，脱碳敏感性小，容易轧制、锻造，用于制造加工普通轻合金、钢和铸铁的刀具</td></tr>
<tr><td>W14Cr4VMnRe</td><td>耐磨性好，热硬性高，韧性差，切削加工性差，主要用于热轧刀具，冷冲压头、重载冷墩冲头，小型高使用寿命冷冲剪工具</td></tr>
<tr><td rowspan="6">高性能高速钢</td><td>高碳</td><td>9W18Cr4V</td><td>性能介于通用型和超硬型高速钢之间，可磨性好，韧性低于钨系高速钢，切削不锈钢、耐热合金等难加工材料时，寿命显著提高。主要用于耐磨性高、工件表面粗糙度小、切削冲击小的场合使用的刀具</td></tr>
<tr><td>高钒</td><td>W12Cr4V4Mo</td><td>耐磨性好，但可磨性差，用于切削高温合金、不锈钢等难加工材料，因磨削困难，不适合制造复杂刀具</td></tr>
<tr><td rowspan="2">含铝超硬</td><td>W6Mo5Cr4V2Al</td><td>耐热性高，强度和硬度也较好，可磨性差。用于加工高强度耐热钢、高温合金、钛合金等难切削材料，但不宜在冲击载荷和系统钢度不足的条件下使用，适合制造铣刀、钻头、滚刀、拉刀等</td></tr>
<tr><td>W6Mo5Cr4V5SiNbAl</td><td>耐磨性、耐热性较高，但可磨性很差。主要用于制造形状简单的刀具以加工不锈钢、耐热钢、高强度钢</td></tr>
<tr><td rowspan="2">含钴超硬</td><td>W12Cr4V3Mo3Co5Si</td><td>常温硬度和耐磨性很好，可磨性好，用于加工耐热不锈钢、高强度和高温合金等难切削材料，可用于制造各种刀具。但我国钴资源缺乏，故价格较高，使用较少</td></tr>
<tr><td>W2Mo9Cr4VCo8</td><td>性能同 W6Mo5Cr4V2Al，但可磨性好，用于加工高强度耐热钢、高温合金、钛合金等难切削材料</td></tr>
</table>

2. 硬质合金

硬质合金是用高硬度、高熔点的金属碳化物（如 WC、TiC、TaC、NbC 等）粉末和金属黏结剂（如 Co、Ni、Mo 等）经高压成型后，再在高温下烧结而成的粉末冶金制品，也称为钨钢。硬质合金中的金属碳化物熔点高、硬度高、化学稳定性与热稳定性好，因此其硬度、耐磨性、耐热性都很高，允许切削速度远高于高速钢，加工效率高且能切削诸如淬火钢等硬材料。

与高速钢相比，硬质合金抗弯强度较低、脆性较大，抗振动和冲击性能较差。由于硬质合金本身脆性大，不能进行切削加工，难以制成形状复杂的整体刀具，因而常制成各种形状的刀片，刀片采用焊接、粘接、机械夹持的方法安装在刀体或模具体上。根据添加的成分不同，硬质合金可以分为以下几类：

(1) 钨钴类硬质合金：主要成分是碳化钨（WC）和黏结剂钴（Co）。其牌号是由YG(“硬钴”两个字的汉语拼音字首）和平均含钴量的百分数组成。例如YG6，表示平均Co=6%，其余为碳化钨含量。钨钴类硬质合金，数字越大，表示钴含量越高，刀具韧性越好，但刀具硬度越低。

(2) 钨钛钴类硬质合金：主要成分是碳化钨、碳化钛（TiC）及钴。其牌号由YT（“硬钛”两个字的汉语拼音字首）和碳化钛平均含量组成。例如YT12，表示平均TiC=12%，其余为碳化钨和钴含量，数字越大，刀具的硬度越大，但抗弯性越差。需要注意，不锈钢和高温合金（钛合金）不宜用YT类刀具，因为YT类合金中的钛元素易与工件中的钛元素发生亲和而导致黏结，在高温下扩散磨损也较剧烈。

(3) 钨钛钽（铌）类硬质合金：主要成分是碳化钨、碳化钛、碳化钽（或碳化铌）及钴，又称通用硬质合金或万能硬质合金。其牌号由YW（“硬万”两个字的汉语拼音字首）加顺序号组成，如YW3。

硬质合金因其切削性能优良而被广泛用来制作各种刀具。在我国，绝大多数车刀、端铣刀和深孔钻的切削部分都采用硬质合金制造，在一些较复杂的刀具上，如立铣刀、孔加工刀具等也应用硬质合金制造。我国常用的硬质合金切削工具的牌号、性能及用途见表1-3。

表1-3　硬质合金切削工具的牌号、性能及用途

牌号	性能			用途
	密度 (g/cm^3)	抗弯强度 (N/mm^2)（B试样）	硬度 HRA	
YT15	11.1～11.6	≥1300	≥91	适用于碳素钢与合金钢连续切削时的半精车及精车。断续切时的精车、旋风铣螺纹，连续面的半精铣和精铣，孔的粗扩与精扩
YT14	11.2～11.8	≥1400	≥90.5	适用于对碳素钢与合金钢不平整面进行连续切削时的精车，间断切削时的半精车与精车，连续面的粗铣，铸孔的扩钻等
YT5	12.5～13.2	≥1560	≥89.5	适用于碳素钢与合金钢（包括锻件、冲压件及铸件的表皮）不平整面切削时的粗车、粗刨、半精刨、粗铣等
YG3	15.0～15.4	≥1300	≥90.5	适用于铸铁、有色金属的精加工和半精加工
YG6	14.7～15.1	≥1670	≥89.5	适用于铸铁、有色金属及其合金、非金属材料的半精加工和精加工
YG8	14.6～14.9	≥1840	≥89.0	适用于铸铁、有色金属及其合金、非金属材料不平整表面和间断切削时的粗车、粗刨、粗铣、一般孔和深孔的钻/扩孔
YW3	12.8～13.2	≥1390	≥92.0	适用于不锈钢、合金钢、高强度钢、超高强度钢的精加工和半精加工，也可在冲击力小的情况下粗加工
YW1	12.7～13.5	≥1290	≥91.5	适用于耐热钢、高锰钢、不锈钢等特殊钢材的加工，也适用于普通钢材、铸铁的加工
YW2	12.5～13.5	≥1460	≥90.5	适用于耐热钢、高锰钢、不锈钢及合金钢等特殊钢材的加工，也适于普通钢材、铸铁的加工

3. 超硬刀具材料

超硬刀具材料包括陶瓷、金刚石、立方氮化硼等。

（1）陶瓷。陶瓷材料比硬质合金具有更高的硬度（91～95HRA）和耐热性，在1200℃的温度下仍能切削，耐磨性和化学惰性好，摩擦系数小，抗黏结和扩散磨损能力强，因而能以更高的速度切削，并可切削难加工的高硬度材料。主要缺点是性脆、抗冲击韧性差，抗弯强度低。目前使用的陶瓷刀具材料有 Al_2O_3 基陶瓷和 Si_3N_4 基陶瓷两种。

（2）金刚石。金刚石是目前发现的最硬的一种物质。它摩擦系数小、导热性好、耐磨性高，因此切削时不易产生积屑瘤和鳞刺，加工表面质量好，刀具耐用度高，但金刚石热稳定性差，在700～800℃以上硬度下降很大，无法切削。

金刚石刀具主要用于加工高精度及表面粗糙度值很小的硬质合金、陶瓷、高硅铝合金等有色金属及耐磨塑料、石材等，也用于制造磨具和磨料。但一般不宜加工铁族金属，因为金刚石的C元素与铁原子有很强的化学亲和作用，使之转化为石墨，失去切削性能。

（3）立方氮化硼。它的硬度仅次于金刚石的物质，与金刚石相比，化学惰性大（与铁元素在1200℃仍然不发生化学反应），热稳定性高，耐磨性高，主要用于灰铸铁，耐磨铸铁，各种高硬度材料（如冷热作工具钢、轴承钢、粉末冶金钢、马氏体不锈钢、高强度钢、高锰钢、白口铸铁、奥氏体铁等）的切削加工，加工精度可达IT5，表面粗糙度值为 $Ra0.05\mu m$。但立方氮化硼在1000℃产生水解反应，故采用立方氮化硼刀片切削加工，一般不用切削液或用不含水的切削液。目前立方氮化硼用于磨具和磨料，做成刀具有整体聚晶刀具和立方氮化硼K硬质合金复合刀具。

由于陶瓷、金刚石和立方氮化硼等材料韧性差、硬度高，因此要求使用这类刀具的机床刚性好、速度高、功率足够、主轴偏摆小，并且要求机床-夹具-工件-刀具四者组成的工艺系统刚性好。只有这样才能充分发挥这些先进刀具材料的作用，取得良好的使用效果。

二、刀具切削部分几何角度的认知

金属切削刀具的种类很多，从图1-7所示刀具切削部分的放大图可知，各种刀具尽管结构各异，但刀齿切削部分却具有共同的特征，车刀的切削部分可看作各种刀具切削部分最基本的形态，而其他刀具是由车刀演变而成的，故主要以车刀为例说明切削部分的结构。

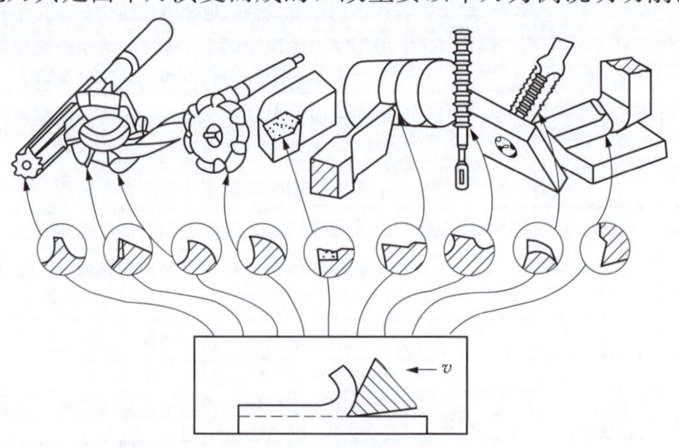

图1-7　各种刀具切削部分的形状

1. 车刀的结构组成

车刀由刀头（或刀片）和刀杆两部分组成。刀头部分担负切削工作，称为切削部分；刀杆用于把刀具安装在刀架上，称为夹持部分。刀头由以下几部分组成（见图 1-8）。

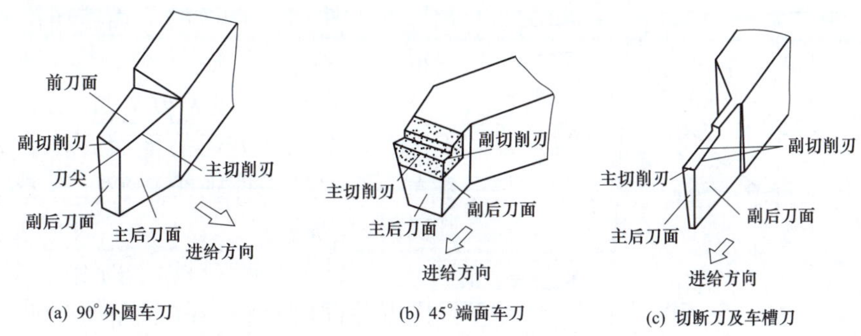

图 1-8　车刀切削部分的组成

（1）前刀面：切屑流出时所经过的刀面。

（2）后刀面：有主后刀面和副后刀面之分。主后刀面是车刀正对着加工表面的刀面；副后刀面是车刀相对着已加工表面的刀面。

（3）主刀刃：前刀面与主后刀面的交线，担负主要切削工作。

（4）副刀刃：前刀面与副后刀面的交线，担负次要切削工作。

（5）刀尖：主刀刃与副刀刃的交点。为了保证刀具的使用性，主刀刃与副刀刃之间往往刃磨出小段直线或圆弧，即采用的是过渡刃。如图 1-9 所示，过渡刃有直线型和圆弧型两种。

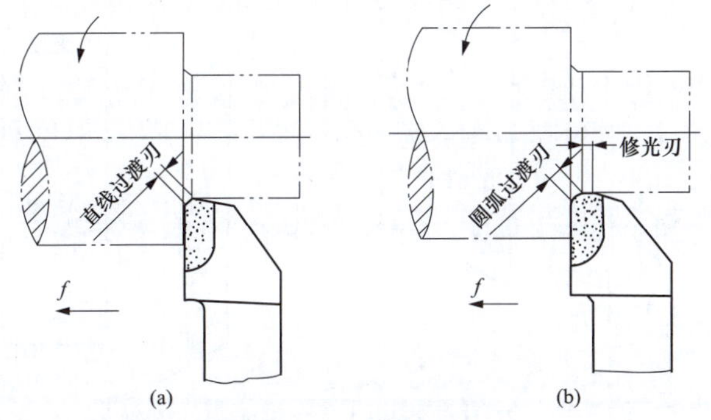

图 1-9　车刀过渡刃

（6）修光刃：副刀刃前端一窄小的平直刀刃称修光刃。

所有刀具都包括上述组成部分，但数目不完全相同。例如，典型的外圆车刀由三面二刃一刀尖组成，而切断刀则由四面三刃两刀尖组成［见图 1-8（c）］。

2. 建立静止参考系

为了说明刀具切削部分的空间形态，在引入静止参考系时有三个假定条件：①切削时只有主运动；②刀杆与工件中心轴线垂直；③刀具与工件的中心轴线等高。

刀具角度静止参考系，它是刀具设计时标注、刃磨和测量的基准，用此定义的刀具角度称为刀具标注角度。因此，静止参考系也称为标注参考系。

为了描述刀具几何角度的大小及其空间的相对位置，可以利用正投影原理，此时需要设想以下三个辅助平面作为投影平面，即切削平面、基面和正交平面，这三个辅助平面互相垂直，构成一个空间直角坐标系，称为正交平面参考系，如图 1-10 所示。

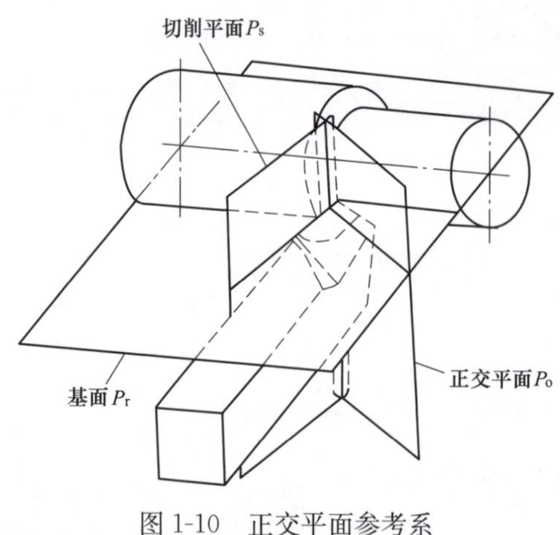

图 1-10　正交平面参考系

（1）切削平面：通过刀刃上某一选定点，相切于工件加工表面的平面。切削平面用 P_s 表示。

（2）基面：通过刀刃上某一选定点，垂直于该点切削速度方向的平面。对于车削运动，基面一般通过工件轴线且平行于刀杆底平面。基面用 P_r 表示。

（3）正交平面（也称主剖面）：通过切削刃选定点并同时垂直于基面和切削平面的平面。正交平面用 P_o 表示。

3. 正交平面参考系中刀具几何角度的表达

在正交平面参考系中，外圆车刀有五个主要角度：前角（γ_o）、主后角（α_o）、主偏角（κ_r）、副偏角（κ'_r）和刃倾角（λ_s）。图 1-11 所示为硬质合金弯头车刀车外圆时正交平面参考系的建立，以及在正交平面中得到的切削部分剖视图投影。

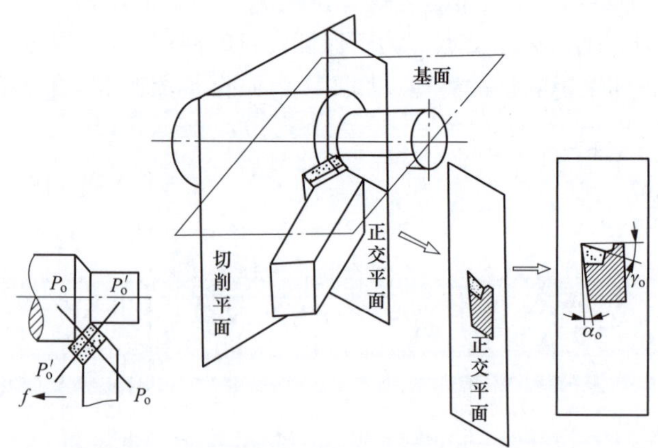

图 1-11　车刀车外圆时正交平面内的剖视图

（1）在正交平面内表达的角度有前角和后角。

1）前角（γ_o）：前刀面与基面之间的夹角。前角的主要作用是使刃口锋利，减小切削变形和摩擦力，使切削轻松，排屑方便。前角越大，刃口越锋利，切削越轻快。

2）后角（α_o）：后刀面与切削平面之间的夹角。主后刀面与切削平面之间的夹角为主后角（α_o），副后刀面与副切削平面之间的夹角为副后角（α'_o）。后角的作用是减小后刀面与工件之间的摩擦。后角越大，刀具与工件之间的摩擦越小，刀具磨损越小，刀具寿命越长。

（2）在基面内表达的角度有主偏角和副偏角。

1）主偏角（κ_r）：主刀刃在基面上的投影与进给方向的夹角。它的主要作用是改变刀具与工件的受力情况和刀头的散热条件。主偏角越小，刀具与工件接触面积越大，散热越好，且加工表面的表面粗糙度 Ra 值越小，加工表面质量好。

2）副偏角（κ'_r）：副刀刃在基面上的投影与进给方向的反方向之间的夹角。它的主要作用是减小副刀刃与工件已加工表面之间的摩擦。

图 1-12 所示为外圆车刀车外圆时主偏角和副偏角的图样表达。

(3) 在切削平面内测量的角度有刃倾角。刃倾角（λ_s）是主刀刃与基面之间的夹角，它可以控制切屑流向。图 1-13 所示为车刀车端面时的刃倾角。当刀尖是主刀刃最高点时，刃倾角为正值（$+\lambda_s$），切削时切屑流向待加工表面，见图 1-14（b），车出的工件表面粗糙度值较小，但刀尖强度差，不耐冲击。当刀尖是主刀刃最低点时，刃倾角为负值（$-\lambda_s$），切屑流向已加工表面，见图 1-14（c），容易擦伤已加工表面，但刀尖强度好，刀具耐冲击。当主刀刃和基面平行时，刃倾角 $\lambda_s=0°$，切削时切屑垂直于主刀刃方向流出，见图 1-14（a）。

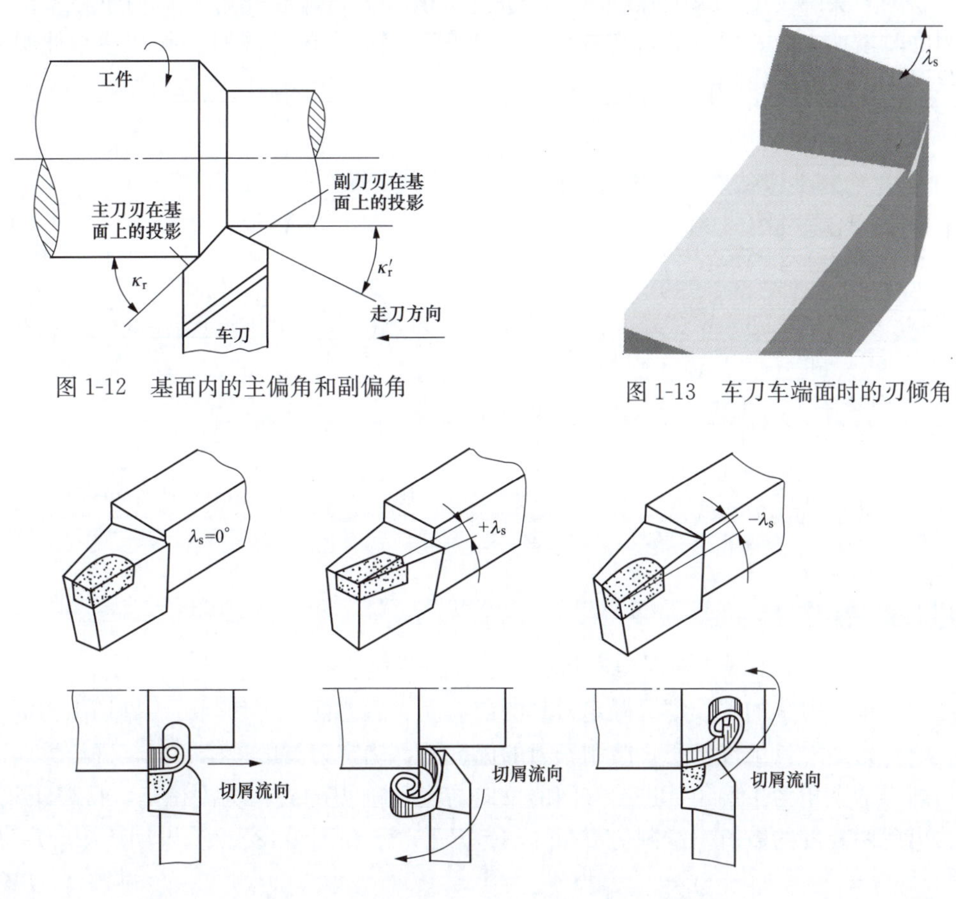

图 1-12　基面内的主偏角和副偏角

图 1-13　车刀车端面时的刃倾角

(a) $\lambda_s=0°$　(b) $\lambda_s>0°$　(c) $\lambda_s<0°$

图 1-14　刃倾角对切屑流向的影响

除了上述五个独立的角度外，车刀一般还可以派生出两个常用的角度：

(1) 楔角（β）：在正交平面内前角与后角之间的夹角，即

$$\beta=90°-(\alpha_o+\gamma_o)$$

也就是磨出前角和后角后，在正交平面内刀头中间剩余实体的夹角，前角和后角增大对加工比较有利，但前角和后角增大后，刀头中间剩余实体部分体积减小，刀头强度会降低。

(2) 刀尖角（ε_r）：主刀刃和副刀刃在基面上投影间的夹角，即

$$\varepsilon_r=180°-(\kappa_r+\kappa_r')$$

4. 实际切削过程中车刀的工作角度

刀具切削时的实际安装情况会影响刀具的切削角度。刀具切削时的实际状况与定义参考系的假设状态不同，以致实际工作角度与静止参考系下的标注角度有所不同，刀具切削时的实际角度称为刀具的工作角度。刀具的工作角度值受刀具安装位置和进给运动影响。

如图 1-15 所示，由于车刀安装时刀杆向右倾斜角度 G，造成刀具主偏角的工作角度比刃磨主偏角增大 G 角，副偏角则减小 G 角。如图 1-16 所示，一般车削加工时进给量比工件直径小得多，所以进给运动所形成的螺旋升角也很小，对加工过程的影响常常可以忽略，但是在车削多头螺纹或大螺距螺纹时，因进给量值较大，螺旋升角 ϕ 会使车刀实际工作前角比刃磨时增加一个 ϕ 值，后角则减小一个 ϕ 值，因此车削螺纹时必须考虑由此引起的角度变化对加工过程的影响。

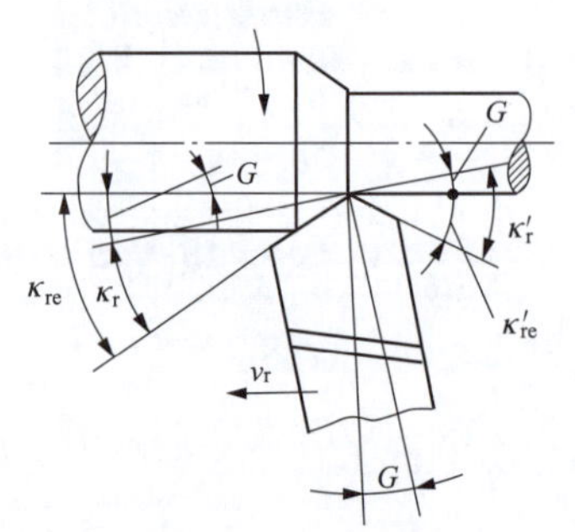

图 1-15　刀杆安装偏斜对刀具角度的影响

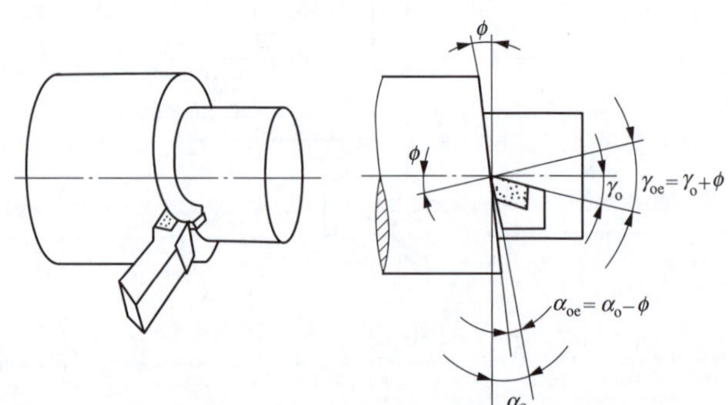

图 1-16　进给运动对刀具角度的影响

【任务实施】

（1）准备 A4 图纸并根据国家制图规定绘制图框和标题栏。

（2）根据刀具的工作情况确定刀具的前刀面、后刀面、主切削刃、副切削刃的位置。

（3）根据刀具工作状态，绘制车刀的俯视图，确定刀具的进给方向，进给方向的正向与主切削刃的夹角为主偏角，进给方向的反向与副切削刃的夹角为副偏角，按要求绘制图样，标注出此两角度的数值。绘制方法可以参考图 1-17 和图 1-18。图 1-17 所示为 75°右偏刀车

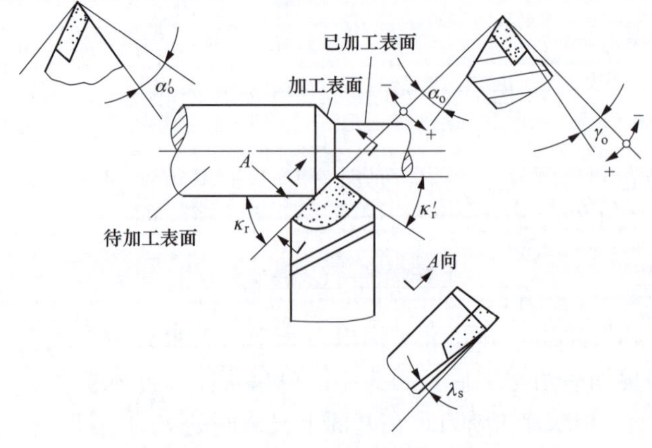

图 1-17　外圆车刀的几何角度的绘制

削外圆时，五个几何角度的表达（左上角为副后角的表达）；图 1-18 所示为切槽、切断刀几何角度的表达两个案例。

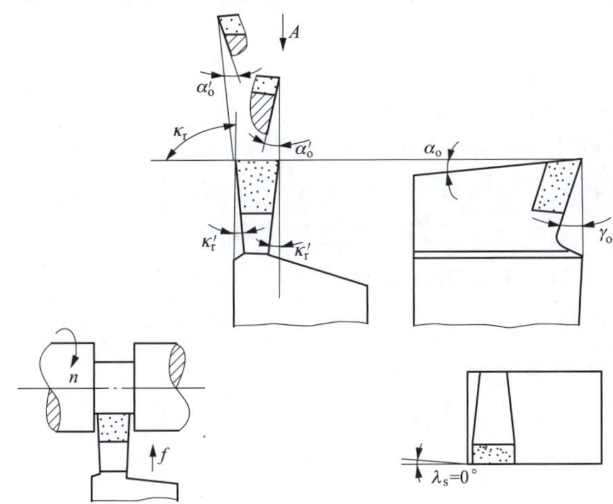

图 1-18　切断车刀的几何角度的绘制

（4）假定剖切平面通过主切削刃上的点，并垂直于主切削刃，此剖切平面相当于正交平面，画出剖视图，并在切削部分的实体部分画出剖面线，过刀尖点绘制平行于刀体底部平面的线（基面）及此线的垂线（切削平面），刀具前刀面与基面积聚投影线、后刀面与切削平面积聚投影线的夹角分别是前角和后角，标注要求的角度数值。

（5）绘制出切削平面的斜视图投影，标注刃倾角的数值。

【任务小结】

本任务要了解刀具的常见材料及应用，掌握各种材料刀具的适用范围，能够根据工件材料合理地确定刀具切削部分的材料。重点要掌握刀具切削部分的组成和结构。为表达刀具切削部分的空间形态，采用正交平面直角参考系，掌握建立该参考系的三个辅助平面的位置，以及切削刃、切削部分各表面在正交平面参考系中的投影，最终能用机械图样合理表达切削部分的几何角度并标注。

【任务评价】

序号	考核项目	考核内容	检验规则	分值	
				小组互评	教师评分
1	正交平面参考系	正交平面参考系建立的三个辅助平面分别怎样规定的	正确回答得 10 分		
2	几何角度的定义	前角是怎样规定的，在哪个辅助平面内表达其投影	正确说明一个问题得 5 分		
3	刀具材料应具备的性能	刀具切削部分材料应具备的性能有哪些	每正确回答一条得 5 分		
4	刀具材料的合理应用	切削 45 钢棒料用什么材料的车刀，成形车刀一般采用什么材料	正确回答一个问题得 5 分		
合计					

任务三　认识金属切削加工过程中的物理现象

【学习目标】

知识目标

（1）了解金属层切削变形的过程。

（2）掌握积屑瘤的产生对加工的影响及控制措施。

（3）掌握切屑的四种形式及其形成条件。

（4）掌握切削力的来源，以及切削力对加工的影响。

（5）了解切削力大小的影响因素。

（6）掌握切削热的产生及传出途径。

（7）掌握切削热大小的影响因素。

（8）掌握刀具磨损的形态及磨损的机理。

（9）掌握刀具寿命的含义。

（10）掌握提高刀具寿命的因素。

技能目标

（1）能说出切削过程中的三个变形区，以及每个变形区产生的物理现象。

（2）认识积屑瘤，能控制积屑瘤在加工中的产生。

（3）能分析得到的切屑类型，说明该切屑类型对加工的影响及控制措施。

（4）能叙述产生切削力的原因，以及切削力对加工的影响。

（5）能叙述影响切削热的因素，并找出减少切削热产生的措施。

（6）能根据刀具磨损的形态分析出磨损的机理。

（7）能说明刀具磨钝标准及刀具耐用度、刀具使用寿命三者之间的关系。

（8）能说明延长刀具使用寿命的措施，并在切削过程中灵活应用。

【任务描述】

分析如图 1-19 所示的刀具磨损形态，说明产生磨损的原因，并根据掌握的切削加工知识分析说明提高刀具使用寿命的办法或途径。

图 1-19　刀具的磨损

【任务分析】

首先到理实一体车间观察不同的刀具磨损形态，由于不同的磨损机理会在刀具表面上呈现不同的磨损形态，观察磨损形态，寻找产生磨损的原因。

切削加工时，刀具和工件之间存在着切削力，切削力使刀具与被切削层材料相互挤压产生弹性变形进而发展为塑性变形。这些切削变形使工件材料在变成切屑的同时产生大量的切削热，切削热散发不及时会带来切削温度的上升，切削温度是切削加工中引起刀具磨损的主要原因，根据这个方案和思路展开学习和思考，就可以找到解决任务的关键。

知识链接

金属切削过程中的物理现象主要以金属材料切削变形为基础，从切屑的形成开始。

一、切屑的形成过程

（一）三个切削变形区的形成及产生的物理现象

切削层金属形成切屑的过程就是在刀具的作用下切削层金属发生变形的过程。

图 1-20 所示为在直角自由切削工件条件下观察绘制得到的塑性金属加工时金属层切削滑移线和流线示意。流线表明被切削金属中的某一点在切削过程中流动的轨迹。

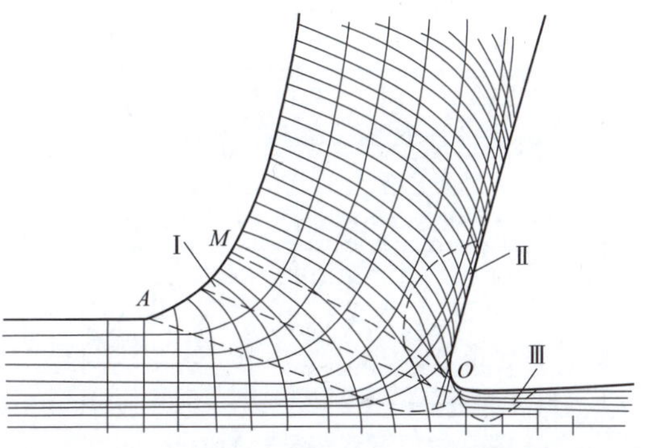

图 1-20　金属切削过程中的滑移线和流线示意

塑性材料金属层的切削变形过程与金属的挤压过程很相似。随着切削过程的进行，刀具向切削层金属不断靠近，金属材料受到刀具的挤压作用以后，开始产生弹性变形。随着刀具继续切入，作用力随之增加，金属内部的应力、应变继续加大，当达到材料的屈服点时（如图 1-21 中的 1 点），开始产生塑性变形，并使金属晶格沿 45°线方向产生滑移，刀具继续前进，应力随之增大，进而达到材料的断裂强度（如图 1-21 中的 4 点），切削层便会产生挤裂，形成切屑，沿前刀面流出。

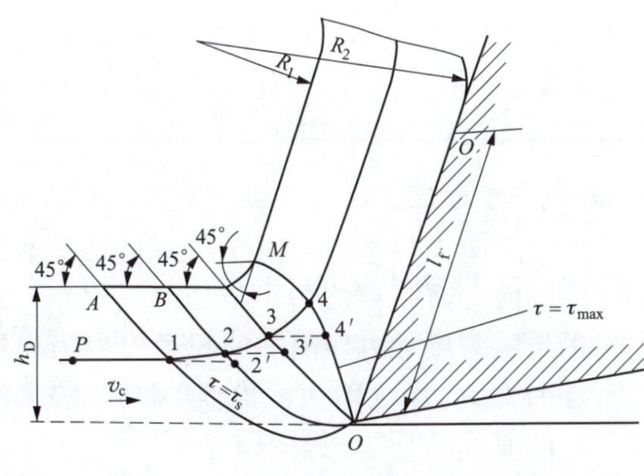

图 1-21　第一变形区金属的剪切滑移

整个切削过程中，切削层金属的变形大致可划分为三个区域：

（1）第一变形区，又称剪切滑移变形区。从开始发生塑性变形，到 *OM* 金属晶粒的剪切滑移基本完成。*OA* 和 *OM* 之间的区域（见图 1-20 中的Ⅰ区）称为第一变形区。这是切削变形的基本区，其特征是晶粒的剪切滑移，也是金属切削变形过程中变形最大的区域，在这个区域内，金属将产生大量的切削热，并消耗大部分功率。

（2）第二变形区，又称纤维化变形区。切削层受刀具的作用，经过第一变形区的塑性变形后形成切屑，形成的切屑沿前刀面排出时进一步受到前刀面的挤压和摩擦，使切屑底层靠近前刀面处的金属纤维化，金属晶格产生滑移，晶粒被拉长，呈扁平状，拉长方向基本上和前刀面平行，形态如图 1-22 所示，这一区域（见图 1-20 中的Ⅱ区）称为第二变形区。切屑与前刀面的压力高达 2～3GPa，由此摩擦产生的热量也使切屑与刀具温度上升到几百摄氏度的高温，切屑底部与刀具前刀面发生黏结现象。

（3）第三变形区，又称纤维化和加工硬化变形区。已加工表面受到切削刃钝圆部分和后刀面的挤压和摩擦，造成表层金属纤维化与加工硬化。这一区（见图 1-20 中的Ⅲ区）称为第三变形区。在此变形区晶粒进一步剪切滑移。有时也呈纤维化，其方向平行于已加工表面，产生加工硬化和回弹现象。第三变形区会对工件加工后的表面质量产生很大影响。

在第一变形区内，变形的主要特征就是金属材料沿滑移线的剪切变形，以及随之产生的剪切滑移。OA 称作始滑移线，OM 称作终滑移线。在一般切削速度范围内，第一变形区的宽度仅为 0.02～0.2mm，因此可以用一剪切面来表示。剪切面与切削速度方向的夹角称作剪切角，以 ϕ 表示（见图 1-23）。

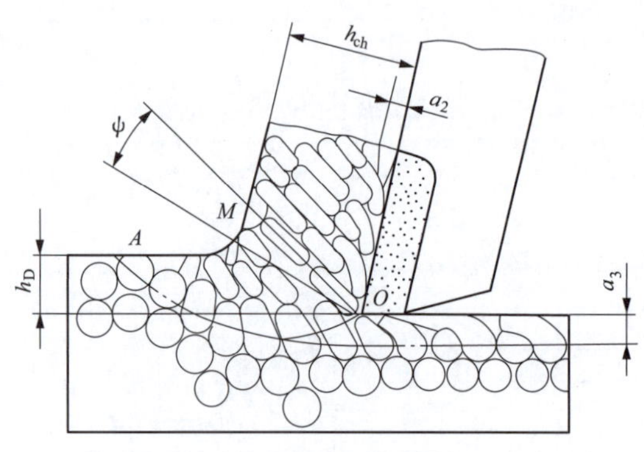

图 1-22　滑移与晶粒的伸长

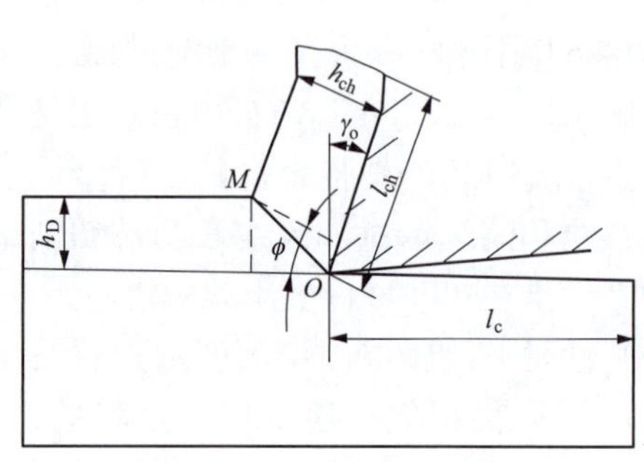

图 1-23　剪切面与剪切角

（二）剪切变形程度的衡量办法

剪切变形程度的大小与机床的切削力、功率损耗及切削发热有很大联系，变形程度有两种不同的衡量方法。

1. 变形系数 Λ_h

变形系数 Λ_h 是表示切屑的外形尺寸变化大小的一个参数。

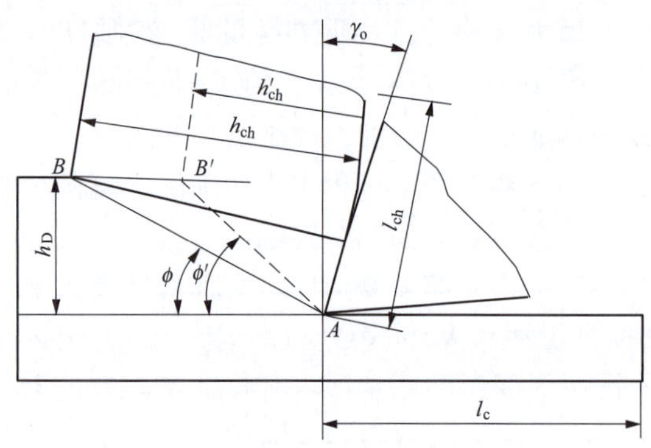

图 1-24　剪切角与变形程度的关系

如图 1-24 所示，切屑经过剪切变形又受到前刀面摩擦之后，与切削层比较，它的长度缩短（由切削层的长度 l_c 变为切屑层的 l_{ch}）、厚度增加，变形系数 Λ_h 表示被切削前后切削层收缩的程度，即

$$\Lambda_h=\frac{l_c}{l_{ch}}=\frac{h_{ch}}{h_D}>1$$

式中　l_c、h_D——切削层长度和厚度；

l_{ch}、h_{ch}——切屑长度和厚度。

变形系数 Λ_h 越大，表示变形越严重，需要的切削力越大。

2. 剪切角 ϕ

剪切角 ϕ 是衡量切削变形的一个重要因素。比较图 1-24 中实线和虚线两个图形可以看出，剪切角 ϕ 越大，切屑的厚度 h_{ch}越小，变形系数 Λ_h 越小，变形程度越小。

在剪切面上，金属产生了滑移变形，最大剪应力就在剪切面上，若能预测剪切角 ϕ 的值，则对了解与控制切削变形具有重要意义。为此，专家们进行了大量研究实验，按最大剪应力的理论，得出

$$\phi=\frac{\pi}{4}+\gamma_o-\beta \tag{1-8}$$

式中　β——工件材料的摩擦角。

从式（1-8）可以看出：

（1）前角增大时，剪切角随之增大，变形减小。这表明增大刀具前角可减小切削变形，对改善切削过程有利。

（2）摩擦角增大时，剪切角随之减小，变形增大。提高刀具刃磨质量、采用润滑性能好的切削液，可以减小前刀面和切屑之间的摩擦系数，有利于改善切削过程。

综上所述，增大前角 γ_o、减小摩擦角 β，可增大剪切角 ϕ，切削变形减小。这一规律已普遍应用于生产实践之中。

（三）积屑瘤的形成及其对切削过程的影响

1. 积屑瘤的形成

加工一般钢料或铝合金等塑性材料时，在切削速度不高的情况下，常在前刀面切削处粘着一块剖面呈三角状的硬块（见图 1-25），它的硬度很高，通常是工件材料硬度的 2～3 倍，这块黏附在前刀面上的金属称为积屑瘤。积屑瘤是第二变形区的产物。

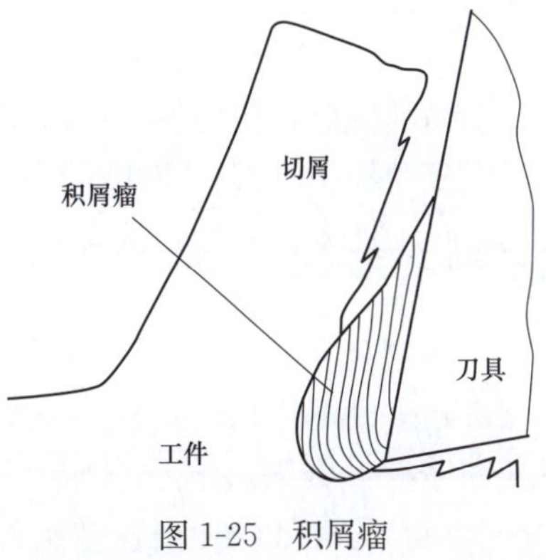

图 1-25　积屑瘤

切削时，切屑与前刀面接触处发生强烈摩擦挤压，当接触面达到一定温度，同时又存在较高压力时，被切削的材料会黏结（冷焊）在前刀面上。连续流动的切屑从黏在前刀面上的底层金属上流过时，如果温度与压力适当，切屑底部材料也会被阻滞在已经“冷焊”在前刀面上的金属层上，黏成一体，使黏结层逐步长大，形成积屑瘤。随着积屑瘤长到一定高度，后面切屑的经过对积屑瘤造成一定冲击，使积屑瘤破碎，有些碎片会留在已加工表面上。在切削加工过程中，积屑瘤会不断经过产生—长大—破碎—消失的循环过程。

积屑瘤的产生及其成长与工件材料的性质、切削区的温度分布和压力分布有关。塑性材料的加工硬化倾向越强，越易产生积屑瘤；切削区的温度和压力很低时，不会产生积屑瘤；温度太高时，由于材料变软，也不易产生积屑瘤。对碳钢而言，切削区温度处于 300～350℃时，积屑瘤的高度最大；切削区温度超过 500℃时，积屑瘤便自行消失。在背吃刀量 a_p和进给量 f 保持一定时，积屑瘤高度与切削速度 v_c有着密切的关系，这是因为切削过程中产生的热量是随切削速度的提高而增加的。如图 1-26 所示，Ⅰ区为低速区，不产生积屑瘤；Ⅱ区积屑瘤高度随 v_c的增大而增高；Ⅲ区积屑瘤高度随 v_c的增大而减小；Ⅳ区不产生

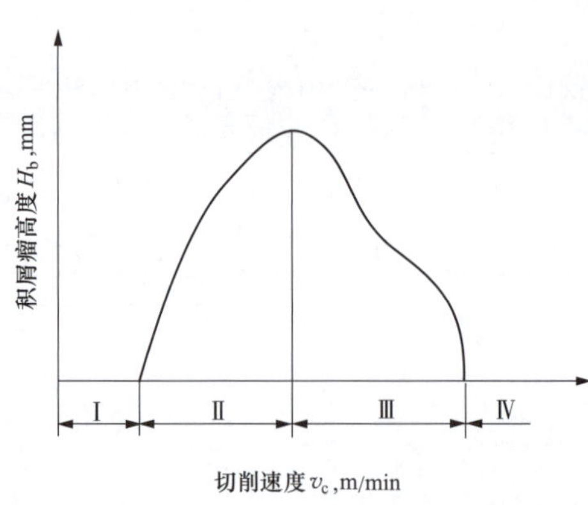

图 1-26 积屑瘤与切削速度的关系

积屑瘤。

2. 积屑瘤对切削过程的影响

（1）如图 1-25 所示，积屑瘤由于硬度较高，可以代替刀具实现切削功能，积屑瘤的产生使切削的实际前角增大。它加大了刀具的实际前角，可减小切削力，对切削过程起到积极的作用。由此可知，积屑瘤越高，实际前角越大，切削越轻快。

（2）积屑瘤对刀具寿命的影响。积屑瘤黏附在前刀面上，在相对稳定时，可代替刀刃切削，减少刀具磨损，提高刀具寿命。但在积屑瘤比较不稳定的情况下使用硬质合金刀具时，积屑瘤的破裂可能使硬质合金刀具颗粒剥落反而加剧磨损。

（3）积屑瘤的产生使加工表面粗糙度增大。积屑瘤的底部相对稳定一些，而其顶部很不稳定，容易破裂，一部分附着于切屑底部排出，一部分则残留在加工表面上，积屑瘤凸出刀刃部分使加工表面切削得非常粗糙，因此，在精加工时必须设法避免或减小积屑瘤。

（4）积屑瘤使切削厚度发生变化。积屑瘤凸出于刀尖，将使切削厚度增加，导致加工后工件的尺寸不符合预期的数值。

积屑瘤对切削过程的影响有积极的一面，也有消极的一面。粗加工时利用积屑瘤不但可以减小切削变形，使切削轻快，还可以令积屑瘤代替刀具的前刀面工作，从而延长刀具的寿命；但是精加工时必须防止积屑瘤的产生，因为脱落破碎的积屑瘤会留在工件的加工表面上，影响工件表面质量，积屑瘤会对加工尺寸产生不可预估的影响，增加不合格产品出现的概率。

3. 积屑瘤的控制措施

（1）正确选用切削速度，使切削速度避开产生积屑瘤的区域。切削速度主要通过切削温度和摩擦系数来影响积屑瘤，大量的实验数据表明积屑瘤产生的切削速度区域为 2～50m/min。在极低的切削速度条件下，不产生积屑瘤。以中碳钢为例，切削速度 $v_c<2$m/min 时，不产生积屑瘤；当 $v_c=2\sim20$m/min 时，积屑瘤从产生到生长至最大。切削温度为 300℃左右时，切屑与刀具间的摩擦系数最大，积屑瘤达到最高高度。随着切削速度的提高，切削温度升高，积屑瘤的高度逐渐减小。高速切削时（$v_c>50$m/min），由于切削温度很高（800℃以上），切屑底层的滑移抗力和摩擦系数显著降低，积屑瘤也将消灭。

因此在精加工时，为了达到较低的已加工表面粗糙度值，采用在刀具耐热性允许范围内的高速切削，或采用低速（$v_c<3$m/min）切削，可防止积屑瘤的产生，提高已加工表面的质量。

（2）使用润滑性能好的切削液，以减小切屑底层材料与刀具前刀面间的摩擦。在切削易产生积屑瘤的工件材料时，采用润滑性能好的极压切削油或植物油，可使切屑和刀具间形成润滑的吸附膜，大大减小它们之间的摩擦，在刀具上也不易产生积屑瘤。

（3）增大刀具前角，减小刀具前刀面与切屑之间的压力。刀具前角增大，可以减小切屑的变形、切屑与前刀面的摩擦、切削力和切削热，可以抑制积屑瘤的产生或减小积屑瘤的高度。当刀具前角 $\gamma_o \geqslant 40°$时，积屑瘤产生的可能性较小。

（4）适当提高工件材料硬度，减小切削变形，降低切削温度。当工件材料的硬度低、塑性大时，切削过程中的金属变形大，切屑与前刀面间的摩擦系数（大于 1）和接触区长度比较大，在这种条件下，易产生积屑瘤。当工件塑性小、硬度较高时，积屑瘤产生的可能性和积屑瘤的高度也减小，如淬火钢。切削脆性材料时产生积屑瘤的可能性更小。为避免积屑瘤的产生，可采用热处理工艺，对钢材材料正火、调质等方法，提高材料的硬度。

（四）切屑的类型及控制

由于工件材料不同，切削条件各异，切削过程中生成的切屑形状是多种多样的。切屑的形状主要分为带状、挤裂、单元和崩碎四种类型，如图 1-27 所示。

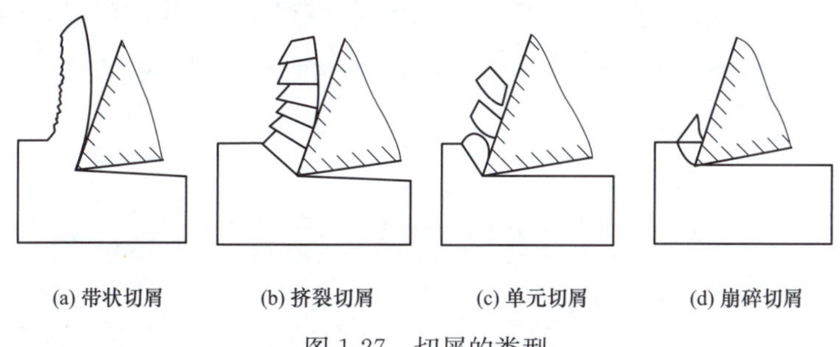

(a) 带状切屑　(b) 挤裂切屑　(c) 单元切屑　(d) 崩碎切屑

图 1-27　切屑的类型

带状切屑、挤裂切屑和单元切屑是加工塑性金属时常见的切屑类型，可以随切削条件的变化而相互转化。例如，在形成挤裂切屑工况条件下，如果进一步减小前角、降低切削速度或加大切削厚度，就有可能得到单元切屑；反之，加大前角、提高切削速度或减小切削厚度，就可能得到带状切屑。加工铸铁、黄铜等脆性材料，因工件材料的塑性很小，抗拉强度也很低，切屑是未经塑性变形就在拉应力作用下脆断，形成不规则的碎块状切屑，此种切屑称为崩碎切屑。这种切屑的形状是不规则的，加工表面凹凸不平。产生崩碎切屑过程中，切削热和切削力都集中在主切削刃和刀尖附近，刀尖易磨损，切削过程不平稳，影响表面质量。

切屑类型的形成由材料的应力-应变特性、塑性变形程度及加工条件决定。切屑类型比较见表 1-4。

表 1-4　切屑类型比较

名称	带状切屑	挤裂切屑	单元切屑	崩碎切屑
形态	带状，底面光滑，背面呈毛茸状	节状，底面光滑有裂纹，背面呈锯齿状	粒状	不规则块状颗粒
变形	剪切滑移尚未达到断裂程度	局部剪切应力达到断裂强度	剪切应力完全达到断裂强度	未经塑性变形即被挤裂
形成条件	加工塑料材料，切削速度较高，进给量较小，刀具前角较大	加工塑性材料，切削速度较低，进给量较大，刀具前角较小	工件材料硬度较高，韧性较低，切削速度较低	加工硬脆材料，刀具前角较小
影响	切削过程平稳，表面粗糙度值较小，切屑太长对加工者不利，应设法实施断屑	切削过程欠平稳，表面粗糙度欠佳	切削力波动较大，切削过程不平稳，表面粗糙度不佳	切削力波动大，有冲击，表面粗糙程度加剧，易崩刃

二、切削力的产生及影响因素

切削力是设计和使用机床、刀具、夹具的重要依据。

（一）切削力

1. 切削力

切削加工时，使被加工材料发生变形成为切屑所需的力称为切削力。切削力来源于两个方面（见图 1-28）：一个是切削层材料产生弹性变形、塑性变形所需的力；另一个是克服刀具与切屑、刀具与工件表面间的摩擦阻力所需的力。

切削力是由机床提供的，存在于刀具和工件之间，这个力的大小与切削层金属的切削变形有关，切削变形越大，切削力越大。

2. 切削合力及分解

如图 1-29 所示，以刀具为研究对象，切削力 F 可以分解为沿刀具运动方向的三个力，分别是沿切削速度方向的力即主切削力 F_c、沿工件主轴方向的力进给力 F_f和沿工件直径方向的力径向力 F_p。其中，主切削力 F_c是最大的，也是消耗机床功率最多的力；而径向力 F_p基本不消耗功率，但会影响工件的加工质量，引起工件的形状误差。

$$F=\sqrt{F_c^2+F_N^2}=\sqrt{F_c^2+F_p^2+F_f^2} \tag{1-9}$$

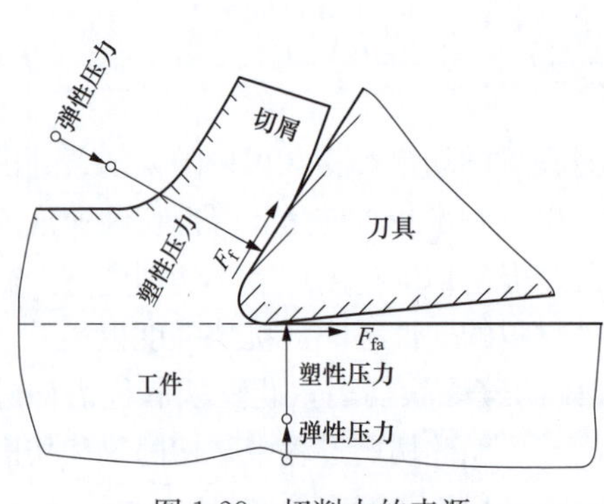

图 1-28 切削力的来源

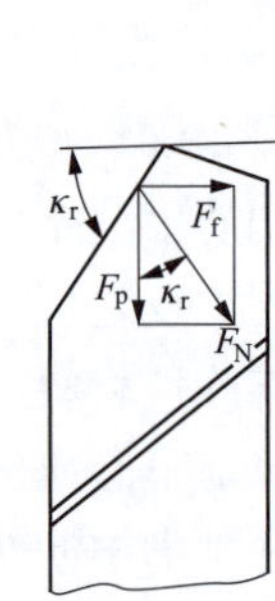

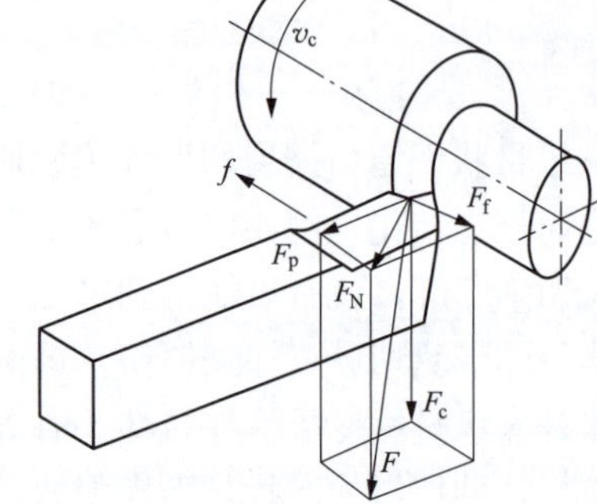

图 1-29 切削力与切削分力

（二）影响切削力的因素

1. 工件材料的影响

工件材料的强度、硬度越高，切削力越大。切削脆性材料时，被切削材料的塑性变形及其与前刀面的摩擦都比较小，故其切削力相对较小。

2. 切削用量的影响

（1）背吃刀量 a_p和进给量 f。a_p和 f 增大，都会使切削力增大，但两者的影响程度不同。a_p增大时，切削力成正比增大；f 增大时，切削力不成正比增大。

（2）切削速度 v_c。切削塑性材料时，在无积屑瘤产生的切削速度范围内，随着 v_c的增大，切削力减小。这是因为 v_c增大时，切削温度升高，摩擦系数 μ 减小，从而使 Λ_h 减小，切削力下降。在产生积屑瘤的 v_c情况下，刀具的实际前角是随积屑瘤的成长与脱落变化的。在积屑瘤增长期，v_c增大，积屑瘤高度增大，实际前角增大，Λ_h 减小，切削力下降；在积屑瘤消退期，v_c增大，积屑瘤高度减小，实际前角变小，Λ_h 增大，切削力上升。

切削铸铁等脆性材料时，被切削材料的塑性变形及其与前刀面的摩擦均比较小，因此

v_c 对切削力没有显著影响。

3. 刀具几何参数的影响

（1）前角 γ_o。γ_o增大，Λ_h 变形系数减小，切削力下降。切削塑性材料时，γ_o对切削力的影响较大；切削脆性材料时，由于切削变形很小，γ_o对切削力的影响不显著。

（2）主偏角 κ_r。主偏角 κ_r 增大，背向力 F_p减小，进给力 F_f增大。图 1-30 所示为采用试验法获得的 45 钢在一定切削条件下主偏角对切削力的影响。

（3）刃倾角 λ_s。改变刃倾角将影响切屑在前刀面上的流动方向，从而使切削合力的方向发生变化。图 1-31 所示为试验法测得 45 钢在一定条件下刃倾角对切削力的影响，从图中看出增大 λ_s，径向力 F_p减小，进给力 F_f增大。λ_s 在 $-45°\sim10°$范围内变化时，主切削力 F_c 基本不变。

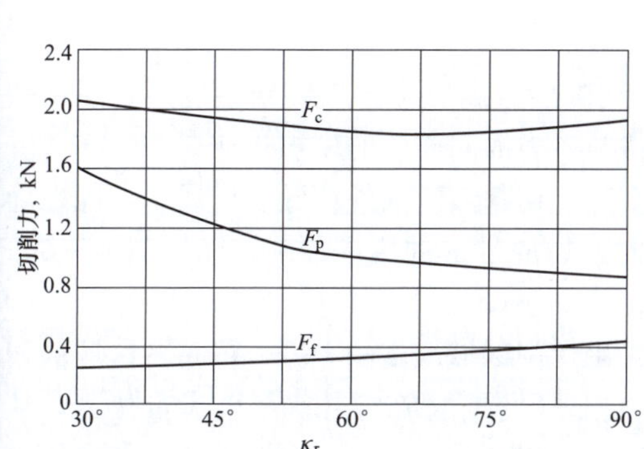

工件材料：45 钢（正火），HB=187。

刀具结构：焊接式平前刀面外圆车刀。

刀片材料：YT15。

刀具几何参数：$\gamma_o=18°$，$\alpha_o=6\sim8°$，$\kappa'_r=10\sim12°$，$\lambda_s=0°$，$b_\gamma=0$。

切削用量：$a_p=3mm$，$f=0.3mm/r$，$v_c=95.5\sim103.5m/min$。

图 1-30　主偏角对切削力的影响

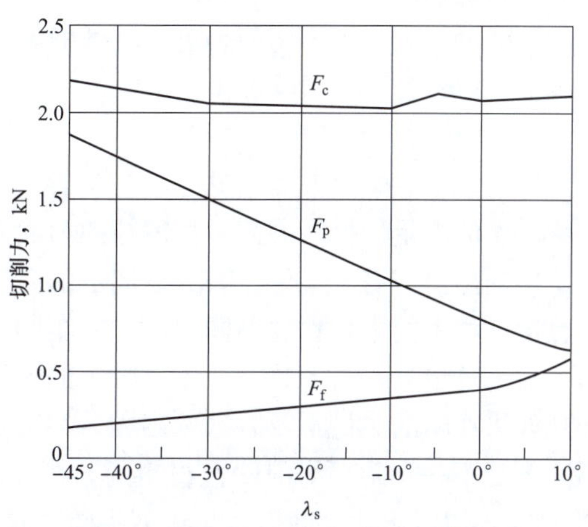

工件材料：45 钢（正火），HB=187。

刀具结构：焊接式平前刀面外圆车刀。

刀片材料：YT15。

刀具几何参数：$\gamma_o=18°$，$\alpha_o=6°$，$\alpha'_o=4\sim6°$，$\kappa_r=75°$，$\kappa'_r=10\sim12°$。

切削用量：$a_p=3mm$，$f=0.35mm/r$，$v_c=100m/min$。

图 1-31　刃倾角对切削力的影响

（4）负倒棱 $b_{\gamma1}$。为了提高刀尖部位强度，改善散热条件，常在主切削刃上磨出一个带有负前角 γ_{o1}的棱台，如图 1-32 所示，其宽度为 $b_{\gamma1}$。负倒棱对切削力的影响与负倒棱面在切屑形成过程中所起作用的大小有关。当负倒棱宽度 $b_{\gamma1}$ 小于切屑与前刀面接触长度 l_f时[见图 1-32（b）]，切屑除与倒棱接触外，还与前刀面接触，切削力虽有所增加，但增加的幅度不大。当 $b_{\gamma1}>l_f$时［见图 1-32（c）］，切屑只与负倒棱面接触，相当于用负前角为 γ_o的车刀进行切削，与不设负倒棱相比，切削力将显著增大。

4. 刀具磨损

后刀面磨损增大时，后刀面上的法向力和摩擦力都增大，故切削力增大。

5. 切削液

使用以冷却作用为主的切削液（如水溶液），对切削力影响不大；使用润滑作用强的切

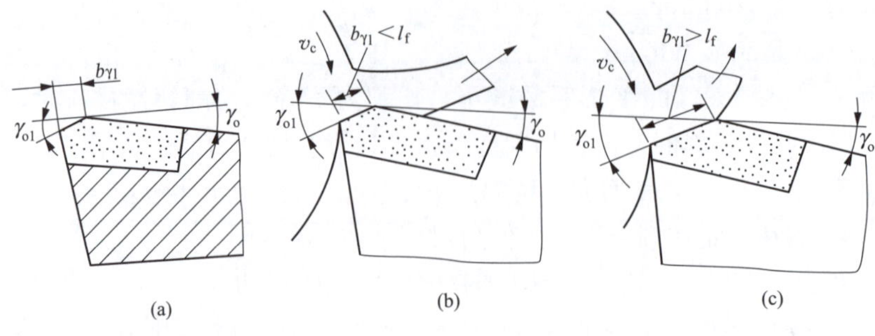

图 1-32　负倒棱车刀

削液（如切削油），可使切削力减小。

三、切削热的产生及影响因素

切削过程中产生的切削热对刀具磨损和刀具寿命具有重要影响，切削热还会使工件和刀具产生变形及裂纹而影响加工精度。

（一）切削热的产生与传导

切削热来源于两方面（见图 1-33）：一方面是切削层金属发生弹性和塑性变形，晶格畸变所产生的能量；另一方面是切屑与前刀面、工件与后刀面间产生的摩擦热。

切削热由切屑、工件、刀具及周围的介质（空气、切削液）向外传导。切屑、工件在导出热量过程中的影响程度不同。例如，车削加工时，切屑带走的热量最多；而钻削加工时，由于加工环境处于封闭状态，工件带走的热量最多。

如果产生的热量不及时散发出去，切削热会带来切削区域温度的上升，但是各区域的切削温度是不一样的，切削塑性材料时，由于第Ⅰ变形区发生的剪切滑移产生大量热量，从图 1-34 可以看出，在前刀面靠近刀尖的位置，温度是最高的，为 700～1000℃。

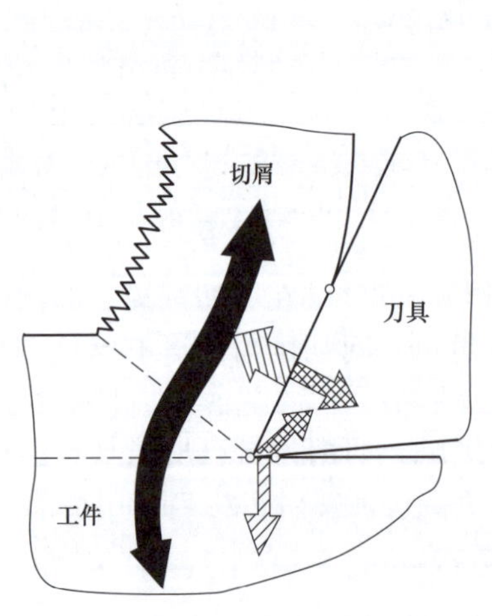

图 1-33　切削热的产生与传出

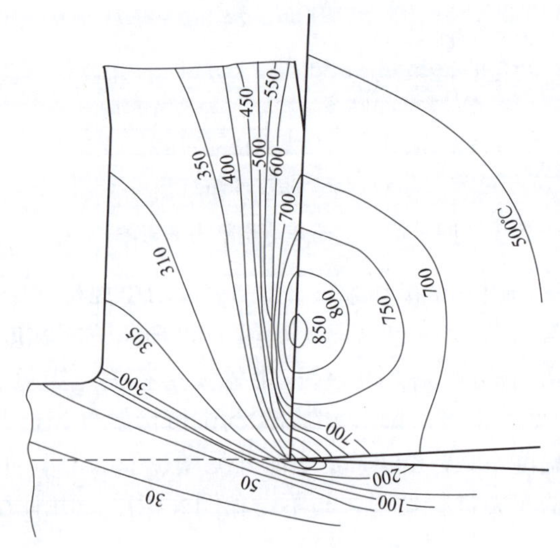

图 1-34　刀具、切屑和工件的温度分布

切削温度一般指切屑与前刀面接触区域的平均温度。

（二）影响切削温度的主要因素

1. 切削用量对切削温度的影响

$$\theta = C_\theta v_c^{z_\theta} f^{y_\theta} a_p^{x_\theta} \tag{1-10}$$

式中　　θ——切削温度；

C_θ——常数；

z_θ、y_θ、x_θ——指数。

v_c、f、a_p 增大，单位时间内材料的切除量增加，切削热增多，切削温度也随之升高，但三者的影响程度不同。在式（1-10）中，由于指数 $z_\theta > y_\theta > x_\theta$，所以切削速度 v_c 对切削温度的影响最为显著，f 次之，a_p 最小。从尽量降低切削温度的角度考虑，在保持切削效率不变的条件下，选用较大的 a_p 和 f 比选用较大的 v_c 更为有利。

2. 刀具几何参数对切削温度的影响

（1）前角 γ_o 对切削温度的影响。图 1-35 所示为在切削速度不同的条件下测得的前角与切削温度的关系，从图中可以看出，γ_o 增大，变形减小，切削力减小，切削温度下降。前角超过 18°～20°后，γ_o 对切削温度的影响减弱，这是因为刀具楔角（前、后刀面的夹角）减小而使散热条件变差的缘故。

（2）主偏角 κ_r 对切削温度 θ 的影响。在不同切削速度下测得 κ_r 与 θ 的关系如图 1-36 所示，减小 κ_r，切削刃工作长度和刀尖角增大，散热条件变好，使切削温度下降。

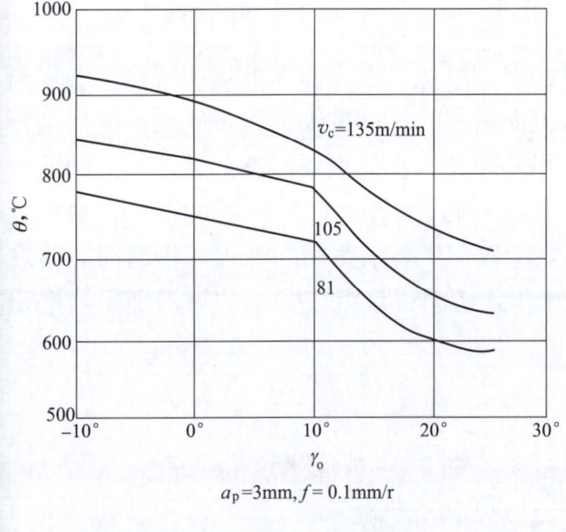

图 1-35　γ_o 与 θ 的关系

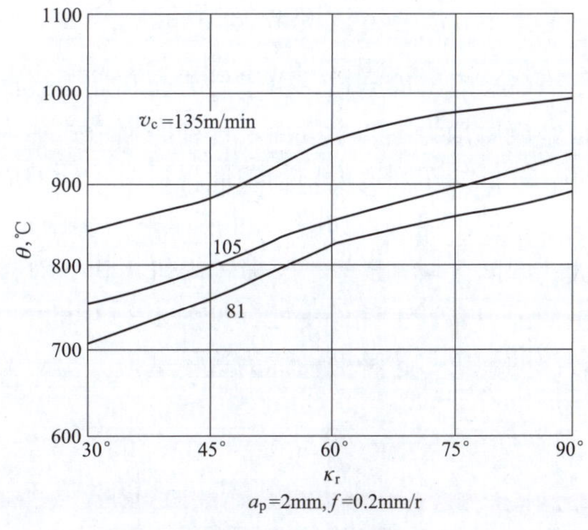

图 1-36　κ_r 与 θ 的关系

3. 工件材料对切削温度的影响

工件材料的强度和硬度高，产生的切削热多，切削温度就高。工件材料的导热系数小时，切削热不易散出，切削温度相对较高。切削灰铸铁等脆性材料时，切削变形小、摩擦小，切削温度一般较切削钢时低。

4. 刀具磨损对切削温度的影响

刀具磨损使切削刃变钝，切削时变形增大、摩擦加剧，切削温度上升。

5. 切削液对切削温度的影响

使用切削液可以从切削区带走大量的热量，可以明显降低切削温度，提高刀具寿命。

四、刀具磨损与刀具寿命分析

（一）刀具磨损的形态

（1）前刀面磨损（月牙洼磨损）。如图 1-37 所示，切削塑性材料时，如果切削速度和切削厚度较大，切屑经常会在前刀面上磨出一个月牙洼。出现月牙洼的部位就是切削温度最高的部位。月牙洼和切削刃之间有一条小棱边，月牙洼随着刀具磨损不断变大，当其扩展到使棱边变得很窄时，切削刃强度降低，极易导致崩刃。月牙洼磨损量以其深度 KT 值表示如图 1-38 所示。

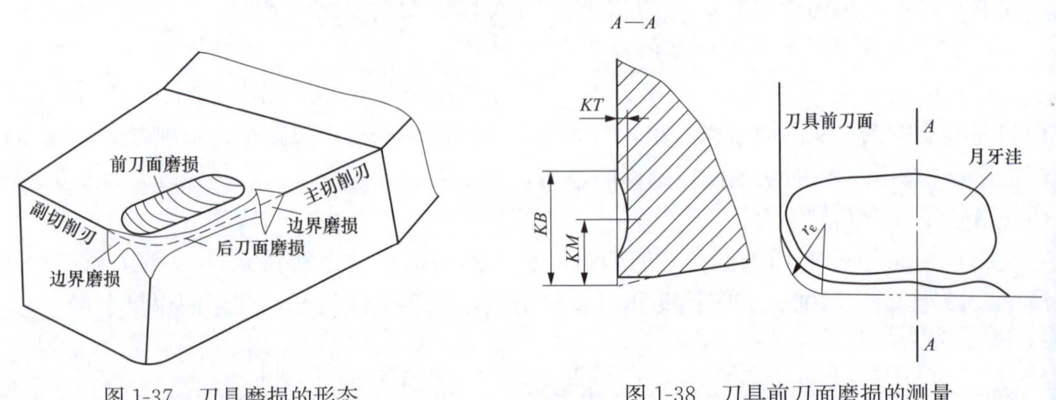

图 1-37 刀具磨损的形态

图 1-38 刀具前刀面磨损的测量

（2）后刀面磨损。由于后刀面和加工表面间的强烈摩擦，后刀面靠近切削刃部位会逐渐被磨成后角为零的小棱面，这种磨损形式称为后刀面磨损。切削铸铁，以及以较小的切削厚度、较低的切削速度切削塑性材料时，后刀面磨损是刀具磨损的主要形态。后刀面上的磨损棱带往往不均匀，如图 1-39 所示，刀尖附近（C 区）因强度较差，散热条件不好，磨损较大；中间区域（B 区）磨损较均匀，其平均磨损宽度以 VB 表示。切削锻件等钢料时，常在主切削刃靠近工件外皮处（见图 1-39 中的 N 区）和副切削刃靠近刀尖处的后刀面上，磨出较深的沟纹，这种磨损称为边界磨损。

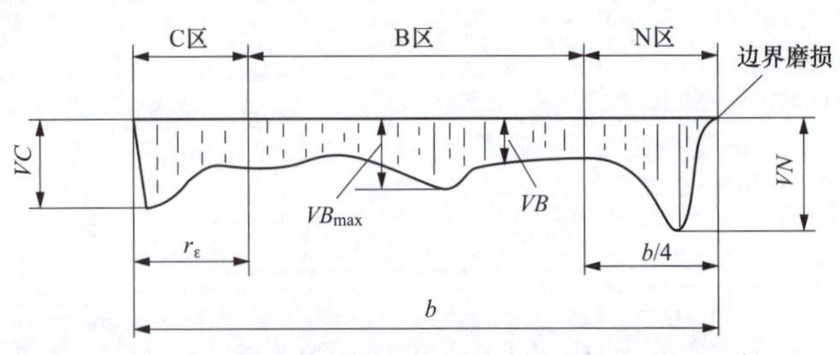

图 1-39 刀具后刀面磨损的测量

（二）刀具磨损的原因

（1）磨料磨损。由工件材料中所含的碳化物、氮化物、氧化物等硬质点及积屑瘤碎片等在刀具表面上划出一条条沟纹而形成的机械磨损称为磨料磨损。硬质点划痕在各种切削速度下都存在，它是低速切削刀具（如拉刀、板牙等）产生磨损的主要原因。

（2）黏结磨损。切削时，切屑与前刀面之间由于高压力和高温度的作用，切屑底面材料与前刀面发生冷焊黏结形成冷焊黏结点，在切屑相对于刀具前刀面的运动中，冷焊黏结点处刀具材料表面微粒会被切屑黏走，造成刀具的黏结磨损。上述冷焊黏结磨损机制在工件与刀具后刀面之间也同样存在。在中等偏低的切削速度条件下，冷焊黏结是产生磨损的主要原因。

（3）扩散磨损。在切削过程中，刀具后刀面与已加工表面、刀具前刀面与切屑底面相接触，由于高温和高压的作用，刀具材料和工件材料中的化学元素相互扩散，使两者的化学成分发生变化，这种变化削弱了刀具材料的性能，使刀具磨损加快。例如，用硬质合金切削钢材时，从 800℃开始，硬质合金中的 Co、C、W 等元素会扩散到切屑和工件中去。如图 1-40 所示，硬质合金中 Co 元素的减少，降低了硬质合金硬质相（WC、TiC）的黏结强度，导致刀具磨损加快。扩散磨损在高温下产生，且随温度升高而加剧。

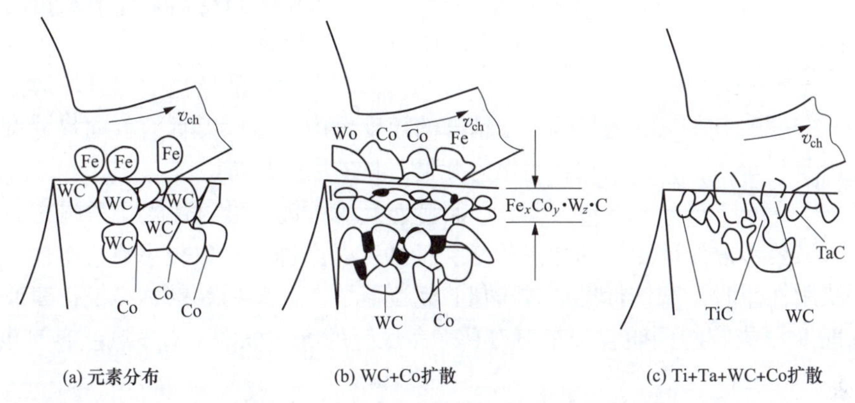

图 1-40　扩散磨损

（4）化学磨损。在一定温度作用下，刀具材料与周围介质（如空气中的氧，切削液中极压添加剂内的硫、氯等）起化学作用，在刀具表面形成硬度较低的化合物，易被切屑和工件摩擦掉，造成刀具材料损失，由此产生的刀具磨损称为化学磨损。化学磨损主要发生在较高的切削速度条件下。

（5）相变磨损。当刀具上最高温度超过材料相变温度时，刀具表面金相组织发生变化。例如马氏体组织转变为奥氏体，使硬度下降，磨损加剧，工具钢刀具在高温时均属此类磨损。

（三）刀具磨损过程

如图 1-41 所示，刀具磨损可以分为三个阶段。

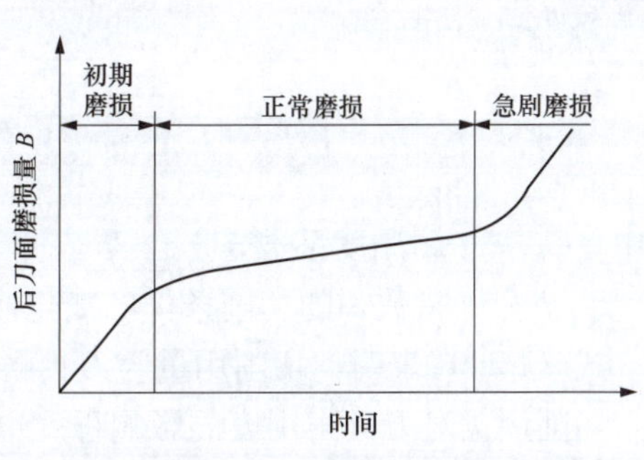

图 1-41　刀具磨损曲线

（1）初期磨损阶段。新刃磨的刀具刚投入使用、后刀面与工件的实际接触面积很小，单位面积上承受的正压力较大，再加上刚刃磨后的后刀面微观凹凸不平，刀具磨损速度很快，此阶段称为刀具的初期磨损阶段。刀具刃磨以后如果能用细粒度磨粒的油石对刃磨面进行研磨，可以显著降低刀具的初期磨损量。

（2）正常磨损阶段。经过初期磨损后，刀具后刀面与工件的接触面积增大，单位面积上承受的压力逐渐减小，刀具后刀面的微观粗糙表面已经磨平，因此磨损速度变慢，此阶段称为刀具的正常磨损阶段。它是刀具的有效工作阶段。

（3）急剧磨损阶段。当刀具磨损量增加到一定限度时，切削力、切削温度将急剧增高，刀具磨损速度加快，直至丧失切削能力，此阶段称为急剧磨损阶段。在急剧磨损阶段让刀具继续工作是一件得不偿失的事情，既保证不了加工质量，又加速消耗了刀具材料，如果出现刀刃崩裂的情况，损失就会更大。因此，刀具在进入急剧磨损阶段之前必须更换。

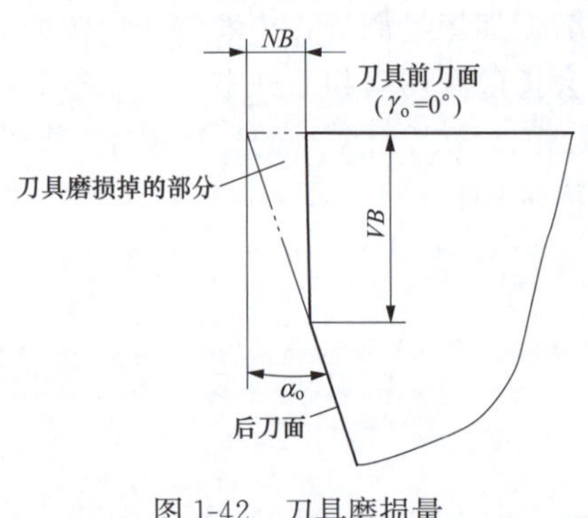

图 1-42　刀具磨损量

（四）刀具磨钝标准

刀具磨损到一定限度就不能继续使用了，这个磨损限度称为刀具的磨钝标准。一般刀具的后刀面都会发生磨损，而且测量也比较方便，因此国际标准 ISO 统一规定以 1/2 背吃刀量处后刀面上测量的磨损带宽度 VB 作为刀具的磨钝标准，如图 1-42 所示。

自动化生产中使用的精加工刀具，从保证工件尺寸精度的角度考虑，常以刀具的径向尺寸磨损量 NB 作为衡量刀具的磨钝标准。

制订刀具的磨钝标准时，既要考虑充分发挥刀具的切削能力，又要考虑保证工件的加工质量。精加工时磨钝标准取较小值，粗加工时取较大值；工艺系统刚性差时，磨钝标准取较小值；切削难加工材料时，磨钝标准也要取较小值。

国际标准 ISO 推荐的硬质合金车刀刀具寿命试验的磨钝标准，有下列三种可供选择：

（1）$VB=0.3\text{mm}$。

（2）如果主后刀面为无规则磨损，取 $VB_{\max}=0.6\text{mm}$。

（3）前刀面磨损量 $KT=(0.06+0.3f)\text{mm}$。

（五）刀具耐用度

1. 刀具耐用度的制订

在实际生产中，不可能经常停机测量刀具的磨损量是否达到磨钝标准，一般采用试验法测得与磨钝标准相对应的切削时间作为刀具是否需要刃磨的依据。刃磨后的刀具自开始切削到磨损量达到磨钝标准为止所经历的切削时间，称为刀具耐用度，用 T 表示。

凡影响刀具磨损的因素都会影响刀具耐用度，而且刀具耐用度是衡量刀具切削性能好坏的重要标志。

$$T=\frac{C_T}{v_c^{\frac{1}{m}} f^{\frac{1}{g}} a_p^{\frac{1}{h}}} \tag{1-11}$$

式中　C_T——耐用度系数；

m、g、h——指数，随切削条件的变化而变化，且 $0<m<g<h$。

式（1-11）表明，切削用量与刀具耐用度密切相关。由于 m、g 和 h 三个指数的数值不同，切削用量对刀具耐用度的影响程度也不同。切削速度对刀具耐用度影响最大，进给量次之，切削深度影响最小。这与三者对切削温度的影响顺序一致，同时也说明切削温度是影响刀具耐用度的主要因素。

同时，刀具耐用度 T 定得高，切削用量就要取得低，虽然换刀次数少，刀具消耗变小，但切削效率下降，经济效益未必好；刀具耐用度 T 定得低，切削用量可以取得高，则切削效率提高，但换刀次数多，刀具消耗变大，调整刀具位置费工费时，经济效益也未必好。

综合衡量，制订刀具耐用度时，应具体考虑以下几点：

（1）刀具构造复杂、制造和磨刀费用高时，刀具耐用度应规定得高些。

（2）多刀车床上的车刀，组合机床上的钻头、丝锥和铣刀，自动机及自动线上的刀具，因为调整复杂，刀具耐用度应规定得高些。

（3）某工序的生产成为生产线上的瓶颈时，刀具耐用度应定得低些，这样可以选用较大的切削用量，以加快该工序生产节奏；某工序单位时间的生产成本较高时，刀具耐用度应规定得低些，这样可以选用较大的切削用量，缩短加工时间。

（4）精加工大型工件时，刀具耐用度应规定得高些，至少保证在一次走刀中不换刀。

2. 刀具的寿命

一把新刀往往要经过多次重磨才会报废，刀具耐用度与刀具重磨次数的乘积就是刀具寿命，即一把新刀具从开始投入使用直至报废的总切削时间。

刀具的寿命长短决定着生产成本的高低，刀具寿命越长，分摊到每件产品上的刀具生产成本就会越低。

【任务实施】

（1）通过搜索刀具磨损图片或到生产车间观察刀具的磨损形态，确定磨损的种类及产生此种磨损的原因。

（2）清楚认识切削过程中金属层受到刀具切削刃的切削和前刀面的挤压会发生剪切滑移。在这个过程中，刀具前刀面与切屑之间、后刀面与工件之间会产生很大的摩擦，摩擦使刀具发生磨损。另外，切削过程中切削变形导致切削热的产生，由于热量传入和传出之间的不平衡，切削区温度升高，导致切削刃材料变软，加剧了刀具磨损的程度。因此，节约刀具、延长刀具寿命可以从刀具几何角度、切削用量、刀具材料、工件材料、刃磨更换刀具时间节点、操作工人责任心及操作技术水平几个方面对刀具寿命的影响进行分析。

【任务小结】

（1）通过对切削加工过程中切削层金属切削变形成为切屑过程的分析，了解积屑瘤的产生、切屑四种形态的形成、切削过程中切削力的产生、切削热的产生、刀具磨损的原因等问题，对加工过程中出现的物理现象进行剖析，了解切削加工过程中的物理现象对切削加工质量的控制、加工成本的降低、生产效率的提升途径有很好的指导意义。

（2）刀具的磨损问题是制约生产效率和产品成本的重要因素，通过分析刀具磨损的形态、刀具磨损的机理、刀具磨钝标准的合理制订等，获得刀具耐用度和刀具寿命的影响因素，从而可以有效地控制刀具成本。

【任务评价】

序号	考核项目	考核内容	检验规则	分值	
				小组互评	教师评分
1	积屑瘤	叙述积屑瘤产生的条件，对加工带来的影响	能叙述条件得10分，能叙述带来的影响得10分		
2	切屑类型	叙述切屑的类型，产生的条件，对加工过程的影响	每说出一种类型及产生的条件、影响等得10分		
3	切削力	说明影响切削力的因素，并分析给切削力带来什么影响	每说出一种因素并分析出对加工的影响得10分		
4	切削温度	说明切削热产生的因素及传播的途径	能叙述产生因素得5分，能叙述传播途径得5分		
5	切削温度的影响因素	说明影响切削温度的因素，并分析与切削温度的关系	每说出一种因素并分析出对温度的影响得10分		
6	刀具磨损的形态	说明刀具磨损的形态，并分析在加工什么类型工件时的形态	每说对一种类型得5分		
7	刀具磨损的机理	说明刀具磨损的机理，并分析在什么情况下出现	每说对一种机理得5分		
合计					

项目二　车削加工技术

【项目描述】

在理实一体实训室加工如图 2-1 所示的零件。已知毛坯材料为 45 钢，毛坯尺寸为 ϕ40mm×120mm，要求采用车削的方法加工，选择切削机床，选取合理的刀具并刃磨，分析并改善切削条件，在保证产品质量的前提下，降低生产成本。

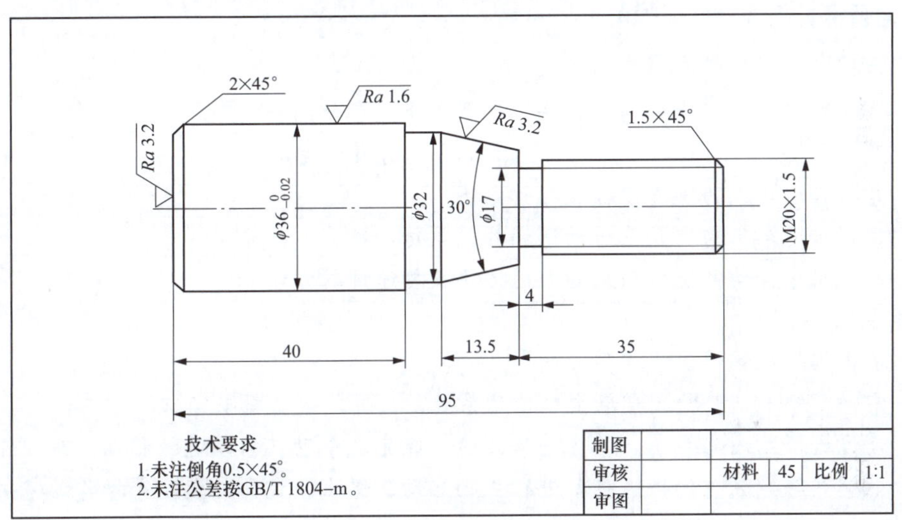

图 2-1　车削加工项目轴

【项目作用】

本项目将引领大家学会车削加工的有关知识和技能，剖析普通车床的结构及组成，学会普通车床的操作步骤及简单维修方法，会根据现场的加工要求选择车刀，能刃磨车刀，能根据加工过程中出现的问题对切削用量等加工条件做出调整。上述知识技能为普通车床操作加工人员及数控车床操作加工人员必备部分。

【项目教学配套设施】

一体化教室，配备 CA6140 或其他型号（如 C6132 等）普通卧式车床等设备，三爪卡盘、鸡心夹头、拨盘、跟刀架、中心架、顶尖等机床附件，75°、45°、90°外圆右偏刀，切槽刀、螺纹刀、内孔车刀等相应车刀，游标卡尺等量具，多媒体教学设备，工具橱，相关车床保养设施等。

【项目分析】

如图 2-1 所示，该轴类零件的加工精度要求不高（所有表面粗糙度值 $Ra \geqslant 1.6\mu m$），按照加工经济的原则，一般使用车削的方法完成零件的加工。在车床上用车刀对零件表面展开的机械加工内容统称为车削加工。

要完成本项目，最主要的是要学会车削加工的工作流程及操作步骤。首先要认识车床的外部机械构造，了解每一部分结构在车床中的作用；再对照机床主轴转速图、机床传动系统图对机床传动链做分析，学会应用转速图等选择和计算机床主轴转速、进给量等；然后为车削加工选择合适的车刀，并学习车刀正确的刃磨方法及检测几何角度的方法；最后学会选择车削加工条件，查阅国家相关行业标准手册、工具手册等，从经济的角度出发，获得保障产品质量的加工条件。

任务一　认识普通卧式车床机械结构及传动系统

【学习目标】

知识目标

(1) 掌握通用机床型号编制的方法，了解车床主参数的含义。

(2) 掌握 CA6140 型卧式车床的各组成部分名称及作用。

(3) 掌握普通车床的操作步骤及操作方法。

(4) 掌握普通车床的内联系传动链和外联系传动链。

(5) 掌握机床传动系统传动链的表达方法及转速计算方法。

技能目标

(1) 能根据机床铭牌说明其型号的含义。

(2) 看懂 CA6140 型卧式车床主轴传动系统图，并学会主轴变速。

(3) 看懂进给系统路线图，学会进给变速，能完成手动、自动进给移动。

(4) 能够熟练操纵主轴操纵杆，进行主轴启动、停止、变向、变速等操作，完成简单的切削运动。

(5) 能说明车床常用的机床附件，并会合理地选择和应用。

【任务描述】

认真分析如图 2-1 所示的加工项目轴图样，在实训室完成以下任务：

(1) 为该零件的切削加工选择合适的机床。

(2) 阅读实训室中机床铭牌上的机床型号并说明型号的含义和该机床的主参数。

(3) 列表说明实训室中所选用机床机械结构的组成及每部分的作用。

(4) 看懂机床传动系统图等，能根据加工要求扳动手柄，实现切削用量的调整。

【任务分析】

要完成任务，首先需认真学习普通车床的工作原理、外部机械结构，对照车床深入了解每一部分结构的名称，以及每一部分结构在机床中的作用、操作或使用的要领，掌握车床的启动步骤及基本操作方法等；然后学会识别内部传动系统图、传动路线图等，并掌握利用传动系统图等工具计算机床转速的方法，针对机床主轴箱的转速图、进给量表等分析获得所需切削用量的方法，学习机床保养及维修的基本知识与技能。工作过程中要遵照实训室的安全操作规程，利用相应的工具，严格按照拆卸、装配步骤进行，严禁违反规定私自乱开乱动机床开关、乱拆乱卸机床部件的行为。

知识链接

一、机床型号的认知

金属切削机床是机械制造业的主要设备，为了满足不同类型的工件结构和不同加工表面的需要，每种机床会有很多种类和规格。为了便于区别、使用和管理，机床生产厂家按国家标准及本厂的有关规定对出厂销售的机床编制型号，并将编制的机床型号制成铭牌（见图 2-2），固定在机床的床身外部，通过查看机床自带的铭牌找到该机床的型号，大致了解机床的类型及主要技术参数，根据主参数确定能否满足待加工工件的需要。要了解机床和机床型号的含义，首先要学习国家关于机床型号编制的有关规定。

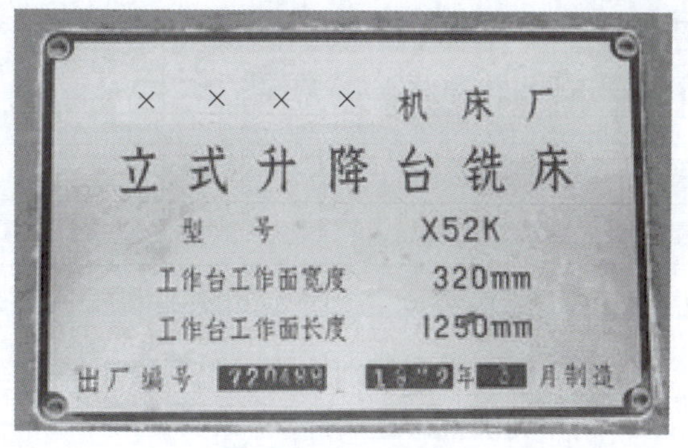

图 2-2　机床铭牌

机床型号是机床产品的代号，根据国家制定的机床型号编制方法，用以简明地表示机床的类型、通用特性和结构特性、主要技术参数等内容。

我国现行的机床型号是按照 GB/T 15375—2008《金属切削机床　型号编制方法》的规定编制的，型号由汉语拼音字母和阿拉伯数字按一定规律组合而成。机床型号由基本部分和辅助部分组成，中间用“/”隔开，读作“之”。基本部分需统一管理，辅助部分纳入型号与否一般由企业自定。

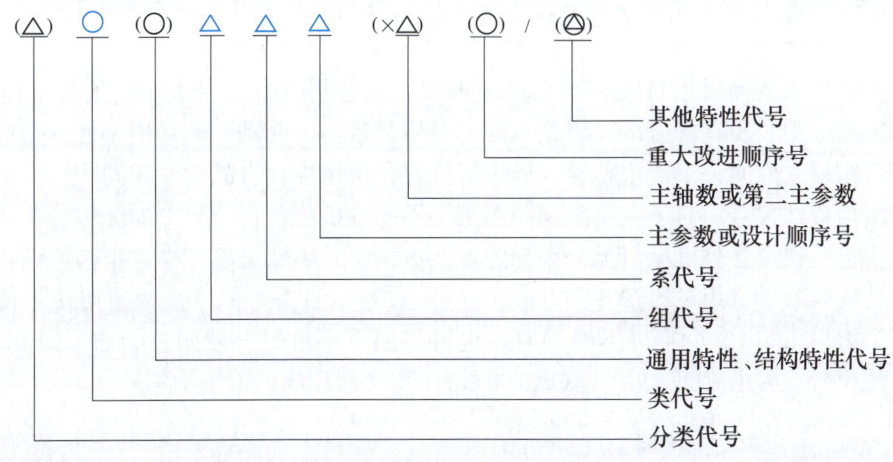

注：

（1）有“（）”的代号或数字，若无内容，则不表示；若有内容，则不带括号。

（2）有“○”符号者，为大写的汉语拼音字母。

（3）有“△”符号者，为阿拉伯数字。

（4）有“◎”符号者，为大写的汉语拼音字母或阿拉伯数字，或者两者兼有之。

（一）基本部分

1. 机床的类别代号

按机床的加工性质和所用刀具的不同，我国通用机床共分为 11 个类别，分别用其名称的汉语拼音的首字母（大写）表示，见表 2-1。其中磨床的品种较多，又分为三类，分别用 M、2M、3M 表示。

表 2-1 机床类别和分类代号

类别	车床	钻床	镗床	磨床			齿轮加工机床	螺纹加工机床	铣床	刨插床	拉床	锯床	其他机床
代号	C	Z	T	M	2M	3M	Y	S	X	B	L	G	Q
读音	车	钻	镗	磨	二磨	三磨	牙	丝	铣	刨	拉	割	其

2. 机床的特性代号

代表机床具有的特别性能，包括通用特性和结构特性两种，用汉语拼音首字母（大写）表示，列在类别代号之后。

（1）通用特性代号。当某机床型号除普通形式外，还具有其他通用特性时，则在类别代号后加相应的特性代号。例如 XK5032，K 表示该铣床具有程序控制的特性。机床常用的通用特性代号见表 2-2。

表 2-2 通用特性代号

通用特性	高精度	精密	自动	半自动	数控	加工中心（自动换刀）	仿形	轻型	加重型	柔性加工单元	数显	高速
代号	G	M	Z	B	K	H	F	Q	C	R	X	S
读音	高	密	自	半	控	换	仿	轻	重	柔	显	速

若某机床只有某种通用特性，而无普通形式，则通用特性不予表示。例如 C1312 型单轴自动车床型号中，没有普通型，因此也就不必用 Z 表达“自动”的通用特性。一般型号中只表示该机床最主要的一个通用特性，通用特性在各机床中代表的意义相同。

（2）结构特性代号。对于主参数相同而结构不同的机床，在型号中加结构特性代号予以区分。结构特性根据各类机床情况分别规定，在不同型号中意义不一样。结构特性代号应排在通用特性代号之后，用汉语拼音字母表示，如 A、D、E 等，但已作为通用代号使用的字母 I、O 不能使用。当单个字母不够用时，也可将两个字母组合使用。例如 CDE6140，DE 为结构特性代号，表示 CDE6140 与 CA6140 车床主参数相同，但结构不同。

3. 机床的组别、系别代号

在每一类机床中，又按工艺范围、布局形式和结构性能分为若干组，主要布局和使用范围基本相同的机床，划分为同一组。每类机床按其结构性能及使用范围划分为 10 个组，用数字 0～9 表示。在同一组机床中，其基本结构及布局形式相同的机床，即为同一系。每组机床分 10 个系（系列），用数字 0～9 表示。机床的组、系代号分别用一位阿拉伯数字表示，位于类代号或特性代号之后。前一位表示组别，后一位表示系别。不同类机床组的划分见表 2-3 。

表 2-3　金属切削机床类、组划分

组别类别	0	1	2	3	4	5	6	7	8	9
车床 C	仪表车床	单轴自动、半自动车床	多轴自动、半自动车床	回轮、转塔车床	曲轴及凸轮轴车床	立式车床	落地及卧式车床	仿形及多刀车床	轮、轴、辊、锭及铲齿车床	其他车床
钻床 Z		坐标镗钻床	深孔钻床	摇臂钻床	台式钻床	立式钻床	卧式钻床	钻铣床	中心孔钻床	
镗床 T			深孔镗床		坐标镗床	立式镗床	卧式铣镗床	精镗床	汽车、拖拉机修理用镗床	
磨床 M	仪表磨床	外圆磨床	内圆磨床	砂轮机	坐标磨床	导轨磨床	刀具刃磨床	平面及端面磨床	曲轴、凸轮轴、花键轴及轧辊磨床	工具磨床
磨床 2M		超精机	内圆珩磨机	外圆及其他珩磨机	抛光机	砂带抛光及磨削机床	刀具刃磨及研磨机床	可转位刀片磨削机床	研磨机	其他磨床
磨床 3M		球轴承套圈沟磨床	滚子轴承套圈滚道磨床	轴承套圈超精机		叶片磨削机床	滚子加工机床	钢球加工机床	气门、活塞及活塞环磨削机床	汽车、拖拉机修磨机床
齿轮加工机床 Y	仪表齿轮加工机床		锥齿轮加工机床	滚齿及铣齿机	剃齿及珩齿机	插齿机	花键轴铣床	齿轮磨齿机	其他齿轮加工机床	齿轮倒角及检查机
螺纹加工机床 S				套丝机	攻丝机		螺纹铣床	螺纹磨床	螺纹车床	
铣床 X	仪表铣床	悬臂及滑枕铣床	龙门铣床	平面铣床	仿形铣床	立式升降台铣床	卧式升降台铣床	床身铣床	工具铣床	其他铣床
刨插床 B		悬臂刨床	龙门刨床			插床	牛头刨床		边缘及模具刨床	其他刨床
拉床 L			侧拉床	卧式外拉床	连续拉床	立式内拉床	卧式内拉床	立式外拉床	键槽、轴瓦及螺纹拉床	其他拉床
锯床 G			砂轮片锯床		卧式带锯床	立式带锯床	圆锯床	弓锯床	锉锯床	
其他机床 Q	其他仪表机床	管子加工机床	木螺钉加工机		刻线机	切断机	多功能机床			

4. 机床的主参数和第二参数

机床主参数代表机床规格的大小，在机床型号中，用数字给出主参数的折算数值（1/10 或 1/100，也有少数是 1）表示，排在组系代号之后。常用机床主参数及折算系数见表 2-4。

表 2-4 常用机床主参数及折算系数

机 床	主参数名称	折 算 系 数
卧式车床	床身上最大回转直径	1/10
立式车床	最大车削直径	1/100
摇臂钻床	最大钻孔直径	1/1
卧式镗床	镗轴直径	1/10
坐标镗床	工作台面宽度	1/10
外圆磨床	最大磨削直径	1/10
内圆磨床	最大磨削孔径	1/10
矩台平面磨床	工作台面宽度	1/10
齿轮加工机床	最大工件直径	1/10
龙门铣床	工作台面宽度	1/100
升降台铣床	工作台面宽度	1/10
龙门刨床	最大刨削宽度	1/100
插床及牛头刨床	最大插削及刨削长度	1/10
拉床	额定拉力	1/1

第二参数是指主轴数、最大跨距、最大工作长度、工作台工作面长度等，它也用折算值表示，一般用两位数表示。

5. 机床的重大改进顺序号

当机床性能和结构布局有重大改进时，在原机床型号尾部，加重大改进顺序号 A、B、C 等汉语拼音字母（I 和 O 除外），并按顺序选用，以示与原机床的区别。

（二）辅助部分

辅助部分主要是其他特性代号。其他特性代号用以反映各类机床的特性，如对于一般机床，可以用来反映同一型号机床的变型；对于数控机床，可以用来反映不同的数控系统等。其他特性代号用汉语拼音字母或阿拉伯字母或二者的组合表示。

关于机床型号中其他内容和专用机床、机床自动线的型号，除参考 GB/T 15375—2008 以外，还要查看这个厂家的机床产品样本书。

二、普通车床结构及传动系统认知

普通车床是车床中应用最广泛的一种，约占车床类总数的 65%。普通车床主要的类型有卧式车床、立式车床、转塔车床、仿形车床等。

（一）普通卧式车床

卧式车床，因其主轴以水平方式放置，故称为卧式车床。主要用于轴类零件和直径不太大的盘套类零件的加工，常用于加工工件的内外回转表面、沟槽、端面和各种内外螺纹，采用相应的刀具和附件后，还可进行钻孔、扩孔、攻螺纹和滚花等。普通卧式车床中应用最为广泛的是 CA6140 型普通卧式车床。下面主要介绍 CA6140 的外部结构及内部传动系统。

1. 普通卧式车床CA6140的各部分名称及作用

图2-3所示为CA6140型普通卧式车床的结构，其主要组成部分及各部分的作用如下：

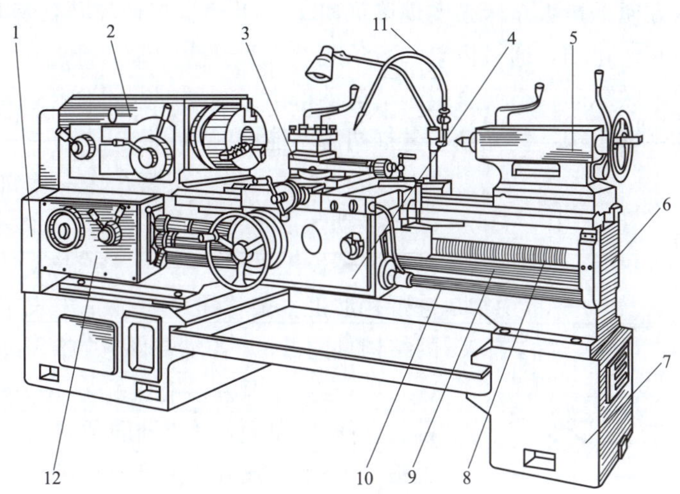

图2-3　CA6140型普通卧式车床的结构

1—挂轮箱；2—主轴箱；3—刀架；4—溜板箱；5—尾座；6—床身；7—床脚；8—丝杠；9—光杠；10—操纵杆；11—照明及冷却系统；12—进给箱

（1）挂轮箱。挂轮箱用来将主轴的回转运动传递到进给箱。变换箱内的三星齿轮，配合进给箱变速机构，可以得到车削各种螺距的螺纹进给运动。

（2）主轴箱。主轴箱又称床头箱，内装主轴和变速机构。变速是通过改变设在床头箱外面的手柄位置，可使主轴获得12种不同的转速（45～1980r/min）。主轴箱内的主轴是空心结构，能通过长棒料，主轴的右端有外螺纹，用以连接卡盘、拨盘等附件。主轴右端的内表面是莫氏5号的锥孔，可插入锥套和顶尖，床头箱的另一重要作用是将运动传给进给箱，并可改变进给方向。

（3）刀架。刀架部分是用来装夹车刀，并带动车刀做纵向、横向及斜向运动。刀架（见图2-4）是多层结构，由以下几部分组成：

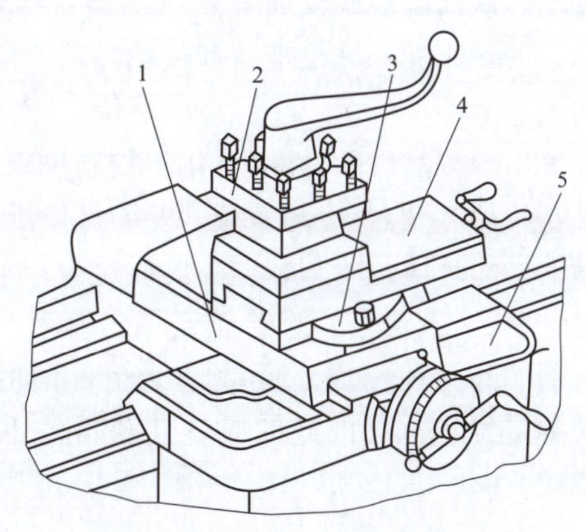

图2-4　刀架

1—中滑板；2—方刀架；3—转盘；4—小滑板；5—床鞍

1）床鞍：与溜板箱牢固相连，可带动中滑板、小滑板及刀架沿床身导轨做纵向移动。

2）中滑板：装置在床鞍顶面的横向导轨上，可带动小滑板及刀架做横向移动。

3）转盘：固定在中滑板上，松开紧固螺母后，可转动转盘，使刀架和床身导轨呈一个所需要的角度，而后再拧紧螺母，以加工圆锥面等。

4）小滑板：装在转盘上面的燕尾槽内，可做短距离的进给移动。

5）方刀架：固定在小滑板上，可同时装夹四把车刀。松开锁紧手柄，即可转动方刀架，把所需要的车刀更换到工作位置上。

（4）溜板箱。溜板箱又称拖板箱，溜板箱是进给运动的操纵机构。溜板箱上装有一些微手柄和按钮，可以方便地操纵车床来实现诸如机动、手动、车螺纹及快速移动等运动方式。它使光杠或丝杠的旋转运动，通过齿轮和齿条或丝杠和开合螺母，推动车刀做进给运动。当接通光杠时，刀架可做纵向或横向直线进给运动；当接通丝杠并闭合开合螺母时，可车削螺纹。溜板箱内设有互锁机构，使光杠、丝杠两者不能同时使用。

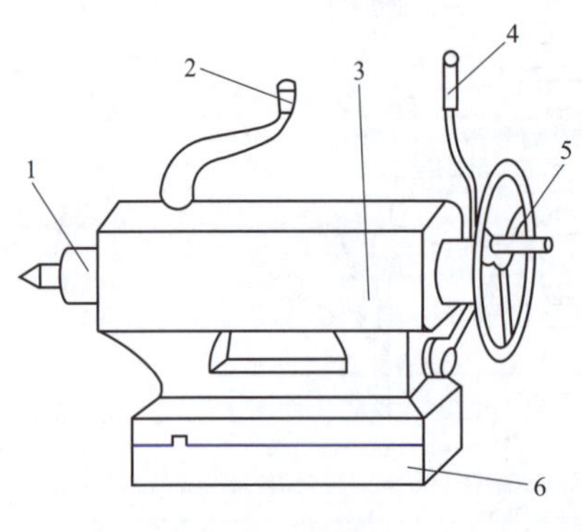

图 2-5　尾座

1—套筒；2—套筒固定手柄；3—尾座体；4—尾座固定手柄；5—手轮；6—底座

（5）尾座。尾座安装在床身导轨上，可沿着导轨纵向移动，以调整其工作位置。它用于安装后顶尖，以支持较长工件进行加工，或安装钻头、铰刀等刀具进行孔加工。偏移尾座可以车出长工件的锥体。尾座的结构见图 2-5，各主要部分的作用如下所述。

1）套筒：其左端有锥孔，用以安装顶尖或锥柄刀具。套筒在尾座体内的轴向位置可用手轮调节，并可用锁紧手柄固定。将套筒退至极右位置时，即可卸出顶尖或刀具。

2）尾座体：它与底座相连，当松开固定螺钉，拧动螺杆可使尾座体在底板上做微量横向移动，以便使前、后顶尖对准中心或偏移一定距离车削长锥面。

3）底座：直接安装于床身导轨上，用以支承尾座体。

（6）床身。床身是车床的基础件，用来连接各主要部件并保证各部件在运动时有正确的相对位置。床身上面有两条精确的导轨，床鞍和尾座可沿着导轨移动。

（7）床脚。床身前、后两个床脚分别与床身前、后两端下部连为一体，用以支撑床身及安装在床身上的各个部件。可以通过调整垫块把床身调整到水平状态，并用地脚螺栓固定在工作场地上。

（8）丝杠。丝杠将进给箱的运动传至溜板箱，带动溜板箱运动，使之与主轴转动为定比传动，从而实现螺纹加工。

（9）光杠。光杠带动溜板箱运动，使之与主轴转动速度为非定比传动，从而实现光杠的加工。

（10）操纵杆。操纵杆用于控制机床主轴实现正转、反转、停止等动作。

（11）照明及冷却系统。照明灯使用安全电流，为操作者提供充足的照明，保证明亮清晰的操作环境。冷却装置主要通过冷却泵将切削液加压后通过冷却嘴喷射到切削区域。

（12）进给箱。进给箱又称走刀箱，它是进给运动的变速机构。进给箱固定在床头箱下部的床身前侧面。变换进给箱外面的手柄位置，可将床头箱内主轴传递下来的运动，转为进给箱输出的光杠或丝杠获得的不同转速，以改变进给量的大小或车削不同螺距的螺纹。

2. 卧式车床的内部传动系统

车床车削加工时需要用到工件的旋转运动、刀具的横向直线运动和刀具的纵向直线运动，车螺纹时还需要保证工件的旋转速度与刀具的纵向移动速度之间有定比关系，所有这些运动必须通过机床系统传动来实现。

(1) 传动原理图。机床的各种运动是由相应的传动链完成的。传动链是指构成一个传动联系的一系列传动件。一般机床有几种运动就有几条传动链。例如，卧式车床有主运动传动链、纵向进给运动传动链、横向进给运动传动链和车螺纹运动传动链。

根据传动联系的性质，传动链可分为外联系传动链和内联系传动链两类。

1) 外联系传动链：机床动力源和运动执行机构之间的传动联系，如图 2-6 所示。外联系传动链的作用是使执行机构按预定的速度运动，并传递一定的动力。外联系传动链传动比的变化只影响执行机构的运动速度，不影响零件加工表面的形状，因此，外联系传动链不要求动力源与执行机构间有严格的传动比关系。

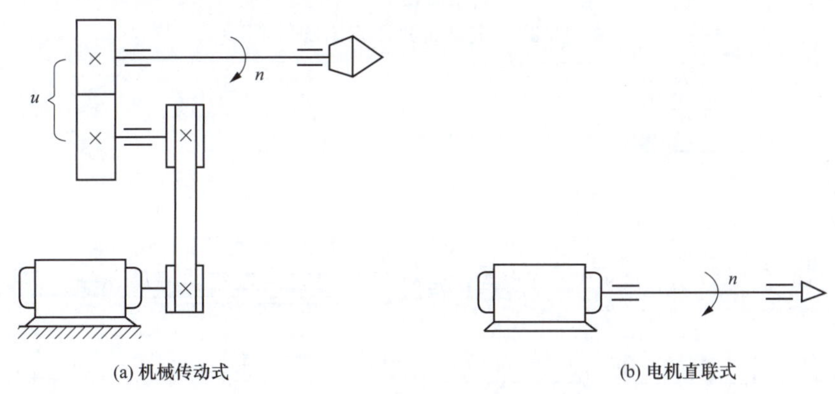

图 2-6 外联系传动链

2) 内联系传动链：执行件与执行件之间的传动联系。内联系传动链的作用是将两个或两个以上的单独运动组成复合的成形运动，内联系传动链所联系执行件之间的相对速度及相对位移量有严格的要求。如图 2-7 所示，要加工出螺纹，必须保证工件每旋转一圈，刀具沿纵向移动的距离等于一个螺距（单线螺纹）。

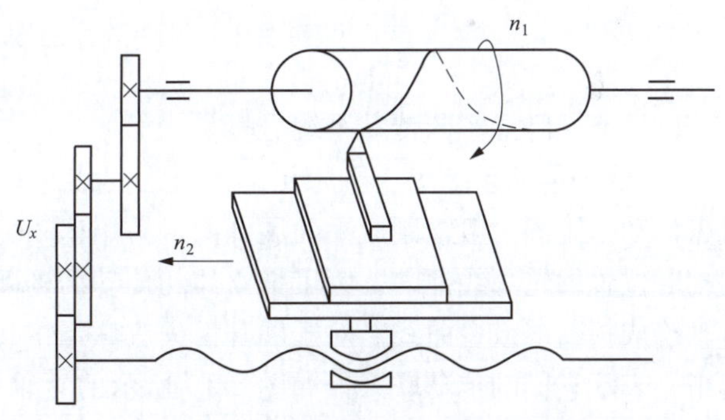

图 2-7 内联系传动链（车单头螺纹）

机床传动链之间的联系很难用语言进行描述，一般我们用系统内规定的符号（见图 2-8）将机床的某传动关系用简图的形式表达出来，即为机床传动原理图。注意上述表达方法只是说明机床的传动关系，并不表示机床的具体构造。

图 2-9 所示为卧式车床的传动原理图。在车削螺纹时，车床有两条主要传动链。一条是外联系传动链，即从电动机—1—2—u_v—3—4—主轴，也称主运动传动链，该传动链把电动机的动力和运动传递给主轴，传动链中 u_v 为主轴变速及换向机构。另一条由主轴—4—5—u_f—6—7—丝杠—刀具，得到刀具和工件间的复合运动——螺旋运动，这是一条内联系传动链，调整 u_f 即可得到不同的螺纹导程。在车削外圆或端面时，主轴和刀具之间无严格的比例关系，二者的运动是两个独立的简单成形运动。

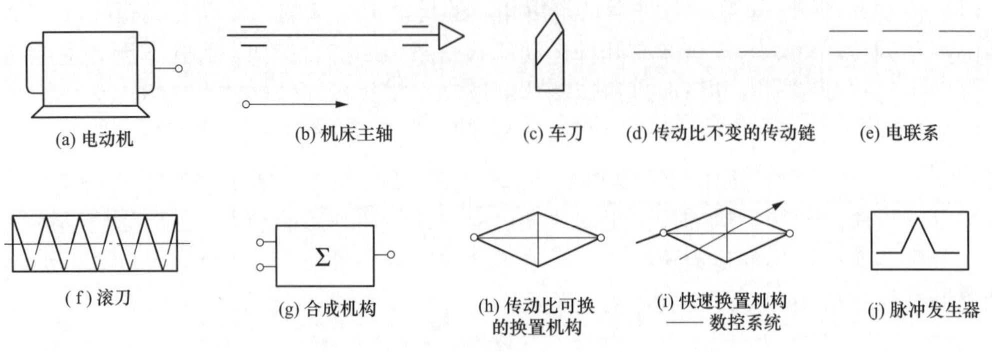

图 2-8　传动原理图常用符号

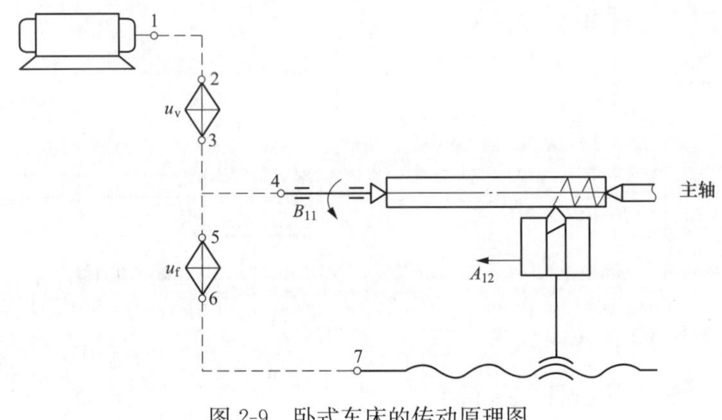

图 2-9　卧式车床的传动原理图

（2）普通卧式车床传动系统分析。

1）认知传动系统图。机床传动系统图是表示机床各个传动链和传动结构的综合简图。机床传动系统图一般绘制成平面展开图，按照运动传递顺序绘在一个能反映机床外形及各部件相对位置的轮廓线框内。为了把立体的传动结构展开绘在一个平面上，有时不得不把一根直轴绘成折断线或弯曲线。对于展开后失去联系的传动副（如齿轮副），用括号或虚线连接起来，表示它们的传动联系，如图 2-10 所示的Ⅶ轴上空套齿轮 34 和Ⅱ轴上固定齿轮 30 之间的传动。

图 2-10 所示为 CA6140 卧式车床主传动系统的传动系统图。电动机经 V 带轮传Ⅰ轴，Ⅰ轴上有离合器 M1，当压紧 M1 左部的摩擦片时，Ⅰ轴运动经齿轮副 56/38 或 51/43 传给Ⅱ轴；当压紧 M1 右部的摩擦片时，Ⅰ轴运动经齿轮副 50 传至Ⅶ轴上的空套齿轮 34，传给Ⅱ轴上的固定齿轮 30；当压紧 M1 处于中间位置时，主轴停转。因此，运动从轴Ⅱ传往主轴有两条路线。

高速路线：主轴上的滑移齿轮 50 向左移，使之与轴Ⅲ上右端的齿轮 63 啮合，运动由Ⅲ轴传至主轴获得高转速。

低速路线：主轴上的滑移齿轮 50 向右移，使之与齿式离合器 M2 啮合，轴Ⅲ的运动经齿轮副传至轴Ⅳ，又经齿轮副传至轴Ⅴ，再经齿轮副和齿式离合器传至主轴获得低转速。

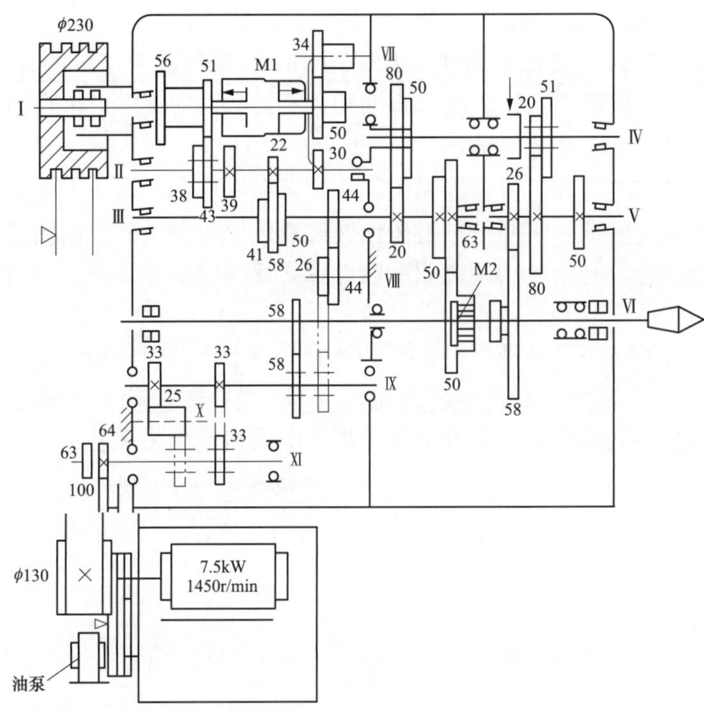

图 2-10　车床主轴箱传动系统图

2）转速图。为了直观地表示机床某输出轴所具有的各级转速及传动的内在联系，我们把机床某个传动链中的传动轴数目、每相邻两轴之间的转速比及各轴所具有的转速，以一定的方式绘制成坐标线图，称为转速图。图 2-11 所示为 CA6140 型卧式车床主轴箱转速图。

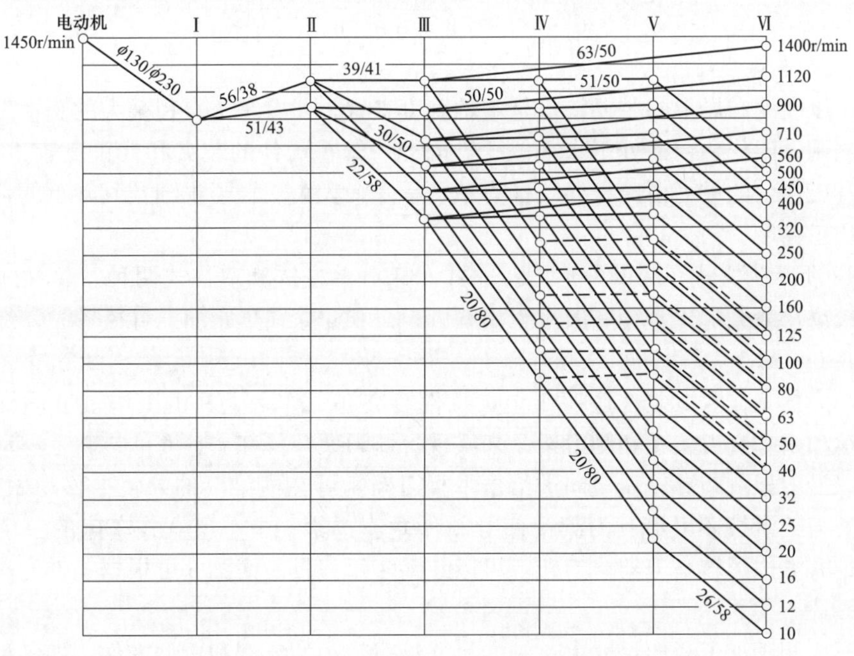

图 2-11　CA6140 型卧式车床主轴箱转速图

该转速图呈现出以下内容：传动轴的数目，CA6140 转速图中共有 6 根传动轴；主轴及各级传动轴的转速级数、转速值及传动路线（10～1400r/min）；各变速组的传动副数目及传动比数值等；传动轴上的圆圈表示该轴所具有的转速；转速点连线表示传动副的传动比；传动线的倾斜方向、程度表示传动比的大小。

（3）传动系统转速的计算。机械加工中，有时需要操作者根据加工工件的技术要求自己实现机床的转速变换，因此，需要根据机床铭牌或机床说明书上的转速图完成变速，进而得到机械加工需要的转速。利用传动系统图可以计算在某一传动路线下主轴的转速或主轴的最大、最小转速。

设轮 1 为计算时的首个主动轮，轮 k 为计算时的最末从动轮，则传动系统始、末两轮传动比 i_{1k} 的大小等于首、末两轮的角速度之比，也等于首、末两轮的转速之比，即等于传动系统中所有从动轮齿数的乘积除以所有主动轮齿数的乘积。用公式表示为

$$i_{1k}=\frac{\omega_1}{\omega_k}=\frac{n_1}{n_k}=\frac{1\sim k\text{ 间各从动轮齿数的连乘积}}{1\sim k\text{ 间各主动轮齿数的连乘积}} \tag{2-1}$$

例如，在图 2-10 所示的传动系统图中，M1 左移、M2 左移可计算得出主轴的最高和最低转速：

$$n_{\max}=1450\times\frac{130}{230}\times\frac{56}{38}\times\frac{39}{41}\times\frac{63}{50}\approx 1400\ (\text{r/min})$$

$$n_{\min}=1450\times\frac{130}{230}\times\frac{51}{43}\times\frac{22}{58}\times\frac{63}{50}\approx 450\ (\text{r/min})$$

M1 左移、M2 右移可计算得出主轴的最高和最低转速：

$$n_{\max}=1450\times\frac{130}{230}\times\frac{56}{38}\times\frac{39}{41}\times\frac{50}{50}\times\frac{51}{50}\times\frac{26}{58}\approx 500\ (\text{r/min})$$

$$n_{\min}=1450\times\frac{130}{230}\times\frac{51}{43}\times\frac{22}{58}\times\frac{20}{80}\times\frac{20}{80}\times\frac{26}{58}\approx 10\ (\text{r/min})$$

（二）立式车床

立式车床结构布局上的主要特点是主轴垂直布置，并有一个直径很大的圆形工作台，供装夹工件之用，工作台台面处于水平位置，因此，笨重工件的装夹和找正比较方便。此外，由于工件及工作台的重力由床身导轨推力轴承承受，大大减轻了主轴及其轴承的负荷，故而较易保证加工精度。

图 2-12 所示为立式车床的外形图。立式车床分单柱式和双柱式两种。单柱式立式车床加工直径较小，最大加工直径一般小于 1600mm；双柱立式车床加工直径较大，最大加工直径超过 25000mm。

立式车床的工作台 2 装在底座 1 上，工件装夹在工作台上并由工作台带动旋转做主运动。进给运动由垂直刀架 4 和侧刀架 7 来实现。侧刀架 7 可在立柱 6 的导轨上移动做垂直进给，还可以沿刀架滑座导轨做横向进给。垂直刀架 4 可在横梁 5 的导轨上移动做横向进给。此外，垂直刀架滑板还可沿其刀架滑座导轨做垂直进给。中小型立式车床的一个垂直刀架上，通常带有五边形转塔刀架，刀架上可以装夹多组刀具。横梁 5 可根据工件的高度沿立柱导轨升降。

立式车床用于加工径向尺寸大、轴向尺寸相对较小的大型和重型零件，如各种机架及壳体、盘、轮类零件，或在卧式车床上难以安装的工件。

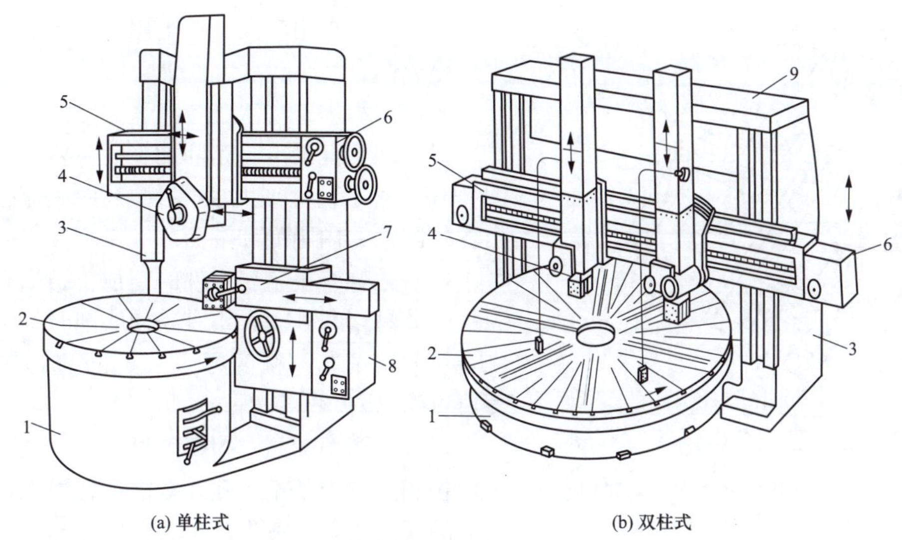

图 2-12　立式车床结构

1—底座；2—工作台；3—立柱；4—垂直刀架；5—横梁；6、8—进给箱；7—侧刀架；9—顶梁

（三）转塔车床

在成批生产较复杂的工件时，为了增加安装刀具的数量，缩短更换刀具的时间，将普通车床的尾座去掉，安装可以纵向移动的多工位转塔式刀架，并在传动和结构上做相应的改变，就成了转塔车床。转塔刀架可以转位，过去大多呈六角形，故转塔车床旧称六角车床。

转塔车床在成批加工形状比较复杂的零件时，能有效提高生产率，但在预先调整时要花费较多时间，不适合单件小批生产。

（四）仿形车床

能自动按照样板（或靠模）加工出形状相同的工件的车床称为仿形车床。普通仿形车床的仿形控制主要有机械式和液压式两种。

（1）机械式仿形车床。机械式仿形车床利用闭式靠模进行直接仿形。如图 2-13 所示，闭式靠模固定在床身上，仿形刀架装在车床的纵向溜板上，仿形刀架上的滚轮插在靠模的槽中。纵向溜板移动时，刀架在靠模的作用下，在工件表面车出与靠模曲面相同的形状。

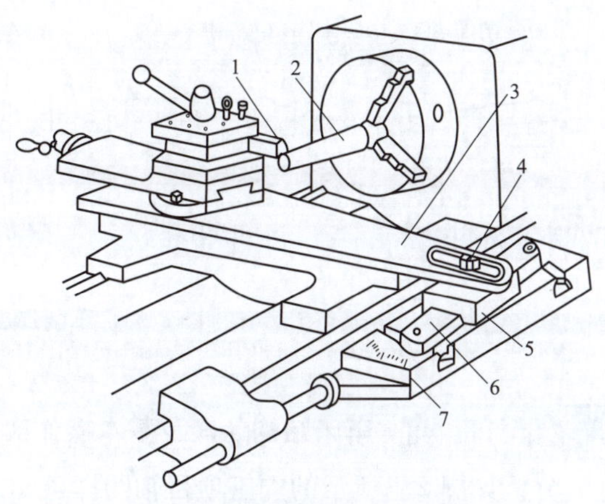

图 2-13　机械式仿形车床结构

1—车刀；2—工件；3—中拖板；4—固定螺钉；5—滑板；6—靠模板；7—托架

（2）液压式仿形车床。液压式仿形车床的切削力不直接作用在靠模上，而是由液压装置承受。如图 2-14 所示，溜板纵向移动时，仿形触头按靠模的形状做横向运动，通过液压控制装置使刀架严格地跟随仿形触头做步调一致的横向运动。液压式仿形车床主要用来加工各种阶梯轴和具有特形曲面的

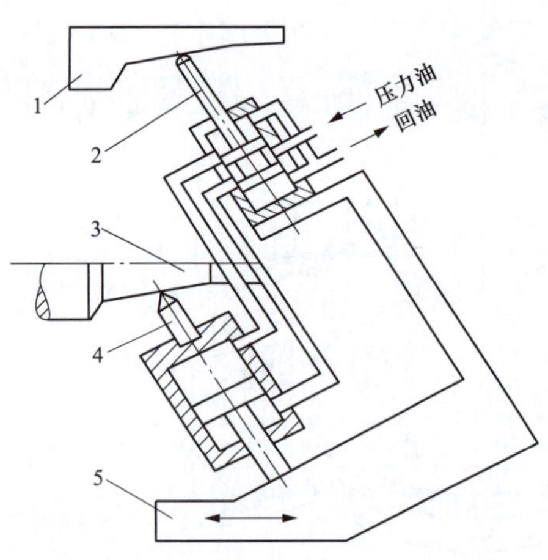

图 2-14 液压式仿形车床控制原理

1—样板；2—触头；3—工件；4—车刀；5—刀架

轴，由于它可以用较大的切削用量进行加工，所以生产率较高。

三、车削加工的工艺特点

（1）加工范围广。车削加工的主要工艺范围见图 2-15。对于轴套或盘类零件，在一次装夹中车出各外圆面、内圆面和端面。

（2）适合有色金属零件的精加工。当有色金属因材质软易堵塞砂轮，不宜采用磨削时，可采用金刚石车刀精细车，精度可达 IT6～IT5，表面粗糙度值可达 $Ra0.4 \sim 0.2\mu m$。

（3）生产率较高。因切削过程连续进行，且切削面积和切削力基本不变，车削过程平稳，可采用较大的切削用量，使生产率大幅度提高。

（4）生产成本低。车刀结构简单，制造、刃磨和安装方便，易于选择合理的角度，有利于提高加工质量和生产率；车床附件较多，生产准备时间短。因此，车削加工既适宜单件小批生产，也适宜大批大量生产。

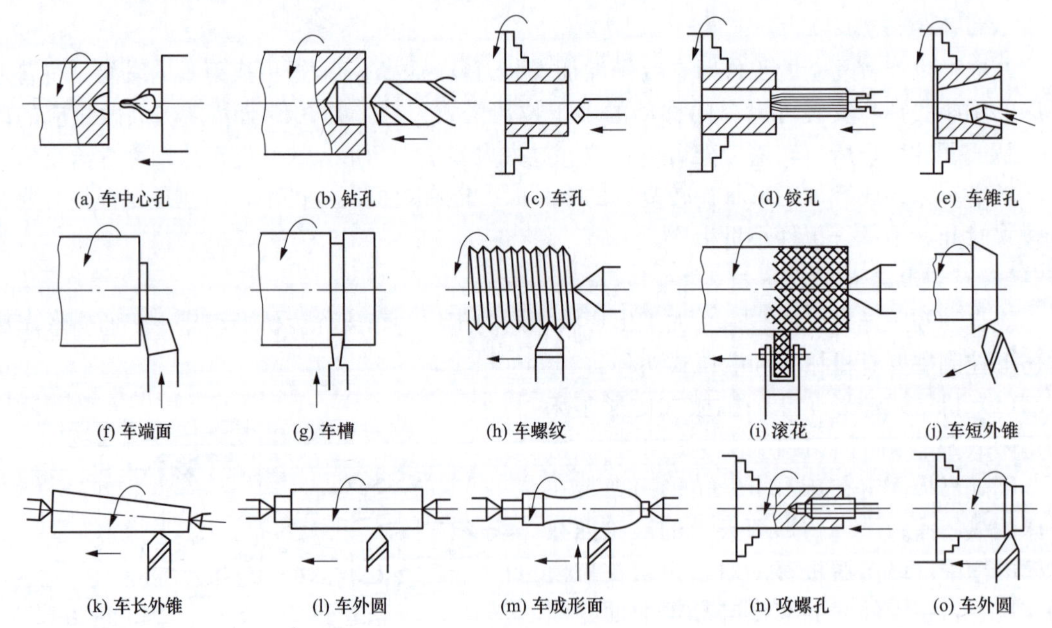

图 2-15 车削加工的主要工艺范围

【任务指导】 车床结构认知及基本操作实训

分析如图 2-1 所示的加工项目轴图样可知，该零件为回转体零件，毛坯尺寸不大，结构较小，因此可以选用普通卧式车床加工，如 C616、C6132 等型号，都能满足加工要求，可以根据本校实训室的实际设备情况选择。本实训选用 C6132 普通卧式车床。

一、实训目的

(1) 了解普通车床的安全操作规程。

(2) 掌握普通车床的基本操作及步骤。

(3) 掌握普通车床结构及各部分的名称及用途。

(4) 掌握车削加工中的基本操作技能。

(5) 培养良好的职业道德规范。

二、实训内容

(1) 车削加工安全教育。

(2) C6132 普通卧式车床结构认知。

(3) C6132 普通卧式车床传动系统认知，传动系统图分析、计算，切削用量调整。

(4) C6132 普通卧式车床的基本切削操作。

三、实训使用设备及相关工具

C6132 普通卧式车床若干台（根据学生人数定，建议 6～8 人一台），以及螺丝刀、内六角头扳手、活扳手、木棒等拆卸工具。

四、实训步骤

1. 车床操作安全规程

操作车床时，要注意按照安全操作规程生产，以免给自己和他人带来人身损害，甚至威胁生命安全。车床安全操作规程如下：

(1) 工作时应穿工作服并扣上纽扣，扎紧袖口，不要系领带。不允许戴手表、手套。长发的同学应戴工作帽，将长发塞入帽子里。夏季上机禁止穿露趾凉鞋，女生禁止穿裙子。

(2) 工作时头不能离工件太近，以防止切屑飞入眼中。为防止切屑崩碎飞散伤人，必须佩戴防护眼镜。

(3) 工作时必须集中精力，注意手、身体和衣服不能靠近正在旋转的机件（如工件、带轮、胶带、齿轮等）。

(4) 工件和车刀必须装夹牢固，以防飞出伤人。工件装夹好之后，必须随即将卡盘扳手从卡盘上取下。

(5) 装卸工件、更换刀具、测量工件尺寸及变换速度时，必须先停主轴。

(6) 车床运转时，不得用手去触碰工件表面；尤其是加工螺纹时，严禁用手触碰螺纹，以免伤手。严禁用棉纱擦拭回转中的工件。不准用手去刹转动着的卡盘。

(7) 应使用专用铁钩清除切屑，绝不允许用手直接清除。

(8) 棒料毛坯从主轴孔尾端伸出不能太长，必要时应使用料架或挡板，防止甩弯后伤人。

(9) 不要随意拆装电气设备，以免发生触电事故。工作中若发现机构、电气装备有故障，应及时申报，由专业人员检修。未修复前不得使用。

2. 车床结构、名称及各部分用途认知

面对机床，首先说明机床型号及主参数，然后认知机床各部分结构及手柄的名称，并将图 2-16 所示机床各部分结构名称、作用功能填入表 2-5。

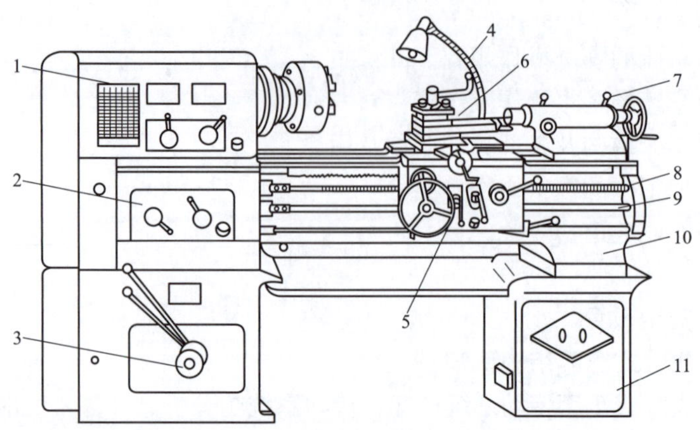

图 2-16 C6132 车床结构

表 2-5 C6132 普通卧式车床结构及各部分的作用

实训小组：第____组		设备型号：______________
序号	结构名称	主要用途
1		
2		
3		
4		
5		
6		
7		
8		
9		
10		
11		

3. 传动系统认知、计算与调整

分析机床传动系统图、机床转速分布图中的传动关系，按照下面转速的要求调整机床手柄，实现对应的切削用量，并观察调整过程中齿轮位移和啮合情况。

转速（r/min）：200、320、710、900、1120。

纵向进给量（mm/r）：0.16、0.3、0.48、0.91、1.22。

螺距（mm）：1.5、2、2.5、3.5、4。

4. C6132 的基本操作

（1）车床的启动操作。

1）检查车床各变速手柄是否处于空挡位置，离合器是否处于正确位置，操纵杆是否处于停止状态，确认无误后，合上车床电源总开关。

2）按下床鞍上的绿色启动按钮，电动机启动。

3）向上提起溜板箱右侧的操纵杆手柄，主轴正转；操纵杆手柄回到中间位置，主轴停止转动；操纵杆向下压，主轴反转。

4）主轴正、反转的转换要在主轴停止转动后进行，避免因连续转换操作使瞬间电流过大而发生电气故障。

5）按下床鞍上的红色停止按钮，电动机停止工作。

（2）主轴箱的变速操作。主轴的变速是通过改变主轴箱正面右侧的两个叠套手柄的位置来控制的。前面的手柄有 4 个挡位，后面手柄的变换位置可以控制每挡的 3 级转速，所以主轴可以实现 12 级转速，如图 2-17 所示。主轴箱正面左侧的手柄，用于实现主轴正、反旋转的变换。转速与手柄位置的关系参照主轴箱上铭牌。

（3）进给箱的变速操作。C6132 型车床上进给箱正面左侧有一个手轮，手轮有 8 个挡位；右侧有前、后叠装的两个手柄，前面的手柄是丝杠、光杠变换手柄，后面的手柄有Ⅰ、Ⅱ、Ⅲ、Ⅳ4 个挡位，手柄与手轮配合，用以调整螺距或进给量。根据加工要求调整所需螺距或进给量时，可通过查找进给箱铭牌上的调配表来确定手轮和手柄的具体位置。

（4）溜板箱的操作。溜板部分实现车削时绝大部分的进给运动：床鞍及溜板箱做纵向移动，中滑板做横向移动，小滑板可做纵向或斜向移动。进给运动有手动进给和机动进给两种方式。

溜板部分的手动操作如下：

1）床鞍及溜板箱的纵向移动由溜板箱正面左侧的大手轮控制。如图 2-18 所示，顺时针方向转动手轮时，床鞍向右运动；逆时针方向转动手轮时，床鞍向左运动。手轮轴上的刻度盘圆周等分 300 格，手轮每转过 1 格，纵向移动 1mm。

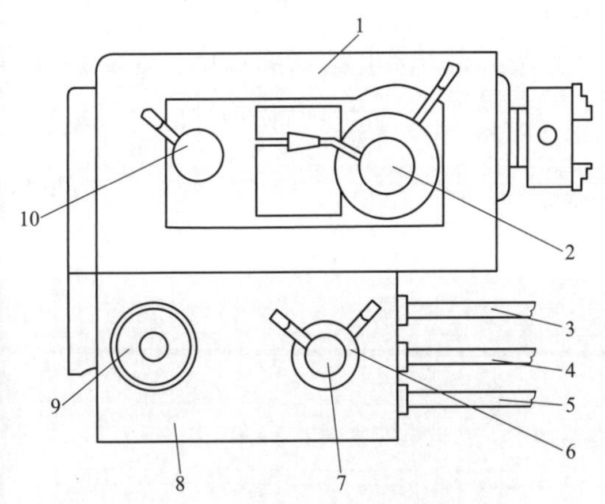

图 2-17　主轴箱及进给箱的操作手柄

1—主轴箱；2—主轴变速叠套手柄；3—丝杠；4—光杠；5—操纵杆；6—进给变速手柄；7—丝杠、光杠变换手柄；8—进给箱；9—进给变速手轮；10—螺纹旋向变换手柄

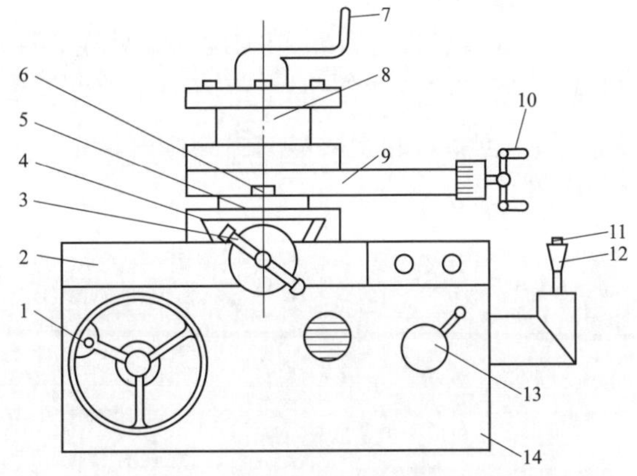

图 2-18　溜板部分

1—大手轮；2—床鞍；3—中滑板手柄；4—中滑板；5—分度盘；6—锁紧螺母；7—刀架手柄；8—刀架；9—小滑板；10—小滑板手柄；11—快进按钮；12—自动进给手柄；13—开合螺母手柄；14—溜板箱

2）中滑板的横向移动由中滑板手柄控制。顺时针方向转动手柄时，中滑板向前运动（即横向进刀）；逆时针方向转动手轮时，中滑板向操作者运动（即横向退刀）。手轮轴上的刻度盘圆周等分 100 格，手轮每转过 1 格，纵向移动 0.05mm。

3）小滑板在小滑板手柄控制下可做短距离的纵向移动。小滑板手柄顺时针方向转动时，小滑板向左运动；逆时针方向转动手柄时，小滑板向右运动。小滑板手轮轴上的刻度盘圆周等分 100 格，手轮每转过 1 格，纵向或斜向移动 0.05mm。

小滑板的分度盘在刀架需斜向进给车削短圆锥体时，可顺时针或逆时针地在 90°范围内偏转所需角度，调整时，先松开锁紧螺母，转动小滑板至所需角度位置后，再锁紧螺母将小滑板固定。

（5）尾座操作。

1）手动沿床身导轨纵向移动尾座至合适的位置，逆时针方向扳动尾座固定手柄，将尾座固定。注意移动尾座时用力不要过大。

2）逆时针方向移动套筒固定手柄，摇动手轮，使套筒做进、退移动。顺时针方向转动套筒固定手柄，将套筒固定在选定的位置。

3）擦净套筒内孔和顶尖锥柄，安装后顶尖；松开套筒固定手柄，摇动手轮使套筒后退，退出后顶尖。

【任务小结】

（1）本任务学习机床的型号及编制方法，要求能明确说出机床型号的含义，并根据机床型号能说明该机床的主要参数，机床型号是今后从事机械加工行业选择机床的依据，同时也是企业采购机床设备的重要参数。

（2）通过对普通车床的学习，掌握认识机床的一般方法和步骤，从外部机械结构、操作方法到内部传动系统图的分析，再到操作规程等，重点要掌握认识分析设备的方法，以便今后学习同类问题时能起到举一反三、触类旁通的作用。

（3）CA6140 车床的结构设计颇具经典性、代表性，通过对其结构的分析，掌握常见的机械部件、设备、装置的工作原理、用途、构造特点等，为今后进行结构设计时可以灵活运用、开拓创新，起到很好的引导作用。

【任务评价】

序号	考核项目	考核内容	检验规则	分值	
				小组互评	教师评分
1	机床分类及机床用途	车床有哪几类，各自的用途有哪些	每说出一类得 2 分，说出一种用途得 2 分		
2	机床的型号认知	说明以下机床型号的含义：ZN5140、X5136S、M7140A、ZX6350D、Z516B	详细说明机床的类别、主参数等，每说出一个型号含义得 5 分		
3	车削加工的工作范围	根据图片说明车削的工作内容	每说出一种工作内容可得 5 分		
4	车床的基本结构	说明车床的组成，并说明每部分的作用	每说出一部分得 5 分，说出作用得 5 分		
5	车削的安全操作	叙述车削加工操作规程	每说出一条得 2 分		
合计					

任务二　车刀的选择与应用

【学习目标】

知识目标

(1) 掌握常见车刀的种类、各自的特点及用途。

(2) 掌握机夹刀片的机械安装方式。

(3) 掌握刃磨车刀的步骤及注意事项。

(4) 掌握各车刀的刃磨及安装使用方法。

技能目标

(1) 能根据工件的结构选择车刀的种类。

(2) 能根据图样或要求刃磨出所需要的车刀几何角度，并检测正确程度。

(3) 能合理使用车刀加工工件表面。

(4) 能说明刃磨车刀的步骤及注意事项。

【任务描述】

分析如图 2-1 所示加工项目轴的图样，完成下面的工作任务：

(1) 为轴台阶、外圆、外圆锥面、切槽与切断、螺纹的车削加工选择合适的刀具类型。

(2) 根据要求在实训室刃磨车刀的几何角度。

(3) 练习圆锥面、圆柱面、端面等的车削加工。

【任务分析】

要完成本任务，首先要了解常用车刀的种类和结构，清楚每种类型车刀能加工的表面，根据加工表面的结构选择车刀的类型，根据加工要求在砂轮上刃磨出适合的车刀几何角度，最后合理地装夹车刀，车削加工出圆锥面等。

知识链接

一、车刀的类型

车刀按结构不同可分为整体车刀、焊接车刀和机夹可转位车刀。

1. 整体车刀

整体车刀主要是高速钢车刀，俗称白钢刀，截面为正方形或矩形，使用时可根据不同用途进行修磨。整体车刀耗用刀具材料较多，一般只用于小型车床，以及加工有色金属、切槽、切断刀、加工螺纹时使用。

2. 焊接车刀

车刀是在普通碳钢刀杆上镶焊（钎焊）硬质合金刀片，经过刃磨而成，如图 2-19 (a) 所示。硬质合金焊接车刀的优点是结构简单，制造方便，并且可以根据需要进行反复刃磨，硬质合金的利用也比较充分，故目前在车刀中仍占相当比重。其缺点是车刀的切削性能主要取决于工人刃磨的技术水平，与现代化生产不相适应，并且刀杆也不能重复使用。在制造工艺上，由于硬质合金和刀杆材料（一般是中碳钢）的线膨胀系数不同，当焊接工艺不够合理时容易产生热应力，严重时会导致硬质合金出现裂纹，因此在焊接硬质合金刀片时，应尽可

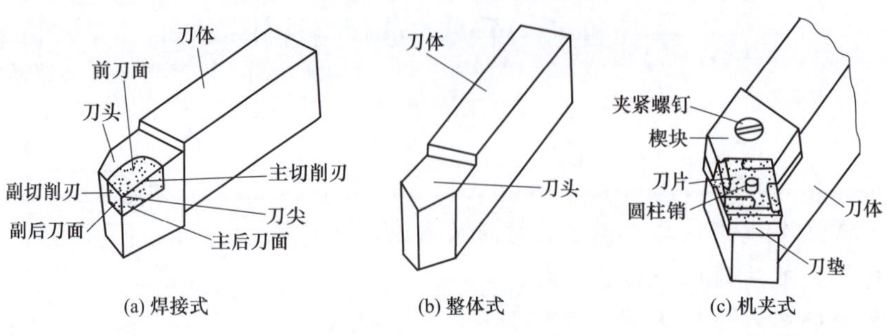

图 2-19　车削刀具的结构

能采用熔化温度较低的焊料，对刀片应缓慢加热和缓慢冷却，对于 YT30 等易产生裂纹的硬质合金，应在焊缝中放置一层应力补偿片。

3. 机夹可转位车刀

机夹可转位车刀又称机夹不重磨车刀，将可转位刀片用机械夹固的方法安装在刀杆上，一般由刀片、刀垫、夹紧元件和刀体组成，如图 2-20 所示。刀片为多边形，每一边都可作为切削刃，用钝后只需将刀片转位，使新的切削刃投入工作，当每个切削刃都用钝后，再更换新刀片。可转位车刀最大优点在于几何参数完全由刀片和刀槽保证，不受工人技术水平的影响，因此切削性能稳定，适合现代化生产的要求。一般用于大中型车床加工外圆、端面、镗孔，特别适于自动线、数控机床使用。

除了如图 2-20 所示的结构外，可转位车刀还有几种机械固定形式，如图 2-21 所示。

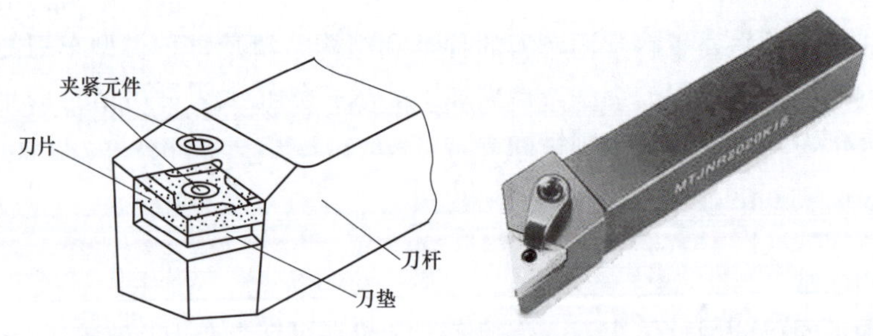

图 2-20　机夹可转位车刀

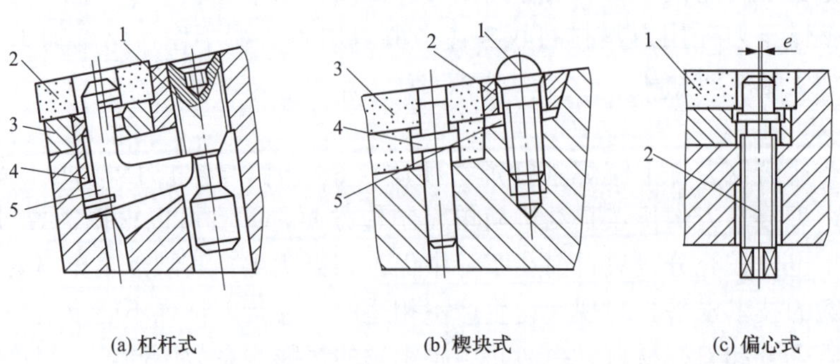

图 2-21　可转位机夹车刀刀片安装结构

（1）杠杆式夹紧结构。如图 2-21（a）所示，应用杠杆原理对刀片进行夹紧。当旋动螺钉 1 时，通过杠杆 5 产生夹紧力，从而将刀片 2 定位在刀槽侧面上，旋出螺钉时，刀片松开，半圆筒形弹簧片 4 可保持刀垫 3 位置不动。该结构特点是定位精度高、夹固牢靠、受力合理、使用方便，但工艺性较差。

（2）楔块式夹紧机构。如图 2-21（b）所示，刀片 3 内孔定位在刀片槽的销轴 4 上，带有斜面的压块 2 由压紧螺钉 1 下压时，楔块一面靠紧刀杆上的凸台，另一面将刀片推往刀片中间孔的圆柱销上压紧刀片。该结构的特点是操作简单方便，但定位精度较低，且夹紧力与切削力相反。

（3）偏心式夹紧结构。如图 2-21（c）所示，利用螺钉上端的一个偏心心轴 2 将刀片 1 夹紧在刀杆上，该结构依靠偏心夹紧，螺钉自锁，结构简单，操作方便，但不能双边定位。当偏心量过小时，要求刀片制造的精度高；当偏心量过大时，在切削力冲击作用下刀片易松动，因此偏心式夹紧结构适用于连续平稳切削的场合。

硬质合金可转位刀片形状尺寸见 GB/T 2076—2007。刀片形状很多，常用的有三角形、正方形、五边形和圆形等，如图 2-22 所示，刀片大多不带后角，但在每个切削刃上做有断屑槽并形成刀片的前角。刀具的实际角度由刀片和刀槽的角度组合确定。

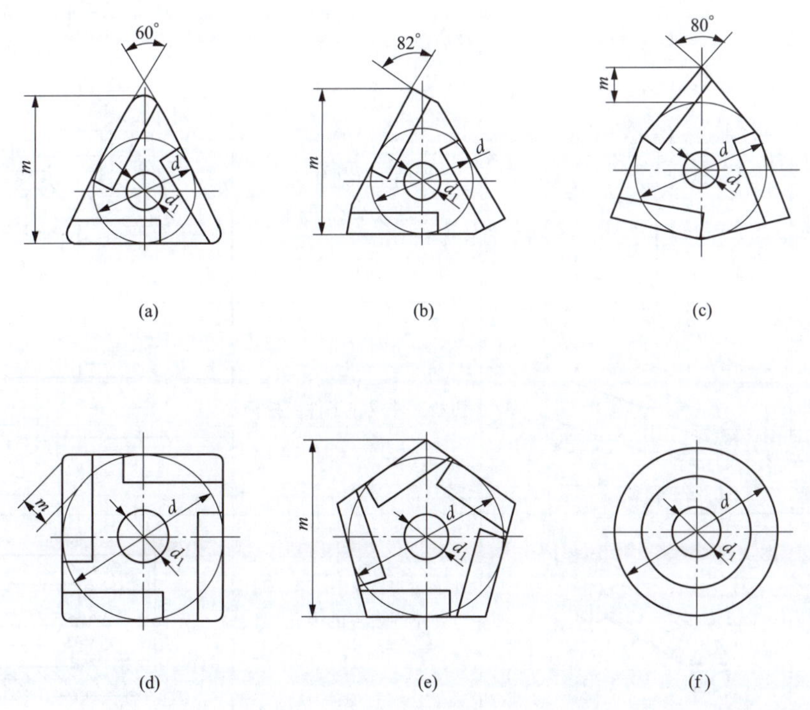

图 2-22　硬质合金可转位刀片形状

二、车刀的应用

车刀按用途分为外圆车刀、端面车刀、内孔车刀、切断刀、切槽刀等多种形式。常用车刀的种类和应用见表 2-6。

表 2-6 车刀的种类和应用

车刀种类	结构图	主要用途	车削示例
90°车刀（偏刀）	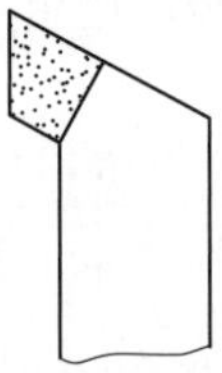	车削工件的外圆、台阶和端面	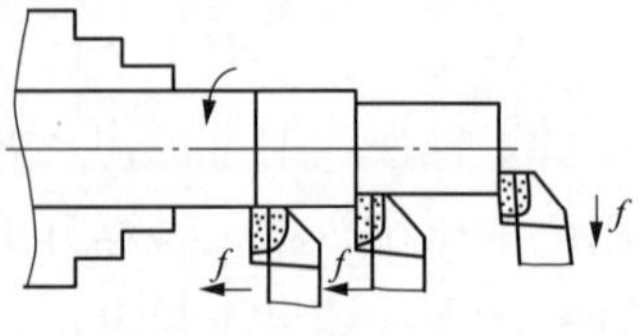
75°车刀	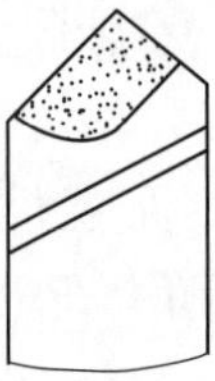	车削工件的外圆和端面	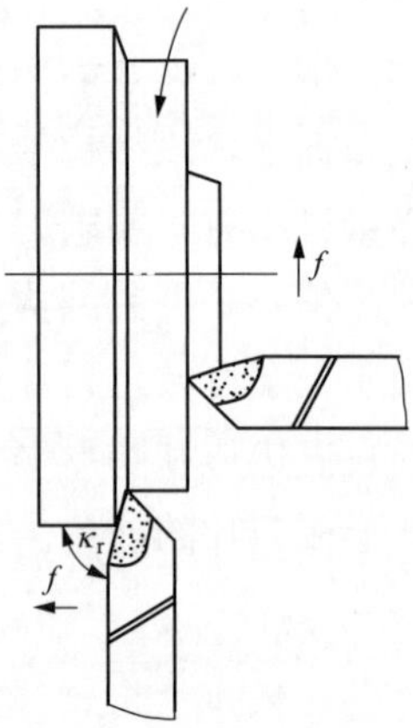
45°车刀（弯头车刀）	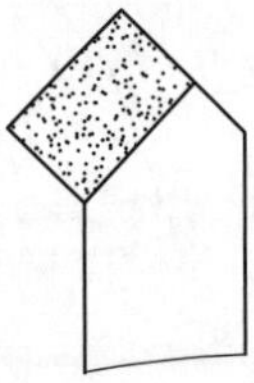	车削工件的外圆、端面或车 45°倒角	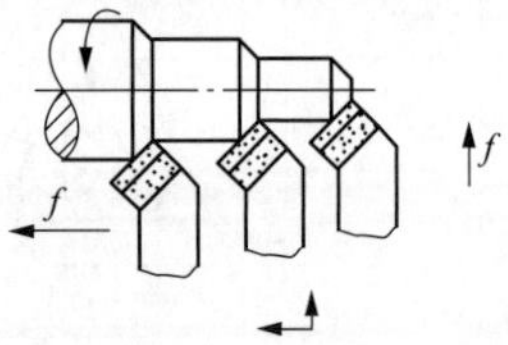
切断刀（切槽刀）	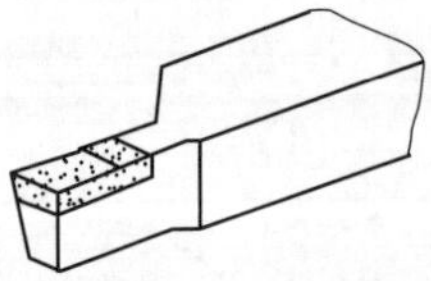	切断工件或在工件上挖槽	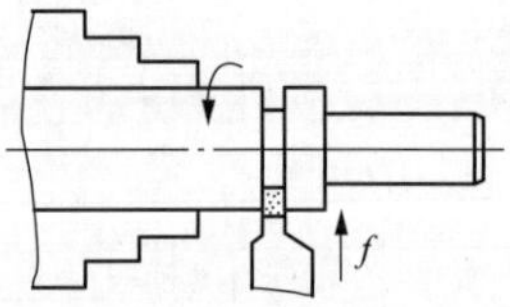
内孔车刀	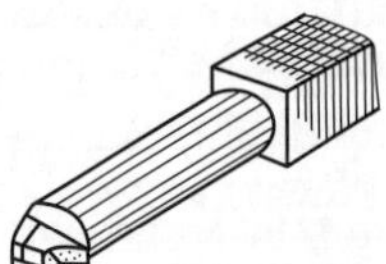	车削工件的内孔	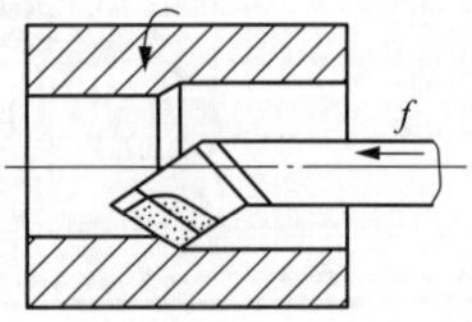
圆头车刀	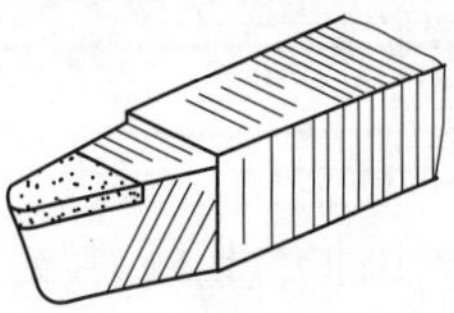	车削工件的圆弧或成形面	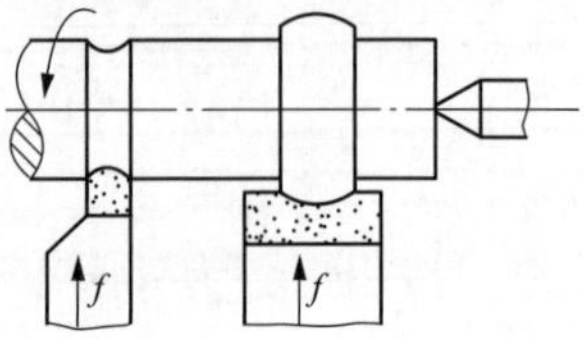

续表

车刀种类	结构图	主要用途	车削示例
螺纹车刀		车削工件的螺纹	

【任务指导】 **车刀的刃磨及车削表面加工实训**

根据如图 2-1 所示加工项目轴上要加工表面的形状，选择 45°外圆车刀（用于车外圆、平端面、倒角），90°外圆车刀（用于精车外圆、平端面），4mm 切槽刀，4mm 切断刀，这几把刀采用硬质合金焊接车刀；另外还有车螺纹用的 60°螺纹车刀，采用高速钢整体车刀。

一、实训目的

（1）能根据要求刃磨车刀的 5 个几何角度，加深对车刀切削部分 5 个几何角度的空间想象能力。

（2）掌握车刀的应用知识，能根据加工表面选择合理的车刀。

（3）掌握车刀的装夹方法。

（4）掌握车削加工各表面的方法。

二、实训内容

（1）刃磨 45°外圆车刀的几何角度，主偏角 $\kappa_r=45°$，副偏角 $\kappa'_r=45°$，前角 $\gamma_o=12°$，后角 $\alpha_o=6°$，刃倾角 $\lambda_s=0°$。

（2）样板检测刃磨车刀的几何参数度数。

（3）在刀架上正确地安装车刀，以完成表面的车削加工。

（4）学会检测车削加工的产品尺寸是否合格。

三、实训使用设备及相关工具

45°外圆焊接车刀、90°外圆焊接车刀、螺纹车刀、切槽刀、切断刀，以及刃磨车刀专用砂轮和相关除尘设施、相应的车刀刃磨检测样板等。

四、实训步骤

（一）刃磨车刀

按照图样中的几何角度要求，用砂轮刃磨车刀。车刀刃磨的步骤及方法如下：

（1）磨主后刀面，同时磨出主偏角及主后角，见图 2-23（a）。

（2）磨副后刀面，同时磨出副偏角及副后角，见图 2-23（b）。

（3）磨前面，同时磨出前角，见图 2-23（c）。

（4）修磨各刀面及刀尖，见图 2-23（d）。

（二）检测刃磨的车刀角度

车刀磨好后，必须检测角度是否符合图样要求。一般使用车刀样板进行检测。

检测的步骤如图 2-24 所示，先用样板测量车刀的后角 α_o，然后检查楔角 β_o。如果这两

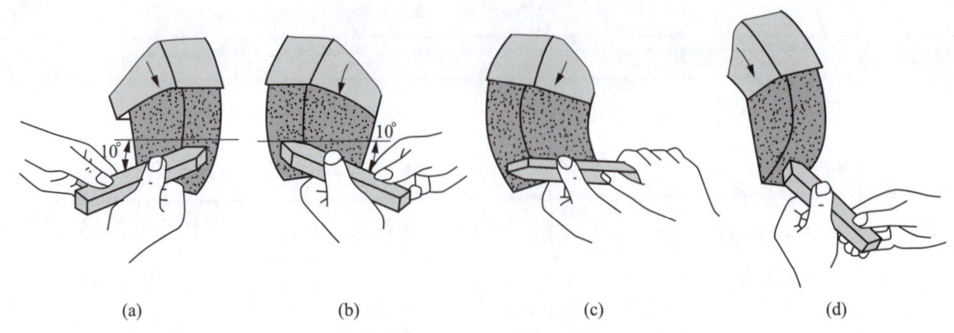

图 2-23　刃磨车刀的步骤和操作方法

个角度已符合要求，那么前角 γ_o 也就正确了。其他几何角度的检测方法与此类似。

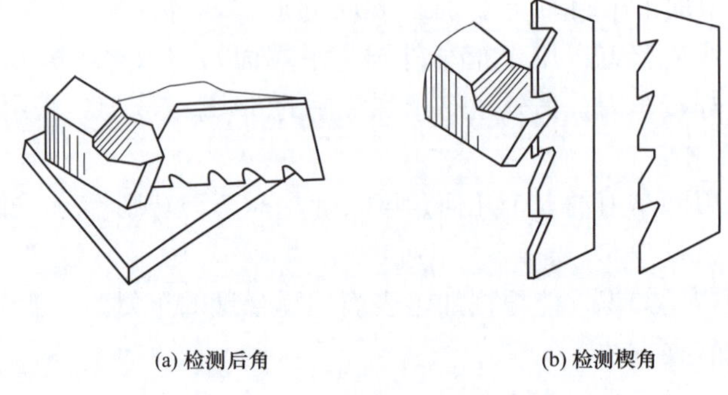

图 2-24　用样板检测量车刀的角度

（三）项目轴各表面的车削加工

1. 车削台阶轴

（1）车刀的选用及安装。车削台阶时，通常使用 90°外圆偏刀。车刀的装夹应根据粗、精车的特点进行安装。例如粗车时余量多，为增加切削深度，减小刀尖压力，车刀装夹取主偏角小于 90°为宜（一般为 85°～90°）；精车时，为了保证台阶平面和轴心线垂直，应取主偏角大于 90°（一般为 93°左右），如图 2-25 所示。

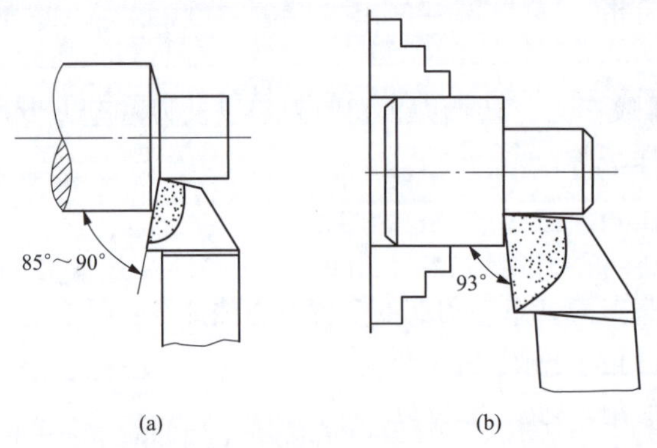

图 2-25　粗、精车削台阶轴车刀的安装

（2）车削台阶工件的操作方法。车削台阶工件，一般分粗、精车进行。车削前根据台阶长度先用刀尖在工件表面刻线痕，然后按线痕进行粗车。粗车时的台阶每挡均略短些，留精车余量。精车台阶工件时，通常在机动进给精车外圆至近台阶处时，以手动进给代替机动进给。当车至平面时，变纵向进给为横向进给，移动中滑板由里向外慢慢精车台阶平面，以确保台阶平面垂直于轴。

2. 圆锥面的车削加工

在车床上车削圆锥的方法有很多，应根据圆锥面的精度正确选择车削方法，主要有转动小滑板、偏移尾座法等。

（1）转动小滑板车圆锥的方法。转动小滑板法是把小滑板按工件的圆锥半角 $\alpha/2$ 转动一个相应的角度，采取用小滑板进给的方式，使车刀的运动轨迹与所要车削的圆锥素线平行，如图 2-26 所示。

转动小滑板车圆锥的车削步骤如下：

1）车端面检查车刀刀尖是否与工件中心等高。如果不等高，车削的圆锥母线会出现双曲线误差。

2）转动小滑板。将小滑板下转盘的螺母松开，把转盘基准零线对齐刻盘上 $\alpha/2$ 的刻度线，拧紧螺母。

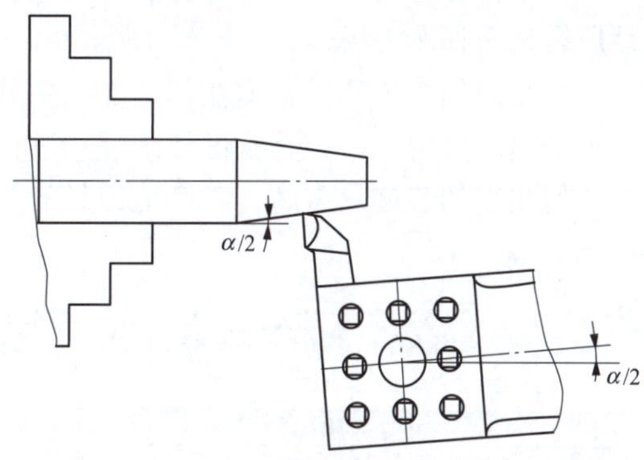

图 2-26　转动小滑板车外圆锥

3）中滑板刻度法粗车圆锥面。启动机床使主轴正转，用 90°车刀在离端面长度要求处外圆表面轻碰刀划线，记下中滑板刻度后把车刀退离外圆，（大滑板不动）转动小滑板使车刀退到端面以外约 1mm，再把中滑板移至刚才记下的刻度位置完成进刀动作。然后转动小滑板手柄缓慢匀速进给进行车削。一直走到切削终结，切削终结点正好在刚才碰刀线上，也就是锥面与柱面连接处。碰刀越深，连接处偏离碰刀线的左边越远。

4）用角度尺测量圆锥角，并调整小滑板偏摆角度修正圆锥半角。重复多次，直到圆锥半角调整合格为止。

（2）偏移尾座车锥体的方法。在两顶尖之间车削圆柱体时，床鞍进给是平行于主轴轴线移动的，若尾座横向移动一个距离 S 后（见图 2-27），则工件旋转轴线与纵向进给相交呈一个角度 $\alpha/2$，因此，工件就形成了外圆锥。

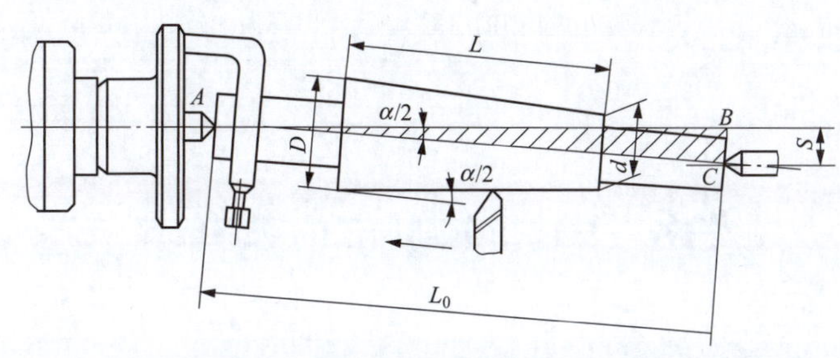

图 2-27　偏移尾座车削圆锥体的方法

采用偏移尾座的方法车削外圆锥时，必须注意尾座的偏移量不仅和圆锥部分的长度 L 有关，而且和两顶尖之间的距离有关，这段距离一般可以近似看作工件总长 L_0。

偏移尾座法车外圆锥的优点：可以自动进给车锥面，车出的工件表面粗糙度值较小；能车削较长的圆锥。缺点：因为顶尖在中心孔中歪斜，接触不良，所以中心孔磨损不均；受尾座偏移量的限制，不能车削锥度很大的工件；不能车内圆锥及整圆锥。

用偏移尾座法车外圆锥，只适于加工锥度较小、长度较长的工件。

（四）自检、互检工件

学会卡尺、千分尺等量具的使用方法，检测加工工件的尺寸是否符合图纸的加工要求。

【任务小结】

（1）本任务主要学习车刀常见的种类及各自的应用，今后可以根据加工表面的结构及加工性质合理选择车刀类型。

（2）车刀的5个几何角度在切削加工中分别有不同的作用，掌握几何角度的正确刃磨方法，刃磨出合格的车刀，是保证切削顺利进行的基础。由于车刀是其他刀具的基础，掌握好车刀几何角度的表达及刃磨，对其他刀具的合理使用会有很好的帮助。

【任务评价】

序号	考核项目	考核内容	检验规则	分值	
				小组互评	教师评分
1	车刀结构	叙述车刀的三种不同结构及各自的优缺点	每叙述一种得10分		
2	车刀的类型	根据产品图样选择车刀或根据车刀构造叙述其用途	每叙述一项得2分		
3	机夹刀片	说明机夹刀片的安装形式及各自的特点	每说明一种得10分		
4	车刀几何角度	分别指出车刀切削部分的5个几何角度并测量	每正确指出并测量一个角度得10分		
5	车刀的刃磨	说明刃磨车刀的注意事项	每条3分		
合计					

任务三　选择车削加工的切削条件

【学习目标】

知识目标

（1）了解工件材料的切削加工性，掌握衡量切削加工性好坏的指标。

（2）掌握影响工件切削加工性的因素，以及改变工件切削加工性的途径。

（3）掌握刀具几何角度的选择原则。

（4）掌握切削用量的选择原则。

（5）掌握切削液在加工中的作用。

（6）掌握切削液的使用原则。

技能目标

（1）能确定工件是否具有好的切削加工性。

（2）能提出意见和建议，合理地改善工件的切削加工性。

（3）能根据加工要求选择刀具，确定刀具的几何角度。

（4）能根据工作情况合理地确定切削用量。

（5）能根据加工时的刀具及工件情况确定切削液的使用。

（6）能根据图样为车削加工选择合理的条件，并判定所车削的工件是否合格。

【任务描述】

分析如图 2-1 所示的加工项目轴的图样，并根据加工要求分别确定出粗车、半精车刀具材料，刀具的几何角度，切削用量，加工是否使用切削液等切削条件。在普通车床上加工出图纸中的零件，并测量加工后尺寸是否合格。

【任务分析】

企业的工艺纪律要求生产人员“三按”生产，即按产品图样、按工艺文件、按技术要求。学习过程中也应尽量模拟将来的工作环境，所以应首先分析图纸根据工件材料选择刀具材料，根据工件结构选择刀具类型，根据加工条件选择切削用量、刀具的几何角度、切削液等，为机械零件的加工做好准备工作。

知识链接

一、工件材料的切削加工性

材料的切削加工性是指对某种材料进行切削加工的难易程度。工件材料的切削加工性是个相对的概念，由于加工情况和加工要求不同，其难易程度的衡量指标也不同。

（一）衡量切削加工性的指标

切削加工性的指标可以用刀具使用寿命、相同寿命下的切削速度、切削力、切削温度、已加工表面质量、断屑的难易程度等指标衡量。

（1）刀具使用寿命。在相同切削条件（切削速度等）下，刀具使用寿命高，切削加工性好。某种材料切削加工性的好坏，是相对另一种材料而言的。因此，切削加工性具有相对性。一般以切削正火状态 45 钢的刀具寿命为 60min 时的切削速度 v_{60} 作为基准，其他材料与其比较，用相对加工性指标 K_v 表示：

$$K_v = \frac{v_{60}}{(v_{60})_j} \tag{2-2}$$

式中 v_{60}——切削某种材料，其刀具使用寿命为 60min 时的切削速度；

$(v_{60})_j$——切削 45 钢，其刀具使用寿命为 60min 时的切削速度。

常见工件材料相对切削加工性指标 K_v 值见表 2-7。

（2）切削力和切削温度。在相同切削条件下，切削力大或切削温度高，则切削加工性差。机床动力不足时常用此指标。

（3）加工表面质量。易获得好的加工表面质量，则切削加工性好。精加工时常用此指标。

（4）断屑性能。在相同切削条件下，以所形成的切屑是否便于清除作为一项指标。自动机床、数控机床和自动化程度较高的生产线上常采用这一指标。

表 2-7　　工件材料相对切削加工性等级

加工性等级	名称及种类		相对加工性 K_v	代表性工件材料
1	很容易切削材料	一般有色金属	＞3.0	5—5—5 铜铅合金、9—4 铝铜合金、铝镁合金
2	容易切削材料	易削钢	2.5～3.0	退火 15Cr　σ_b=0.373～0.441GPa 自动机钢　σ_b=0.392～0.490GPa
3		较易削钢	1.6～2.5	正火 30 钢　σ_b=0.441～0.549GPa
4	普通材料	一般钢及铸铁	1.0～1.6	45 钢、灰铸铁、结构钢
5		稍难切削材料	0.65～1.0	2Cr13 调质　σ_b=0.834GPa 85 钢轧制　σ_b=0.883GPa
6	难切削材料	较难切削材料	0.5～0.65	45Cr 调质　σ_b=1.03GPa 65Mn 调质　σ_b=0.932～0.981GPa
7		难切削材料	0.15～0.5	50CrV 调质，1Cr18Ni9Ti 未淬火，α 相钛合金
8		很难切削材料	＜0.15	β 相钛合金，镍基高温合金

（二）影响材料切削加工性的主要因素

影响材料切削加工性的主要因素有材料的物理力学性能、化学成分和金相组织等。

（1）材料的硬度和强度越高，切削力越大，切削温度越高，切削加工性越差。特别是材料的高温硬度值越高，切削加工性越差，刀具磨损越严重。

（2）材料的塑性（以延长率 d 表示）越大，材料切削加工性也越差。但是，当加工塑性太低的材料时，切屑与前刀面接触长度过短，切削力和切削热都集中在切削刃附近，加剧了切削刃的磨损，也会使切削加工性变差。

（3）材料韧性高，切削力和切削温度也高，且不易断屑，切削加工性差。

（4）材料的热导率越大，由切屑、工件散出的热量就越多，越有利于降低切削区的温度，切削加工性越好。

（5）材料化学成分的影响。材料的化学成分是通过材料物理力学性能影响切削加工性的。化学成分对金属材料相对切削加工性的影响见图 2-28。

（6）材料金相组织的影响。成分相同的材料，若金相组织不同，其切削加工性也不同。表 2-8 说明常见金相组织的切削加工性能。以图 2-29 所示钢中各种金相组织的切削速度与刀具使用寿命关系曲线（v_c-T）为例，金相组织的形状和大小也影响材料切削加工性。例如，珠光体有球状、片状和针状之分。球状硬度较低，易加工，切削加工性好；而针状硬度大，不易加工，即切削加工性差。由图 2-29 还可以看出，如果钢中铁素体与珠光体的比例关系不一样，钢的切削加工性也就不一样。铁素体塑性大，而珠光体硬度较高，故珠光体的含量越少，刀具使用寿命越长，切削加工性越好；马氏体比珠光体更硬，因而马氏体含量越高，加工性越差。

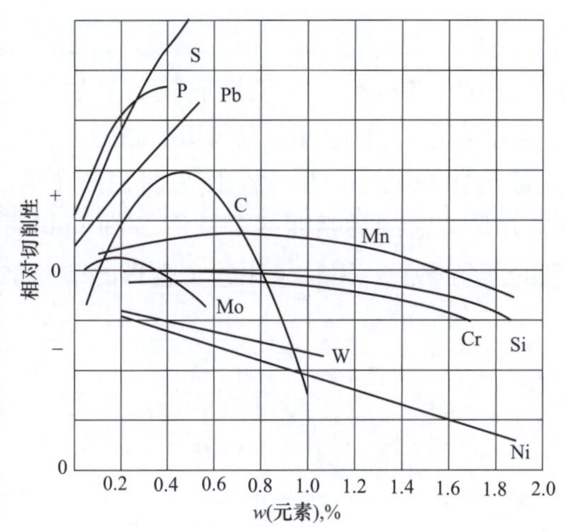

图 2-28　化学成分对金属材料相对切削加工性的影响

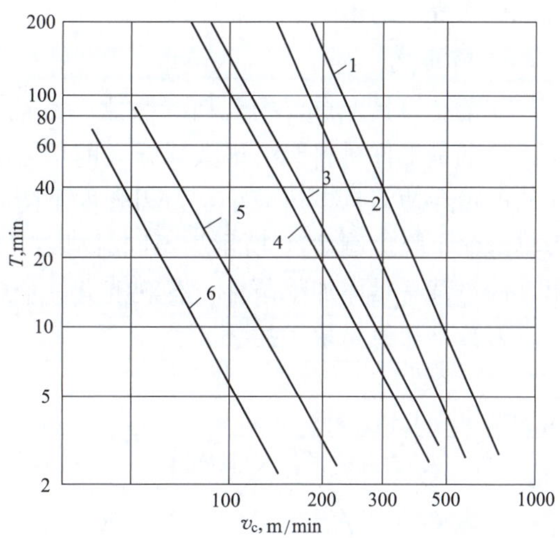

图 2-29　钢中各种金相组织的 v_c-T 关系

1—10%珠光体；2—30%珠光体；3—50%珠光体；4—100%珠光体；5—回火马氏体（300HBS）；6—回火马氏体（400HBS）

表 2-8　金属热处理状态和金相组织对切削加工性的影响

金相组织	HB	塑性变形（%）	特　　性
铁素体	60～80	30～50	很软，加工出现冷焊
渗碳体	700～800	极小	硬度高，塑性及强度很低
珠光体	160～260	15～20	强度硬度适中
索氏体	250～320	10～20	细珠光体组织，塑性低，硬度高
托氏体	400～500	5～10	
奥氏体	170～220	40～50	韧性，塑性很高
马氏体	520～760	2.8	高硬度强度，韧性、塑性极低

（三）改善工件材料切削加工性途径

（1）调整材料的化学成分。在不影响材料使用性能的前提下，可在钢中适当添加一种或几种可以明显改进材料切削加工性的化学元素，如 S、Pb、C、P 等，获得易切钢，进而获得切削力小、易断屑、刀具使用寿命长、加工表面质量好等良好的切削加工性。

（2）热处理改变金相组织。生产中常对工件材料进行预先热处理，通过改变工件材料的硬度和塑性等来改善切削加工性。例如，低碳钢经正火处理或冷拔处理，使塑性减小，硬度略有提高，从而改善切削加工性；高碳钢通过球化退火降低硬度，有利于切削加工。

二、刀具几何角度参数的选用原则

刀具的切削性能主要是由刀具材料的性能和刀具几何参数两方面决定的。刀具几何角度参数的选择是否合理对切削力、切削温度及刀具磨损有显著影响。选择刀具的几何角度参数要综合考虑工件材料、刀具材料、刀具类型及其他加工条件（如切削用量、工艺系统刚性及机床功率等）的影响。

1. 前角 γ_o

前角是刀具上重要的几何参数之一。前角的大小与工件材料、加工性质及刀具材料有关，特别是工件材料影响最大，增大前角可以减小切削变形，降低切削力和切削温度。但过大的前角会使刀具楔角减小，刀刃强度下降，刀头散热体积减小，反而会使刀具温度上升、刀具寿命下降。图 2-30 所示为不同材料刀具前角与刀具寿命的关系曲线。从图 2-30 可以看出，针对某一具体加工条件，客观上有一个最合理的前角取值，刀具采用这个合理的前角加工，刀具寿命值是最大的。

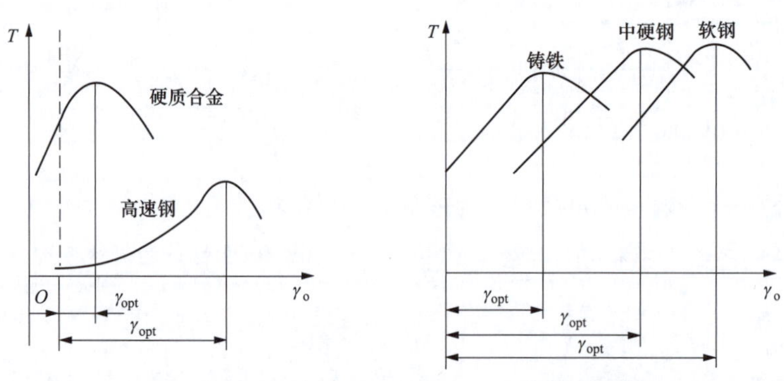

图 2-30 不同材料刀具前角与刀具寿命的关系曲线

选择前角的原则：工件材料的强度、硬度较低时，前角应取得大些；反之，应取较小的前角。加工塑性材料时，宜取较大的前角；加工脆性材料时，宜取较小的前角；刀具材料韧性好时，宜取较大前角；反之，取较小前角，如硬质合金刀具就应取比高速钢刀具较小的前角。粗加工时，为保证刀刃强度，应取小前角；精加工时，为提高表面质量，可取较大前角。工艺系统刚性差时，应取较大前角。为减小刃形误差，成形刀具的前角应取较小值。选择时参考表 2-9 并根据前角选择的原则选取。

表 2-9 硬质合金车刀合理前角的参考值

工 件 材 料	合理前角（°）	
	粗车	精车
低碳钢	18～20	20～25
45 钢（正火）	15～18	18～20
45 钢、40Cr 铸钢件或钢锻件断续切削	10～15	5～10
45 钢（调质）	10～15	13～18
灰铸铁 HT15-32、HT20-40、青铜 ZQSn10-1、脆黄铜 HPb59-1	10～15	5～10
铝 13 及铝合金 LY12	30～35	35～40
紫铜 T1-T4	25～30	30～35
奥氏体不锈钢（HB185 以下）	15～20	20～25

续表

工件材料	合理前角（°）	
	粗车	精车
马氏体不锈钢（HB250 以下）	15～20	20～25
马氏体不锈钢（HB252 以下）	−5	
40Cr（正火）	13～18	15～20
40Cr（调质）	10～15	13～18
40 钢、40Cr 钢锻件	10～15	
淬硬钢（HRC40～50）	−15～−5	
灰铸铁断续切削	5～10	0～5
高强度钢 $\sigma_b<1.766$GPa（$\sigma_b<180$kgf/mm^2）	−5	
高强度钢 $\sigma_b\geqslant1.766$GPa（$\sigma_b\geqslant180$kgf/mm^2）	−10	
锻造高温合金	5～10	

高速钢车刀的前角一般可比表 2-9 中的数值大一些。用硬质合金刀具加工一般钢时，取 $\gamma_o=10°\sim20°$；加工灰铸铁时，取 $\gamma_o=8°\sim12°$。

2. 后角 α_o

后角的主要功用是减小切削过程中刀具后刀面与工件之间的摩擦。选择后角要考虑车刀强度和工件表面粗糙度，较大的后角可减小刀具后刀面上的摩擦，提高已加工表面质量。在磨钝标准取值相同时，后角较大的刀具，磨损到磨钝标准时，磨去的金属体积较大，即刀具寿命较长。但是过大的后角会使刀具楔角显著减小，削弱切削刃强度，减小刀头散热体积，导致刀具寿命降低。后角与刀具磨损体积的关系见图 2-31。后角太小，会增加车刀后面与工件表面的摩擦，影响工件表面粗糙度。

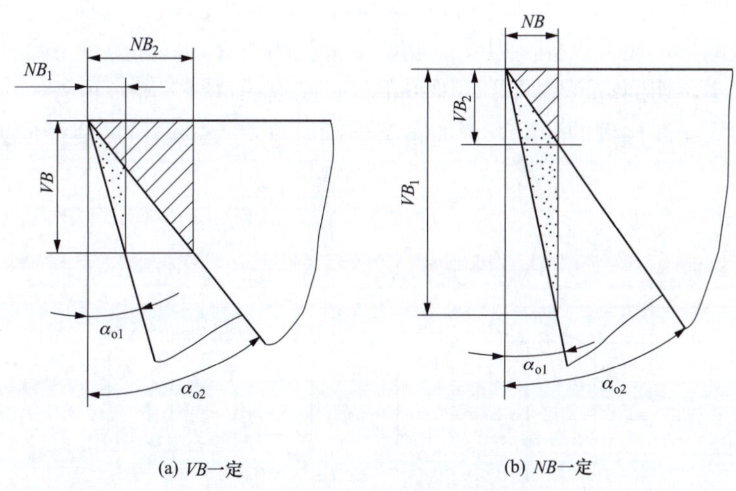

图 2-31　后角与刀具磨损体积的关系

选择后角的原则：切削厚度（或进给量）较小时，宜取较大的后角。粗加工、强力切削及承受冲击载荷的刀具，为保证刀刃强度，宜取较小后角。工件材料硬度、强度较高时，宜取较小的后角；工件材料较软、塑性较大时，宜取较大后角，切削脆性材料，宜取较小后角。对尺寸精度要求高的刀具，宜取较小的后角，因为在径向磨损量 NB 取值相同的条件下，后角较小时允许磨掉的金属体积大，刀具寿命长。选择时参考表 2-10 并依据选择原则确定后角的具体数值。

车削一般钢和铸铁时，车刀后角通常取为 6°～8°。

表 2-10　硬质合金车刀合理后角的参考值

工件材料	合理后角（°）	
	粗车	精车
低碳钢 A3	8～10	10～12
中碳钢 45（正火）	5～7	6～8
合金钢 40Cr（正火）	5～7	6～8
淬火钢 45 钢（45～50HRC）	12～15	
不锈钢（奥氏体 1Cr18Ni9Ti）	6～8	8～10
灰铸铁（连续切削）	4～6	6～8
铜及铜合金（脆，连续切削）	4～6	6～8
铝及铝合金	8～10	10～12
钛合金（$\sigma_b \leqslant 1.17$GPa）	10～15	

3. 主偏角 κ_r

选择主偏角要考虑刀尖强度、刀头散热条件、工件径向抗力等因素。

从图 2-32 可以看出，减小主偏角和副偏角，可以减小已加工表面上残留面积的高度，使表面粗糙度值减小，又可以提高刀尖强度，改善散热条件，提高刀具寿命；减小主偏角还可使切削厚度减小，切削宽度增加，切削刃单位长度上的负荷下降。另外，主偏角取值还影响各切削分力的大小和比例的分配，例如车削外圆时，增大主偏角可使径向力 F_p 减小，进给力 F_f 增大。

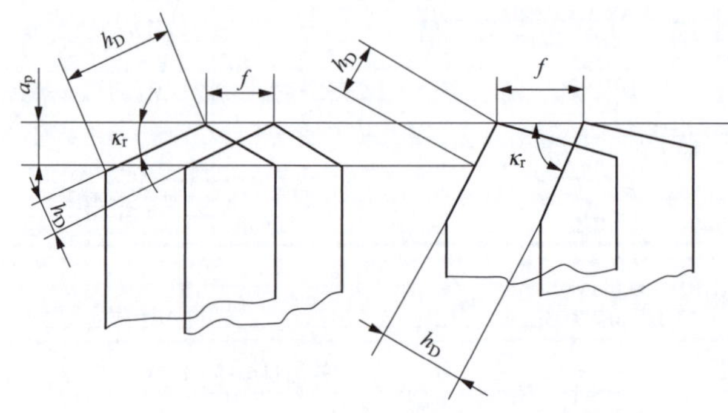

图 2-32　刀具主偏角切削层参数的关系

选择主偏角的原则：工件材料硬度、强度较高时，宜取较小主偏角，以提高刀具寿命。

工艺系统刚性较差时，宜取较大的主偏角（甚至 $\kappa_r \geqslant 90°$）；工艺系统刚性较好时，则宜取较小的主偏角，以提高刀具寿命。选择时依据选择原则，参考表 2-11 选取主偏角的具体数值。

表 2-11　硬质合金车刀合理主偏角、副偏角参考值

加工情况		偏角数值（°）	
		主偏角 κ_r	副偏角 κ_r'
粗车	工艺系统刚性好	45，60，75	5～10
	工艺系统刚性差	65，75，90	10～15
车细长轴、薄壁零件		90，93	6～10
精车	工艺系统刚性好	45	0～5
	工艺系统刚性差	60，75	0～5
车削冷硬铸铁、淬火钢		10～30	4～10
从工件中间切入		45～60	30～45
切断刀、切槽刀		60～90	1～2

4. 副偏角 κ_r'

选择副偏角的大小主要是考虑减小工件的表面粗糙度值并提升刀具的耐用度，副偏角太大时，工件表面粗糙度值增加，刀尖角减小，影响刀头强度。

选择副偏角的原则：精加工时，宜取较小副偏角，以减小表面粗糙度值；工件强度、硬度较高或刀具做断续切削时，宜取较小副偏角，以增加刀尖强度。在不会产生振动的情况下，副偏角一般采用 6°～8°；但当加工中间切入的工件时，副偏角应取得较大，取 45°～60°。选择副偏角时参考表 2-11 并根据副偏角选择原则确定。

5. 刃倾角 λ_s

选择刃倾角的大小主要是考虑刀尖强度和切屑流向。

改变刃倾角可以改变切屑的流出方向，达到控制排屑方向的目的。负刃倾角的车刀刀头强度好，散热条件也好。绝对值较大的刃倾角可使刀具的切削刃实际钝圆半径较小，切削刃锋利。刃倾角不为零时，刀刃是逐渐切入和切出工件的，可以减小刀具受到的冲击，提高切削的平稳性。

选择刃倾角的原则：一般车削时，选择零度刃倾角；断续切削和强力切削时，为了增加刀头强度，刃倾角应取负值；精车时，为了减小工件表面粗糙度值，刃倾角应取正值。选择刃倾角时应参考表 2-12 并根据选择原则确定。

表 2-12　刃倾角数值选用

λ_s	0°～5°	5°～10°	−5°～0°	−10°～−5°	−15°～−10°	−45°～−10°	−75°～−45°
应用范围	精车钢，车细长轴	精车有色金属	粗车钢和灰铸铁	粗车余量不均匀钢	断续车削钢和灰铸铁	带冲击切削淬硬钢	大刃倾角刀具薄切削

综上所述，正确选择车刀角度，对于保证零件的加工质量和提高生产效率是十分重要的，由于车刀角度的选择不仅和切削用量有关，而且和刀具材料及被加工件材料都密切相关，所以选择车刀角度时务必要多方考虑、综合分析，特别要考虑工件材料的性质。

三、切削用量的合理选择

切削用量的选择，对生产率、加工成本和加工质量均有重要影响。所谓合理的切削用量是指在保证加工质量的前提下，能取得较高的生产效率和较低成本的切削用量。约束切削用量选择的主要因素有以下几点：工件的加工要求，包括加工质量要求和生产效率要求；刀具材料的切削性能；机床性能，包括动力特性（功率、扭矩）和运动特性；刀具寿命要求等。

（一）确定切削用量的办法

可以采用经验法、查表法和计算法确定切削用量，建议初学者先采用查表法与计算法相结合。供选择的切削用量表有很多，可以根据实际情况查阅《机械加工工艺人员手册》选取。本书的学习与训练可查阅附表1～附表3，分别从推荐表中选取背吃刀量、进给量和切削速度，并校核是否在机床功率允许的范围内，在用此加工用量加工工件时，随时对工件质量、机床工作情况、刀具耐用度等生产现场加以分析，再按照切削用量选择的要求和原则对切削用量加以调整，随着加工经验的不断丰富，加工人员就可以参考工件的材质、热处理情况、采用的刀具情况、机床工作情况等凭借工作经验直接选择合理的切削用量。

（二）切削用量的选择原则

1. 粗车

粗车时，应尽量保证较高的金属切除率和必要的刀具耐用度。选择切削用量时，应首先选取尽可能大的背吃刀量 a_p；其次根据机床动力和刚性的限制条件，选取尽可能大的进给量 f；最后根据刀具耐用度要求和机床功率，确定合适的切削速度 v_c。增大背吃刀量 a_p 可减少走刀次数，增大进给量 f 有利于断屑，两者均可以提高生产效率。

(1) 背吃刀量 a_p 的选择。一般情况下，机床工艺系统刚度允许时，在保留半精车、精车余量后，尽量将粗车余量一次切除。粗车一般应留有0.5～1mm作为精车余量，有半精加工时可留1.5～2mm的余量。如果总加工余量太大，一次切去所有加工余量会产生明显的振动，甚至刀具强度不允许，机床功率不够，则可分成两次或几次粗车。但第一刀吃刀深应尽量大，可占全部余量的2/3～3/4，吃刀深度层应涵盖表面硬皮、砂眼、气孔等缺陷，从而保护刀尖不与毛坯外层接触，延长刀具寿命。一般在中等功率机床上，车削普通碳钢背吃刀量可达8～12mm。

(2) 进给量 f 的选择。粗车时的进给量主要考虑电机功率、刀杆尺寸、刀片厚度、工件的直径和长度等因素。可参照附表4，在工艺系统刚度和强度允许的情况下，可选用较大进给量；反之，适当减小。例如，加工小孔因刀杆直径小，应降低进给量；孔深刀杆悬伸长，则需进一步降低进给量。

(3) 切削速度 v_c 的选择。切削速度对刀具耐用度的影响最大，要求刀具耐用度达到多长时间是确定切削速度的前提。当背吃刀量和进给量确定后，一般根据合理的刀具寿命计算［见式(2-3)］或采用查表法来选定切削速度。

$$v_c=\frac{C_v}{T^m a_p^{x_v} f^{y_v}}K_{v_c} \tag{2-3}$$

式中 K_{v_c}——切削速度修正系数，切削钢铁类金属时，$K_{v_c}=0.65$，可根据工件材料毛坯表面状态、刀具几何参数等做微量调整。

C_v、m、x_v、y_v 的值可查阅附表6。

一般情况下，先根据刀具材料参照附表5选取切削速度，根据工件直径的大小计算出机

床的理论转速 N，有 $N=1000v_c/\pi d_w$。然后查取机床说明书，取较低而相近的机床主轴转速 n，再根据实际机床主轴的转速 n，反过来计算出实际切削速度 v_c。

计算的切削速度还需要代入公式，校验机床额定功率 P_E是否能满足切削速度要求，校验公式如下：

$$P_E\eta_m > F_c v_c \times 10^{-3} \tag{2-4}$$

式中　P_E——机床额定功率，kW；

η_m——机床传动效率，通常 $\eta_m = 0.75\sim0.85$；

F_c——主切削力，N。

由于切削力的大小 F_c 等于单位切削力与切削层公称横截面积的乘积，有

$$F_c = K_c A_d = K_c a_p f \tag{2-5}$$

式中　K_c——单位切削力，其数值可根据工件材料、刀具条件查附表 7 和附表 8；

A_d——切削层公称横截面积。

2. 半精车或精车

半精车或精车时，对加工精度和表面粗糙度要求较高，加工余量不大且较均匀，选择切削用量时，应着重考虑如何保证加工质量，并在此基础上尽量提高生产率。因此，精车时应选用较小（但不能太小）的背吃刀量，根据已加工表面粗糙度要求选取较小的进给量，并选用性能高的刀具材料和合理的几何参数，以尽可能提高切削速度。

（1）背吃刀量 a_p的选择。半精车和精车加工时，其背吃刀量是根据加工精度和表面粗糙度要求，由粗车后留下余量确定的，最后一刀背吃刀量不宜太小，否则会产生刮擦对粗糙度不利。半精加工（表面粗糙度值为 Ra6.3～3.2μm）时，背吃刀量取为 2～0.3mm；精加工（表面粗糙度值为 Ra1.6～0.8μm）时，背吃刀量取为 0.3～0.1mm。

（2）进给量 f 的选择。半精加工和精加工的进给量受到工件加工精度和表面粗糙度限制，由于加工精度和粗糙度往往形成对应关系，半精加工和精加工进给量大小的确定着眼于表面粗糙度，具体选择可参照附表 9。

（3）切削速度 v_c的选择。选择背吃刀量和进给量后，可以根据附表 10 选取切削速度。在生产中选择切削速度还要遵循以下原则：

1）粗车时，a_p和 f 较大，故选择较低的 v_c；精车时，选择较高的 v_c。

2）工件材料强度、硬度高时，应选较低的 v_c。

3）切削合金钢比切削中碳钢切削速度降低 20%～30%；切削调质状态的钢比切削正火、退火状态钢要降低切削速度 20%～30%；切削有色金属比切削中碳钢的切削速度可提高 100%～300%。

4）刀具材料的切削性能越好，切削速度也选得越高，如硬质合金钢的切削速度比高速钢刀具可高几倍，涂层刀具的切削速度比未涂层刀具要高，陶瓷、金刚石和 CBN 刀具可采用更高的切削速度。

5）精加工时，应尽量避开积屑瘤和鳞刺产生的区域。

6）断续切削时，为减小冲击和热应力，宜适当降低切削速度。

7）在易发生振动的情况下，切削速度应避开自激振动的临界速度。

8）加工大型工件、细长件和薄壁工件或带外皮的工件，应适当降低切削速度。

在实际生产过程中，需要合理选用并在加工时不断比较优化切削用量，得出既能提高加

工效率、保证工件加工质量又能延长刀具寿命的最佳切削用量数值。

四、切削液的选择

（一）切削液的作用

（1）冷却作用。切削液能够降低切削温度，从而可以提高刀具使用寿命和加工质量。切削液冷却性能的好坏，取决于它的导热系数、比热容、汽化热、流量与流速等。一般水溶液的冷却作用较好，油类最差。

（2）润滑作用。金属切削时，切屑、工件和刀具间的摩擦可分干摩擦、流体润滑摩擦和边界润滑摩擦三类。当形成流体润滑摩擦时，才能有较好的润滑效果。金属切削过程大部分属于边界润滑摩擦。所谓边界润滑摩擦，是指流体油膜由于受较高载荷而遭受部分破坏，使金属表面局部接触的摩擦方式。切削液的润滑性能与切削液的渗透性、形成润滑膜的能力及润滑膜的强度有着密切关系。若加入油性添加剂（如动物油、植物油），可加快切削液渗透到金属切削区的速度，从而减小摩擦；若在切削液中添加一些极压添加剂，如含有S、P、Cl等的有机化合物，这些化合物高温时与金属表面起化学反应，生成化学吸附膜，可防止在极压润滑状态下刀具、工件、切屑之间直接接触，从而减小摩擦，达到润滑的目的。

（3）清洗与防锈作用。切削液可以冲走切屑，防止划伤已加工表面和机床导轨面。清洗性能取决于切削液的流动性和压力。在切削液中加入防锈添加剂后，能在金属表面形成保护膜，起到防锈作用。

（二）切削液的选择

1. 从工件材料方面考虑

（1）切削钢等塑性材料时，需用切削液。

（2）切削铸铁、青铜等脆性材料时可不用切削液，原因是其作用不明显。

（3）切削高强度钢、高温合金等难加工材料时，属高温高压边界摩擦状态，宜选用极压切削油或极压乳化液，有时还需配置特殊的切削液。

（4）对于铜、铝及铝合金，为得到较高的加工表面质量和加工精度，可采用10%～20%的乳化液或煤油等。

2. 从刀具方面考虑

高速钢刀具耐热性差，应采用切削液。

硬质合金刀具耐热性好，一般不用切削液，必须使用时可采用低浓度乳化液或多效切削液（多效指润滑、冷却、防锈综合作用好，如高速攻螺纹油），且浇注时要充分连续，否则刀片会因冷热不均而导致破裂。

3. 从加工方法方面考虑

（1）钻孔、铰孔、攻螺纹和拉削等工序的刀具与已加工表面摩擦严重，宜采用乳化液、极压乳化液或极压切削油。

（2）成形刀具、齿轮刀具等价格昂贵，要求刀具使用寿命高，可采用极压切削油（如硫化油等）。

（3）磨削加工温度很高，还会产生大量的碎屑及脱落的砂粒，因此要求切削液应具有良好的冷却和清洗作用，一般采用乳化液，若选用极压型或多效型合成切削液效果更好。

4. 从加工要求方面考虑

（1）粗加工时，金属切除量大，产生的热量多，应着重考虑降低温度，选用以冷却为主的切削液，如 3%～5%的低浓度乳化液或合成切削液。

(2) 精加工时，主要要求提高加工精度和加工表面质量，应选用以润滑性能为主的切削液，如极压切削油或高浓度极压乳化液，它们可减少刀具与切屑间的摩擦与黏结，抑制积屑瘤。表 2-13 列出了针对不同加工方法情况下可供选择的切削液及配比。

表 2-13　切削液种类和选用

序号	名称	组　成	主要用途
1	水溶液	以硝酸钠、碳酸钠等溶于水的溶液，用 100 ～ 200 倍的水稀释而成	磨削
2	乳化液	少量矿物油，主要为表面活性剂的乳化油，用 40 ～ 80 倍的水稀释而成，冷却和清洗性能好	车削、钻孔
		以矿物油为主，少量表面活性剂的乳化油，用 10 ～ 20 倍的水稀释而成，冷却和清洗性能好	车削、攻螺纹
		在乳化液中加入极压添加剂	高速车削、钻削
3	切削油	矿物油（L-AN15 或 L-AN32 全损耗系统用油）单独使用	滚齿、插齿
		矿物油加植物油或动物油形成混合油，润滑性能好	精密螺纹车削
		矿物油或混合油中加入极压添加剂形成极压油	高速滚齿、插齿、车螺纹
4	其他	液态的 CO_2	主要用于冷却
		二硫化钼＋硬脂酸＋石蜡做成蜡笔，涂于刀具表面	攻螺纹

【任务指导】 零件车削加工实训

一、实训目的

(1) 对本项目学习内容做综合应用训练，使车削技能得到进一步提高。

(2) 学会选择车削加工机床和加工刀具。

(3) 学会选择刀具的几何角度。

(4) 学会选择各工步的切削用量。

(5) 学会切削液的选择和应用。

(6) 学会一般精度要求轴的车削加工步骤及基本操作。

(7) 学会对加工工件的测量与检验。

二、实训内容

为如图 2-1 所示的零件选择合理的加工条件，在车床上完成该零件的加工。

三、实训使用的设备及相关工具

普通车床及有关机床附件、多种车刀、ϕ40×120 的 45 钢毛坯若干段、游标卡尺、角度尺、千分尺等测量工具、车床保养工具、工具橱等设施。

四、实训步骤

切削加工是在工件、刃具、夹具、机床组成的工艺系统中实现的，其中金属切削机床是加工零件的主要设备。一般加工零件时，按照以下步骤进行：

（1）分析零件图样，看清技术要求、加工表面的形状和尺寸、零件使用的材料等。

（2）初步确定该零件采用的加工方法。

（3）初步拟订该零件的加工工艺路线。

（4）考虑加工中的工艺问题，主要有以下四个方面：机床的选用、刀具的选用、夹具的选用和设计、量检具的选用。

1. 选择机床

分析图样结构和工件材料，为普通碳钢材料的回转体，尺寸精度要求一般，尺寸较小，所以选择在普通卧式车床 C6132、CDE6140 或 CA6140 上完成车削任务都可以，根据本校设备配置情况选择 CDE6140。

2. 选择刀具

零件的结构有两段圆柱面（其中一处表面粗糙度值为 $Ra1.6\mu m$，精度较高）一段圆锥面（锥角较大）和一段外螺纹面，另外还有一处 $4\times\phi17$ 的退刀槽及两处 45°倒角组成，加工材料为 45 钢，工件属于一般切削加工性等级。选择刀具如下：焊接式 YT15 硬质合金 45°弯刀一把，焊接式 YT15 硬质合金 90°右偏刀一把，硬质合金 4mm 宽切槽（切断）刀一把，普通高速钢 60°螺纹车刀一把。

3. 确定加工步骤

根据该项目的产品图样可知，由于加工表面的表面粗糙度值为 $Ra1.6\mu m$，精度较高，所以车削加工可以分为粗车和精车两个阶段进行。各加工阶段的加工图样如图 2-33 和图 2-34 所示。

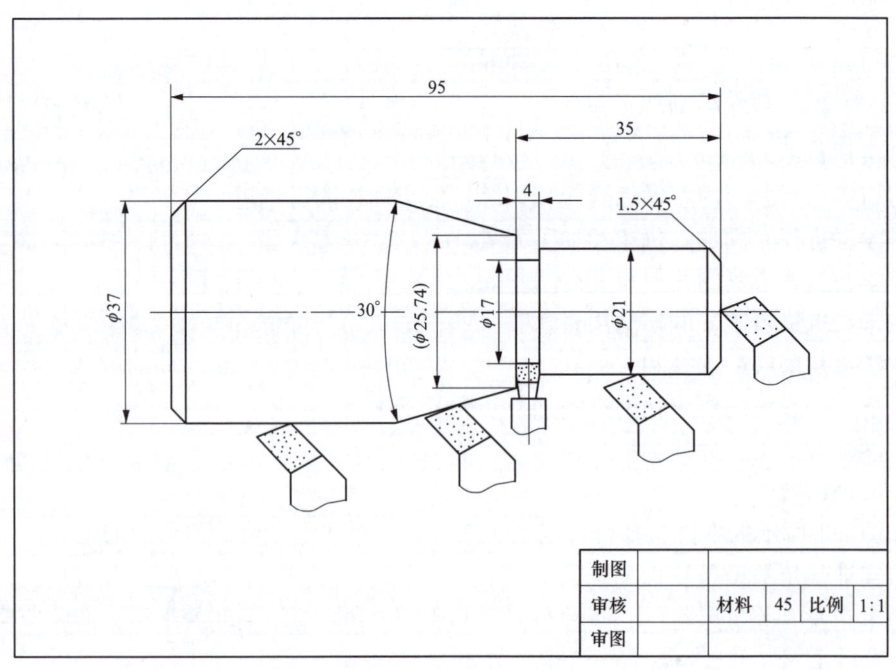

图 2-33 粗加工图样

4. 选择刀具几何角度，并刃磨车刀

根据工件材料、工作条件，结合表 2-9～表 2-12 及刀具几何参数的选择原则，确定几何

角度并填入表 2-14。

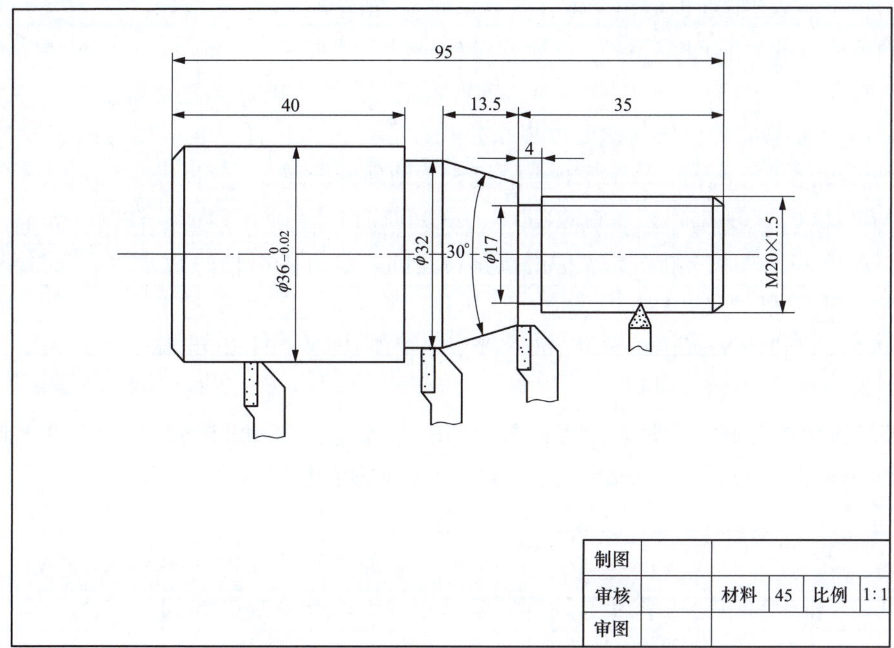

图 2-34　精加工图样

表 2-14　　**刀具几何角度记录**

实训小组名称：______			记录员：______	
刀具名称	几何角度名称	粗加工几何角度取值	半精加工或精加工几何角度取值	备注
45°弯刀	前角	粗加工取小值，选 12°		查表 10°～15°
	后角	粗加工取小值，选 6°		查表 6°～8°
	主偏角	45°		
	副偏角	45°		
	刃倾角	粗车取大值，0°		查表−5°～0°
	刀尖圆弧半径	0.8		查表 0.4～0.8
90°右偏刀	前角			
	后角			
	主偏角			
	副偏角			
	刃倾角			
	刀尖圆弧半径			

5. 选择切削用量

（1）粗车，以 45°弯刀为例。

1）确定切削用量 a_p。由图可知 M20 段直径最细，需要切除的余量最大，单边余量为 5mm，考虑到后续的精加工，粗车取 $a_p=4.5$mm，精车取 $a_p=0.5$mm。

2）确定进给量 f。工件材料为 45 碳素结构钢，工件直径为 45mm，刀杆尺寸为 20mm×30mm，查附表 4，得 $f=0.3\sim0.4$mm/r。按机床铭牌上实际的进给量，取 $f=0.35$mm/r。

3）确定切削速度 v_c。切削速度可根据公式计算，也可选择查表取得切削速度，参照附表 5，取 $v_c=90\sim100$m/min，计算对应的机床主轴理论转速 N，得

$$N=1000v_c/(\pi d_w)=1000\times(90\sim100)/(3.14\times40)=716\sim796(\text{r/min})$$

根据 CDE6140 机床主轴参数表中的实际转速图，取机床主轴的转速为 750r/min，重新计算相应的实际切削速度，得

$$v_c=N\pi d_w/1000=750\times3.14\times40/1000=94.2(\text{m/min})$$

取整数，有 $v_c=94$m/min。

4）校验机床的功率。由附表 7 查得单位切削力 K_c 为 2305N/mm^2，$f=0.35$mm/r。查附表 8，取校正系数 $K_{fkc}=0.97$，因此，需要的切削功率为

$$\begin{aligned}P_m&=F_cv_c\times10^{-3}=K_ca_pf\,v_cK_{fkc}\times10^{-3}\\&=2305\times4.5\times0.35\times94\times0.97\times10^{-3}/60\approx5.5(\text{kW})\end{aligned}$$

CDE6140 机床的额定功率为 7.5kW，取机床的传动效率为 0.8，有

$$P_E\eta_m=7.5\times0.8=6(\text{kW})>5.5\text{kW}$$

因此，机床的功率可以满足粗加工切削用量的需要，切削速度等切削用量取值合理。

（2）精加工，以 90°右偏刀为例。

1）确定精加工的背吃刀量 a_p。取 $a_p=0.5$mm。

2）确定进给量 f。表面粗糙度值最高为 $Ra1.6\mu$m，刀尖圆弧半径 r 为 0.5mm，由附表 9 查得 $f=0.11\sim0.16$mm/r，根据机床铭牌的实际进给量，取 $f=0.13$mm/r。

3）确定切削速度 v_c。根据实际加工条件和已经确定的背吃刀量和进给量，根据附表 10 初步选取 $v_c=1.67\sim2.17$mm/s，折合为 100～130mm/min。计算对应的机床主轴理论转速，得

$$N=1000v_c/(\pi d_w)=1000\times(100\sim130)/(3.14\times37)=860\sim1118(\text{r/min})$$

根据 CDE6140 机床的实际转速，取主轴转速为 900r/min，实际的切削速度为

$$v_c=N\pi d_w/1000=900\times3.14\times37/1000=104.56(\text{m/min})$$

取整数，$v_c=105$m/min。

其余刀具的切削余量的确定，参照上述步骤，最后将每一工步的切削用量填入表 2-15中。

表 2-15　　切削用量记录

实训小组名称：________	记录员：________			
工步号	工步内容	切削用量		
		背吃刀量 a_p（mm）	进给量 f（mm/r）	切削速度 v_c（m/min）
1	45°弯刀齐端面	4.5	0.35	94
2	45°弯刀，倒 1.5×45°角			
3	45°弯刀，车 ϕ21 外圆			

续表

工步号	工步内容	切削用量		
		背吃刀量 a_p（mm）	进给量 f（mm/r）	切削速度 v_c（m/min）
4	45°弯刀，车锥面			
5	45°弯刀车 ϕ37 外圆			
6	切 4mm 槽			
7	90°偏刀精车 ϕ20 外圆	0.5	0.13	105
8	90°偏刀精车锥面			
9	90°偏刀精车 ϕ32 外圆			
10	90°偏刀精车 ϕ36 外圆			
11	螺纹 M20×1.5		1.5（螺距值）	

6. 选择切削液

硬质合金车削时，为了防止刀片开裂，不用切削液；切槽和加工螺纹时，采用高速钢车刀，且热量不易散发，可以采用乳化液。

7. 选择车床附件

车床附件是车床上通用的用以装夹工件的一种装置。车床上附件有三（四）爪卡盘、顶尖、拨盘和鸡心夹头、跟刀架、中心架、心轴、弹簧套等。选择的依据主要是工件加工表面、工件的结构及工件的刚度。本项目轴为回转体，加工表面为外表面，刚性较好，所以粗加工采用三爪卡盘和顶尖装夹；精加工采用车床拨盘、鸡心夹头和顶尖装夹，如图 2-35 所示。

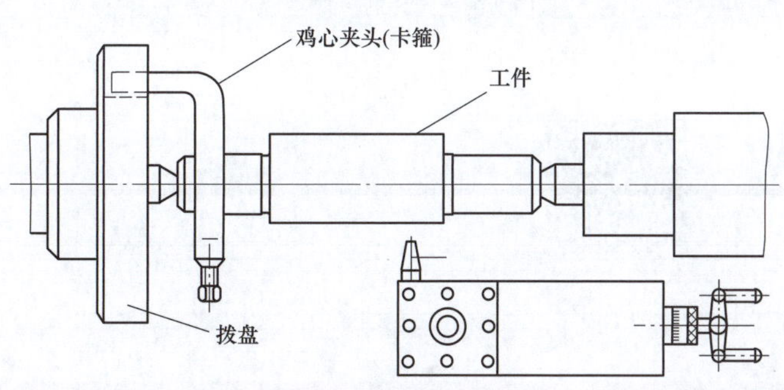

图 2-35　精加工夹具

8. 完成零件的加工

注意，对于锥面的加工，由于 30°锥角角度较大，可以采用旋转小刀架的形式。

9. 选择量具检测工件

一般尺寸的内、外径和长度可用游标卡尺（0～150mm）测量，精度较高的尺寸用千分尺（25～50mm 量程）测量。

【任务小结】

（1）通过对车削加工过程中切削条件的选择，掌握工件切削加工性难易程度的衡量办法，了解影响材料切削加工性的因素及改变切削加工性的途径，为今后确定工件材料切削加工性，改善工件切削加工性打下基础。

（2）学习刀具几何角度的选择原则，清楚相关工具书的查询方法，可以实现加工工件时刀具的合理选择，为刀具几何角度的刃磨确定理论依据。

（3）切削用量的选择对刀具寿命、加工效率、工件质量有至关重要的作用，由于切削用量是一组动态的参数，所以不但要掌握切削用量的选择原则，还要在工作中不断对其进行比较优化，积累经验，才能保证切削用量参数的最优化。

（4）切削条件的合理选择，为正确实现车削加工、合理保护刀具寿命和产品质量提供了先决条件。

【任务评价】

序号	考核项目	考核内容	检验规则	分值	
				小组互评	教师评分
1	切削加工性	说明含碳量对切削加工性的影响，以及添加硫、磷、铅对切削加工性的影响	每说出一条得 5 分		
2	改变切削加工性的途径	叙述改变切削加工性的途径	每说出一条得 5 分		
3	刀具几何角度的选择原则	说明刀具几何参数选择的原则	每说出一种得 10 分		
4	切削液的作用	说明切削液的作用	每说出一种得 5 分		
5	切削液的选择原则	说明切削液选择的原则	每说出一种得 5 分		
合计					

项目三　孔加工技术

【项目描述】

分析如图 3-1 所示的阀体零件，确定需要加工的表面，选择相应的加工方法、采用的加工设备及加工用的刀具，并选择加工条件，加工出零件，检测零件加工的尺寸与产品图样是否一致。

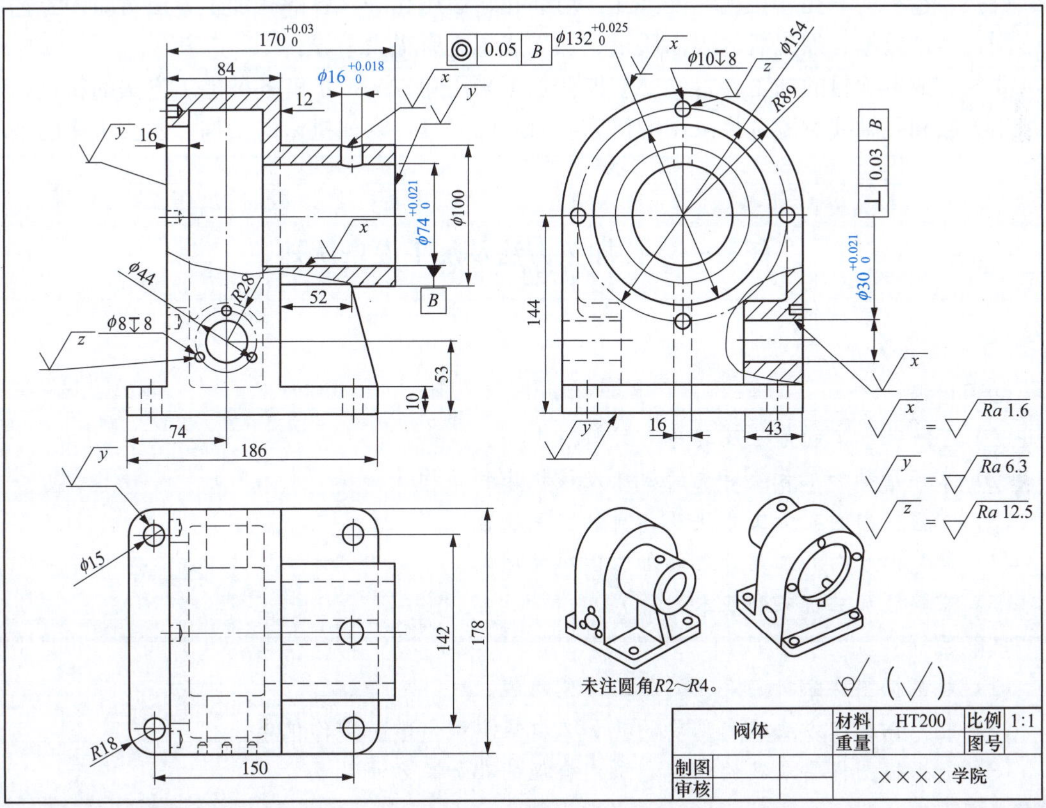

图 3-1　阀体零件图

【项目作用】

(1) 为了实现连接或装配，零件上会有孔的结构，如图 3-1 所示。这些孔大小不同，精度要求不同，因此采用的加工方法会有所不同，对应的加工工艺路线也会不一样，只有掌握这些加工方法及对应的机床和刀具、夹具，才能高效、经济、准确地加工出符合图纸要求的零件。

(2) 孔是箱体、支架、套筒、环、盘类零件上的重要表面，也是机械加工中经常遇到的表面。孔加工在金属切削加工中占有重要地位，一般约占机械加工量的 1/3。其中，钻孔占

22%～25%，其余孔加工占11%～13%。此项目为钻工、镗工等孔加工人员的必备知识。

【项目配套设施】

配备台式钻床、立式钻床、摇臂钻床、卧式镗床等孔加工设备，三爪卡盘、虎钳、压板、T型螺栓等附件，钢板尺、高度尺、划针等工具，中心钻、麻花钻、镗刀、扩孔钻、机用铰刀、手用铰刀等孔加工刀具，游标卡尺、内径百分表等孔测量仪器，多媒体教学设备，工具橱，相关钻、镗床保养设施等。

【项目分析】

在机械零件中会有很多内表面结构，如安装轴承的轴承孔、螺纹连接用的螺纹孔、作为工艺定位基准的孔等。孔在机械零件上很普遍，孔加工方法也比较多，常用的有钻孔、扩孔、铰孔、镗孔、磨孔、拉孔、研磨孔、珩磨孔、滚压孔等。各种孔加工方法对应的工艺装备不同，生产效率、加工后的表面质量、加工成本也有很大差异。

要想完成本项目的加工，首先要掌握孔加工采用的方法，了解各种加工方法的特点，根据加工方法和孔轴线位置选择采用的机床和对应的刀具，认知机床的结构，学会机床的基本操作。

任务一　孔加工方法及加工设备认知

【学习目标】

知识目标

（1）了解孔加工的方法及其各自的特点。

（2）掌握每种加工方法对应的机床及该机床的结构。

（3）掌握常用的孔加工方法及各自的应用场合。

（4）清楚内表面加工比外表面加工困难的原因。

（5）掌握孔加工机床的基本操作。

技能目标

（1）能根据图样分析确定孔的加工工艺路线。

（2）能根据加工方法确定需要的孔加工机床类型，学会操作机床。

（3）能根据图样要求孔的精度，采用合理的孔加工方法。

【任务描述】

分析比较阀体毛坯图3-2和加工项目阀体的零件图3-1，分别找出孔4×ϕ10、6×ϕ8、ϕ16、ϕ74、ϕ132、2×ϕ30、4×ϕ15的位置及加工技术要求，为这些孔的加工确定合适的加工方法、工艺路线及相应的机床设备，并熟悉孔加工设备的结构及使用。

【任务分析】

孔的加工分为两种情况：一种是在实体材料上加工出孔并达到图纸要求的尺寸；另一种是将预留孔加工扩大至图纸尺寸。要完成此任务，首先要学习孔加工的所有方法及各自的特点；根据孔的结构和加工尺寸及精度、加工前的状态等，合理地选择加工方法和加工路线；根据孔的特点选择合适的机床设备，并了解机床的基本结构及相关的操作规程等。

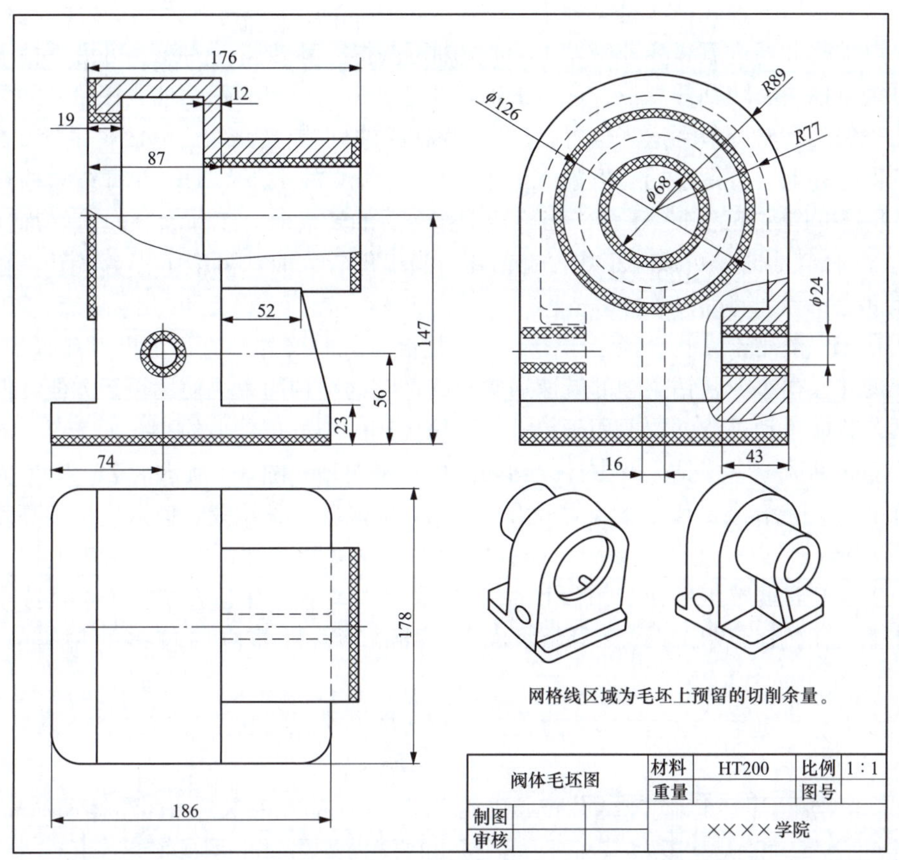

图 3-2 阀体毛坯图

知识链接

箱体、阀体、支架等零件结构比较复杂。毛坯一般通过铸造获得，对比分析图 3-1 与图 3-2，有些大孔在毛坯上铸造出的底孔，为保留后续的加工余量，毛坯底孔直径尺寸比成品孔要小，加工孔去除余量材料的过程，也是提高孔的精度获得成品尺寸及加工精度要求的过程；而有些小孔由于考虑到毛坯的铸造工艺性，毛坯上没有铸造出底孔，需要后期从实体材料上加工出来。孔的结构、尺寸、精度不同，则对应的加工方法及工艺路线也会不同。

一、钻孔及钻床

如图 3-1 所示的两侧表面上 6 个 $\phi8$ 的孔，由于这些孔尺寸小，毛坯上未做出，而是后来采用机加工的方法获得。这种用钻头在工件实体部位加工孔的工艺过程称为钻孔。钻孔采用的刀具为麻花钻（若在实体表面钻中心孔需要用中心钻），属于定尺寸标准刀具。钻孔的加工直径范围为 0.05～125mm，一般钻孔范围在 40mm 以下。钻孔加工一般采用钻床，也可以在车床、镗床、铣床等机床上钻孔。

1. 钻床分类及各自结构

多数中小孔的加工都要在钻床上完成。钻床主要有台式钻床、立式钻床、摇臂钻床、深孔钻床等类型。

（1）台式钻床。台式钻床是一种小型钻床，简称台钻。图 3-3 所示为 Z4012 型台式钻床外形图。电动机 2 通过五级变速带轮 1，使主轴可获得五种转速。头架 3 可沿立柱 7 上下移动，并可绕立柱中心转到任意位置进行加工，调整到适当位置后用手柄 4 锁紧。如果头架要放低，先把保险环 6 调节到适当位置，用紧定螺钉 5 把它锁紧，然后略放松手柄 4，靠头架自重落到保险环上，再把手柄 4 扳紧。工作台 10 可沿立柱上下移动，并可绕立柱转动到任意位置。8 是工作台座的锁紧手柄。当旋转工作台后的转盘时，工作台在垂直平面还可左右倾斜 45°。工件较小时，可放在工作台上钻孔；当工件较大时，可把工作台转开，直接放在钻床底座 9 上钻孔。

台式钻床一般用于钻孔直径小于 15mm 的情况，最小可加工直径为零点几毫米的小孔。由于加工的孔径很小，台钻主轴的转速通常很高。它的结构简单，使用灵活方便，但自动化程度较低，只能手动进给，主要用于单件小批量生产中小型工件上的小孔加工。

（2）立式钻床。立式钻床有方柱立钻和圆柱立钻两种。图 3-4 所示为 Z5125 型方柱立式钻床的外形图，进给箱 2 和工作台 4 可沿立柱的导轨调整上下位置，以适应工件高度。工作台上有 T 形槽，可以安装 T 型螺栓、压板等附件用来夹紧工件，在立式钻床上钻不同位置的孔时，需要经常调整工件在工作台上的位置。因此，立式钻床适合于加工单件或小批量的中小型工件上的孔，钻孔直径一般为 $\phi16 \sim \phi80$mm。目前应用较多的型号有 Z5132、Z5140A 等。

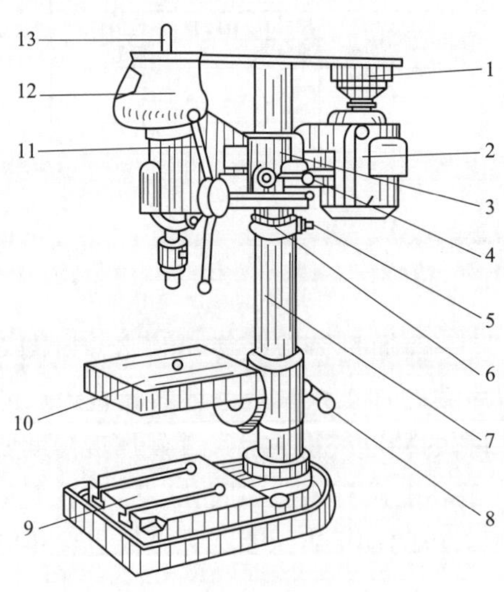

图 3-3 Z4012 台式钻床

1—带轮；2—电动机；3—头架；4—手柄；5—螺钉；6—保险环；7—立柱；8—工作台锁紧手柄；9—底座；10—工作台；11—进给手柄；12—罩壳；13—主轴

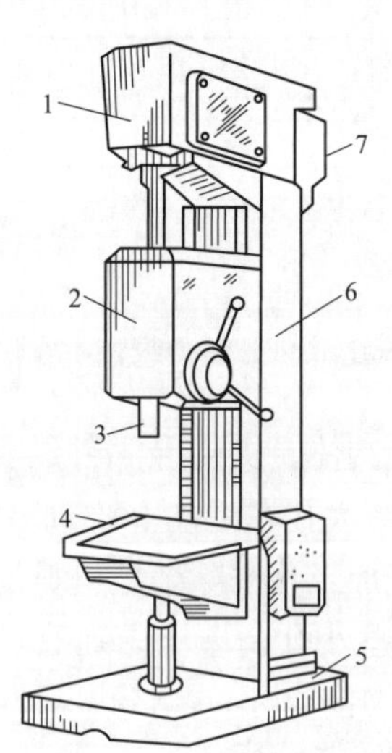

图 3-4 Z5125 立式钻床结构

1—主轴变速箱；2—进给箱；3—主轴；4—工作台；5—机座；6—立柱；7—电动机

（3）摇臂钻床。在大型零件上钻孔时，因工件移动不便，就希望工件不动，而钻床主轴能在空间任意调整其位置，这就需要使用摇臂钻床。图 3-5 所示为摇臂钻床的外形图。主轴箱安装在摇臂上，可沿摇臂的导轨横向移动。摇臂可随外立柱上下移动，同时外立柱及摇臂还可以绕内立柱在±180°范围内任意转动。因此，主轴的位置可在空间内任意地调整。被加工工件可以安装在工作台上，若工件较大，还可以卸掉工作台，直接安装在底座上，或直接放在周围的地面上。摇臂钻床可灵活方便地改变加工位置，广泛应用于一般精度的各种批量的大中型零件单孔或孔系的加工，钻孔直径为ϕ25～ϕ125mm，主要型号有Z3040、Z3050A等。

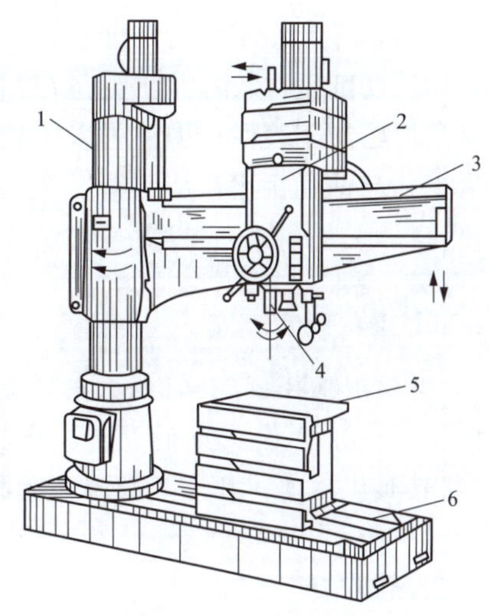

图3-5　摇臂钻床结构

1—立柱；2—主轴箱；3—摇臂；4—主轴；5—工作台；6—机座

2. 钻孔的特点

(1) 钻孔的表面质量较差。如图3-6所示，钻孔为两刃加工，钻削切屑较宽，切屑在孔内被迫卷为螺旋状，流出时与孔壁发生摩擦而刮伤已加工表面。因此，钻孔属粗加工，可达到的尺寸公差等级为IT13～IT11，表面粗糙度值为Ra50～12.5μm。

(2) 易引偏。引偏是致使孔径扩大或孔轴线偏移和不直的原因。由于钻头有横刃定心不准，钻头刚性和导向作用较差，切入时钻头易偏移、弯曲。一般在钻床上钻孔易出现孔的轴线偏移和不直，在车床上钻孔易出现孔径扩大的现象。

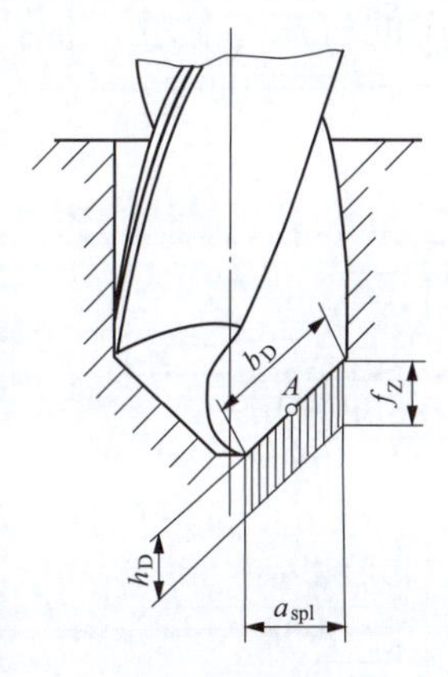

图3-6　钻孔

(3) 切削温度高，刀具磨损快。钻孔切削时产生的切削热多，加之钻削为半封闭切削，切屑不易排出，切削热不易传出，使切削区温度很高，刀具磨损加快，因此钻孔切削时需要大量的切削液。

(4) 钻孔时存在很大的轴向力，钻孔直径越大轴向力越大。由于钻头的特殊结构，钻削加工时产生很大的轴向力，轴向力会引起钻孔轴线倾斜或钻头折断，所以当钻孔直径d>30mm时，一般分两次进行钻削。第一次钻出(0.5～0.7)d，第二次钻到所需的孔径尺寸。

(5) 钻孔加工背吃刀量大，加工效率高，所以钻孔是孔加工的首选加工方法。对于精度要求不高的孔，如螺栓的贯穿孔、油孔及螺纹底孔，可采用钻孔的方法。钻孔也可用于技术要求高的孔的预加工。

二、扩孔

扩孔是用扩孔钻对已有的孔做进一步加工，以扩大孔径并提高精度，降低表面粗糙度值，如图3-7所示。扩孔可达到的尺寸公差等级为IT11～IT10，表面粗糙度值为Ra12.5～6.3μm，属于孔的半精加工方法。扩孔常作为铰削等精加工孔前的预加工，也可作为精度不高的孔的终加工。

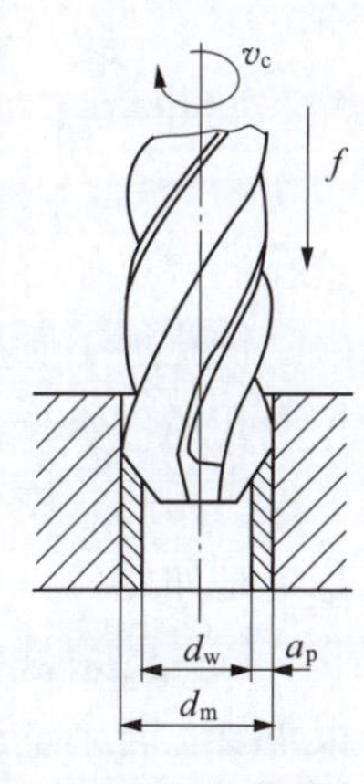

图3-7　扩孔

扩孔使用的机床与钻孔相同，一般在钻床上先钻孔后扩孔。

扩孔的特点如下：

(1) 扩孔刀具刚性较好。由于扩孔的背吃刀量小，切屑少，扩孔钻的容屑槽浅而窄，钻芯直径较大，增加了扩孔钻工作部分的刚性。

(2) 扩孔刀具导向性好。扩孔钻有三、四个刀齿，刀具周边的棱边数增多，导向作用相对增强。

（3）切削条件较好。扩孔是在钻孔的基础上进行的，加工余量小，切屑少，排屑顺利，不易刮伤已加工表面，因此可采用较大的进给量，生产率较高。

扩孔与钻孔相比，加工精度高，表面粗糙度值较低，且可在一定程度上校正钻孔的轴线误差。

提 示

当钻削直径 $d_w>30$mm 的孔时，为了减小钻削力及扭矩，提高孔的质量，一般先用 $(0.5\sim0.7)d_w$ 大小的钻头钻出底孔，再用扩孔钻进行扩孔，可较好地保证孔的精度并控制表面粗糙度，且生产效率比直接用大钻头一次钻出时还要高。

三、铰孔

铰孔是用铰刀对已有孔进行精加工的过程，是在半精加工（扩孔或半精镗）的基础上对孔进行的一种精加工方法。铰孔的尺寸公差等级可达 IT9～IT6，表面粗糙度值可达 $Ra3.2\sim0.2\mu m$。

铰孔的方式有机铰和手铰两种。在机床上用铰刀进行铰削称为机铰，如图 3-8 所示；用手工操作铰刀进行铰削的称为手铰，如图 3-9 所示。机用铰孔使用的机床与钻孔、扩孔相同。

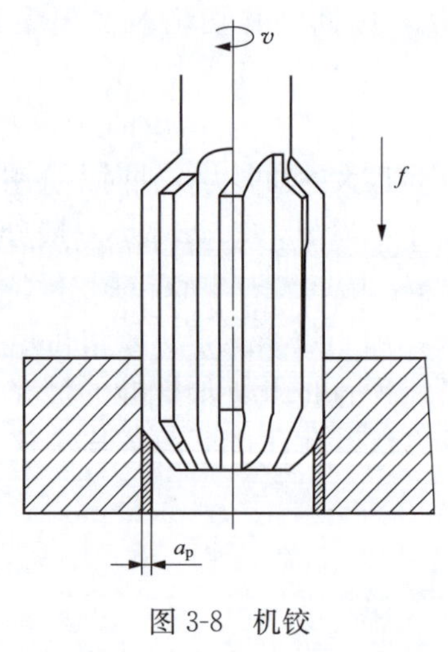

图 3-8 机铰

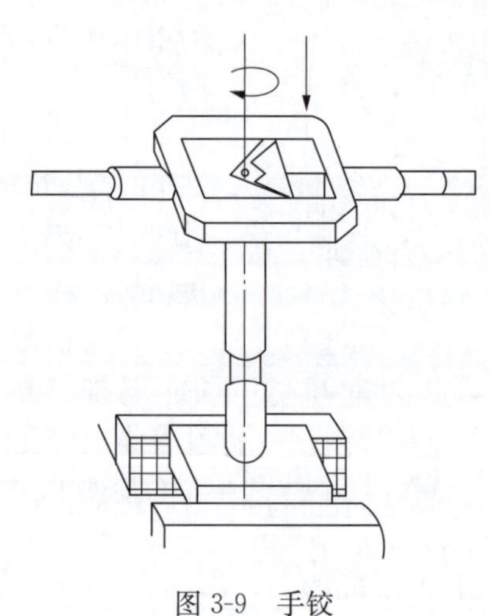

图 3-9 手铰

铰孔的特点如下：

（1）铰孔加工质量好。铰刀刀齿数多（6～12 个），制造精度高；具有修光部分，可以用来校准孔径，修光孔壁；刀体强度和刚性较好（容屑槽浅，芯部直径大），故导向性好，切削平稳。因此，铰孔比精镗孔容易保证尺寸精度和形状精度，生产率也较高，对于小孔和细长孔更是如此。

（2）铰孔的余量小，切削力较小，铰孔时的切削速度低，产生的切削热少。铰削的余量选择很重要。若余量过大，则切削温度高，会使铰刀直径膨胀，导致孔径扩大，使切屑增多而擦伤孔的表面；若余量过小，则会留下原孔的刀痕而影响表面粗糙度。

(3) 铰孔只能保证孔本身的精度，不能保证孔与孔之间的尺寸精度及位置精度。由于铰孔的加工余量较小，铰刀常为浮动连接，故不能校正原孔的轴线偏斜，只能纠正钻孔时引起的数值较小的形状误差和尺寸误差，孔与其他表面的位置精度需由前工序来保证。如果钻孔产生孔轴线偏斜或孔中心位置的偏移，不能用扩孔、铰孔的方法纠正位置误差。

(4) 铰孔的适应性较差。一定直径的铰刀只能加工一种直径和尺寸公差等级的孔，如需提高孔径的公差等级，则需对铰刀进行研磨。铰削的孔径一般小于 ϕ80mm，常用的铰孔直径在 ϕ40mm 以下。

铰孔适用于中、小尺寸孔的半精加工和精加工。铰孔不宜加工阶梯孔和盲孔。对于 ϕ40mm 以下尺寸、精度要求较高的孔（如 IT7 级精度孔），生产中常采用钻—扩—铰的加工方案。

铰孔的精度和表面粗糙度不取决于机床的精度，而取决于铰刀的精度、铰刀的安装方式、加工余量、切削用量和切削液等条件。例如在相同的条件下，在钻床上铰孔和在车床上铰孔所获得的精度和表面粗糙度基本一致。

四、镗孔及镗床

镗孔是用镗刀对已钻出、铸出或锻出的底孔做进一步的加工。镗孔是常用的孔加工方法之一，可分为粗镗、半精镗和精镗。粗镗的尺寸公差等级为 IT13～IT11，表面粗糙度值为 Ra12.5～6.3μm；半精镗的尺寸公差等级为 IT10～IT9，表面粗糙度值为 Ra3.2～1.6μm；精镗的尺寸公差等级为 IT8～IT7，表面粗糙度值为 Ra1.6～0.8μm。镗孔可在车床、镗床或铣床上进行。镗床主要分为卧式镗床、坐标镗床和金刚镗床等。下面重点介绍 T68 型卧式镗床。

1. 卧式镗床的结构

图 3-10 所示为卧式镗床。主轴箱 8 装在前立柱 7 的垂直导轨上，并能沿导轨上下移动。在主轴箱中，装有主轴部件、主运动和进给运动变速机构及操纵机构。根据加工情况不同，刀具可以装在镗杆主轴 4 上或平旋盘 5 上。平旋盘上带有刀具溜板 6，可满足一定范围大小孔径的加工。工作时，镗杆做旋转主运动，并可做轴向进给运动；而平旋盘只能做旋转主运动，当刀具装在平旋盘的径向刀架上时，径向刀架可带着刀具做纵向进给，以车削端面。

工件安装在工作台上，工作台 3 直接支承在床身的导轨上，工作台不但可随下滑座 11 和上滑座 12 做纵横向移动，还可绕上滑座的圆导轨在水平面内转位至所需要的角度，以便加工互相呈一定角度的平面或孔。

装在后立柱 2 上的后支架 1，用于支承悬伸长度较大的镗杆悬伸端，以增加刚性。后支架可沿立柱上的导轨随主轴箱同步升降，以保持后支架支承孔与镗杆在同一轴线上。后立柱可沿床身的导轨移动，以适应镗杆不同长度的需要。在加工箱体类零件和较大的支架类零件时，这是其他机床不容易实现的。

镗削时，工件装夹在工作台上，镗刀安装在镗杆上并做旋转的主运动，进给运动由镗轴

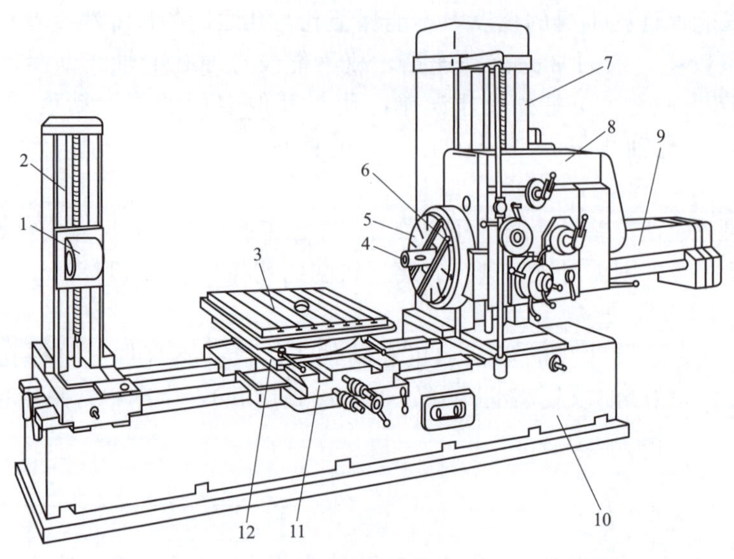

图 3-10 卧式镗床

1—后支架；2—后立柱；3—工作台；4—镗杆主轴；5—平旋盘；6—径向刀具溜板；7—前立柱；8—主轴箱；9—后尾筒；10—床身；11—下滑座；12—上滑座

的轴向移动或工作台的移动来实现。因此，卧式镗床可以具有下列工作运动：镗杆的旋转主运动、平旋盘的旋转主运动、镗杆的轴向进给运动、主轴箱垂直进给运动、工作台纵向进给运动、工作台横向进给运动、平旋盘径向刀架进给运动。

卧式镗床可以加工机座、箱体、支架等外形复杂的大型零件上直径较大的孔，以及有位置精度要求的孔和孔系。除此之外，还可以进行钻孔、扩孔和铰孔及铣平面，还可以在卧式镗床的平旋盘上安装车刀车削端面、短圆柱面及内外螺纹等，零件可在一次安装中完成许多表面的加工，而且其加工精度比钻床和一般的车床、铣床高，因此特别适合加工大型、复杂的箱体类零件上精度要求较高的孔系及端面。图 3-11 所示为卧式镗床镗削的加工范围。

2. 镗孔的方法

(1) 镗床主轴带动刀杆和镗刀旋转，工作台带动工件做纵向进给运动，如图 3-12 所示。这种方式镗削的孔径一般小于 120mm。图 3-12 (a) 所示为悬伸式刀杆，不宜伸出过长，以免弯曲变形过大，一般用以镗削深度较小的孔。如图 3-12 (b) 所示的刀杆较长，用以镗削箱体两壁相距较远的同轴孔系，为了增加刀杆刚性，其刀杆另一端支承在镗床后立柱的导套座里。

(2) 镗床主轴带动刀杆和镗刀旋转，并做纵向进给运动，如图 3-13 所示。这种方式主轴悬伸的长度不断增大，刚性随之减弱，一般只用来镗削长度较短的孔。

上述两种镗削方式，孔径的尺寸和公差要由调整刀头伸出的长度来保证，如图 3-14 所示，需要进行调整、试镗和测量，待孔径合格后方能正式镗削，操作技术要求较高。

(3) 镗床平旋盘带动镗刀旋转，工作台带动工件做纵向进给运动。如图 3-15 所示的镗床平旋盘可随主轴箱上下移动，自身又能做旋转运动。其中部的径向刀架可做径向进给运动，也可处于所需的任一位置上。如图 3-16 (a) 所示，利用径向刀架使镗刀处于偏心位置，

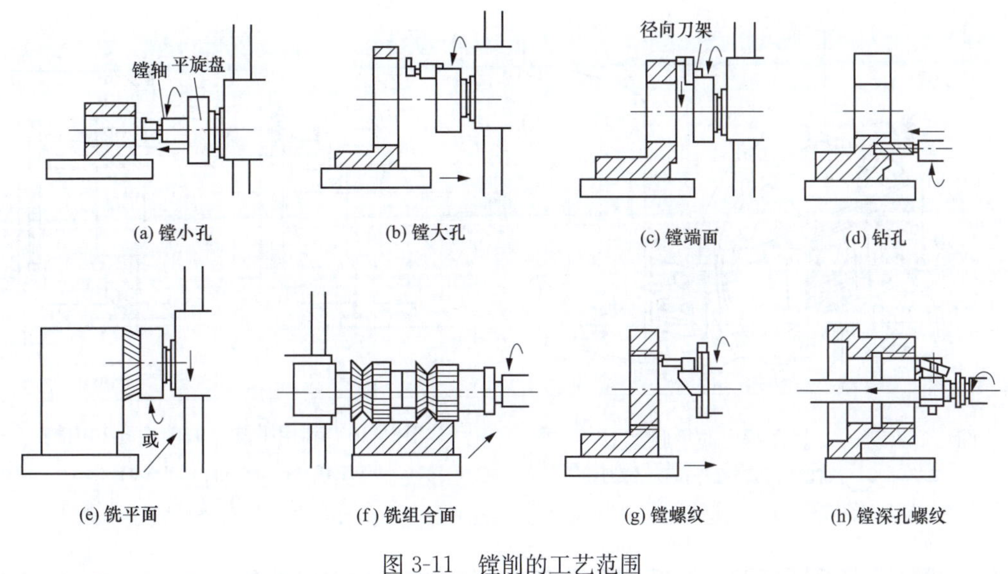

(a) 镗小孔 (b) 镗大孔 (c) 镗端面 (d) 钻孔

(e) 铣平面 (f) 铣组合面 (g) 镗螺纹 (h) 镗深孔螺纹

图 3-11 镗削的工艺范围

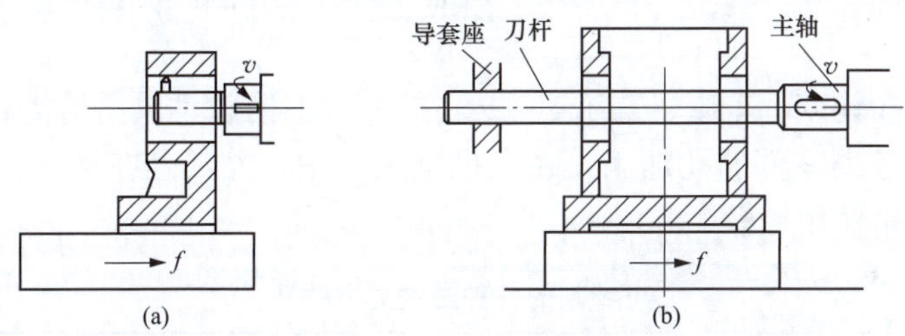

(a) (b)

图 3-12 镗刀旋转，工件进给

即可镗削大孔。ϕ200mm 以上的孔多用这种镗削方式，但孔不宜过长。图 3-16（b）所示为镗削内槽，平旋盘带动镗刀旋转，径向刀架带动镗刀做连续的径向进给运动。若将刀尖伸出刀杆端部，也可镗削孔的端面。

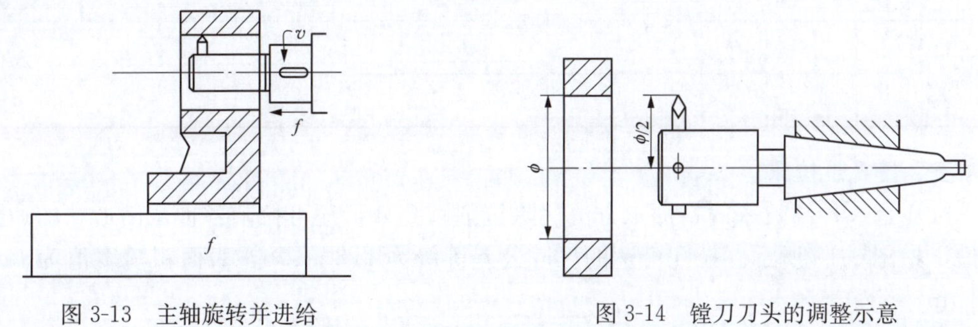

图 3-13 主轴旋转并进给

图 3-14 镗刀刀头的调整示意

3. 镗削的工艺特点

（1）镗孔由于刀杆系统的刚性差、变形大，散热排屑条件不好，工件和刀具的热变形比较大，因此，镗孔的加工质量和生产效率都不高。

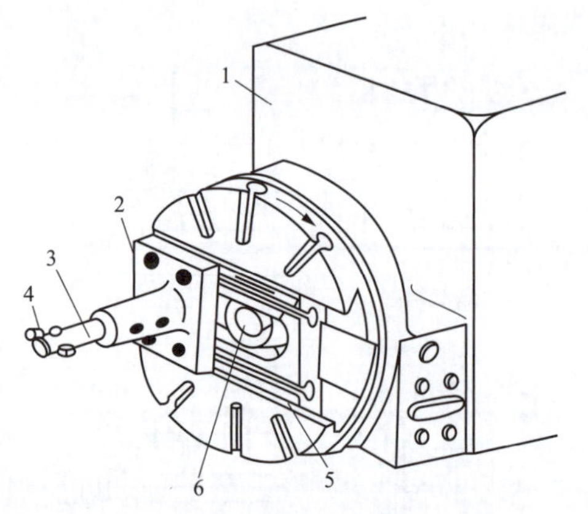

图 3-15　镗刀安装在镗床的平旋盘上

1—主轴箱；2—刀杆座；3—刀杆；4—镗刀；5—径向刀架；6—主轴

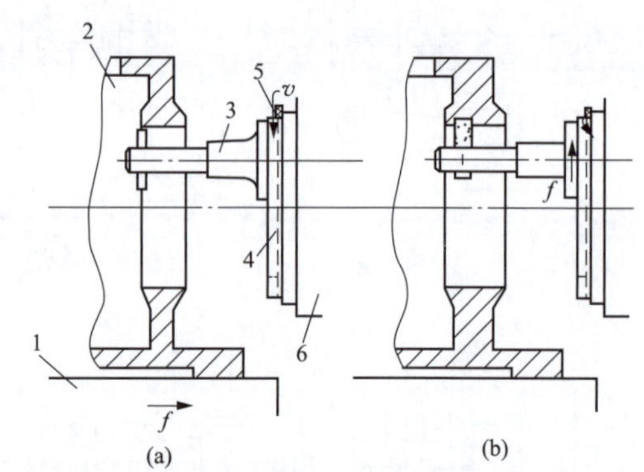

图 3-16　利用平旋盘镗削大孔和内槽

1—工作台；2—工件；3—刀杆架；4—径向刀架；5—平旋盘；6—主轴箱

（2）镗孔工艺范围广，可加工各种不同尺寸和不同精度等级的孔。对于孔径较大、尺寸和位置精度要求较高的孔和孔系，镗削几乎是唯一的加工方法。可镗削的各种结构类型的孔见表 3-1。

（3）镗孔可以在镗床、车床、铣床等机床上进行，具有机动灵活的优点。镗削广泛应用于单件小批生产中各类零件的孔加工。在大批量生产中，尤其是在镗削支架和箱体的轴承孔，为提高效率，常使用镗模。

表 3-1　　可镗削的各种结构类型的孔

孔的结构						
车床	√	√	√	√	√	√
镗床	√	√	√	—	√	√
铣床	√	√	√	—	—	—

五、拉孔及拉床

拉孔是一种高效率的精加工方法。除拉削圆孔外，还可拉削各种截面形状的通孔及内键槽，如图 3-17 所示。拉孔可达的尺寸公差等级为 IT8～IT6，表面粗糙度值为 Ra0.8～0.4μm。

1. 拉削工作原理

拉削可看作是按高低顺序排列的多把刀进行的分层切削，如图 3-18 所示。拉刀以切削速度 v 做主运动，进给运动是由后一个刀齿高出前一个刀齿（齿升量 a_f）来完成的，从而能在一次行程中一层一层地从工件上切去多余的金属层，获得所要求的表面。

圆孔拉刀的结构如图 3-19 所示，主要由以下几部分组成：

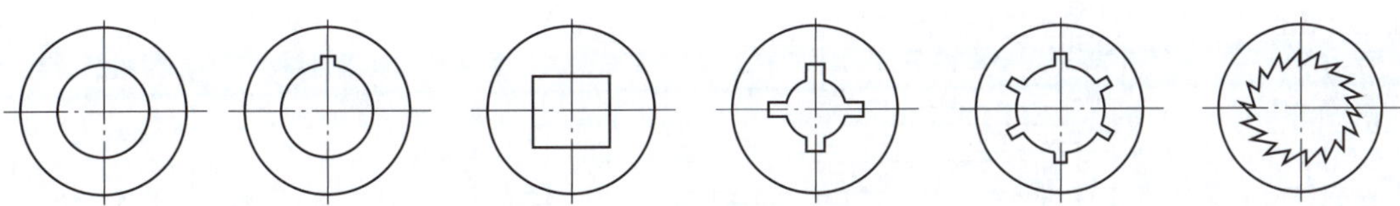

图 3-17　可拉削的内表面截面形状

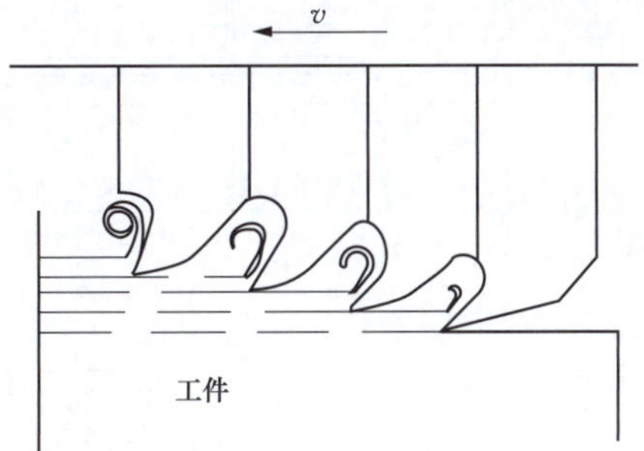

图 3-18　拉刀切削部分

（1）头部：与机床连接，传递运动和拉力。

（2）颈部：头部和过渡锥连接部分。

（3）过渡锥部：使拉刀容易进入工件孔中，起对准中心的作用。

（4）前导部：起导向和定心作用，防止拉刀歪斜，并可检查拉削前孔径是否太小，以免拉刀第一刀齿负荷太大而损坏。

（5）切削部：切除全部的加工余量，由粗切齿、过渡齿和精切齿组成。

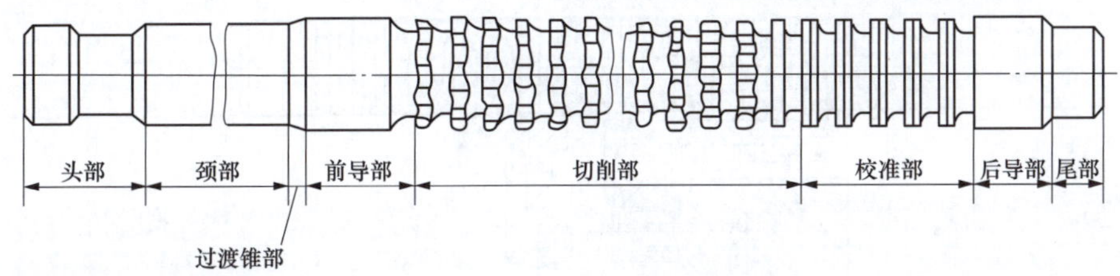

图 3-19　圆孔拉刀结构

（6）校准部：起校准和修光作用，并作为精切齿的后备齿。

（7）后导部：保持拉刀最后几个刀齿的正确位置，防止拉刀在即将离开工件时，因工件下垂而损坏已加工表面。

（8）尾部：防止长而重的拉刀自重下垂，影响加工质量和损坏刀齿。

2. 拉床的结构

卧式拉床结构如图 3-20 所示。床身内装有液压驱动油缸，活塞拉杆的右端装有随动支撑和刀夹，用以支承和夹持拉刀。工作前，拉刀放置在滚轮和拉刀尾部支架上，工件由拉刀左端穿入。当刀夹夹持拉刀向左做直线运动时，工件贴靠在支撑上，拉刀即可完成切削加工。

拉削圆孔时，拉削的孔径一般为 8～125mm，孔的长径比一般不超过 5。若工件端面与孔轴线不垂直，则将端面贴靠在拉床的球面垫圈上，在拉削力的作用下，工件连同球面垫圈一起略微转动，使孔的轴线自动调节到与拉刀轴线方向一致，可避免拉刀折断，如图 3-21 所示。

3. 拉削的工艺特点

（1）拉削时，拉刀多齿同时工作，在一次行程中完成粗、精加工，因此生产率高。

（2）拉刀为定尺寸刀具，且有校准齿进行校准和修光。拉床采用液压系统，传动平稳，

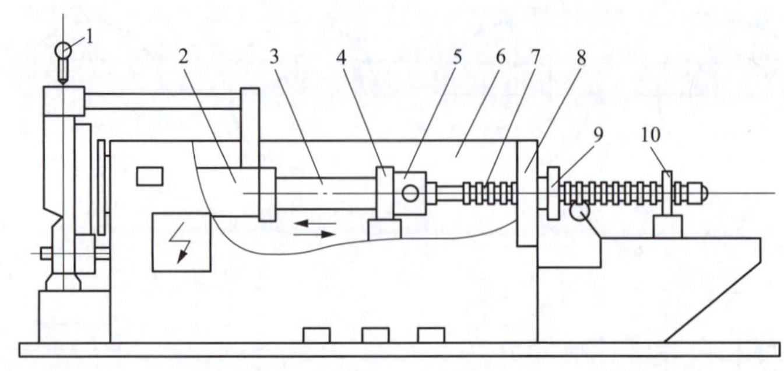

图 3-20　卧式拉床

1—压力表；2—油缸；3—活塞拉杆；4—随动支撑；5—刀夹；6—床身；7—拉刀；8—支撑；9—工件；10—拉刀尾部支架

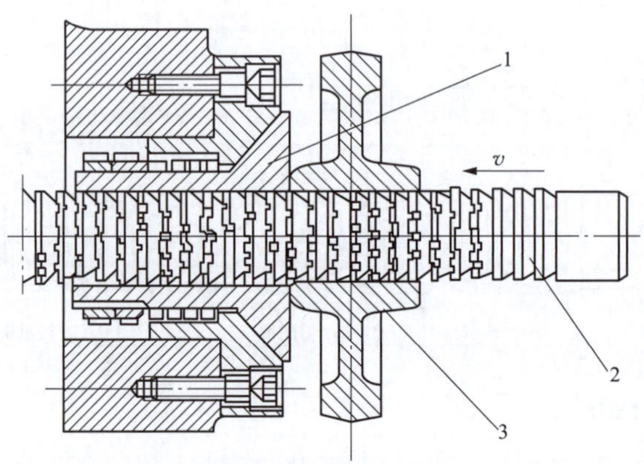

图 3-21　孔轴线与端面存在垂直度误差时的拉孔

1—球面垫圈；2—拉刀；3—工件

拉削速度很低（v_c=2～8m/min），切削厚度薄，不会产生积屑瘤。因此，拉削可获得较高的加工质量。

（3）拉刀制造复杂，成本昂贵，一把拉刀只适用于一种规格尺寸的孔或键槽，因此，拉削主要用于大批大量生产或定型产品的成批生产。

（4）拉削不能加工台阶孔和盲孔。由于拉床的工作特点，某些复杂零件的孔也不宜进行拉削，如箱体上的单面孔。

（5）钻削或粗镗孔后即可拉削加工。

六、磨孔

磨孔是孔的精加工方法之一，可达到的尺寸公差等级为 IT8～IT6，表面粗糙度值为 Ra0.8～0.4μm。

磨孔可在内圆磨床或万能外圆磨床上进行。图 3-22 所示为磨孔的切削运动，内圆磨头的旋转为主运动，工件的旋转为进给运动。此外，还有两个进给运动：一个是工件随工作台的纵向往复运动，另一个是内圆磨头的横向进给（3 个箭头方向）。使用端部有内凹锥面的砂轮可在一次装夹中磨削孔和孔内台肩面，如图 3-23 所示。

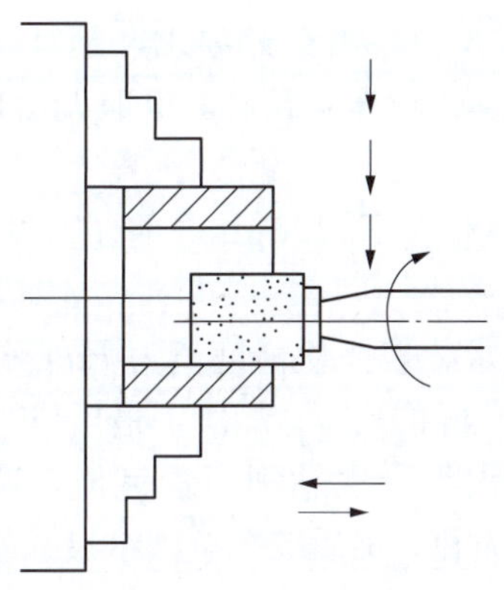

图 3-22　磨孔

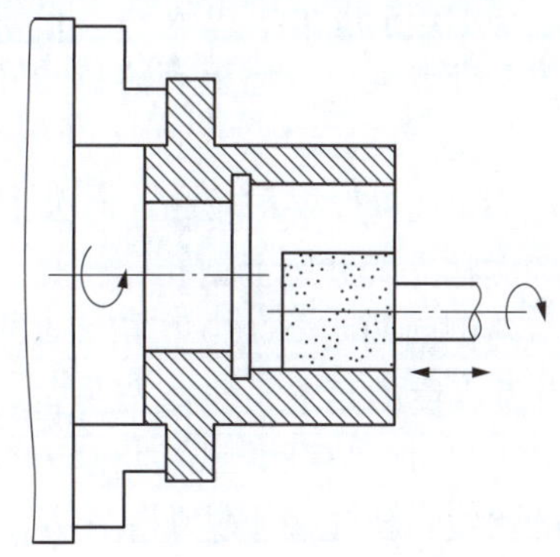

图 3-23　磨孔台阶面

因此，磨孔主要用于不宜或无法进行镗削、铰削和拉削的高精度孔及淬硬孔的精加工。

除了上述孔的加工方法外，还有一些孔加工的方法，如插孔、珩孔、研孔、滚压孔等，由于生产应用较少，在此不做分析。

【任务指导】 钻削加工实训（一）——钻床结构认知及基本操作

一、实训目的

(1) 学会选择孔的加工方法及加工机床。

(2) 学会孔加工的步骤及操作方法。

(3) 掌握钻床工件的装夹方法。

(4) 掌握常见孔加工机床的基本操作。

二、实训内容

(1) 分析项目三的结构及加工技术要求，参考掌握的孔加工方法的有关知识，选择合理的加工方法及相应的机床。

(2) 结合机床说明书及用户手册等工具书，认清机床各部分结构及其作用。

(3) 以台式钻床为例，学习主轴传动变速、主轴头架升降等操作。

(4) 练习孔加工时工件装夹。

三、实训使用设备及相关工具

台钻 Z516B（或其他型号），T58 卧式镗床、Z5140 立式钻床、麻花钻，扳手、螺丝刀、内六方、锤头等拆卸工具。

四、实训步骤

1. 选择加工方法和机床

根据图 3-1 所示的阀体零件图中孔的加工精度，以及该零件体型较小、批量较小等条件，遵循尽量减少装夹次数、减少使用机床种类的原则。各孔的加工方法及机床选择如下：

(1) 左端面上的 4 个 $\phi10$ 孔为一般精度孔，表面粗糙度值为 $Ra12.5\mu m$，在台式钻床上钻孔。

(2) 左端面上的 $\phi132$ 孔有公差要求，表面粗糙度值为 $Ra1.6\mu m$，且与 $\phi74$ 孔有同轴度的要求，毛坯上有铸造的底孔 $\phi126$，对于直径超过 40mm 的高精度大孔，在卧式镗床上镗孔。

(3) ϕ74 孔精度要求也较高，表面粗糙度值为 $Ra1.6\mu m$，有公差要求，是其余孔的位置公差的基准要素，毛坯上有铸造的底孔 ϕ68，选择在卧式镗床上镗孔，并且与 ϕ132 孔一同镗出。

(4) ϕ16 孔精度要求较高，有公差要求，表面粗糙度值为 $Ra1.6\mu m$，毛坯上没有底孔，因此，考虑在立式钻床上钻孔、扩孔、铰孔至图纸尺寸。

(5) 两侧面的两个 ϕ30 孔精度要求较高，有公差要求，表面粗糙度值为 $Ra1.6\mu m$，与 ϕ74 孔有垂直度的要求，选择先在立式钻床上钻孔 ϕ20，再扩孔至 ϕ29.5，最后铰孔至图纸尺寸。对于尺寸大于 30mm 的孔而言，由于加工余量太大一次钻削无法完成，选择钻—扩—铰的路线，比先用小钻头钻小孔，再用较大钻头钻大孔，最后铰孔至图纸尺寸的工艺路线，加工效率更高。

(6) 两侧面的 6 个 ϕ8 孔，精度要求一般，表面粗糙度值为 $Ra12.5\mu m$，选择台式钻床钻孔。

工作之前首先了解各机床的操作规程、机床的基本结构、基本操作等。下面以台式钻床为例加以说明。

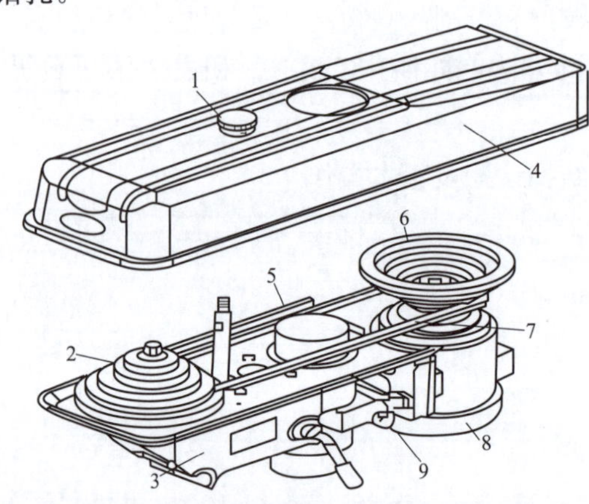

图 3-24　台钻传动部分结构

1—罩壳把手；2—主轴轮；3—主轴箱；4—上罩壳；5—下罩壳；6—电机轮；7—V 形皮带；8—电机；9—锁紧螺钉

2. 台式钻床的结构认知及基本操作

(1) 拆下上方的罩壳，观察台钻的传动系统。松开罩壳把手，打开罩壳，可以看到台钻的主轴和电机轴分别安装五级塔型带轮，如图 3-24 所示。改变 V 形皮带在塔轮轮槽内的位置，即可使主轴获得 5 级不同的转速。

(2) 台式钻床结构认知。面对机床，看懂机床型号及其主参数，参考教材或机床说明书，认真分析机床各部分的结构及用途。

(3) 主轴变速的调整。松开主轴箱两侧的锁紧螺钉，将电机推进适当的位置；V 带呈松弛状态，即可取下 V 带，重新安装或调整 V 带的位置，将 V 带放到相对应的塔轮槽转速挡位；拉出电机，调整好 V 带的松紧程度，使 V 带张紧；拧紧箱体两侧的锁紧螺钉，实现台式机床主轴的变速调整。

(4) 头架的升降。头架安装在立柱上，调整时松开头架上的调整手柄，旋转摇把使头架升降到适当位置，再拧紧头架的调整手柄，将其锁住即可。

(5) 工作台的升降与旋转。松开工作台（支架）夹紧手柄，摇动升降手柄，使工作台升降至所需位置（或绕立柱旋转任意角度），再拧紧夹紧手柄。当工件比较高时，可以采用底座作为实际工作台面。此时，只要松开工件台夹紧手柄，使工作台绕立柱旋转，即可把工作台移向一边，然后再拧紧工作台夹紧手柄。

【任务小结】

本任务对孔的加工方法及各方法的切削特点做分析比较，主要目的是学会根据产品图样及技术要求选择的孔加工方法和最佳工艺路线。通过学习总结出常用的孔加工方法是钻孔。

对于直径在 40mm 以下的高精度直孔，一般选择的工艺路线为钻孔—扩孔—铰孔；大的阶梯孔或大直径孔的加工方法为镗孔；磨孔的方法由于加工效率低，只用于高硬度孔的精加工。

【任务评价】

序号	考核项目	考核内容	检验规则	分值	
				小组互评	教师评分
1	钻孔加工特点	叙述钻孔加工的特点	每说出一条得 5 分		
2	钻孔加工	说明内表面加工比外表面加工困难的原因	每说出一条得 5 分		
3	镗孔加工的方式	叙述镗孔加工的方式及各自的特点	每说出一种得 5 分		
4	镗孔加工	叙述镗孔加工的工艺范围	每说出一条得 5 分		
5	孔加工方法的选择	分别说明高精度大孔和高精度小孔的加工方法和加工路线	每说出一种得 10 分		
合计					

任务二　孔加工刀具的选择与实践

【学习目标】

知识目标

(1) 掌握钻床所采用的刀具及各自的结构特点。

(2) 掌握麻花钻的结构及存在的缺陷。

(3) 掌握麻花钻刃磨的方法及改进麻花钻结构的措施。

(4) 掌握钻头安装及拆卸的方法。

(5) 掌握镗床刀具的类型及各自的应用。

技能目标

(1) 能根据孔的加工方法选择合理的刀具。

(2) 能根据麻花钻的工作情况选择改进办法。

(3) 能完成麻花钻的刃磨及安装。

(4) 能选择合理的切削用量完成钻孔加工。

【任务描述】

分析如图 3-1 所示的阀体零件图纸，为孔加工方法确定合适的刀具，并学会孔加工工件的装夹、加工位置的找正，以及刃磨孔加工刀具的方法和注意事项等，完成项目三的孔加工。

【任务分析】

任务一中确定孔的加工方法为钻孔、扩孔、铰孔和镗孔，每一个加工方法可以选择多种机床和刀具，各机床和加工刀具带来的加工效率及加工质量各有不同。要完成本任务，需要了解常用孔加工刀具的结构及应用，学会刀具的刃磨及合理安装，选择合理的孔加工装夹方式。

知识链接

一、钻床常用刀具

钻床常用的刀具分为两类：一类用于在实体材料上加工孔，如麻花钻、扁钻、中心钻及深孔钻等；另一类用于对工件上已有的孔进行再加工，如扩孔钻、铰刀等。其中，麻花钻是最常用的孔加工刀具，麻花钻头一般用高速钢制成。近年来，由于高速切削的发展，镶硬质合金的钻头也得到了广泛的使用。

（一）麻花钻

1. 麻花钻的组成

麻花钻（见图 3-25）主要由柄部（尾部）、颈部和工作部分三部分组成。

（1）柄部。麻花钻的柄部钻削时起传递扭矩和钻头的夹持定心作用。麻花钻有直柄和莫氏锥柄两种。直柄钻头的直径一般为 ϕ0.3～ϕ13mm。莫氏锥柄对应的钻头直径见表 3-2。为了节约高速钢，较大直径麻花钻的柄部材料为碳素结构钢。

表 3-2　　莫氏锥柄对应的钻头直径

莫氏锥度号	1	2	3	4	5	6
钻头直径（mm）	6～15.5	15.6～23.5	23.6～32.5	32.6～49.5	49.6～65	70～80

（2）颈部。直径较大的钻头在颈部标注商标、钻头直径和材料牌号。

（3）工作部分。工作部分是钻头的主要部分，由切削部分和导向部分组成，起切削工件和在工件孔内导向的作用。

2. 麻花钻的结构及几何角度

（1）麻花钻的结构。如图 3-26（b）所示，麻花钻工作部分的截面可以看作相悖安装的两把车刀，因此它的结构、几何角度的概念与车刀基本相同，但也有其特别性。

1）麻花钻有两条螺旋槽，它的作用是构成切削刃、排出切屑和通过切削液。

2）在切削过程中，为了减小与孔壁间的摩擦，在麻花钻上特地制出了两条略带倒锥形的刃带（即棱边）。这两条棱边在切削过程中能保持钻削方向、修光孔壁并作为切削部分的备磨部分。

3）如图 3-25（c）所示，由于存在螺旋槽，钻头中间剩余的实体部分是一个倒圆锥体，称为钻芯。

由于这些特殊结构的存在，麻花钻切削部分的组成及几何角度与车刀存在着一定的差异。

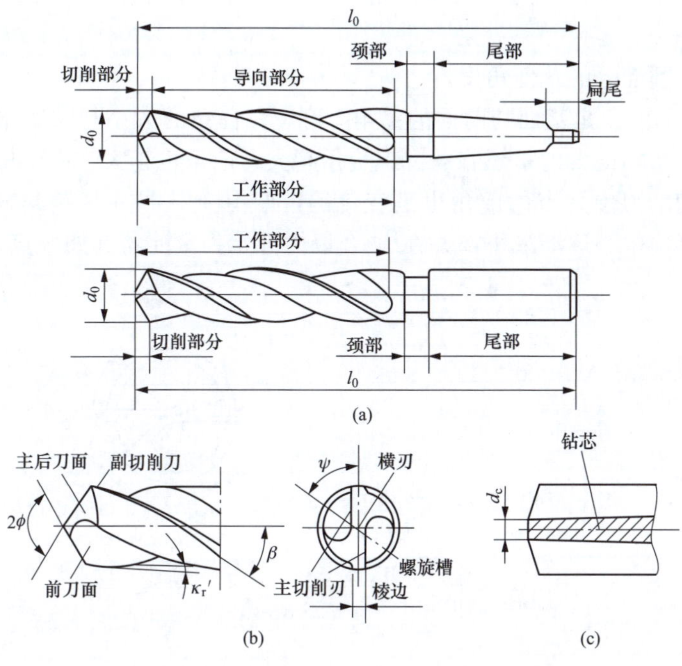

图 3-25 麻花钻的组成

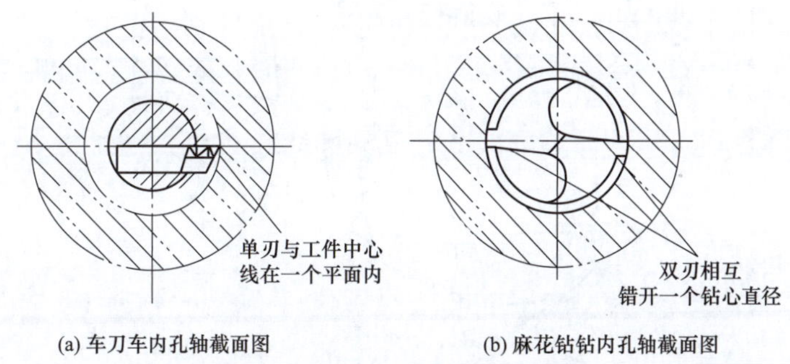

图 3-26 车刀与麻花钻结构比较

麻花钻切削部分由六个刀面和五条切削刃组成。

前刀面：指螺旋槽面。

后刀面：指钻顶的螺旋圆锥面，后刀面需要刃磨。

副后刀面：与工件已加工表面（孔壁）相对的两条棱边。

主切削刃：螺旋槽与主后刀面形成的交线。

副切削刃：棱边与螺旋槽的两条交线。

横刃：钻头两主切削刃的连线，也是两个主后面的交线。横刃太短会影响麻花钻钻尖的强度；横刃太长会使轴向力增大，对钻削不利。

（2）螺旋角（β）。螺旋角指螺旋槽上最外缘的螺旋线展开成直线后与轴线之间的夹角。如图 3-25（b）所示，由于同一麻花钻螺旋一致，所以不同直径处的螺旋角大小不同，越靠近中心，螺旋角越小。麻花钻的名义螺旋角是指边缘处的螺旋角。标准麻花钻的螺旋角为18°～30°。

（3）麻花钻切削部分的几何角度。

1）前角（γ_o）。前角是基面与前面的夹角。麻花钻前角的大小与螺旋角、顶角、钻心直径等有关，而其中影响最大的是螺旋角。螺旋角越大，前角也越大。由于螺旋角随直径的大小而改变，所以切削刃上各点的前角也是变化的，如图 3-27 所示。前角靠近外缘处（如 1 点）最大，自外缘向中心逐渐减小，并在 $D/3$ 以内开始为负前角（如 2 点）。前角变化范围为－30°～＋30°。

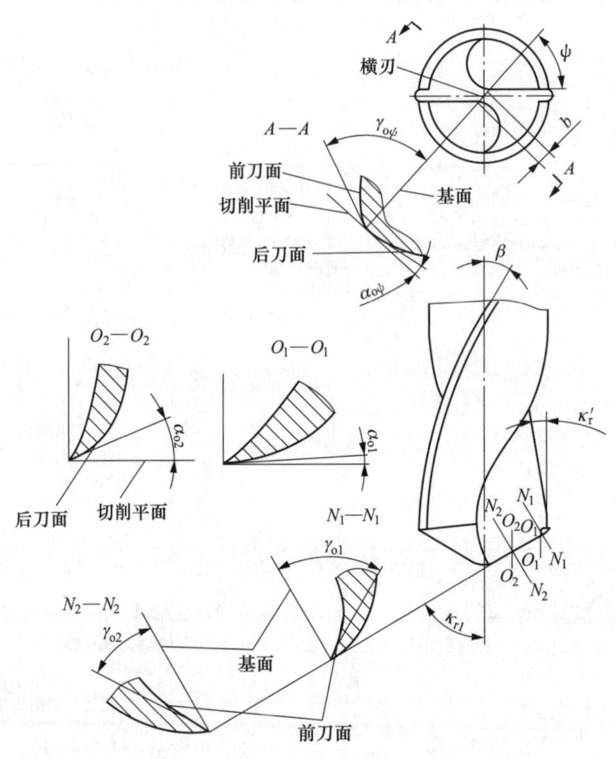

图 3-27 切削刃上不同点的前角和后角

2）后角（α_o）。后角是切削平面与后刀面的夹角。后刀面是近似弧形，因此麻花钻主切削刃上各点的后角数值也是变化的。靠近外缘处的后角最小，靠近中心处的后角最大，外缘处后角一般为 8°～10°。

3）顶角（2ϕ）。顶角也称为锋角，是钻头两主切削刃之间的夹角。顶角大，主切削刃短，定心差，钻出的孔径扩大，但前角也增大，切削省力；顶角小，则反之。一般标准麻花钻的顶角为 118°。

当麻花钻顶角为 118°时，两主切削刃为直线；当顶角不为 118° 时，主切削刃就变为曲线，见图 3-28。麻花钻头可以根据如图 3-28 所示的切削刃形状来鉴别顶角的大小。

4）横刃斜角（ψ）。在垂直于钻头轴线端面的投影中，横刃与主切削刃之间的夹角称为横刃斜角，如图 3-28 所示，其值由后角的大小决定。后角大时，横刃斜角就减小，横刃变

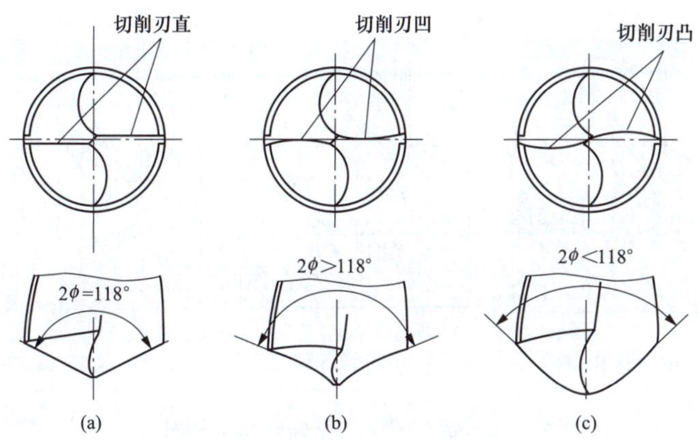

图 3-28　麻花钻顶角大小对主切削刃的影响

长；后角小时，情况相反。横刃斜角一般为 55°。

横刃是通过钻心的，在钻头端面上的投影近似为一条直线，因此横刃上各点的基面和切削平面的位置是相同的。在横刃剖面 $A—A$ 内，横刃前角 $\gamma_{o\psi}$ 为负值，横刃后角 $\alpha_{o\psi} \approx 90° - \gamma_{o\psi}$。由于横刃前角是很大的负前角，所以钻削时横刃处发生严重的挤压，而造成麻花钻定心不好，并在钻削时产生很大的轴向力。

3. 麻花钻切削部分结构的分析与改进

一般麻花钻只需刃磨后刀面，保证后角、顶角和横刃斜角，其余角度为麻花钻自身结构。虽然标准麻花钻的结构不断改进，但在切削部分仍存在影响加工质量的问题。

（1）标准高速钢麻花钻存在的问题。

1）沿主切削刃各点前角值相差较大（由 －30°～＋30°），横刃上的前角竟达 －60°～－54°，造成较大的轴向力，使切削条件恶化。

2）棱边近似为圆柱面的一部分（有稍许倒锥），副后角接近 0°，摩擦严重。

3）在主、副切削刃相交处，切削速度最大，散热条件最差，因此磨损很快。

4）两条主切削刃很长，切屑宽，各点切屑流出速度相差很大，切屑呈宽螺卷状，排屑不畅，切削液难以注入切削区。

5）麻花钻刃磨时一般只刃磨两个主后面，但同时要保证后角、顶角和横刃斜角正确。所以麻花钻刃磨是比较困难的。顶角刃磨不正确对加工的影响如下：

a. 如图 3-29（a）所示，使用顶角磨得不对称的钻头钻削时，只有一个切削刃在切削，而另一个切削刃不起作用。两边受力不平衡，结果使钻头的孔扩大和倾斜。

b. 钻头顶角磨得对称，但切削刃长度也不一样时，钻孔的情况如图 3-29（b）所示。钻头的工作轴线由 $O—O$ 移到 $O'—O'$，钻出的孔径必定大于钻头直径。

c. 如图 3-29（c）所示，钻头顶角磨得不对称，切削刃长度也不同，如果短刃的顶角大，就会钻出台阶底部的扩大孔，刃磨得不正确的钻头，由于切削刃不平均，会使钻头很快磨损。

6）由于钻头存在一段较长的横刃，除了在加工时产生很大的轴向力外，还会出现定心难的问题。另外，麻花钻长径比数值较大，刚性差，易引起钻孔位置误差和钻孔轴线偏斜。

（2）标准高速钢麻花钻结构改进措施。针对麻花钻存在的上述问题，使用时根据具体加

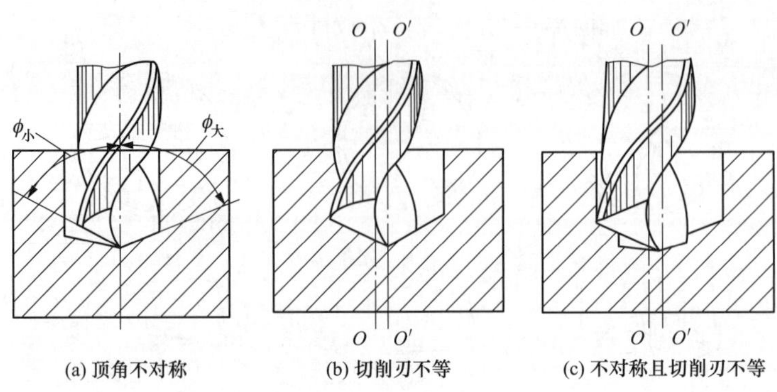

图 3-29 钻头刃磨不正确对加工的影响

工情况，对麻花钻切削部分加以修磨改进，可显著改善钻头切削性能，提高钻削生产率。一般采用以下几项措施：

1）仔细刃磨钻头，使两个切削刃的长度相等、顶角对称。

2）修磨横刃。可采用将整个横刃磨短甚至磨去横刃、加大横刃前角等修磨形式改善麻花钻的切削性能。

3）修磨前刀面。加工较硬材料时，可将主切削刃外缘处的前刀面磨去一部分，适当减小该处前角，以保证足够强度，见图 3-30（a）；当加工较软材料时，在前刀面上磨出卷屑槽，加大前角，减小切削变形，降低温度，改善工件表面加工质量，见图 3-30（b）。

4）修磨棱边。标准高速钢麻花钻的副后角为 0°，在加工无硬皮的工件时，为了减小棱边与孔壁的摩擦，减少钻头磨损，对于直径较大（ $D>12$mm ）的钻头，可按如图 3-31 所示的方法磨出副后角 $\alpha_f'=6°\sim 8°$，并留下宽度为 0.1 ～ 0.2mm 的窄棱边。

5）磨出分屑槽。在钻头后刀面上磨出分屑槽（见图 3-32），有利于排屑及切削液的注入，并将宽的切屑分成窄条，以利于排屑。大大改善了切削条件，特别适用于在韧性材料上加工较深的孔。为了避免在加工表面上留下凸起部分，两条切削刃上的分屑槽位置必须互相错开。

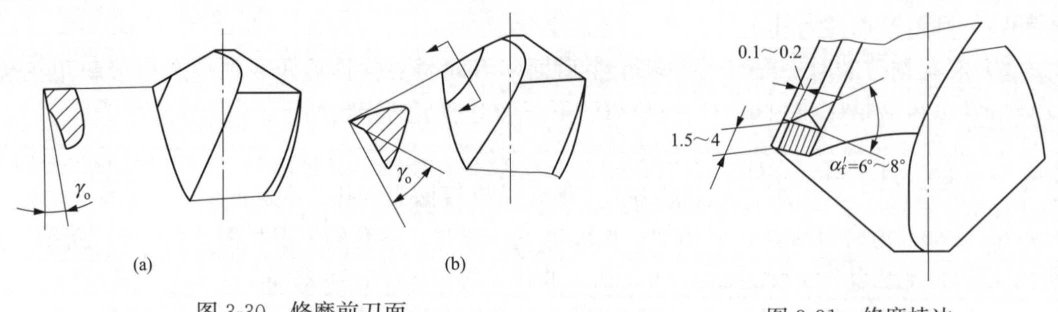

图 3-30 修磨前刀面

图 3-31 修磨棱边

6）为防止钻孔引偏，可以采用以下两种方法：一种如图 3-33 所示，用顶角 $2\phi=90°\sim 100°$的短钻头，预钻一个锥形坑可以起到钻孔时的定心作用，之后再用普通麻花钻钻孔；另一种如图 3-34 所示，采用钻夹具，用钻套为钻头导向，可减小钻孔开始时的引偏，特别是在斜面或曲面上钻孔时更有必要。

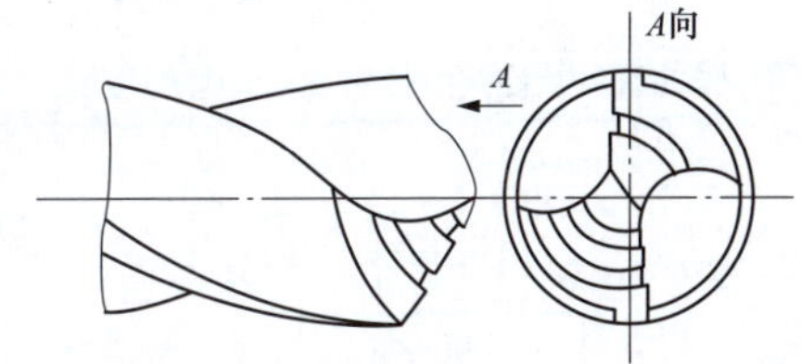

图 3-32　磨出分屑槽

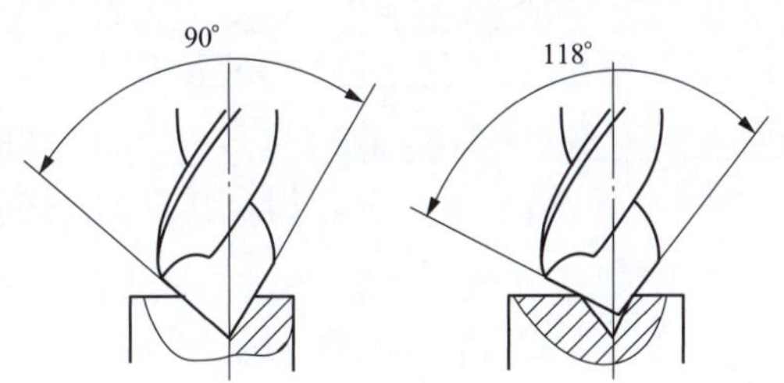

图 3-33　钻孔前预钻定心

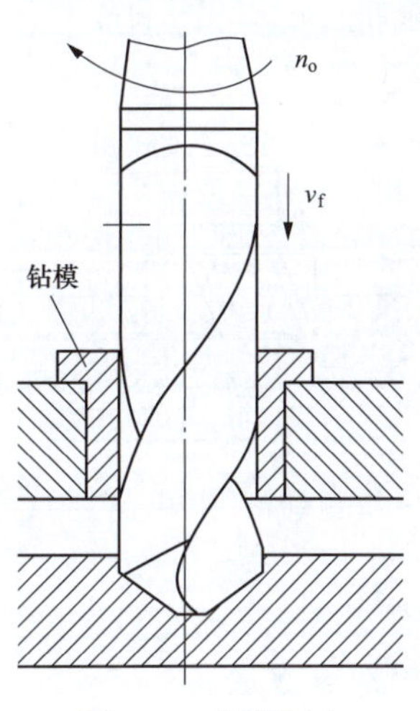

图 3-34　钻模导向

（二）扩孔钻

由于构造上的限制，钻头的弯曲刚度和扭转刚度均较低，加之定心性不好，钻孔加工的精度较低，但钻孔的金属切除率大，切削效率高。钻孔主要用于加工质量要求不高的孔，对于加工精度和表面质量要求较高的孔，则应在后续加工中通过扩孔、铰孔、镗孔或磨孔来提高孔内表面的精度。

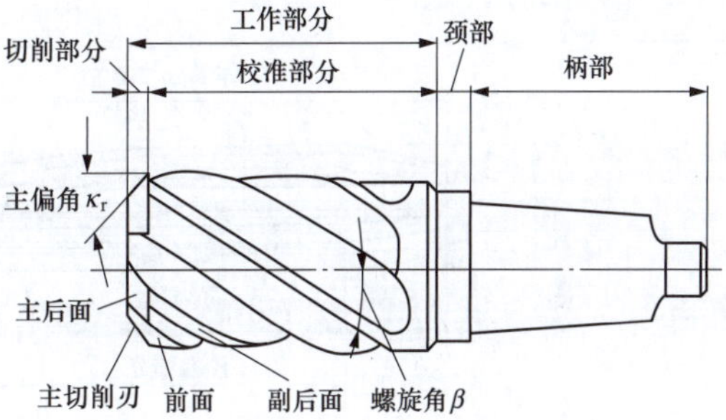

1. 扩孔钻结构

扩孔钻结构与麻花钻相似，但刀齿数较多，没有横刃。扩孔钻的结构如图 3-35 所示。

图 3-35　扩孔钻的结构

2. 扩孔钻的类型

扩孔钻按刀体结构分，有高速钢整体式和硬质合金镶片式两种，图 3-36（a）所示为高速钢整体式扩孔钻，图 3-36（b）所示为硬质合金镶片式扩孔钻。

按装夹方式分，有直柄扩孔钻、锥柄扩孔钻和套式扩孔钻三种。扩孔钻的形式随直径不同而不同。图 3-36（a）所示为锥柄扩孔钻；图 3-36（b）所示为套式扩孔钻。

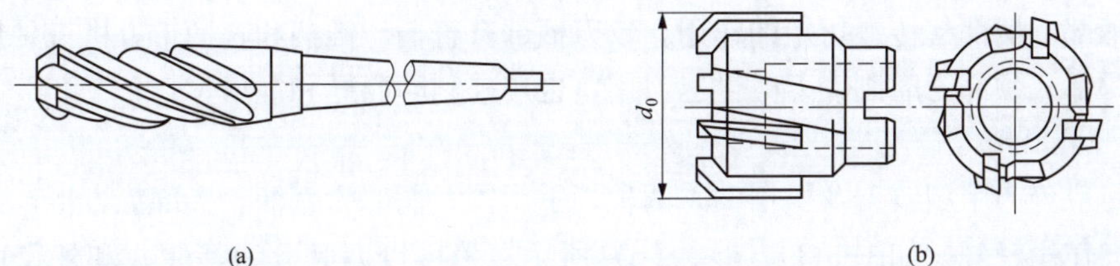

图 3-36　扩孔钻类型

除上面的普通类型外，还有各种特殊形状的扩孔钻（也称锪钻），用来加工各种沉头座孔和锪平端面。锪钻的前端常带有导向柱，用已加工孔导向，见图 3-37。

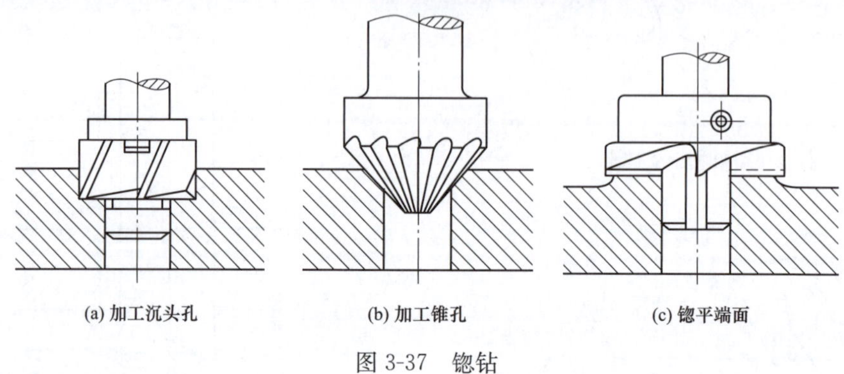

图 3-37　锪钻

（三）铰刀

1. 铰刀结构

铰刀是孔的精加工刀具之一，也是加工高精度小孔的一种较为经济实用的加工刀具，在生产中应用很广。铰刀由工作部分、颈部及柄部三部分组成。工作部分又分为切削部分与校准（修光）部分，见图 3-38。

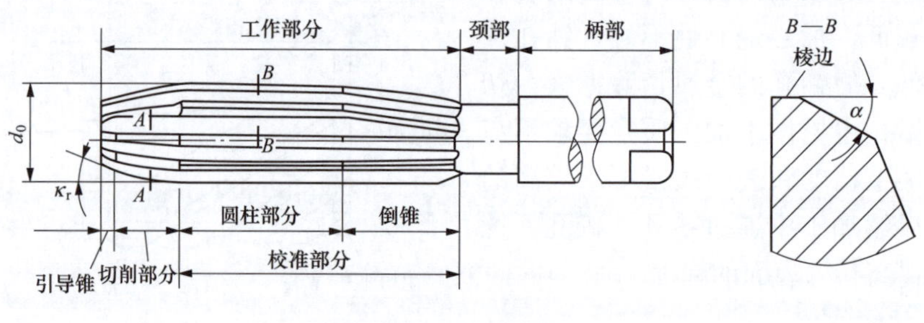

图 3-38　铰刀结构

（1）切削部分。切削部分包括最前端的 45°倒角。在铰削开始时，45°倒角部分便于将铰刀引导入孔中，并起保护切削刃的作用，此部分称为引导锥。紧接后面的是切削部分，这部分是承担主要切削工作的，也呈锥体。

（2）校准部分。机用铰刀的校准部分有圆柱校准部分和倒锥校准部分两段，圆柱校准部分起导向和修光孔壁的作用，也是铰刀的备磨部分。为了避免铰刀刮伤已加工表面，切削刃部分只留一小段棱边，并做出大后角。倒锥校准部分只起导向作用。

（3）柄部。柄部起传递扭矩的作用。铰刀柄部有直柄、锥柄和直柄带方榫三种形式。

（4）颈部。颈部为磨制铰刀时供退刀用，也用来刻印商标和规格。

2. 铰刀的类型

铰刀一般分为手用铰刀及机用铰刀两种。手用铰刀柄部为直柄，头部为方形，工作部分较长，导向作用较好，如图 3-39（d）、（h）所示。手用铰刀又分为整体式和外径可调整式［见图 3-39（e）］两种。

机用铰刀可分为带柄的和套式的［见图 3-39（f）］。铰刀不仅可加工圆形孔，也可用锥度铰刀加工锥孔，如图 3-39（g）、（h）所示。

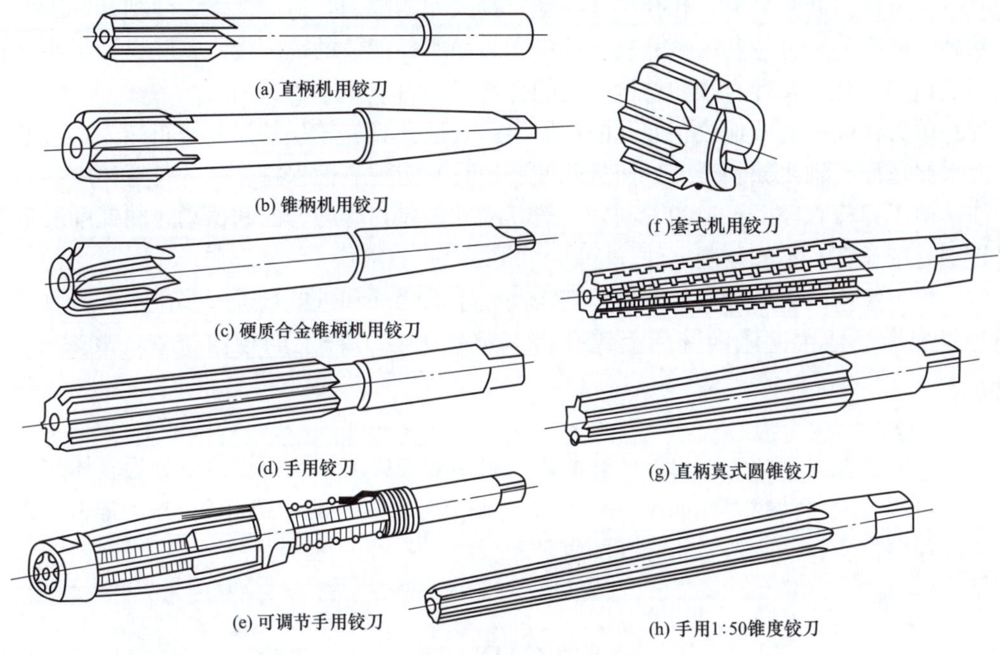

图 3-39 铰刀的类型

二、镗床常用刀具

镗床上用的刀具种类较多，除了采用钻床所用的各种孔加工刀具和铣床所用的各种铣刀外，主要用单刃镗刀、双刃镗刀、复合镗刀和微调镗刀。

1. 单刃镗刀

单刃镗刀切削部位的结构与普通车刀相似，刀体较小，用螺钉安装在镗杆的孔中（见图 3-40）。镗孔直径与镗杆及刀头选择表见表 3-3，镗刀使用时尺寸靠操作者调整。

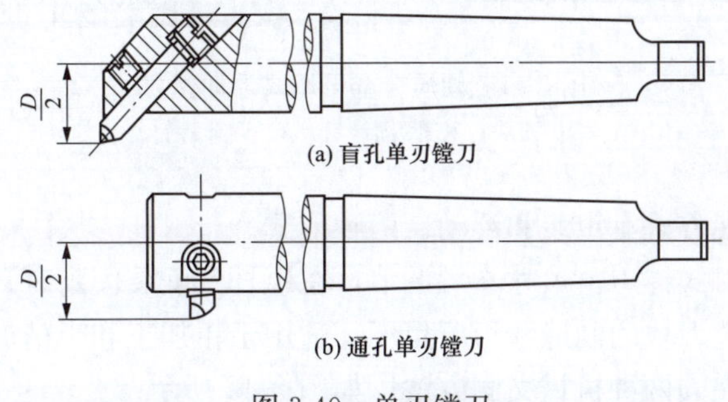

图 3-40 单刃镗刀

表 3-3 镗杆与镗刀头尺寸 mm

工件孔径	28～32	40～50	51～70	71～85	85～100	101～140	141～200
镗杆直径	24	32	40	50	60	80	100
镗刀头直径或长度	8	10	12	16	18	20	24

单刃镗刀镗削具有以下特点：

（1）单刃镗刀结构简单，孔径尺寸不受刀具尺寸的限制，适应性强。镗削是在工件已有孔的基础上进行的。可达到的尺寸公差等级和表面粗糙度值的范围较广，除直径很小且较深的孔不能镗削以外，各种直径和结构类型的孔几乎均可应用单刃镗削。

（2）单刃镗削可有效地校正原孔的位置误差，镗孔具有较强的误差修正能力，可通过多次走刀来修正原孔轴线偏斜误差，而且能使所镗孔与定位表面保持较高的位置精度。

（3）由于镗杆直径受孔径的限制，一般其刚性较差，容易弯曲和振动，故镗削质量的控制（特别是细长孔）不如铰削方便。

（4）单刃镗削的生产率低。因为镗削需用较小的切深和进给量进行多次走刀，以减小刀杆的弯曲变形，且在镗床和铣床上镗孔需调整镗刀在刀杆上的径向位置，故操作复杂、费时。

2. 双刃镗刀

为了消除镗孔时径向力对镗杆的影响，可采用双刃镗刀。双刃镗刀块分为整体式和可调式两种，可调节的浮动镗刀块如图 3-41 所示。调节时，松开两个螺钉 2，拧动螺钉 3 以调节刀块 1 的径向位置，使之符合所镗孔的直径和公差。

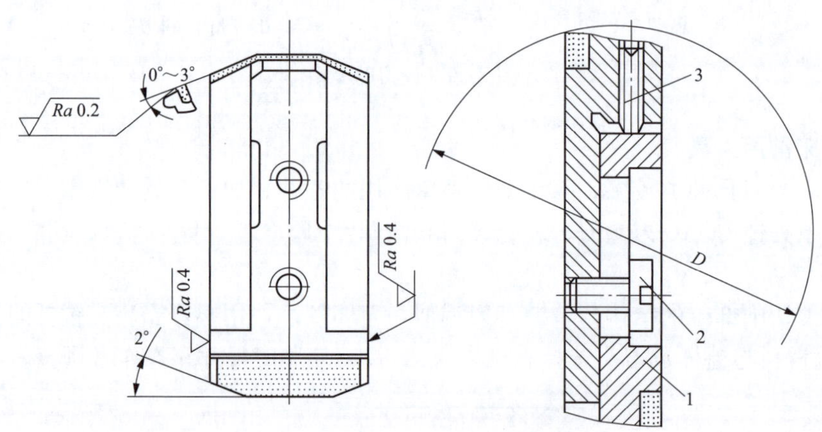

图 3-41　硬质合金可调式浮动镗刀

1—刀块；2—紧固螺钉；3—调节螺钉

双刃镗刀块的装夹方式有定装和浮动装两种形式。

（1）定装整体双刃式镗刀。尺寸不可调节，在镗杆上安装固定时，两切削刃与镗杆中心的对称度主要取决于镗刀块的制造和刃磨精度，适用于粗加工和半精加工。定装整体式镗刀有斜楔式夹固和螺钉夹固两种机械夹固方法，如图 3-42 所示。

（2）浮动装双刃式镗刀。对于孔径大（$>\phi 80$mm）、孔深长、精度高的孔，均可用浮动镗刀进行精加工。工作时浮动镗刀块以间隙配合状态自由地浮动安装在刀杆的长方孔中，可在直径方向滑动。切削时，依靠两刃径向切削力的平衡而自动定心及对中，从而可以消除因刀块在刀杆上的安装误差所引起的孔径误差。浮动镗在孔内镗削的情况见图 3-43。

浮动镗削实质上相当于铰削，其加工余量及可达到的尺寸精度和表面粗糙度值均与铰削类似。浮动镗刀镗孔具有以下特点：

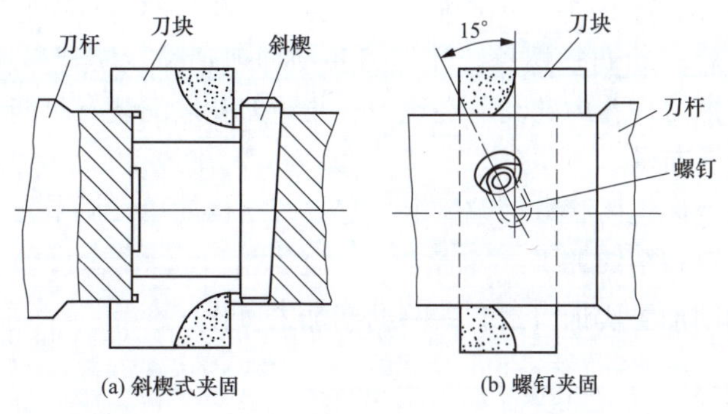

图 3-42　固定整体双刃镗刀的安装

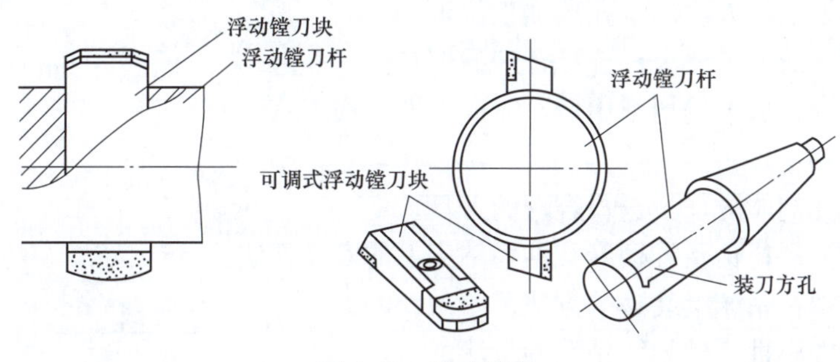

图 3-43　浮动镗削

(1) 加工质量高。工作时，刀块在切削力的作用下保持平衡对中，可减小刀杆、刀具的安装偏差。

(2) 生产效率高。镗刀两边都有切削刃，双刃切削，操作简单方便，切削快。

(3) 工件的孔径尺寸与精度由镗刀径向尺寸保证，镗刀上的两个刀片径向可以调整，因此，每个镗刀可以加工一定尺寸范围的孔。

(4) 浮动镗削虽然加工精度高，但不能校正原孔的位置误差，因此双刃浮动镗削应在单刃镗削之后进行，孔的位置精度应在前面的单刃镗削工序中得到保证。

浮动镗削一般用于孔的终加工，镗孔后孔的精度可达 IT7～IT6，表面粗糙度值达 $Ra1.6$～$0.8\mu m$。

3. 微调镗刀

在精镗机床上常采用微调镗刀以提高调整精度。图 3-44 所示为斜装式微调镗刀，镗刀杆的斜孔与刀杆轴线呈一定角度，它是通过刻度和精密螺纹来进行微调的。装有可转位镗刀片的镗刀头上有精密螺纹，镗刀头的外圆柱与镗刀杆上的孔相配，并在其后端采用内六角紧固螺钉及垫圈拉紧。镗刀头的螺纹上旋有带刻度

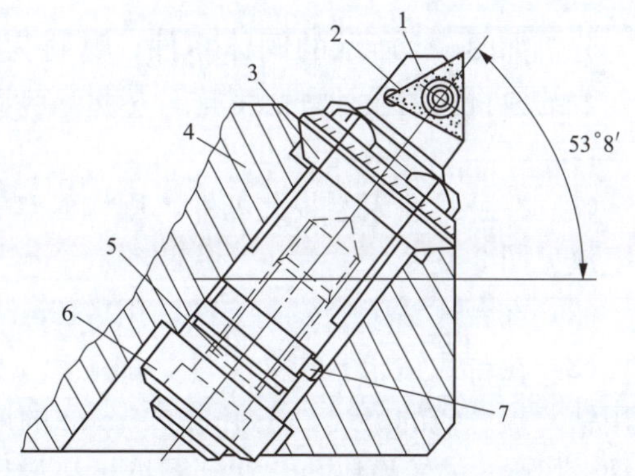

图 3-44　微调镗刀

1—镗刀头；2—刀片；3—精调螺母；4—镗刀杆；5—拉紧螺钉；6—圆垫圈；7—导向键

的调整螺母，调整螺母的背部是一个圆锥面，与镗刀杆孔口的内锥面紧贴。调整时，先松开内六角紧固螺钉，然后转动调整螺母，使镗刀头前伸或退缩，实现微调。在转动调整螺母时，为防止镗刀头在镗刀杆孔内转动，在镗刀头与镗刀孔之间装有只能沿孔壁上的直槽做轴向移动而不能转动的导向键。

微调镗刀多用于坐标镗床和数控镗床上。它具有结构简单，调节方便和调节精度高等优点，适用于孔的半精镗和精镗加工。

【任务指导】 钻削加工实训（二）——钻削加工操作

一、实训目的

（1）学会在钻床上安装刀具。

（2）学会在钻床上安装工件。

（3）学会用划线的方法确定孔的加工位置。

（4）分析阀体的加工要求，选择合理的刀具。

（5）学会选择孔加工的切削用量，完成工件的加工。

二、实训内容

（1）为项目三阀体的加工选择合理的刀具。

（2）练习直柄麻花钻及锥柄麻花钻在钻床上的安装方法。

（3）选择工件在钻床上装夹的方法。

（4）练习单件小批工件划线钻孔的方法。

（5）手动进给的技巧及操作方法。

三、实训使用设备及相关工具

立式钻床、麻花钻、扩孔钻、铰刀等刀具，锥套、斜铁、钻夹头等钻床附件，T型螺栓、压板等附件、划针、样冲、锤头等钳工工具及卡尺、高度尺等量具，钻床保养设施等。

四、实训步骤

1. 选择刀具

分析如图3-1所示的阀体零件，材料为铸造件，结构为非回转体零件，从提高加工效率，节约原材料的设计理念考虑，尽量减少刀具和机床种类，减少装夹次数，拟订加工步骤如下：

（1）在卧式镗床上装夹工件，用端面盘铣刀铣出下底面、前后两孔端面，尺寸及表面粗糙度值见图3-1。

（2）在台式钻床上装夹工件，用ϕ15mm直柄麻花钻依次钻出底面上的4个ϕ15mm孔。

（3）在台式钻床上装夹工件，加工出$\phi 16^{+0.018}_{0}$孔。由于孔的加工精度要求较高，可以采用钻—扩—铰的路线，先用ϕ14.5mm的麻花钻钻孔，再用ϕ15.8mm的扩孔钻扩孔，最后用ϕ16mm的铰刀铰孔，达到图纸标注的尺寸及技术要求。

（4）两侧面两组3×ϕ8孔，精度要求一般，表面粗糙度值为Ra12.5μm，采用台式钻床，用ϕ8mm直径的直柄麻花钻，钻深为8mm。

（5）两侧面2个ϕ30mm孔精度要求较高，有公差要求，表面粗糙度值为Ra1.6μm，与ϕ74mm孔有垂直度的要求。选择立式钻床，先用ϕ26mm的麻花钻钻孔，再用ϕ29.8mm的扩孔钻扩孔，然后分别用ϕ30mm的铰刀粗、精铰完成。

(6) 左端面上 4 个 ϕ10mm 孔为一般精度孔，表面粗糙度值为 Ra12.5μm。在台式钻床上装夹，用 ϕ10mm 的直柄麻花钻，钻削深度 8mm。

(7) 左端面上 $\phi132^{+0.025}_{0}$ 孔，表面粗糙度值为 Ra1.6μm，有同轴度的要求。选择卧式镗床，装夹工件后，用平旋盘安装单刃镗刀，采用粗镗和精镗两个工步，加工孔尺寸至技术要求。

(8) $\phi74^{+0.021}_{0}$ 孔的加工，也选择卧式镗床，可以采用 ϕ50mm 的镗杆，用单刃镗刀头粗镗，浮动镗精镗的方法，加工至图纸尺寸。

2. 安装刀具

孔机加工刀具有直柄与锥柄两种。下面以麻花钻的装夹为例说明，其他刀具的安装与拆卸可参照麻花钻。

(1) 直柄麻花钻的装拆。直柄麻花钻用带锥柄的钻夹头夹持。将钻夹头的锥柄安装到主轴锥孔内，再将麻花钻直柄塞入钻夹头的三卡爪内，其夹持长度不能小于 15mm，尽量不要使刀具伸出太长。用钻夹头钥匙转外套，使环形螺母带动三只卡爪移动，做夹紧或放松动作，完成麻花钻的装卸，如图 3-45 (a) 所示。

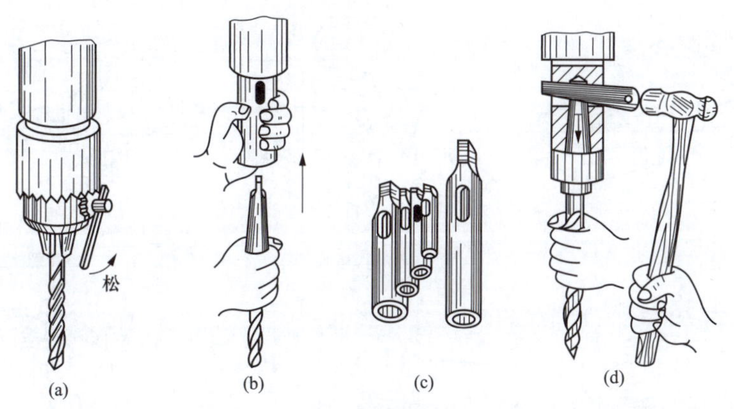

图 3-45 麻花钻的安装与拆卸

(2) 锥柄麻花钻的安装。锥柄麻花钻的安装是用其柄部的莫氏锥体直接与钻床主轴连接。在安装时，必须将麻花钻的柄部与主轴锥孔擦拭干净，并使麻花钻锥柄上的矩形舌部与主轴腰形孔的方向一致，用手握住麻花钻，利用向上的冲力一次安装完成，如图 3-45 (b) 所示。当麻花钻锥柄小于主轴锥孔时，可添加锥套来连接，如图 3-45 (c) 所示。锥柄麻花钻的拆卸是利用斜铁来完成的，如图 3-45 (d) 所示。斜铁使用时，斜面要放在下面，利用斜铁斜面向下的分力，使麻花钻与锥套或主轴分离。

3. 划线找出加工孔在工件上的位置

由于加工工件为单件产品，可以采用效率较低的划线钻孔的方法确定需加工孔的中心位置。这种先在工件上用划线工具划出孔轮廓线和中心位置，然后在轮廓线处和孔中心处用样冲打出冲点，找正孔中心与麻花钻相对位置的方法，称为划线钻孔。

具体实施步骤：按图纸中钻孔的位置尺寸要求，划出孔位的十字中心线，并打上中心样冲眼（要求冲点要小，位置要准），按孔的大小划出孔的圆周线。对钻直径较大孔，还应划出几个大小不等的检查圆，如图 3-46 (a) 所示，以便钻孔时检查和矫正钻孔位置。当钻孔

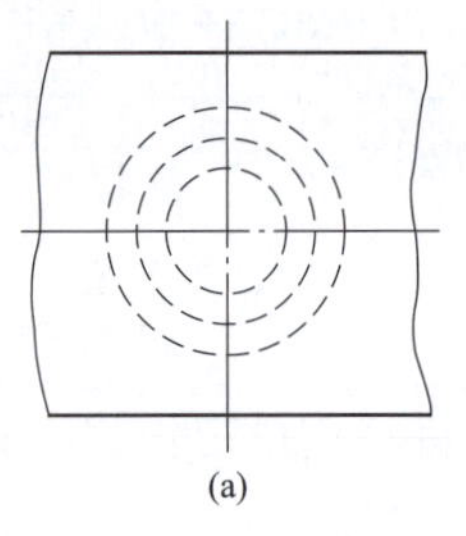
(a)

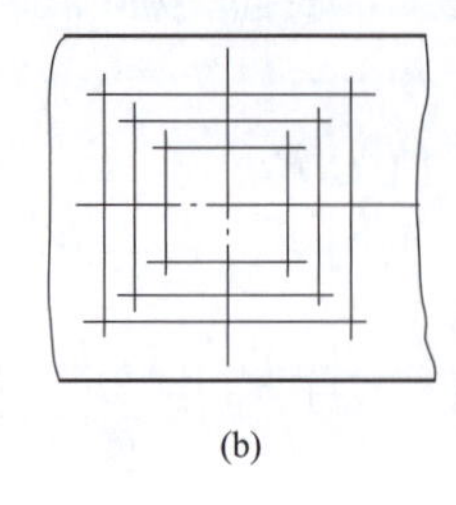
(b)

图 3-46 钻孔前的划线

的位置尺寸要求较高时，为了避免敲击中心样冲眼时所产生的偏差，也可直接划出以孔中心线为对称中心的几个大小不等的方框作为钻孔时的检查线，如图 3-46（b）所示，然后将中心样冲眼敲大，以便准确落钻定心。

4. 在钻床上装夹工件

工件在钻孔时，应根据工件的不同形状和切削力的大小（与钻孔直径有关），采用不同的装夹方法，以保证钻孔的质量和安全。钻床工件的装夹如图 3-47 所示。

对较大的工件且钻孔直径在 10mm 以上时，可用压板夹持的方法进行钻孔，如图 3-47（c）所示。在使用压板装夹工件时应注意以下几点：

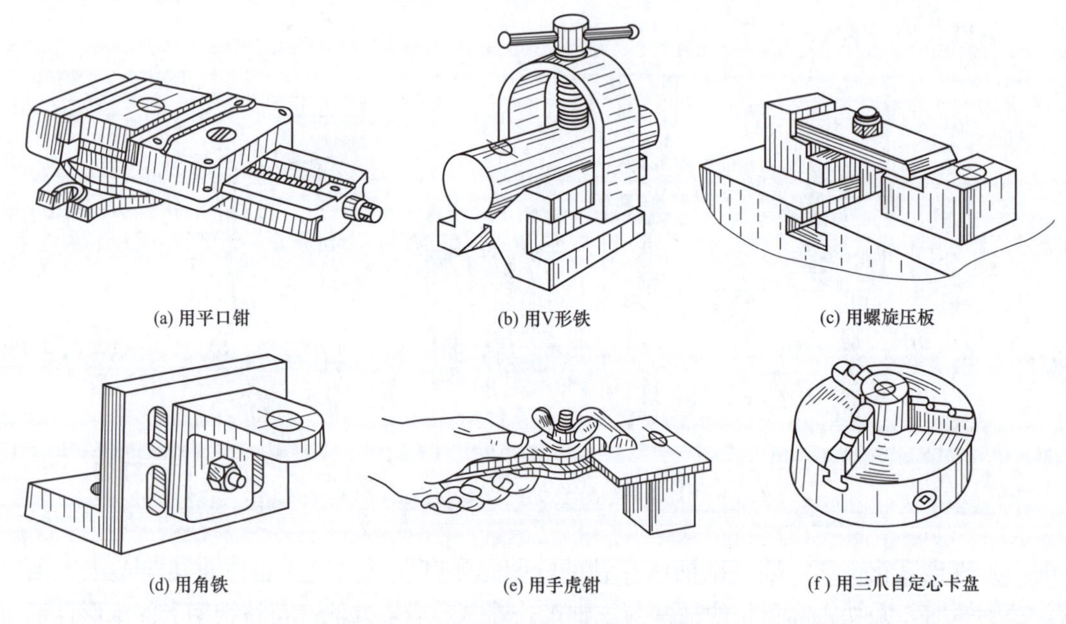
(a) 用平口钳　(b) 用V形铁　(c) 用螺旋压板

(d) 用角铁　(e) 用手虎钳　(f) 用三爪自定心卡盘

图 3-47 钻床工件的装夹

（1）压板厚度与锁紧螺栓直径的比例应适当，不要造成压板弯曲变形而影响夹紧力。

（2）锁紧螺栓应尽量靠近工件，垫铁高度应略高于工件夹紧表面，以保证对工件有较大的夹紧力，并可避免工件在夹紧过程中产生移动。

（3）当夹紧表面为已加工表面时，应添加衬垫进行保护，防止压出印痕。

对于底面不平或加工基准在侧面的工件，可用角铁进行装夹，如图 3-48（d）所示。由于钻孔时的轴向钻削力作用在角铁安装平面以外，因此角铁必须用压板等固定在钻床工作台上。

5. 调整机床的转速及进给量

用高速钻铸铁件时，v_c=14～22m/min；钻钢件时，v_c=16～24m/min；钻青铜或黄铜件时，$v_c=30\sim60\text{m/min}$。选取时注意以下原则：当工件材料的硬度和强度较高时，取较小值，铸铁以 HB=200 为中值，钢以 $\sigma_b=700\text{MPa}$ 为中值；麻花钻直径小时也取较小值，以 $\phi16\text{mm}$ 为中值；钻孔深度 $L>3d$ 时，还应将取值乘以 0.7～0.8 的修正系数。然后用下式计算出钻床转速 n：

$$n=1000v_c/(\pi/d)\ (\text{r/min})$$

式中 v_c——切削速度，m/min；

d——麻花钻直径，mm。

进给量的大小是通过手控制逆时针旋转进给手柄的速度决定的，应避免进给力过大使麻花钻产生弯曲现象。钻小直径孔或深孔，进给力要小，并要经常退钻排屑，以免切屑阻塞而扭断麻花钻。一般在钻孔深度达直径的 3 倍时，一定要退钻排屑。钻孔将穿时，进给力必须减小，以防进给量过大，增大切削抗力，造成麻花钻折断，或使工件随着麻花钻转动而造成事故。

6. 起钻

启动电源开关，开启切削液，使麻花钻对准钻孔中心起钻出一个浅坑，观察钻孔位置是否正确，若有误差，及时校正，尽量使起钻浅坑与划线圆中心同轴。操作进给手柄逐一完成工件的加工。在钻削过程中若出现钻不动、麻花钻打滑等异常现象，应停机检查原因。

7. 自检工件

按照图纸核对加工尺寸及位置尺寸是否满足图纸的技术要求，若出现不符，应及时查找原因。钻削加工中出现的问题及处理措施见表 3-4。

表 3-4　钻削加工中出现的问题及处理措施

序号	孔加工出现的问题	产生原因分析	采取的措施
1	孔径扩大	麻花钻两主切削刃长短不等	切削刃修磨对称
		顶角与麻花钻轴线不对称	重新刃磨麻花钻顶角
		麻花钻与夹具间隙过大	选用合适钻套
		钻床主轴本身摆动	调整机床
		工件装夹不正确	调整工件在夹具中的位置
		麻花钻弯曲	换新麻花钻
2	钻孔歪斜、偏移	麻花钻与工件加工部位表面不垂直	尽量采用工件回转
		工件表面不平或有硬物	预加工孔端面
		进给量不均匀	适当小的进给量
		进给力太大使麻花钻弯曲	手动进给时进给力尽量减小
		横刃太长导致轴向力太大	修磨横刃
		定心不良	先钻中心孔、钻深孔时用支承架

续表

序号	孔加工出现的问题	产生原因分析	采取的措施
3	麻花钻的崩刃和折断	进给量、进给力变化大	采用分级进给加工
		切屑缠绕或堵塞	改善断屑、排屑条件
		堵塞冷却不充分	及时排屑
		磨损过大，切削刃钝化	及时修磨麻花钻
		工件夹持不稳定	合理的装夹方法夹固工件
		孔将钻通时，力过大	控制进给量
		轴向力太大	及时修磨横刃
		麻花钻刚性不足	减小工艺系统的弹性变形
4	孔壁粗糙	麻花钻切削刃不锋利	重新刃磨麻花钻切削刃
		进给量太大	减小进给量
		后角太大	刃磨钻头后角
		冷却润滑不充分	注意及时排屑，采用合适的切削液
5	孔型不圆	两主切削刃不对称	重新刃磨麻花钻切削刃
		主偏角不等	重新刃磨麻花钻
		后角太大	刃磨麻花钻后角

【任务小结】

（1）通过对钻床刀具的学习，了解麻花钻、扩孔钻、铰刀等的结构组成，重点掌握麻花钻的特殊结构，对钻孔过程中出现轴线偏斜、孔径扩大等现象，能快速找出原因并解决问题。

（2）学会根据加工表面的结构及孔的类型，合理地选择机床、刀具、切削用量等参数，按照加工步骤完成孔加工的基本操作。

【任务评价】

序号	考核项目	考核内容	检验规则	分值	
				小组互评	教师评分
1	加工直径为 $\phi32$ 普通精度的孔	叙述合理的孔加工机床和刀具	正确得 10 分		
2	麻花钻结构	指出麻花钻的结构和切削部分的几何角度	每说出一条得 5 分		
3	铰刀结构	叙述铰刀的结构组成及各部分作用	每说出一种得 5 分		

续表

序号	考核项目	考核内容	检验规则	分值	
				小组互评	教师评分
4	铰刀的选用	说明机用铰刀和手用铰刀的区别	正确得5分		
5	镗刀的选用	说明单刃镗刀、双刃镗刀的特点	每说出一种得10分		
6	镗床	针对图片或实物说明卧式镗床的结构和工艺范围	说出结构得10分，说出工艺范围得5分		
合计					

项目四　钻夹具设计

【项目描述】

如果产品需大批量生产，则需使用专用夹具。本任务以如图 3-1 所示的阀体零件孔加工为任务载体，为孔加工设计专用钻夹具，并通过钻夹具设计的学习，进而掌握其他机床专用夹具的设计和使用。

【项目作用】

（1）钻孔时，由于麻花钻结构上的不足（主要是刚度不足）及孔加工的特殊性（封闭加工，产生轴向力），会造成孔加工的位置不准确，或者孔的轴线偏斜等问题。为减小这些误差，企业在孔加工单件生产时采用划线、预钻定位孔的方法保证孔的加工位置，但生产效率低下。所以大批生产往往要设计孔加工专用夹具——俗称“钻模”，以保证孔加工的位置精度和尺寸精度。工件直接安装到专用夹具上，无须找正即可保证工件对刀具和机床的准确定位，节约时间，生产效率高，但专用夹具的设计和制造需要一定的成本。

（2）通过本项目的训练，能看懂夹具的结构和工作原理，会操作、维修夹具，最终实现根据零件加工要求设计出合理、先进的专用夹具。

（3）学习夹具设计，可以锻炼学生的发散思维和综合设计能力，并为企业带来一定的经济效益。此项目内容为夹具工装设计人员、机加工人员的必备知识。

【项目教学配套设施】

支承钉、支承板、V 形块、圆柱销、菱形销等一系列定位元件，斜楔夹紧机构、偏心夹紧机构、螺旋压板夹紧机构各一套，台式钻床一台，立式钻床一台，麻花钻等刀具，工具橱，多媒体教学设备等。

【项目分析】

分析如图 3-1 所示的阀体零件中的孔，有的孔本身加工精度要求较高，如 $\phi16^{+0.018}_{0}$ 和 $\phi132^{+0.025}_{0}$，两个孔不但加工尺寸有公差的要求，两孔之间还有垂直度的要求；有的是孔系的加工，相同直径的多个孔分布在同一圆周上（有的零件孔系分布排列在直线上），如 4 个 $\phi10$ 孔。为了保证孔加工精度，提高加工效率，批量生产孔的加工通常需要设计专用夹具，夹具设计是机加工技术人员的一项基本技能，也是企业改革创新的一项重要内容，可以大幅提高生产效率和产品质量。

要设计出合理的夹具，首先应了解关于夹具图样绘制方面的国家标准和有关规定，学会分析夹具图样的结构组成；掌握夹具的种类及夹具设计的要点，根据工件的结构和加工要求选择设计相应的定位元件和定位方式；学习夹紧装置的种类及设计原则，掌握夹紧装置设计的技能；学习钻模板及钻套的设计要点，灵活选用钻模板和钻套。

任务一 机床夹具基础认知

【学习目标】

知识目标

(1) 了解机床夹具的概念。

(2) 掌握夹具的种类，能举例说明该夹具的类型。

(3) 掌握专用夹具的组成。

(4) 掌握夹具的作用及夹具的设计原则。

技能目标

(1) 能判断夹具所属的种类。

(2) 能说明典型夹具的组成。

(3) 会使用、拆装、维修简单的夹具。

(4) 能看懂简单的夹具图纸。

【任务描述】

对照如图 4-1（b）所示的后盖钻径向孔的工序图，分析图 4-1（a）中的钻孔夹具结构图，分析说明该夹具的作用，夹具的组成及每部分的作用。

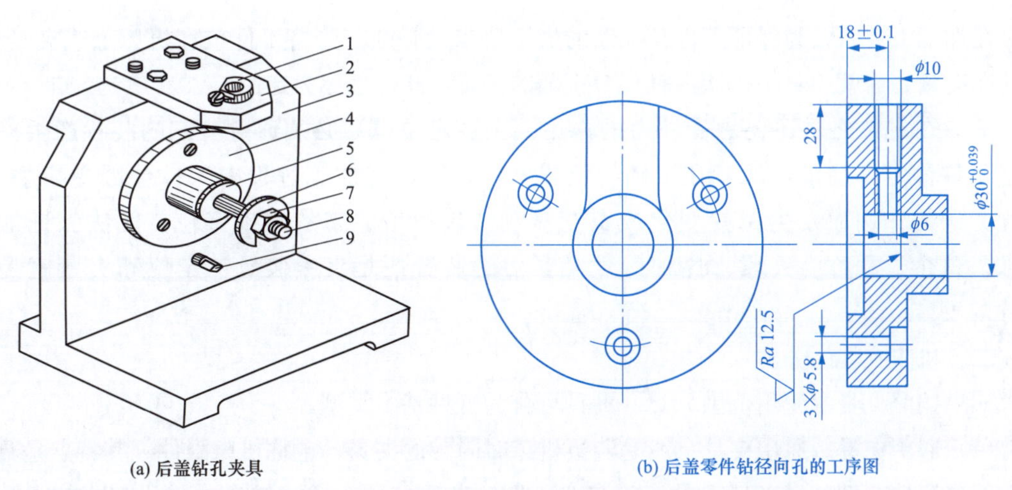

(a) 后盖钻孔夹具　　(b) 后盖零件钻径向孔的工序图

图 4-1　钻床夹具

【任务分析】

机床夹具是工艺系统的重要组成部分，在成批、大量生产中，为提高生产效率和产品质量，常设计、使用专用夹具。

夹具的学习要符合认知规律，要从简到繁，从夹具的组成、分类开始学起，了解夹具设计、使用的一些基础知识。本任务主要培养分析机床夹具图样的能力，能针对图纸或实物说明夹具的作用、组成、种类等。

知识链接

一、机床夹具

机床夹具是机床上用以装夹工件和引导刀具的一种装置。其作用是将工件定位，以使工件获得相对于机床和刀具的正确位置，并把工件可靠地夹紧。如图 4-2 所示的弯板 4 与定位销 3 等即为车床夹具零件，它可以将工件在车床上迅速定位，并使工件加工孔的中心位于车床主轴轴心上。

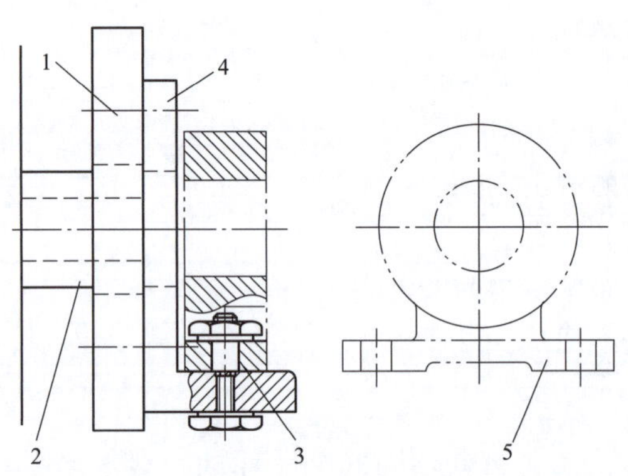

图 4-2 机床夹具与机床和工件的关系

1—花盘；2—车床主轴；3—定位销；4—弯板；5—工件

在加工工件时，为保证工件某工序的加工要求，必须首先将工件放在机床上或夹具中，使它在夹紧之前就相对于机床占有某一正确的位置，此过程称为定位。

工件在定位之后还要承受外力的作用。工件定位以后必须通过一定的装置产生夹紧力把工件固定，使工件保持在正确的位置上；否则，在加工过程中工件会因受切削力、惯性力等的作用而发生位置变化或引起振动，破坏了原来的准确定位，无法保证加工要求。这个过程称为夹紧，这种产生夹紧力的装置便是夹紧装置。定位和夹紧就是对工件的安装。

二、机床夹具的分类

如果按照夹具的使用范围分类，夹具可分为五种基本类型。

（1）通用夹具。通用夹具一般是购买机床时附带的夹具，也称机床附件。其特点是具有很大的通用性。例如，车床上的三爪卡盘、四爪卡盘、顶尖等；铣床上的平口虎钳、分度头、回转工作台等。这类夹具的特点是适应性强，无须调整或稍做调整就可以用来装夹一定形状和尺寸范围的工件。

（2）专用夹具。专用夹具是针对某一产品的某一特定工序而专门设计的夹具。其特点是用途专一，结构简单、紧凑，操作方便，但设计和制造周期较长，成本较高。当产品变更时，专用夹具会因无法使用而报废，因此适用于产品固定的成批或大量生产。

（3）成组可调夹具。成组可调夹具是按一组零件而设计一套可调整的夹具。对不同类型和尺寸的工件，只需调整或更换原来夹具上的个别定位元件和夹紧元件便可使用。成组可调夹具适用于一组零件的夹具，一般都是同类零件。其特点是夹具的部分元件可以更换，部分装置可以调整。

图 4-3 所示为结构相似的一组孔加工成组零件，四个零件的结构有许多相似之处。加工上述成组零件端面上平行孔系的成组可调夹具见图 4-4。当加工同组内的不同零件时，只需更换可换盘 3 和钻模板组件 1 即可；压板 2 为可调整件，可根据加工对象具体施加夹紧力的位置进行调整。

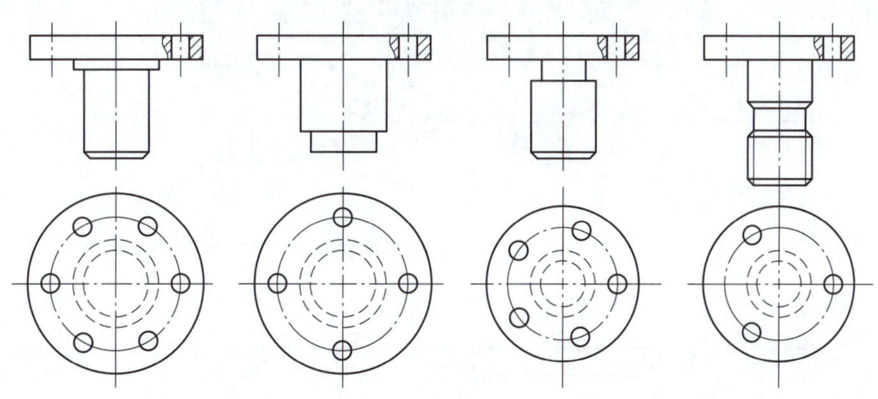

图 4-3　成组零件图

(4) 组合夹具。组合夹具是用标准化元件组装成的夹具，见图 4-5。组合夹具元件高度标准化、通用化，根据零件加工工序的需要拼装组装成各种夹具，用完之后可进行拆卸，留待组装新的夹具。组合夹具多用于单件、中小批多品种生产和数控加工中，是一种比较经济的夹具。其特点是灵活多变，万能性强，制造周期短，标准元件可以重复使用。

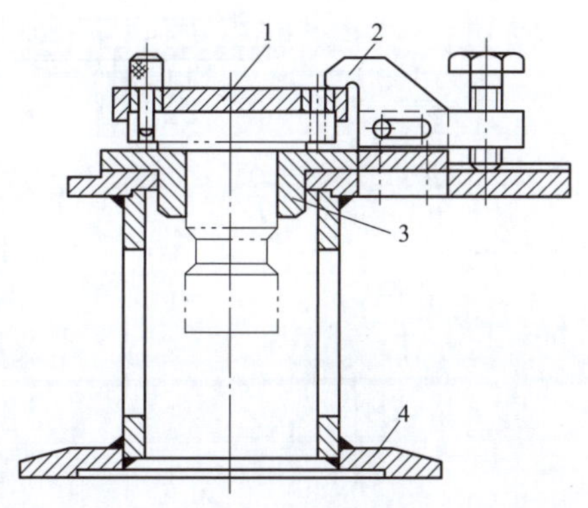

图 4-4　成组可调夹具

1—钻模板组件；2—压板；3—可换盘；4—夹具体

(5) 随行夹具。随行夹具一般在自动线上使用，见图 4-6，工件安装在随行夹具上。随行夹具除了完成对工件的定位、夹紧之外，还可带着工件随自动线移动到每台机床加工台面上，再由机床上的夹具对其整体定位和夹紧，工件在随行夹具上的定位和夹紧与在一般夹具上的定位和夹紧一样。特点是随行夹具与工件一起在各工序中的机床上被定位和夹紧。

除此之外，机床夹具根据所使用的机床可分为车床夹具、铣床夹具、钻床夹具（钻模）、镗床夹具（镗模）、磨床夹具和齿轮机床夹具等。

三、机床夹具的组成

(1) 定位元件：确定工件在夹具中位置的元件，如图 4-7 所示钻床夹具中的定位销 3。

(2) 夹紧装置：用以夹紧工件的装置，保持工件在夹具中的既定位置，如图 4-7 所示钻

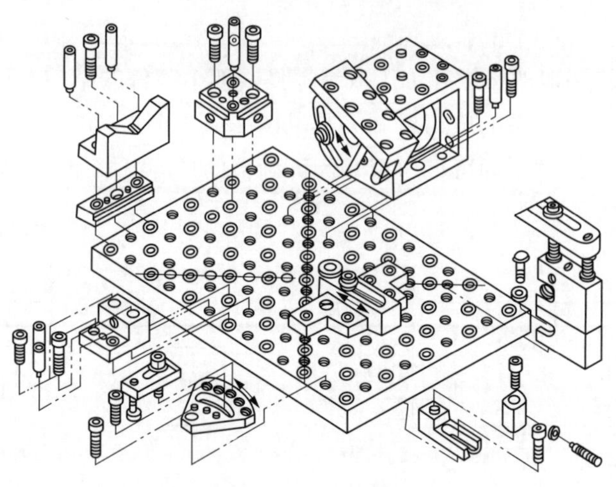

图 4-5　孔系组合夹具

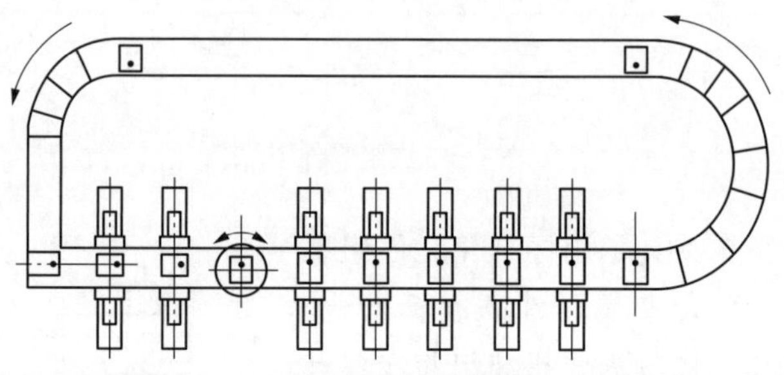

图 4-6　随行夹具

床夹具中的锁紧螺母 6、快卸垫圈 7 等。

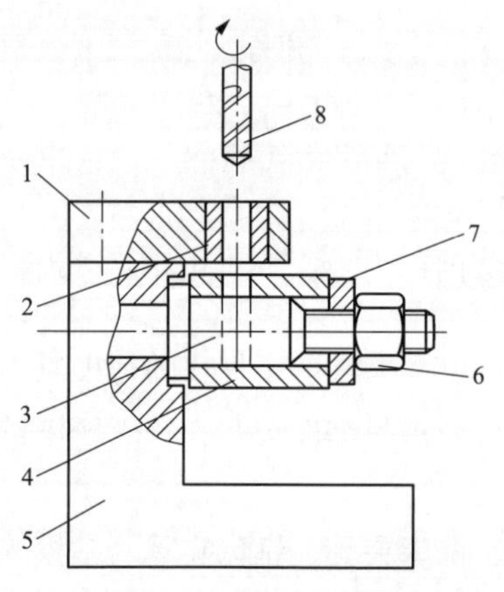

图 4-7　钻床专用夹具

1—钻模板；2—钻套；3—定位销；4—工件；5—夹具体；6—锁紧螺母；7—快卸垫圈；8—钻头

（3）夹具体：连接夹具上各个元件或装置，使之成为一个整体的零件，用以保证各元件或装置之间的位置关系，如图 4-7 所示钻床夹具中的夹具体 5。

（4）对刀和引导装置：引导刀具或调整刀具相对于夹具位置的装置，用以确定刀具相对于夹具的位置。如图 4-7 所示钻床夹具中的钻套 2 为引导元件，而铣床夹具中的对刀块则是对刀元件。

（5）连接元件：使夹具与机床相连接的元件，用以保证夹具与机床之间的相互位置关系。

（6）其他元件及装置：如传动装置、分度装置等。

机床夹具的组成，应根据零件加工的需要加以选择，因此会有所不同。例如，钻工件小孔时，当工件自身重量很大，摩擦力足以克服工件受到的切削力时，可以不用夹紧装置；而车床和磨床夹具一般不需要对刀引导装置。

四、机床夹具的作用

（1）机床夹具可以保证加工精度。用机床夹具装夹工件，能准确确定工件与刀具、机床之间的相对位置关系，可以保证工件的加工位置精度。

（2）机床夹具可以提高生产效率。机床夹具能快速地将工件定位和夹紧，可以缩短辅助时间，提高生产效率。实现一次加工多件和连续不间断加工。

（3）机床夹具可以减轻工人的劳动强度。机床夹具采用机械、气动、液动夹紧装置，可以减轻工人的劳动强度和技术等级。

（4）机床夹具可以扩大机床的加工范围，实现一机多用途。例如安装钻夹具后，铣床可以完成钻床的工作范围。

五、机床夹具设计要求

（1）保证工件加工的各项技术要求。设计的机床夹具有正确的定位方案、夹紧方案，以及正确的刀具导向方式。

（2）具有较高的生产效率和较低的制造成本。为提高生产效率，应尽量采用多件夹紧、联动夹紧等高效夹具，但结构应尽量简单，造价要低廉。

（3）尽量选用标准化零部件。尽量选用标准夹具元件和标准件，这样可以缩短夹具的设计制造周期，提高夹具设计质量和降低夹具制造成本。当零件不再生产时，可以将夹具元件回收再利用。

（4）夹具操作方便安全、省力。为便于操作，操作手柄一般应放在右边或前面；为便于夹紧工件，操纵夹紧件的手柄或扳手在操作范围内应有足够的活动空间；为减轻工人劳动强度，在条件允许的情况下，应尽量采用气动、液压等机械化夹紧装置。

（5）夹具应具有良好的结构工艺性，便于制造、检验、装配、调整和维修。

【任务实施】

（1）如图 4-1 所示，该夹具是钻工件孔时用的，也称钻模，主要用于钻削工件表面上的 ϕ10mm 孔，以保证该孔到零件端面距离（18±0.1）mm，孔直径尺寸 ϕ10mm、该孔轴线与对面 ϕ5.8mm 孔轴线处于同一平面内并垂直等要求。

（2）查阅钻床夹具资料，分析钻床夹具的组成及各部分的作用，并对照图 4-1 做出说明。

【任务小结】

本任务学习机床夹具的种类，机床夹具的组成、机床夹具的作用、机床夹具的设计要求等基础知识，要求能看懂机床夹具图样，会分析机床夹具的组成，会使用机床夹具，重点在于激发学习者对机床夹具设计及改革创新的兴趣。

【任务评价】

序号	考核项目	考核内容	检验规则	分值	
				小组互评	教师评分
1	机床夹具的作用	说明机床夹具的作用	每正确说明一条得 5 分		
2	机床夹具的组成	说明机床夹具由哪几部分组成的	每正确说出一条得 5 分		
3	机床通用夹具	叙述常见的车床、钻床通用夹具及各自的应用场合	说清楚一种机床通用夹具的应用得 5 分		
4	机床夹具的类型	叙述机床夹具的类型及各自的应用	每正确说明一种类型及应用得 10 分		
5	机床夹具的设计要求	说明机床夹具的设计原则	每正确说出一项设计原则得 5 分		
合计					

任务二 定位元件及定位方式的选择

【学习目标】

知识目标

(1) 了解六点定位原理。

(2) 掌握工件以平面定位、外圆定位、内孔定位常用的定位元件。

(3) 掌握常见定位元件限制自由度的数目和应用场合。

(4) 掌握工件定位的几种方式，并清楚哪些方式允许，哪些方式不允许。

技能目标

(1) 能分析说明常见定位元件限制自由度的情况。

(2) 能为工件选择定位元件，并分析出定位方式。

(3) 能根据零件图样分析，说明保证加工精度需要限制的自由度数目。

【任务描述】

分析如图 3-1 所示的阀体零件，分别为孔 4×ϕ10、6×ϕ8、ϕ16、ϕ74、ϕ132、2×ϕ30、4×ϕ15 的加工选择合适的定位元件，并分析定位方式及限制自由度情况。

【任务分析】

物体在空间具有六个自由度，加工时首先考虑的是把工件在机床上的位置固定下来，即定位的问题。要完成本任务，确定合理的定位方案，应首先分析满足加工要求必须消除哪些自由度，并以相应的定位点去限制这些自由度。限制定位点是通过定位元件来实现的，所以接下来应分析工件的结构，选择合理定位基准或定位基面，根据定位基面的形式选择相应的定位元件。最后分析定位元件限制的自由度数目是否满足加工要求。若能满足，则方案是合理的；若不满足，则需要重新考虑定位方案。

知识链接

一、六点定位原理

任何未定位的工件在空间直角坐标系中都具有六个运动的可能性：沿三个坐标轴的移动 $\vec{X}$、$\vec{Y}$、$\vec{Z}$，见图 4-8（b）；绕三个坐标轴的转动 $\widehat{X}$、$\widehat{Y}$、$\widehat{Z}$，见图 4-8（c）。我们把这种活动的可能性称为自由度。若使物体在某方向有确定的位置，就必须限制在该方向的自由度。所以要使工件在空间处于相对固定不变的位置，就必须对六个自由度加以限制。

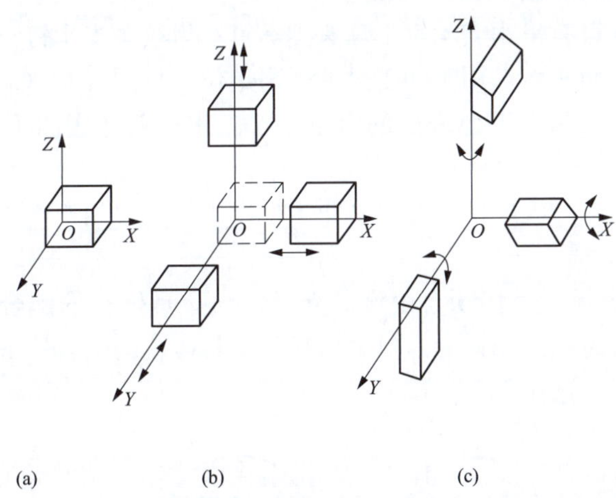

图 4-8　空间物体的六个自由度

用相当于六个支承点的定位元件与工件的定位基准面接触，如图 4-9 所示。在底面 XOY 内，假定一个支承点限制一个自由度，三个支承点 1、2、3 限制了 X 和 Y 方向旋转自由度、Z 方向移动自由度三个自由度；在侧面 YOZ 内，两个支承点 4、5 限制了 X 方向移动自由度、Z 方向旋转自由度；在端面 XOZ 内，一个支承点 6 限制了 Y 方向移动自由度。

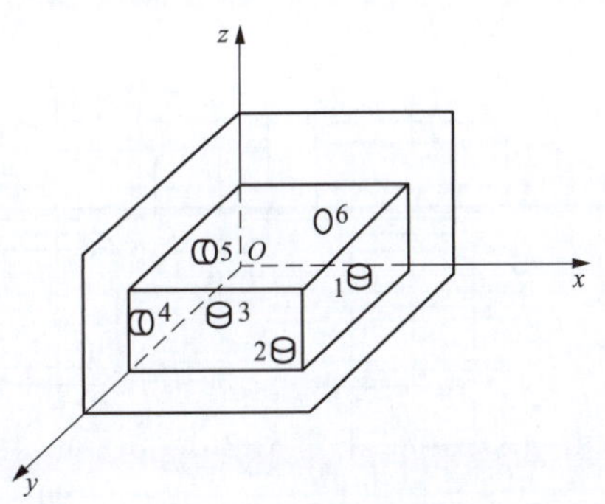

图 4-9　六点定位原理

用正确分布的六个支承点来限制工件的六个自由度，使工件在夹具中得到正确位置的规律，称为六点定位原理。

如果完全限制了物体的这六个自由度，则物体在空间的位置就完全确定了。工件定位的任务就是选择合适的定位元件，根据加工要求限制工件的全部或部分自由度。

二、定位元件的选择

定位的目的是使工件在夹具中有一个确定的正确位置。工件上用来定位的基准称为定位基准，工件上用来体现定位基准的表面称为定位基面。定位基面通过与定位元件的接触实现定位，定位元件上与工件接触的表面称为限位基面。不同的定位元件限制自由度的数目和性质是不同的。

在分析工件定位时，为了简化问题，习惯上都是利用定位支承点这一概念。但是工件在夹具中定位，是把定位支承点转化为具有一定结构与形状的定位元件，定位元件与工件相应的定位基准面相接触或配合来实现定位。工件上的定位基准面与对应的定位元件上的限位基准面，这两个表面合称为一对定位副。

（一）工件以平面定位

像箱体类、板类零件，表面大部分是平面。选择定位基面时一般考虑平面，当工件以平面为定位基准时，常采用的定位元件有固定支承、可调支承、自位支承和辅助支承。

1. 固定支承

固定支承包括支承钉和支承板。

（1）支承钉。支承钉有平头支承钉、球头支承钉和齿纹头支承钉三种形式。

平头支承钉：接触面积大，用于加工过的平面定位，见图 4-10（a）。

球头支承钉：用于工件上毛坯表面的定位，可以减小毛坯表面不平对定位的影响，见图 4-10（b）。

齿纹头支承钉：用以增大摩擦系数，防止工件发生位移。用于毛坯面定位，常用于侧面定位，见图 4-10（c）。

一个支承钉只能限制一个移动自由度。支承钉与夹具体孔的配合用 H7/r6 或 H7/n6；当支承钉需要经常更换时，应加衬套。衬套外径与夹具体孔的配合一般用 H7/n6 或 H7/r6，衬套内径与支承钉的配合选用 H7/js6。

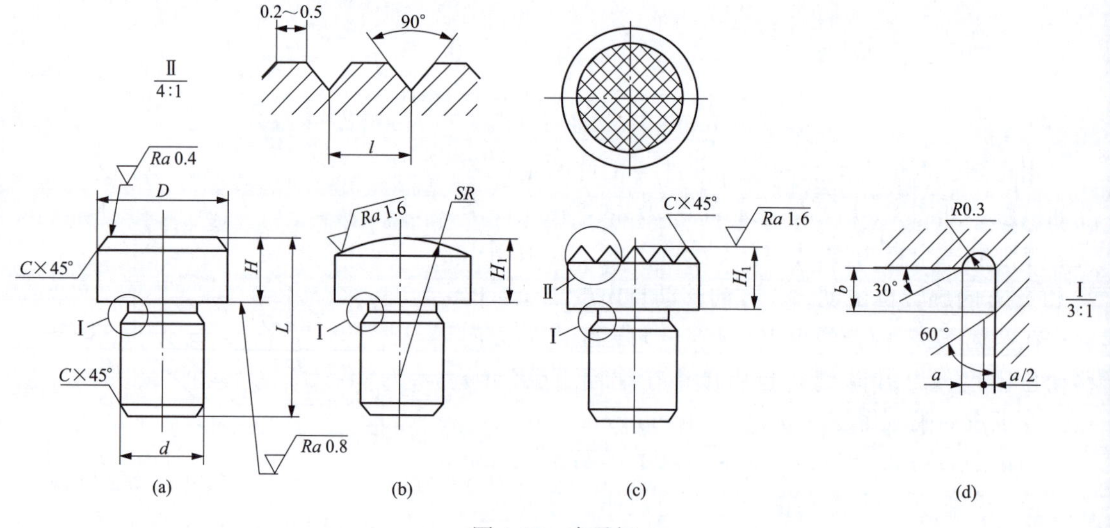

图 4-10 支承钉

（2）支承板。支承板有不带斜槽（A 型）和带斜槽（B 型）两种形式，一般用于定位表面较大时的定位，如图 4-11 所示。

A 型支承板：结构简单，便于制造，由于其沉头螺钉凹坑处积屑不易清除，影响定位，所以仅适用于侧平面的定位。

B 型支承板：有斜槽，易清除切屑，且支承板与工件接触较少，定位较准确，可用于面积较大的平面甚至是已加工水平面的定位。

窄的支承板可限制两个自由度，即一个移动自由度和一个转动自由度。

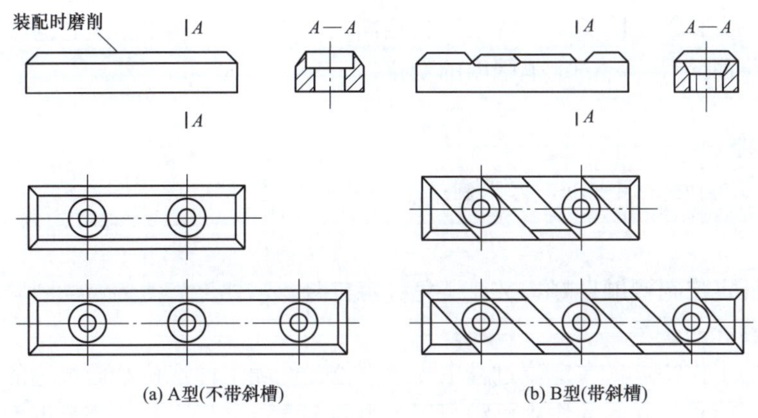

图 4-11　支承板

无论是支承板还是支承钉，为保证各固定支承的定位表面严格共面，装配到夹具体上之后，需将其工作表面再修磨一次，保证磨平。

2. 可调支承

可调支承是指支承的高度可以进行调节。可调支承分为圆头式、尖头式和摆动式，如图 4-12 所示。圆头式和尖头式可调支承用于平面定位面积较小的情况，平面位置较大选用摆动式可调支承。

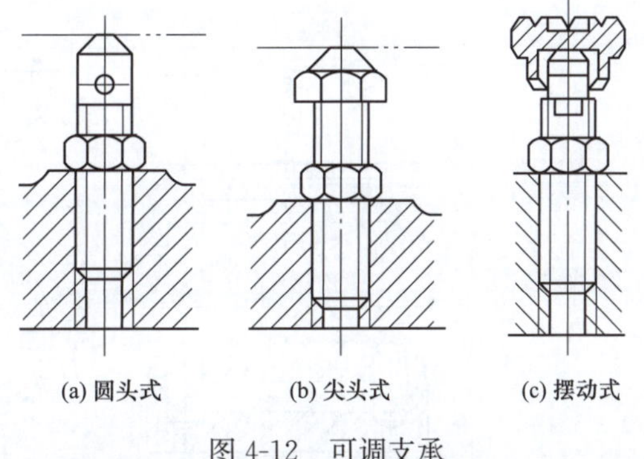

图 4-12　可调支承

可调支承主要用于以下场合：

(1) 以毛坯面定位的场合。由于铸件各批毛坯的尺寸、形状变化较大。如果采用固定支承会影响加工质量。将某个固定支承改为可调支承，根据毛坯的实际尺寸，调整可调支承位置，避免引起工序余量变化，有利于保证工件加工的尺寸。如图 4-13（b）所示的铣削加工箱体工件平面 B 工序，用可调支承对 A 面位置进行调整，调整尺寸 H_1 和 H_2，确保孔的余量均匀。

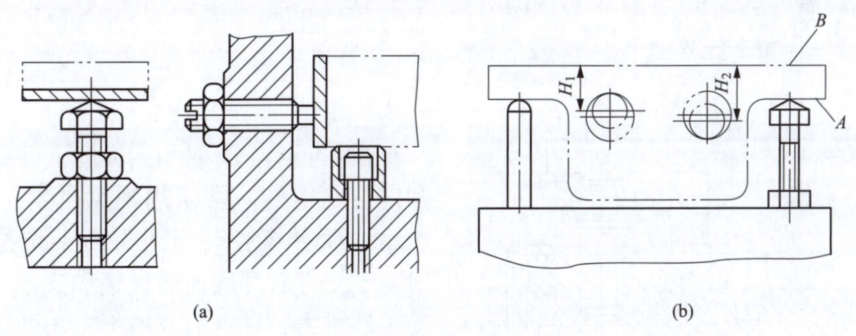

图 4-13　可调支承的应用

（2）用同一夹具加工同类型零件（形状相同尺寸不同）。这时夹具上也通常采用可调支承，以适应定位面的尺寸在一定范围内的变化。

注意

无论什么结构的可调支承，只限制一个移动自由度。

3. 自位支承

当既要保证定位副接触良好，又要避免过定位时，常把支承做成浮动或联动结构，称为自位支承（或称浮动支承）。

自位支承的工作特点：在定位过程中支承点位置能随工件定位基面位置的变化而自行浮动并与之适应。而自位支承的作用仍相当于一个固定支承，只限制一个自由度。由于增加了接触点数，可提高工件的支承刚度和稳定性，但夹具结构稍复杂，适用于工件以毛面定位或刚性不足的场合。

例如，工件定位表面有几何形状误差，或当定位表面是断续表面、阶梯表面时，采用浮动式支承可以增加与工件的接触点，提高刚度，又可避免过定位。这种支承在结构上是活动的，能够随工件定位基准面位置的变化而自动与之相适应。图 4-14（a）、（b）所示为两点自位支承，图 4-14（c）所示为三点自位支承，图 4-14（d）所示为杠杆式自位支承。

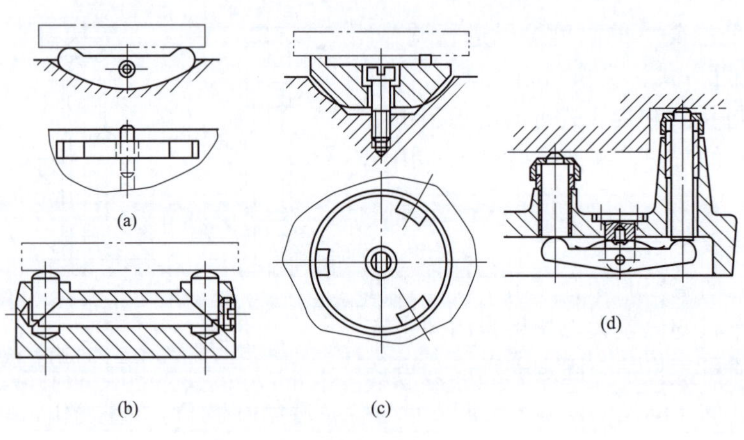

图 4-14　自位支承

注意

无论自位支承与工件是几点接触，只限制一个自由度。

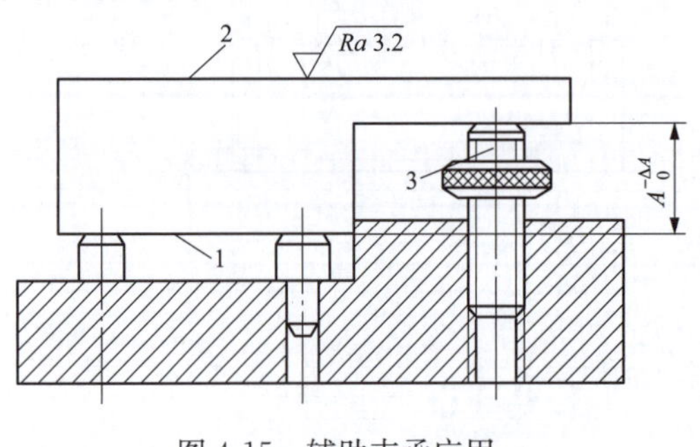

图 4-15　辅助支承应用一

4. 辅助支承

在生产中，有时为了提高工件的安装刚度和定位稳定性，常采用辅助支承。如图 4-15 所示的阶梯零件，当用平面 1 定位铣平面 2 时，于工件右部底面增设辅助支承 3，用以承受工件重力、夹紧力或切削力，可避免加工过程中工件的变形。

由于重心不在定位支承范围内，工件发生

倾斜或反转，增加辅助支承可以起到预定位的作用，如图 4-16 所示。

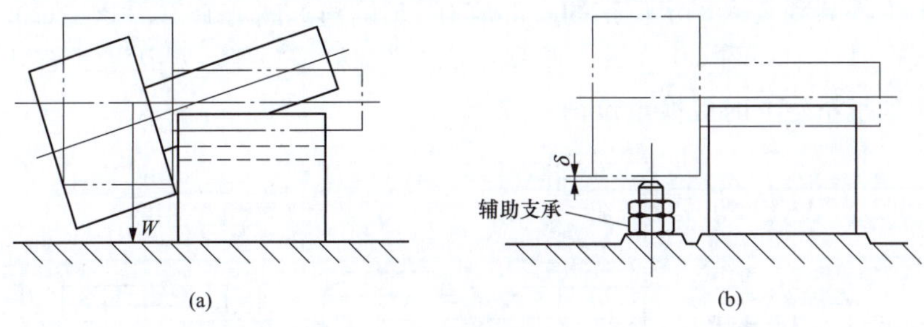

图 4-16　辅助支承应用二

辅助支承的应用注意事项如下：

(1) 工件定位夹紧后，再行调整辅助支承，使其与工件的有关表面接触并锁紧。而且辅助支承是每安装一个工件就调整一次。即加入辅助支承，工件位置不应发生改变。

(2) 辅助支承不起限制自由度的作用，也不允许破坏原有定位。

工件采用平面定位可选的定位元件及限制自由度情况见图 4-17，双点画线部分为工件。

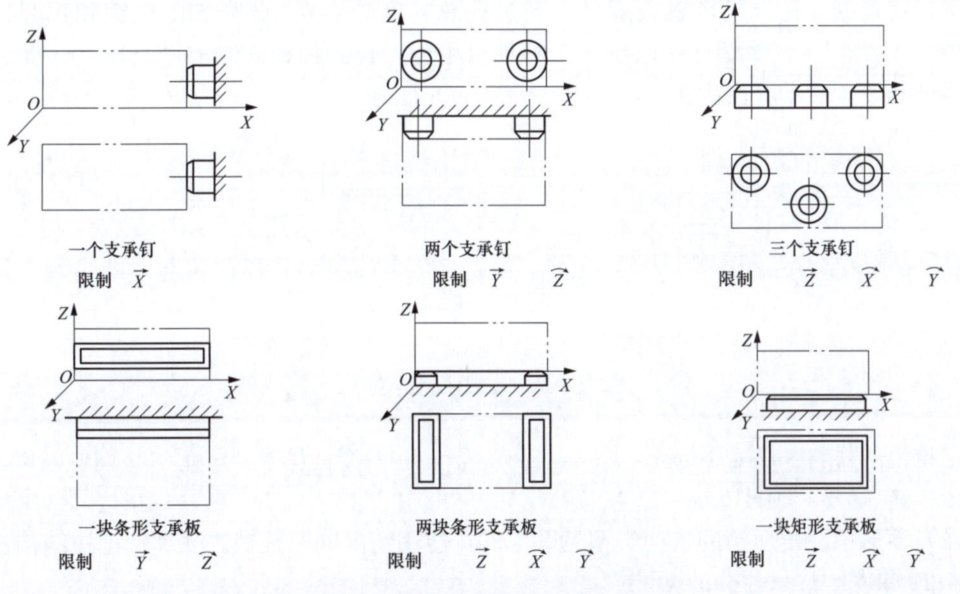

图 4-17　平面定位元件及限制自由度

(二) 工件以圆柱孔定位

工件以圆柱孔定位应用较广，如各类套筒、盘类、法兰盘、拨叉等零件加工时，一般选择工件上的孔为定位基准。当工件以圆孔定位对应的定位元件包括定位销、圆锥销、定位心轴等。

1. 定位销

定位销有圆柱销和菱形销两种。

(1) 固定式定位圆柱销。常见圆柱销结构及应用情况见图 4-18。当工作部分直径 3mm $<D<$10mm 时，为增加刚度，避免定位销因撞击而折断或热处理时淬裂，通常把根部倒成

圆角 R。夹具体上应有沉孔，使定位销圆角部分沉入孔内而不影响定位，如图 4-18（a）所示。为了便于工件顺利装入，定位销的头部应有 15°倒角。图 4-18（a）～（c）所示为将定位销直接压入夹具体中；图 4-18（d）所示为可换式圆柱定位销，是用螺栓经中间套与夹具配合，以便于大批量生产时更换定位销。

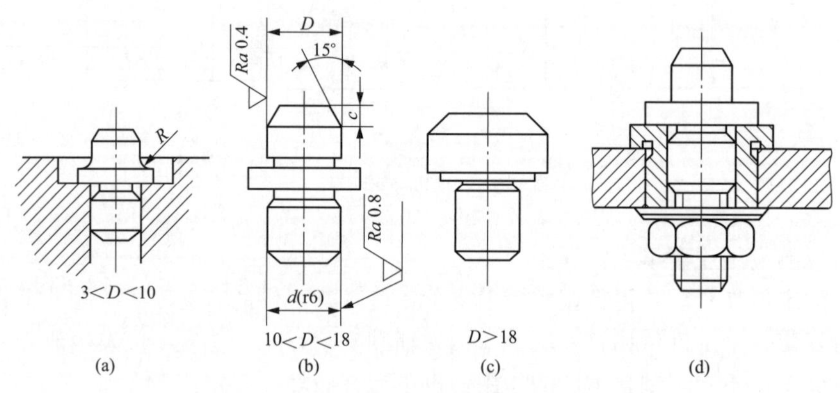

图 4-18 圆柱销的类型

圆柱销根据与孔母线接触长度是否超过孔总长度的 1/3，分为长圆柱销和短圆柱销两种，如图 4-19 所示。短圆柱销限制 2 个移动自由度；长圆柱销限制 4 个自由度，即 2 个移动自由度和 2 个转动自由度。

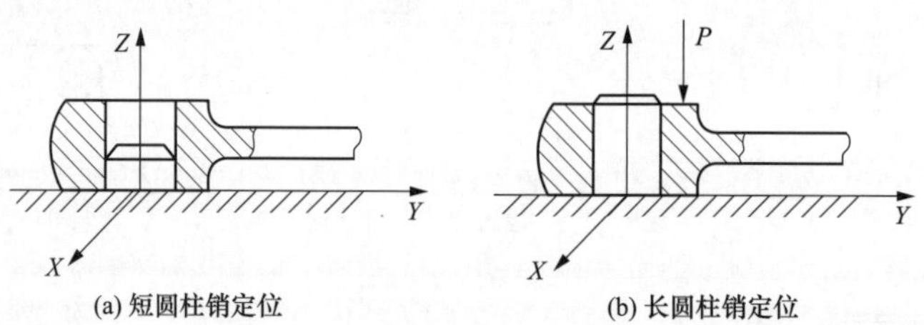

图 4-19 圆柱销定位

定位销的材料：$D\leqslant 18$mm，T8A，淬火 55～60HRC；$D>18$mm，20 钢，渗碳 0.8～1.2mm，淬火 55～60HRC。

（2）菱形销。菱形销的结构类型见图 4-20，应用情况同圆柱销。菱形销削边结构及尺寸见图 4-21 和表 4-1。

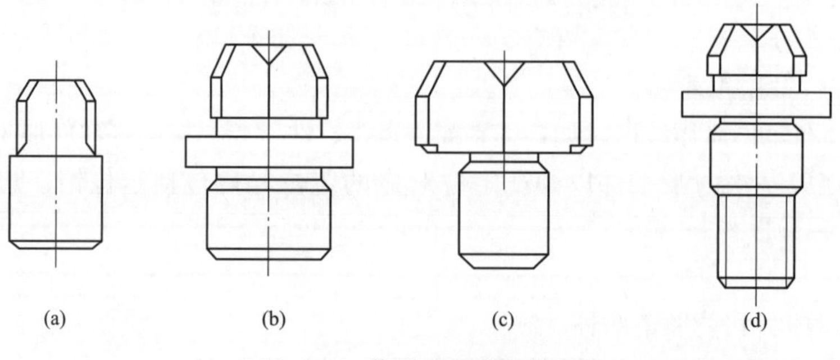

图 4-20 菱形销的结构类型

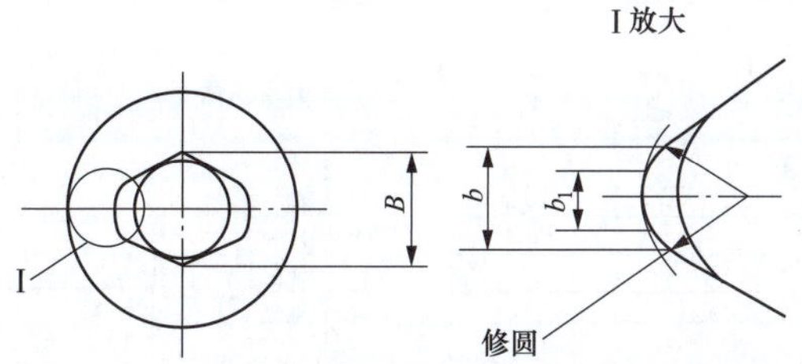

图 4-21 菱形销削边结构

表 4-1 **削边结构尺寸** mm

销子直径 d_2	4～6	6～10	10～18	18～30	30～50	50
b	2	3	5	8	12	14
B	d_2-1	d_2-2	d_2-4	d_2-6	d_2-10	d_2-12

短菱形销限制一个移动自由度，长菱形销限制一个移动自由度和一个转动自由度。菱形销一般与圆柱销组合使用，实现两孔的定位，见图 4-22，安装时注意削边的方向与两定位孔连线的位置。

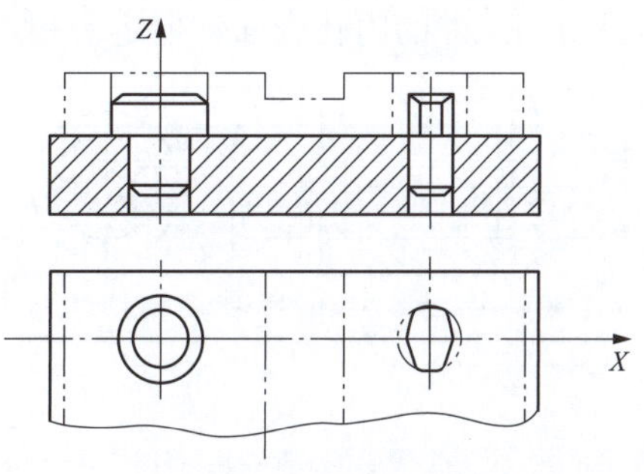

图 4-22 菱形销的应用

2. 圆锥销

圆锥销的类型见图 4-23。图 4-23（a）所示的圆锥销用于定位毛坯孔即粗基准，图 4-23（b）所示的圆锥销用于定位加工过的孔即精基准。圆锥销一般只能限制 3 个自由度。图 4-23（c）所示为活动圆锥销，可以限制 2 个自由度。工件在单个圆锥销上容易倾斜，为此，圆锥销一般与其他定位元件组合使用。图 4-24 所示为圆锥销在车床中成对使用的情况。

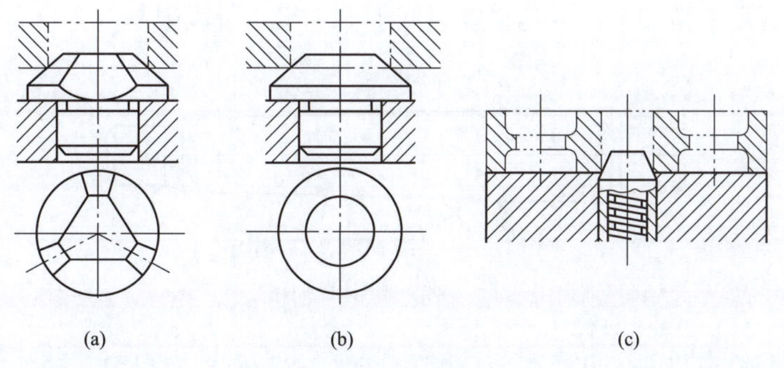

图 4-23 圆锥销的类型

3. 定位心轴

心轴主要用于套筒类和空心盘类工件的车、铣、磨及齿轮加工。除下面要介绍的刚性心轴外，还有弹性心轴、液性塑料心轴等。

（1）圆柱心轴。圆柱心轴的类型见图 4-25。

1）带轴肩过盈配合心轴：可同时加工外圆和右端面，限制 5 个自由度，如图 4-25（a）所示。

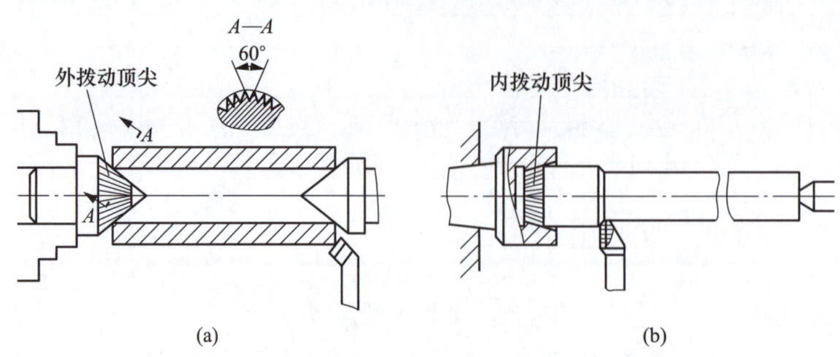

图 4-24 圆锥销在车床中成对使用的情况

2）不带轴肩过盈配合心轴：可同时加工外圆和两端面，限制 4 个自由度，这种心轴会破坏工件的内孔表面，如图 4-25（b）所示。

3）带螺母间隙配合心轴：因有间隙，靠螺母压紧的摩擦力来抵抗切削力。工件装卸时不会损伤工件的内孔表面，但定心精度较差，如图 4-25（c）所示。

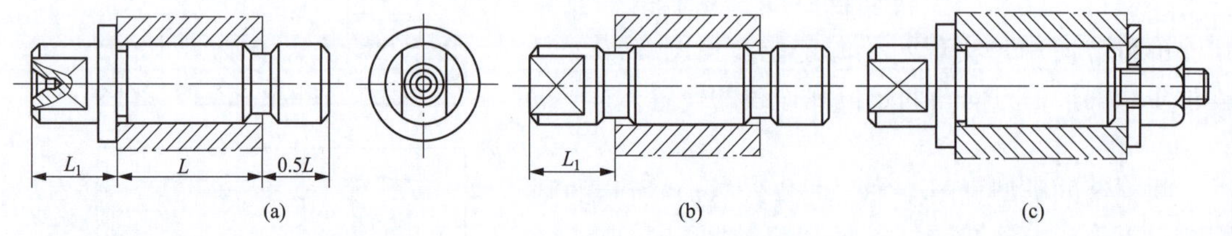

图 4-25 圆柱心轴类型

（2）小锥度心轴。如图 4-26 所示，工件靠心轴上的一段斜楔作用产生的摩擦力带动工件回转，不需另行夹紧，但因传递的扭矩较小，切削力不能太大。圆锥心轴定心精度高，装卸方便，不破坏内孔表面。心轴的锥度越小定心精度越高且夹紧越可靠。

小锥度心轴适用于精加工，内孔精度不低于 IT7 级，可以限制 6 个自由度。

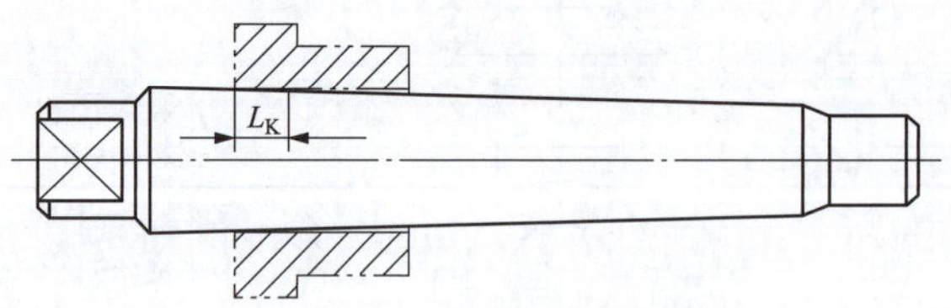

图 4-26 圆锥心轴

心轴在机床上的安装方式见图 4-27。其中，图 4-27（a）为利用心轴的中心孔，采用顶尖装夹的方式；图 4-27（b）为心轴一端安装在三爪卡盘内，另一端顶尖固定；图 4-27（c）为心轴一端加工成莫氏锥度，安装于机床主轴的莫氏锥孔内；图 4-27（d）为心轴过盈配合安装于机床主轴孔内。

工件以内孔定位采用的定位元件及限制自由度情况见图 4-28。

（三）工件以外圆柱面定位

工件以外圆柱面作定位基面时，常用定位元件有 V 形块、圆孔、半圆孔、圆锥孔及定心夹紧装置。

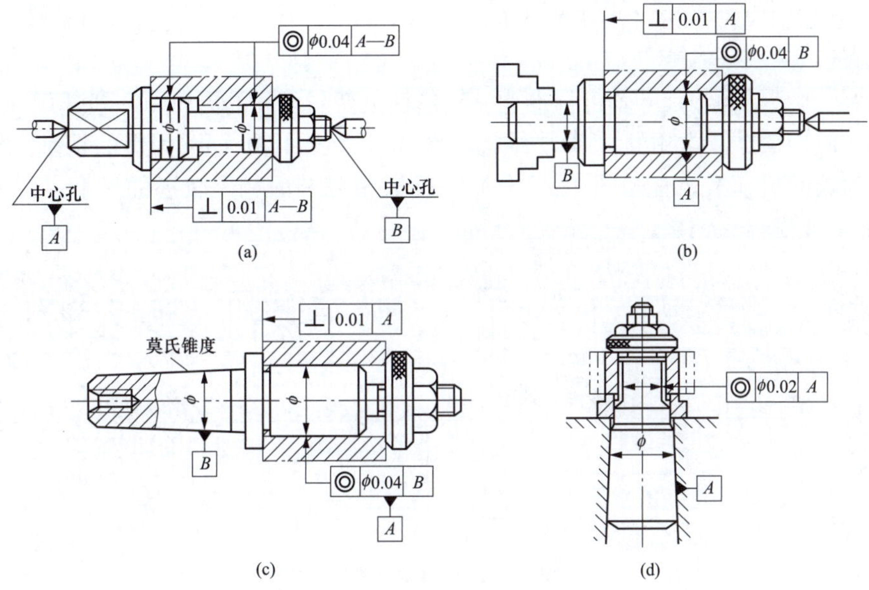

图 4-27　心轴在机床上的安装方式

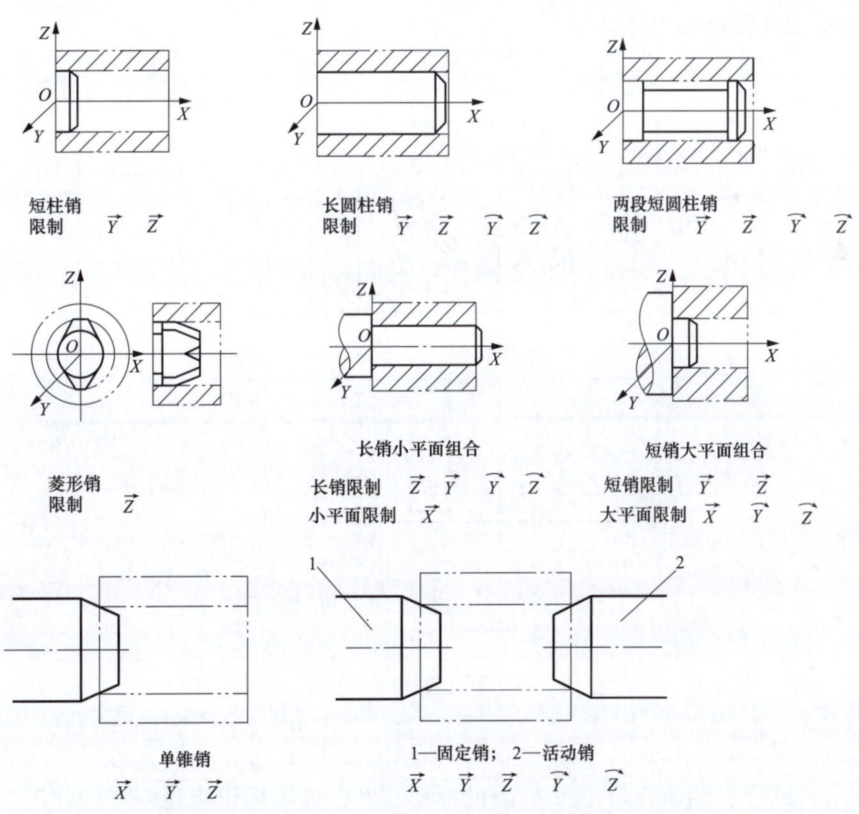

图 4-28　内孔定位元件及限制自由度

1. V 形块

(1) V 形块的类型。V 形块用销子及螺钉紧固在夹具体上，其优点是对中性好，能使工件上定位基准轴线对中在 V 形块两斜面的对称平面上，而不受定位基准直径误差的影响，并且安装方便。

V 形块的典型结构和尺寸均已标准化。V 形块上两斜面间的夹角 α 一般选用 60°、90°和 120°，以 90°应用最广。常用的 V 形块结构见图 4-29。图 4-29（a）为短的精基准定位；图 4-29（b）为长的粗基准定位；图 4-29（c）为两段精基准面相距较远的场合；图 4-29（d）为采用铸铁底座镶淬火钢垫。

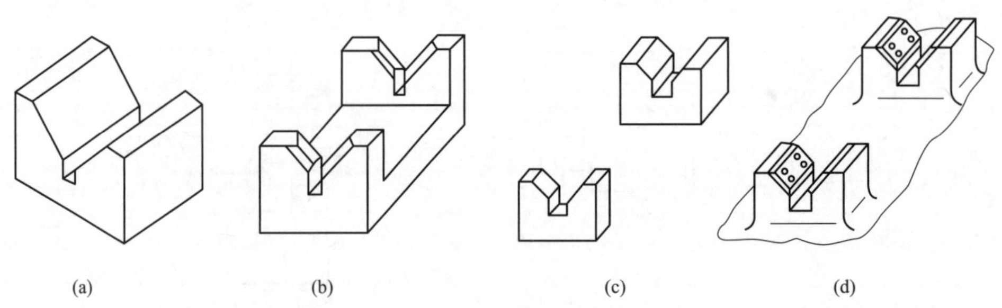

图 4-29　V 形块的类型

（2）V 形块的结构设计。当应用非标准 V 形块时，定心高度 T 可按式（4-1）进行计算。非标准 V 形块的结构见图 4-30。

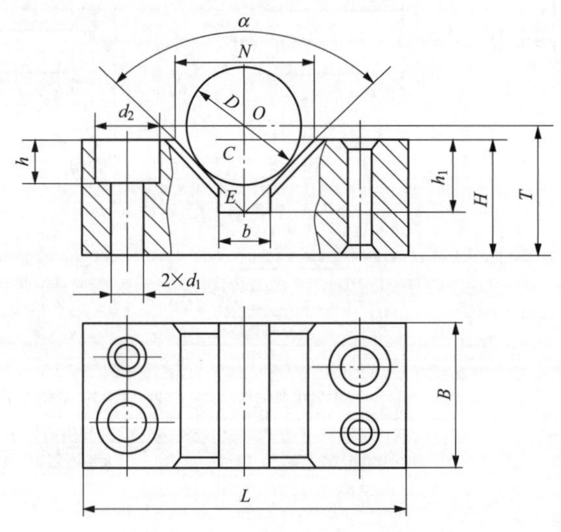

图 4-30　非标准 V 形块的结构

$$T=H+\frac{1}{2}\left(\frac{D}{\sin\frac{\alpha}{2}}+\frac{N}{\tan\frac{\alpha}{2}}\right) \tag{4-1}$$

式中　T——对标准心轴而言，是 V 形块的标准高度，通常用作检验；

H——V 形块高度，mm；

D——标准心轴直径，即工件定位用的外圆直径，mm；

N——V 形块的开口尺寸；

α——V 形块两工作斜面间的夹角。

其中，对于大直径工件，$H \leqslant 0.5D$；对于小直径工件，$H \leqslant 1.2D$。同时，当 $\alpha = 90^{\circ}$ 时，$N = (1.09 \sim 1.13)D$；当 $\alpha = 120^{\circ}$ 时，$N = (1.45 \sim 1.52)D$。

V 形块的材料一般用 20 钢，渗碳深度为 0.8～1.2mm，淬火硬度为 60～64HRC。

设计 V 形块应根据所需定位的外圆直径 D 计算，先设定 α、N 和 H 值，再求 T 值。T 值必须标注，以便于加工和检验。

(3) V 形块的应用。V 形块使用时又有固定式和活动式之分。固定 V 形块的工件与 V 形块的接触母线长度相对接触较长时，限制工件的 4 个自由度；相对接触较短时，限制工件的 2 个自由度。

活动 V 形块的应用如图 4-31 所示，为连杆钻孔定位装置，由于连杆外部是两个外圆表面，左部采用一个固定 V 形块，右部采用活动 V 形块，活动 V 形块限制一个转动自由度，用以补偿因毛坯尺寸变化而对定位的影响，方便工件的放入和取出。该案例中的活动 V 形块除定位外，还兼有夹紧作用。

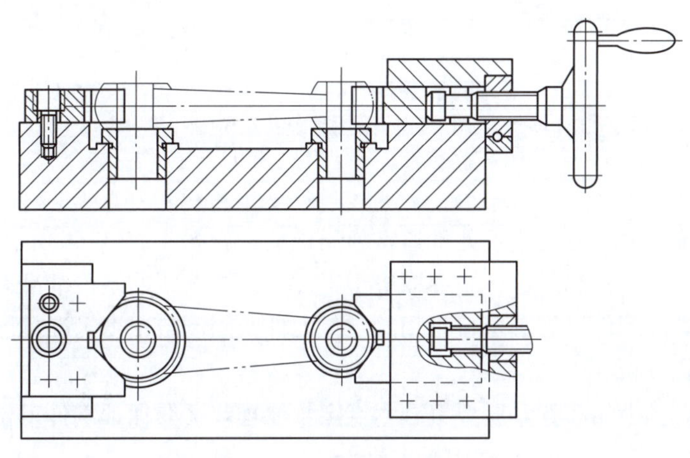

图 4-31　连杆定位方案

2. 圆孔

定位时，由于工件的外圆表面存在公差，安装到定位孔内时，工件的轴心线可能产生径向位移或倾斜，如图 4-32 所示。

为了保证轴向定位精度，工件常采用外圆柱与端面联合作定位基准，如图 4-33 所示。

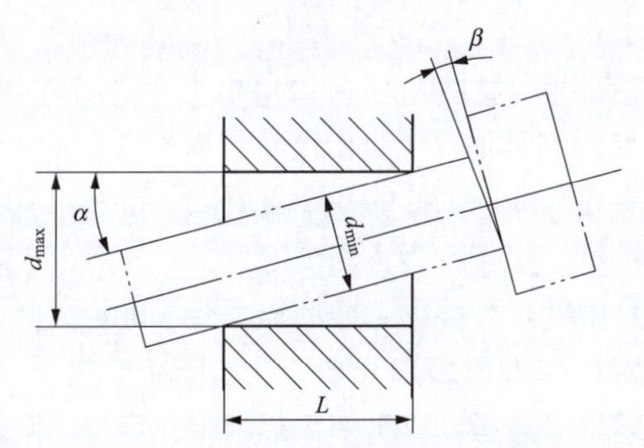

图 4-32　工件外圆与定位孔存在间隙

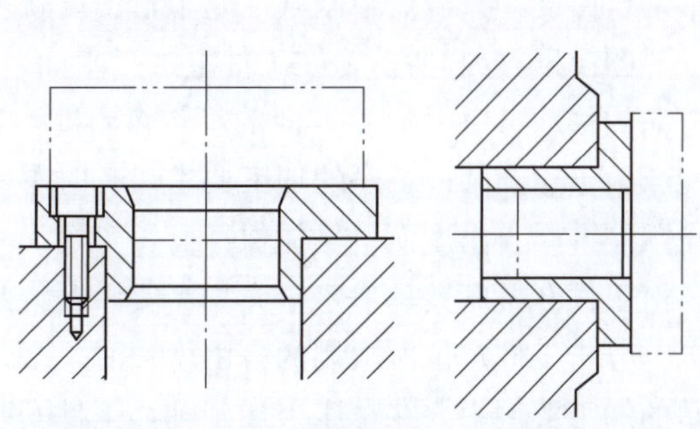

图 4-33　工件以外圆和端面组合定位

3．半圆孔

当工件尺寸较大，或在整体式定位衬套内定位装卸不便时，多采用此种定位方法。此时定位基准的精度不低于 IT9～IT8。其下半圆弧固定在夹具体上，起定位作用，上半圆弧是活动的，起夹紧作用。由于工件在半圆弧上定位时与夹具的接触面较大，表面不易夹毛，因此适用于外圆已精加工过的工件。为了保证定心精度，半圆弧的下部应适当挖空，如图 4-34 所示。其中，图 4-34（a）所示上盖为掀开式安装，图（b）所示上盖为拆卸式安装。

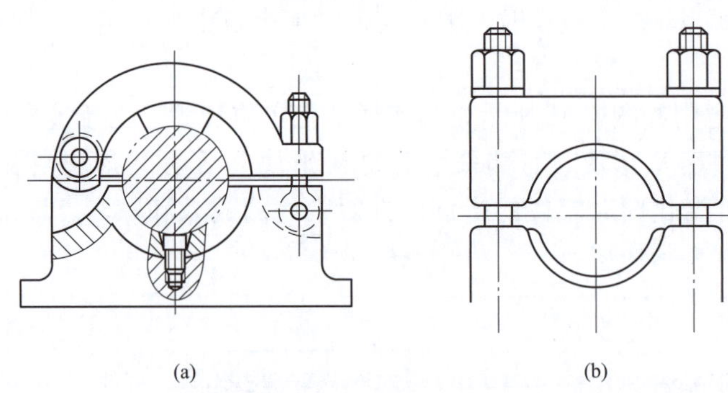

图 4-34　采用半圆孔定位

4．圆锥孔

用圆锥孔定位时，相应的定位元件通常为反顶尖，如图 4-24（b）所示。

夹具定位元件的结构和尺寸，主要取决于工件上已被选定的定位基准面的结构形状、大小及工件的重量等。工件以外圆定位采用的定位元件及限制自由度情况见图 4-35。

三、定位方式分析

定位元件在夹具中的布置，既要符合六点定位原理，又要保证工件定位的稳定性。定位元件配置情况与限制自由度的数量之间可能出现以下几种情况。

1．完全定位与不完全定位

图 4-36（a）所示为在工件上加工不通槽。槽宽由刀具直径保证，但是要保证尺寸 A、B、C，就需要限制 X、Y、Z 方向的移动和 X、Y、Z 的旋转 6 个自由度。这种工件的 6 个自由度完全被限制的定位方法，称为完全定位。

图 4-36（b）所示为在工件上加工通槽，不需要保证尺寸 C，因此也不必限制 Y 方向的移动自由度，只需要限制其他 5 个自由度就可以了。

图 4-36（c）所示为在工件上加工平面，不需要保证尺寸 B、C，因此也不必限制 X、Y 方向的移动自由度和 Z 方向的旋转自由度，只需要限制其他 3 个自由度就可以了。

为了达到某一工序的加工要求，有时不一定要完全限制工件的 6 个自由度，这种没有完全限制 6 个自由度而仍然能保证有关工序尺寸的定位方法，称为不完全定位。

工件在机床夹具上定位究竟需要限制哪几个自由度，可根据工序的加工要求确定。

分析工件定位所限制的自由度数时，必须把定位与夹紧区别开来。在如图 4-37（a）所示的加工实例中，在车床上加工轴，工件安装到三爪卡盘里，三爪卡盘相当于孔定位，限制工件的 4 个自由度，采用四点定位可以满足加工要求，X 向的转动自由度和移动自由度可以不限制。虽然工件在夹紧后沿 X 轴确实是不能再转动和移动，但是不能说明自由度也被

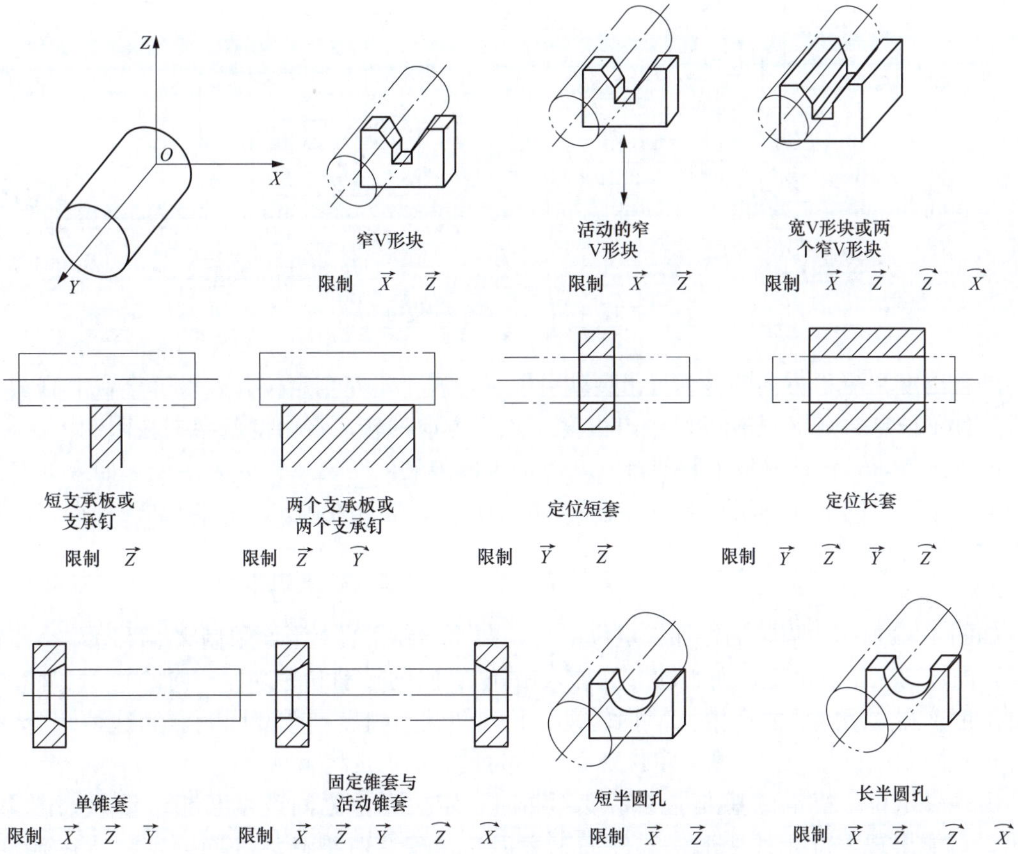

Z
O
X
Y
窄V形块
限制 $\vec{X}$ $\vec{Z}$
活动的窄
V形块
限制 $\vec{X}$ $\vec{Z}$
宽V形块或两
个窄V形块
限制 $\vec{X}$ $\vec{Z}$ $\widehat{Z}$ $\widehat{X}$
短支承板或
支承钉
限制 $\vec{Z}$
两个支承板或
两个支承钉
限制 $\vec{Z}$ $\widehat{Y}$
定位短套
限制 $\vec{Y}$ $\vec{Z}$
定位长套
限制 $\vec{Y}$ $\vec{Z}$ $\widehat{Y}$ $\widehat{Z}$
单锥套
限制 $\vec{X}$ $\vec{Z}$ $\vec{Y}$
固定锥套与
活动锥套
限制 $\vec{X}$ $\vec{Z}$ $\vec{Y}$ $\widehat{Z}$ $\widehat{X}$
短半圆孔
限制 $\vec{X}$ $\vec{Z}$
长半圆孔
限制 $\vec{X}$ $\vec{Z}$ $\widehat{Z}$ $\widehat{X}$

图 4-35　外圆定位元件及限制自由度情况

Z
C
B
O
X
A
Y
(a)
Z
B
O
X
A
Y
(b)
Z
O
X
A
Y
(c)

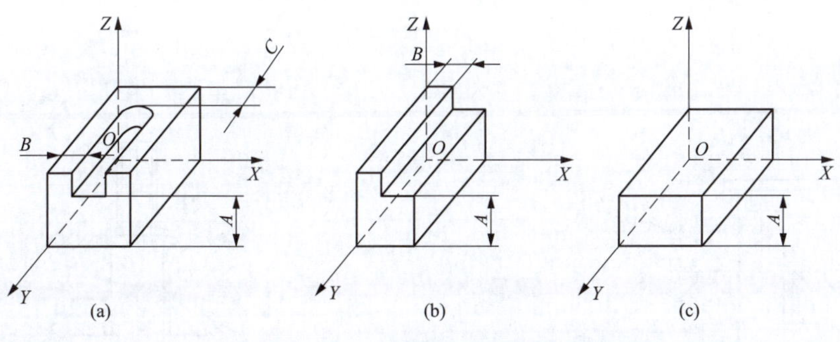

图 4-36　不同加工要求的工件

限制。因为工件相对于机床的定位位置在夹紧动作之前就已确定，夹紧的任务只是保持原先的定位位置不变。

只要能满足加工的定位要求，完全定位和不完全定位都是允许的。

2. 欠定位

如图 4-37（b）所示，工件在平面磨床上采用电磁工作台装夹磨平面，根据产品图样可知只有厚度及平行度要求，故只需三点定位，限制工件沿 Z 方向的移动自由度，沿 X 方向

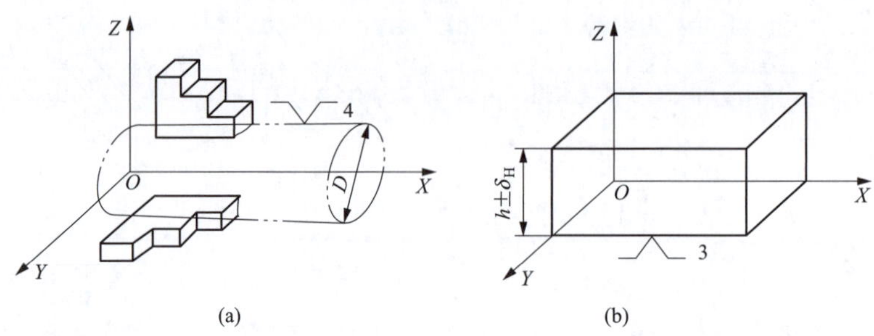

图 4-37　不完全定位

的转动自由度和沿 Y 方向的转动自由度就可以了，属于不完全定位。如果工作台上有杂质，造成工件不稳定，则 X 方向的转动自由度或者 Y 方向的转动自由度就会失去限制，这种按工序的加工要求，工件应该限制的自由度而未予以限制的定位，称为欠定位。如果欠定位，上面案例中磨出的工件平面会不平，导致废品的产生。因此在确定工件定位方案时，欠定位是绝对不允许的。

3. 过定位

如图 4-38 所示，齿轮插齿加工定位工装，支承凸台 5 的上平面限制 Z 向移动、X 向转动、Y 向转动三个自由度，而心轴 7 的加入限制 X 向的转动和移动、Y 向的转动和移动四个自由度。在这个定位方案中，X 向转动、Y 向转动自由度被重复限制。像这种几个定位元件重复限制工件某一自由度的定位现象，称为过定位，也称重复定位。

出现过定位，当定位基准加工精度不高时，定位元件之间产生互相干涉，如图 4-39 所示，可能出现定位元件变形，零件加工表面定位安装时被破坏等问题，因此在确定定位方案时，原则上不允许出现某一自由度重复限制的情况。只有在需要增强工件系统的刚度而各定位面间又具有较高位置精度的条件下（如精加工过），才允许采用过定位的定位方案。

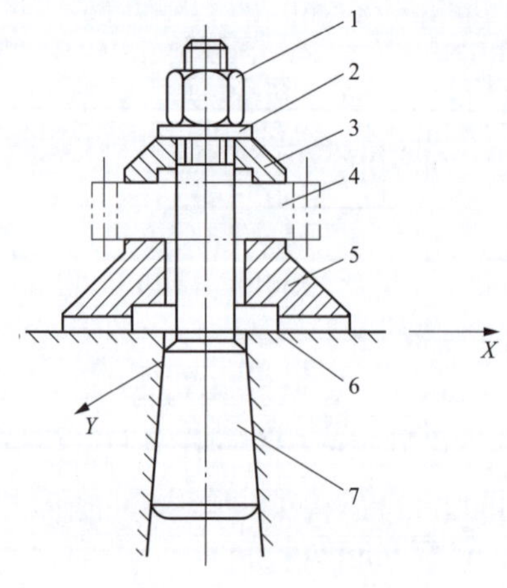

图 4-38　插齿定位方案

1—压紧螺母；2—垫圈；3—压块；4—工件；5—支承凸台；6—工作台；7—心轴

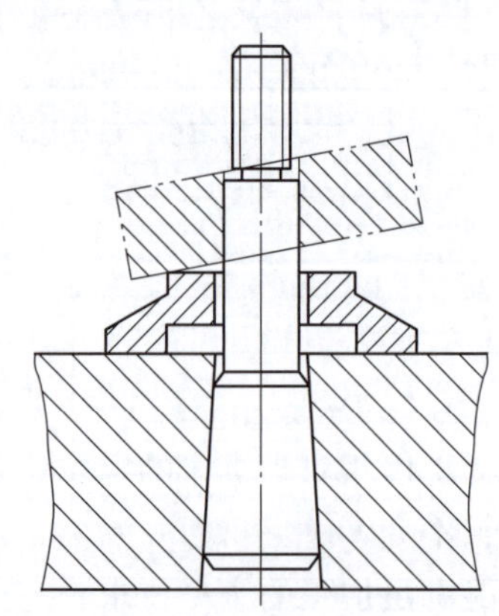

图 4-39　内孔与端面垂直度误差较大时

消除过定位及其干涉一般有两个途径：

(1) 改变定位元件的结构，以消除被重复限制的自由度。

(2) 提高工件定位基面之间及夹具定位元件工作表面之间的位置精度，以减少或消除过定位引起的干涉。

例如，在齿坯插齿定位方案中，如果增加球面垫圈，将固定平面定位改为球面浮动，如图 4-40 所示，定位心轴限制 $\vec{X}$、$\vec{Y}$、$\widehat{X}$、$\widehat{Y}$ 四个自由度，底部的球面限制 $\vec{Z}$ 一个自由度，避免了过定位。

当工件以粗基准定位时，工件定位表面加工精度较低，可以减小定位销与工件母线接触长度，将心轴 7 的长定位销做成短定位销，只限制 $\vec{X}$ 和 $\vec{Y}$ 两个自由度，也可消除过定位现象，如图 4-41 所示。

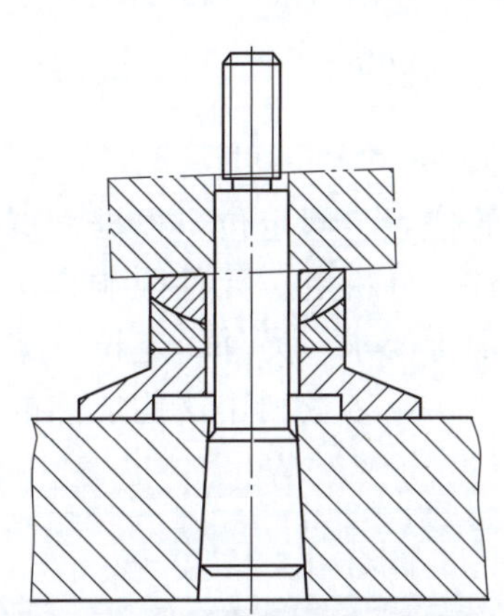

图 4-40　改变平面定位结构避免过定位

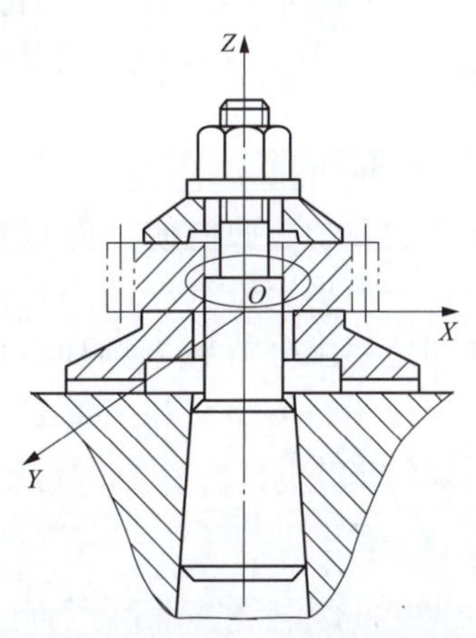

图 4-41　改变心轴定位结构避免过定位

总之，定位方式要根据工件的结构和加工要求而定，完全定位和不完全定位是允许的，过定位只允许作为精加工时使用，欠定位绝对不允许，使用欠定位会造成加工中工件位置不稳定，将工件加工成废品。

【任务实施】

对于箱体类零件一般用一面两销作定位元件，用两垫块定位工件的大平面，限制三个自由度，用短圆柱销定位工件的孔限制工件的两个自由度，用削边菱形削定位工件的另一孔，限制工件的一个自由度。因此，一般首先要将定位用的孔和平面加工出来。

(1) 该阀体钻底面 4×ϕ15 孔，用心轴定位，心轴的平面限制沿 $\vec{X}$、$\widehat{Z}$、$\widehat{Y}$ 三个自由度，为避免过定位，采用心轴上短菱形削定位，限制 $\vec{Y}$，定位板限制 $\vec{X}$ 和 $\widehat{X}$ 两个自由度。如图 4-42 所示，属于完全定位。

(2) 其余孔的加工均采用已加工底面上的两孔与平面定位的方式，定位元件为支承板与圆柱销、菱形销组合定位，支承板限制 $\vec{Z}$、$\widehat{X}$、$\widehat{Y}$ 三个自由度，短圆柱销限制 $\vec{X}$、$\vec{Y}$ 两个自由度，加上菱形销限制的 $\widehat{Z}$，定位方式为完全定位，如图 4-43 所示。

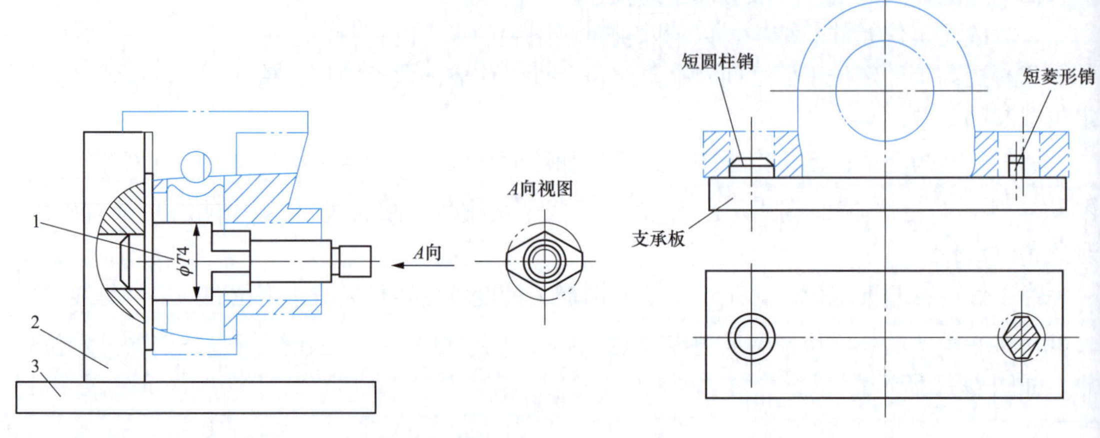

图 4-42　阀体以平面定位加工底面孔定位方案
1—心轴；2—定位板；3—夹具体

图 4-43　阀体其余孔加工定位方案一面两销

【任务小结】

本任务主要学习如何使工件相对夹具有一个固定的位置，即定位。根据六点定位原理，工件首先根据定位基准的形状选择相应的定位元件，分析定位元件限制自由度的情况，对照加工要求分析属于哪种定位方式，能否满足加工要求。另外，定位方案中有许多很好的定位组合方案，如一面两销定位、心轴定位等，应尽量利用这些成熟的定位方案，节省设计成本。

【任务评价】

序号	考核项目	考核内容	检验规则	分值	
				小组互评	教师评分
1	六点定位	空间物体可能出现哪几种运动，什么是六点定位原理	正确得 10 分		
2	定位元件的应用	说明工件以平面、外圆、内孔定位时，分别采用哪些定位元件	每正确说出一条得 10 分		
3	定位方式	定位方式有哪几种，哪些允许，哪些不允许	说清楚一问得 10 分		
4	分析案例	说明工件钻盲孔和钻通孔定位方案有什么不同	正确得 10 分		
5	定位元件	说明什么是辅助支承，其主要作用是什么；什么是自位支承（浮动支承），它与辅助支承有何不同	正确回答一问得 10 分		
合计					

任务三 夹紧装置的设计

【学习目标】

知识目标

(1) 掌握夹紧装置的组成。

(2) 掌握夹紧装置设计的要求。

(3) 掌握夹紧力设计的原则。

(4) 掌握常见的四种夹紧机构及各自的特点。

技能目标

(1) 能根据夹具图样分析夹紧装置的结构。

(2) 能为孔加工设计合理的夹紧机构。

【任务描述】

分析如图 3-1 所示的阀体零件图，分别为孔 4×ϕ10、6×ϕ8、ϕ16、ϕ74、ϕ132、2×ϕ30、4×ϕ15 的加工确定合适的夹紧方案。

【任务分析】

工件定位后必须利用一种机构产生夹紧力，把工件压紧在定位元件上，让工件保持原有的准确位置，不会因为切削力、工件重力、离心力或惯性力等作用而产生变化和振动，从而确保加工精度和安全操作。能够产生夹紧力的这种机构就称为夹紧装置。

夹紧装置的设计依据取决于夹紧力三要素的设计原则，首先学习夹紧力在工件上的作用点、作用力方向、作用力大小的选择原则；学习几种常见夹紧装置的案例，掌握根据工件的结构、工作空间等选择夹紧机构的类型，多看典型夹紧机构的案例才能有正确的夹紧装置结构的设计思路。

知识链接

一、夹紧装置的组成和设计要求

1. 夹紧装置的组成

机械加工过程中，工件受到各种力的作用，会产生振动或位移，工件要保持固定的位置，就必须使用夹紧装置夹紧。

(1) 动力装置。动力装置是产生夹紧动力的装置。对于机动夹紧机构，是指气动、液压、电力等动力装置，如图 4-44 中的液压缸 4 和活塞 5；对于手动夹紧机构，力源来自人力。

各种夹紧动力装置的特点如下：

1) 气动装置：以压缩空气作为动力源推动夹紧机构夹紧工件，主要特点是夹紧动作快，夹紧力大，有噪声，并且需要有气源支持，一旦气源压力不足，会自动松开。

2) 液动装置：以液压油为工作介质推动夹紧机构工作，主要特点是工作平稳、可靠，不会自动松开，噪声小，但须设置相应的液压系统，应用范围受限制。

(2) 夹紧元件。夹紧元件直接用于夹紧工件的元件。它与工件直接接触，把工件夹紧，

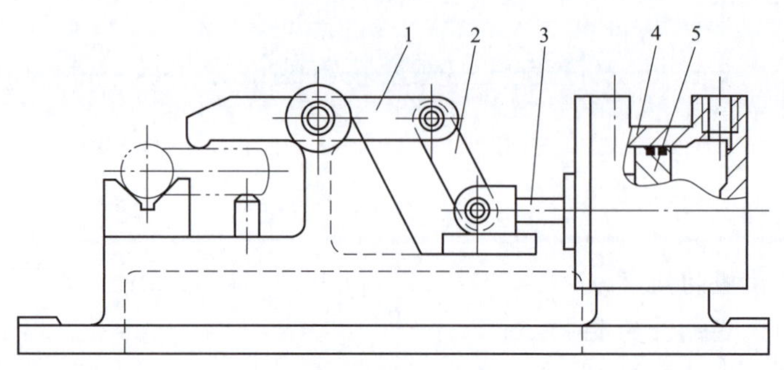

图 4-44　液动夹紧装置

1—压板；2—铰链和杠杆；3—活塞杆；4—液压缸；5—活塞

如图 4-44 中的压板 1。

（3）中间传力机构。中间传力机构将原动力以一定的大小和方向传递给夹紧元件的机构，如图 4-44 中的铰链和杠杆 2 等。它改变夹紧力的大小和方向，将原始力增大。

2. 对夹紧装置的要求

夹紧装置应以保证加工质量，提高劳动生产率，降低加工成本和确保工人的生产安全为目的，具体的要求如下：

（1）夹紧过程不得破坏工件在夹具中占有的定位位置。

（2）操作安全、省力。大批量生产中应尽可能采用气动、液动夹紧装置，以减轻工人的劳动强度，提高生产率。

（3）夹具装卸工件方便，辅助时间尽量短。在小批量生产中，采用结构简单的螺钉压板结构。

（4）夹紧力要适当，既要保证工件在加工过程中定位的稳定性，又要防止因夹紧力过大损伤工件表面或使工件产生过大的夹紧变形而影响加工精度。

（5）避免夹紧结构对刀具运动轨迹的干涉。

（6）尽量考虑多件同时装夹，提高效率。

二、夹紧力三要素的确定原则

确定夹紧力是确定夹紧力的大小、方向和作用点。在确定夹紧力的三要素时，要分析工件的结构特点、加工要求、切削力及其他作用外力。

1. 夹紧力作用点的选择

（1）夹紧力的作用点应正对定位元件或位于定位元件所形成的支承面内。如图 4-45（a）所示，由于夹紧力作用点不正确，会造成工件出现定位不稳定。

（2）夹紧力的作用点应位于工件刚性较好的部位，尽量避免或减小工件的夹紧变形，这一点对薄壁工件尤为重要。如图 4-46（a）所示，箱体中间部分刚性差，容易变形，应避免作为夹紧力的作用点。

（3）夹紧力作用点应尽量靠近加工表面，使夹紧稳固可靠。如图 4-47 所示的两个方案都是正确的。如图 4-47（b）所示，拨叉装夹时，主要夹紧力 F_{Q1} 垂直作用定位基面，辅助支承点设在靠近加工面处，再施加适当的辅助夹紧力 F_{Q2}，从而提高工件的安装刚度。

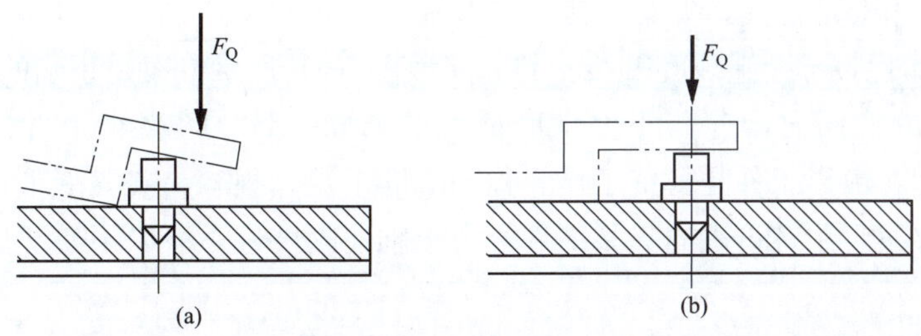

图 4-45　夹紧力作用点的选择

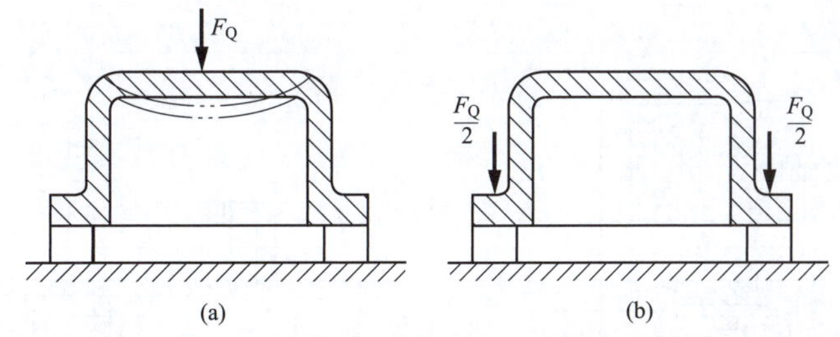

图 4-46　夹紧力的作用点应位于工件刚性较好的部位

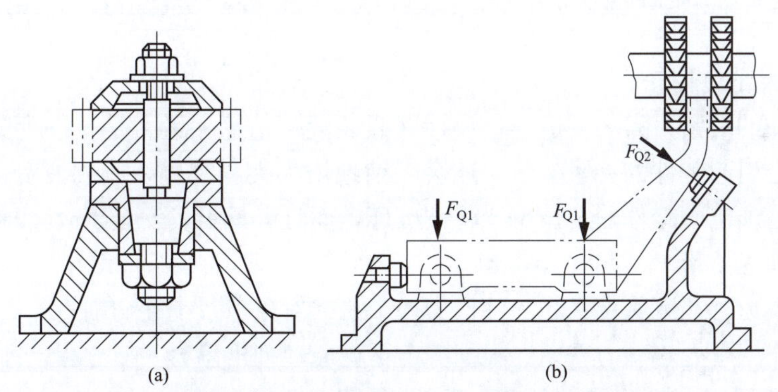

图 4-47　夹紧力的作用点应靠近加工表面

2. 夹紧力作用方向的选择

(1) 夹紧力的作用方向应垂直于工件的主要定位基面。如图 4-48 (a) 所示，切削力朝

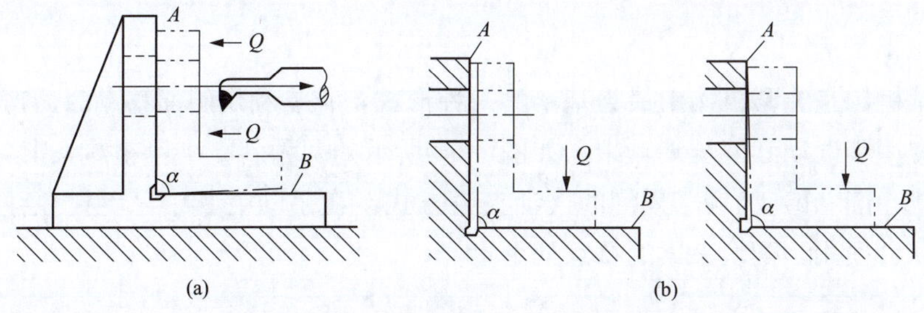

图 4-48　夹紧力应垂直于主要定位面

向 A 面，A 面为主要定位面，夹紧力使工件紧靠主要定位基准面，工件本身的垂直度误差 α 不在加工方向体现，不会造成孔轴线歪斜，所以图（a）所示方案是正确的。

（2）夹紧力的作用方向应与工件刚度最大的方向一致，以减小工件的夹紧变形。如图 4-49（a）所示，由于工件是薄壁工件，径向刚度不足，很容易夹紧变形；若采用如图 4-49（b）所示的方案，用螺母轴向夹紧工件，由于轴向刚度好，所以不易产生变形，（b）方案是正确的。

（3）夹紧力作用方向应尽量与工件的切削力、重力等的作用方向一致。如图 4-50 所示，这样可以减小夹紧力，避免因夹紧力过大而使工件发生变形。

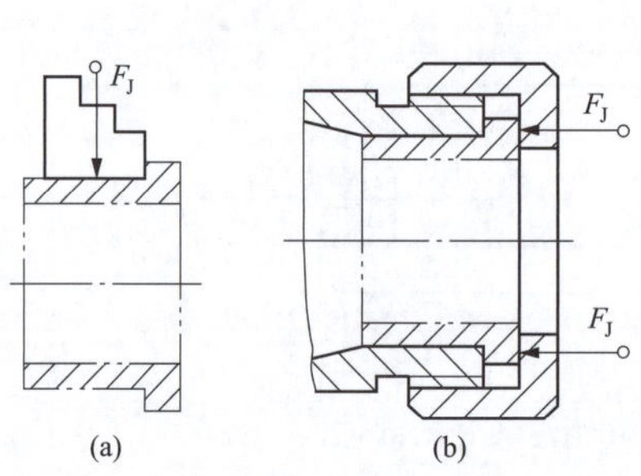

图 4-49 夹紧力朝向工件刚度好的方向

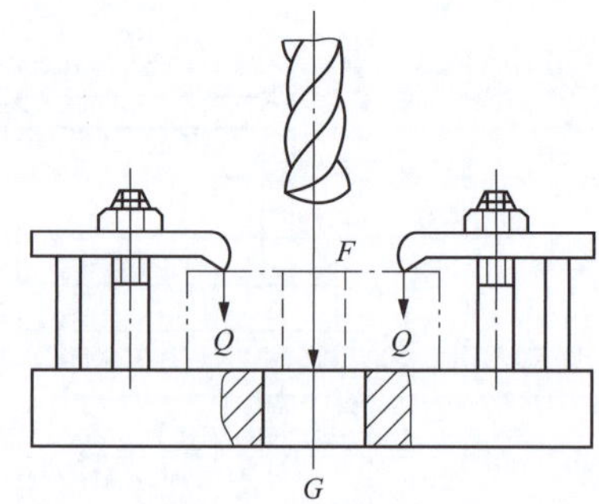

图 4-50 夹紧力与其他力的方向一致

3. 夹紧力大小的估算

对工件施加的夹紧力大小要适当，设计夹紧装置，估算夹紧力是一件十分重要的工作。夹紧力过大，会引起工件的夹紧变形，还会无谓地增大夹紧装置，造成浪费；夹紧力过小，则工件夹不紧，加工中工件的定位位置将被破坏，而且容易引发安全事故，难以保证工件定位的稳定性和加工质量。

在确定夹紧力时，可将夹具和工件作为一个研究对象，系统在切削力、夹紧力、重力和惯性力等综合作用下处于静力平衡，根据静力平衡原理列出静力平衡方程，即可求得理论夹紧力。为使夹紧可靠，应再乘一个安全系数 k，粗加工时，取 $k=2.5\sim3$；精加工时，取 $k=1.5\sim2$。

三、典型夹紧机构分析

夹具中常用的夹紧装置有斜楔、偏心轮、螺旋等，它们都是根据斜楔夹紧原理演化而来的。

1. 斜楔夹紧机构

斜楔夹紧机构是夹紧机构中最为基本的一种形式，它是利用斜面移动时所产生的力来夹紧工件的，常用于气动和液压夹具中。如图 4-51 所示的两种斜楔夹紧机构，其中图（a）为手动夹紧方式，图（b）为经常采用的气动夹紧方式。在手动夹紧中，斜楔往往和杠杆、压板、螺旋等联合使用。楔块夹紧的特点如下：

（1）楔块结构简单，有增力作用。扩力比 $i_p=\dfrac{Q}{F}=\dfrac{1}{\tan\beta_1+\tan(\alpha+\beta_2)}\approx3$，$\alpha$ 越小增力作用越大。

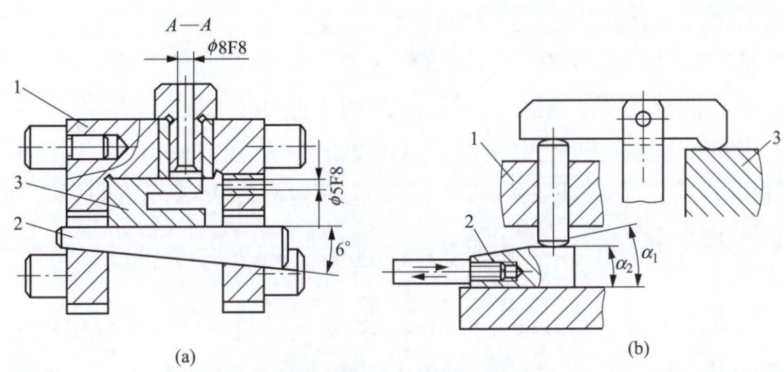

图 4-51　斜楔夹紧机构

1—夹具体；2—斜楔；3—工件

（2）楔块夹紧行程小。增大 α 可加大行程，但自锁性能变差。斜楔机构自锁条件 $\alpha<\beta_1+\beta_2$，其中，β_1、β_2 为楔块接触面上的摩擦角。

（3）夹紧和松开要敲击大、小端，操作不方便。

（4）单独应用较少，常与其他机构联合使用。

为了迅速夹紧且自锁可靠，将斜面由两部分组成，前部分大升角（$\alpha_1=30°\sim40°$）用于夹紧前的快速行程，后部分小升角（$\alpha_2=5°\sim7°$）用来夹紧和自锁，如图 4-51（b）所示。

2. 偏心夹紧机构

偏心夹紧机构夹紧原理如图 4-52（b）所示，O_1 为偏心轮的几何中心，O_2 为回转中心。若以回转中心 O_2 为圆心，r 为半径画圆（虚线圆），这个圆所表示的部分可以称作基圆盘，偏心轮剩余部分是对称的两个弧形楔。当偏心轮绕回转中心 O_2 顺时针方向旋转时，相当于一个弧形楔逐渐楔入基圆盘和工件之间，从而夹紧工件。偏心轮经常与压板联合使用，如图 4-52（a）所示。

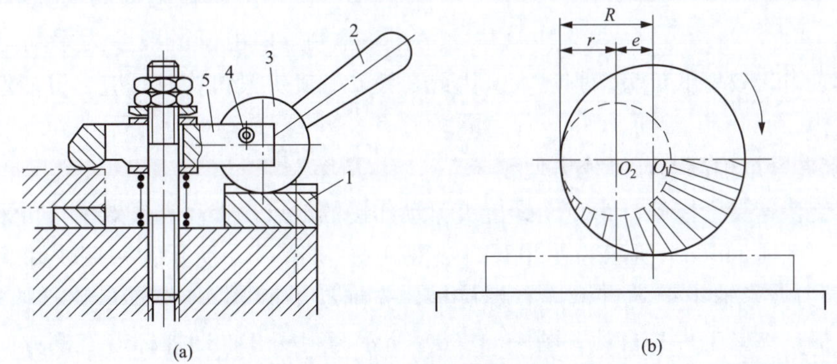

图 4-52　偏心夹紧机构

1—垫板；2—手柄；3—偏心轮；4—转轴；5—压板

偏心夹紧机构的特点如下：

（1）偏心夹紧动作迅速，操作简便，因此应用比较广泛。

（2）偏心夹紧的夹紧行程较小，对工件的相应尺寸精度要求较高。故一般只在被夹紧表面尺寸变动不大的情况下使用。

（3）偏心夹紧的自锁性能较差，不如螺旋夹紧，其自锁性能与偏心特性 D/e 有关，当 $D/e<14$ 时，自锁性能就不好。偏心夹紧一般多用于振动不大的工序。

（4）偏心夹紧机构也是一种增力机构，其增力比一般为 12～14。

偏心轮的材料，多用 20 钢或 20Cr 钢制造，表面渗碳淬火 55～60HRC，工作表面磨光，非工作表面发蓝处理。

3. 螺旋夹紧机构

采用螺旋装置直接夹紧或与其他元件组合实现夹紧的机构统称为螺旋夹紧机构。螺旋夹紧机构是从斜楔夹紧机构转化而来的，相当于把楔块绕在圆柱体上，转动螺旋时即可夹紧工件。

螺旋夹紧机构结构简单，容易制造。由于螺旋升角小，螺旋夹紧机构的自锁性能好，夹紧力和夹紧行程都较大，在手动夹具上应用较多。螺旋夹紧机构包括单螺旋夹紧机构和螺旋压板夹紧机构两种。

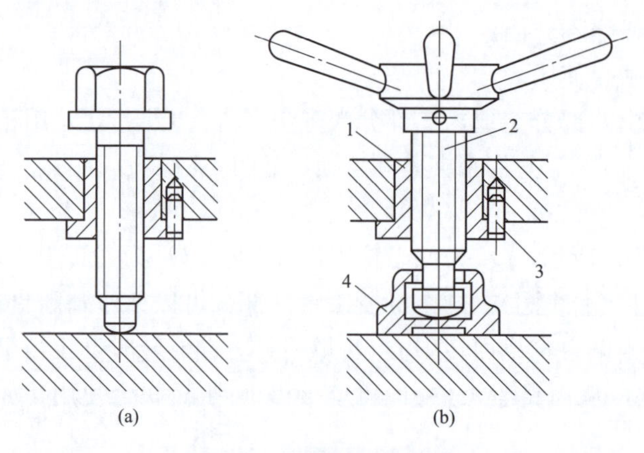

图 4-53 单螺旋夹紧机构

1—螺母套；2—螺杆；3—止动销；4—压块

图 4-53（a）所示为单螺旋夹紧机构。为了防止螺钉头损伤工件表面，或防止在旋紧螺杆时带动工件一起转动，可在螺杆头部装一摆动压块，如图 4-53（b）所示。

（1）螺旋夹紧的特点。

1）螺旋夹紧自锁性好，夹紧可靠。一般其螺旋角比摩擦角小得多。

2）螺旋夹紧的增力比较大，可达 65～140 倍。

3）螺旋夹紧的夹紧行程不受限制，但由于一般多为手动，故夹紧行程长时操作费时，效率低，劳动强度大。因此，设计螺旋夹紧机构时，应尽可能地采用快速螺旋夹紧机构。

4）螺旋夹紧结构简单，制作方便。

（2）螺旋快速夹紧措施。为克服螺旋夹紧动作慢的缺点，提高夹紧效率，可采用各种快速夹紧措施。图 4-54（a）所示为使用开口垫圈。图 4-54（b）所示为采用快卸螺母。图 4-54（c）所示为夹紧轴 1 上的直槽连着螺旋槽，先推动手柄 2，使摆动压块迅速靠近工件，继而转动手柄，夹紧工件并自锁。图 4-54（d）所示为手柄 2 推动螺杆沿直槽方向快速接近工件 4，然后使手柄 3 位于图示位置，再转动手柄 2 带动螺母 5 旋转。因手柄 3 的限制，螺母不能右移，致使螺杆带着摆动压块 6 向左移动，从而夹紧工件。反转手柄 2，稍微松开后，即可推开手柄 3，为手柄 2 的快速右移让出了空间。

（3）螺旋压板夹紧机构。图 4-55（a）、（b）所示为移动式螺旋压板，压板上开有长圆孔，以便松开工件时压板可以后撤，便于装卸工件。图 4-55（a）所示为减力的螺旋压板，

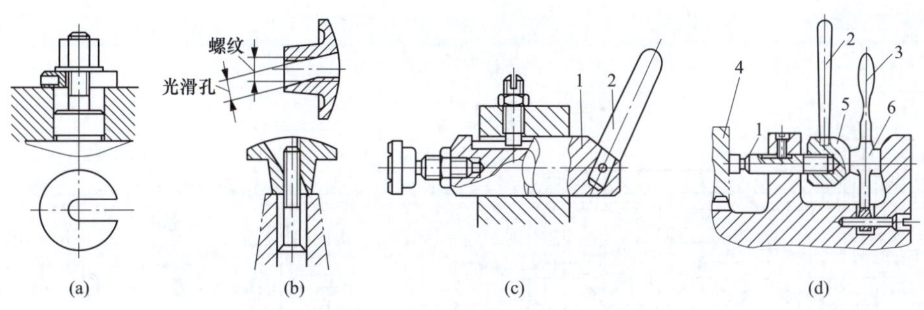

图 4-54　快速螺旋夹紧机构

1—夹紧轴；2、3—手柄；4—工件；5—螺母；6—摆动压块

夹紧力 F_W 小于作用力 F_Q，主要用于夹紧行程较大的场合；图 4-55（b）所示机构可通过调整压板的杠杆比 L_2/L_1，实现增力或增大夹紧行程的作用；图 4-55（c）所示为铰链压板机构，主要用于增大夹紧力的场合。

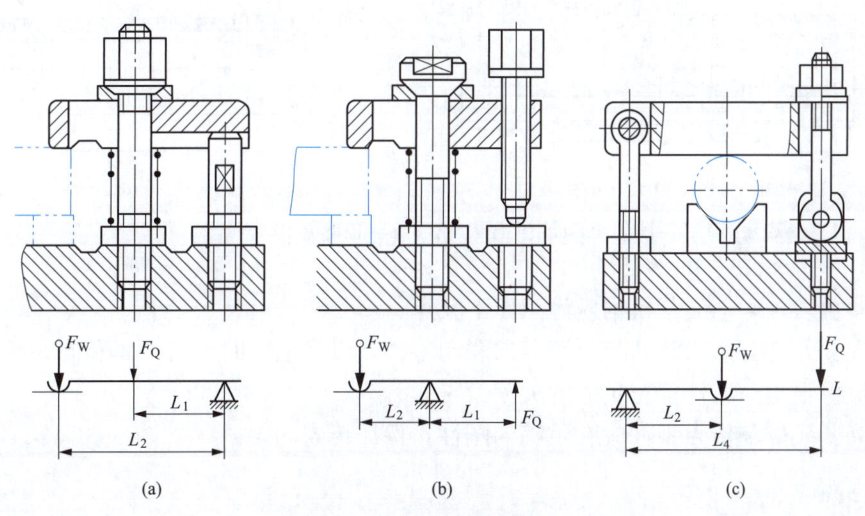

图 4-55　螺旋压板夹紧机构

4. 其他夹紧机构

其他夹紧机构还有铰链夹紧机构、定心夹紧机构、联动夹紧机构等。

（1）铰链夹紧机构有单臂、双臂单作用和双臂双作用三种结构，属增力夹紧机构，机构简单，增力倍数大。

（2）定心夹紧机构在工件定位时，常将工件的定心定位和夹紧结合在一起，主要有斜面作用定心夹紧机构、杠杆作用定心夹紧机构、弹性定心夹紧机构等形式。其特点如下：定位和夹紧是同一元件，元件间有精确的联系，能同时等距离地移向或退离工件，能将工件定位基准的误差对称地分布等。

（3）联动夹紧机构可以提高效率，减少装夹时间，主要包括同时有几个点对工件进行夹紧的多点联动夹紧、同时夹紧几个工件的多件多位联动夹紧、夹紧与其他动作联动的夹紧机构等形式。图 4-56 所示为多位多件联动夹紧机构。

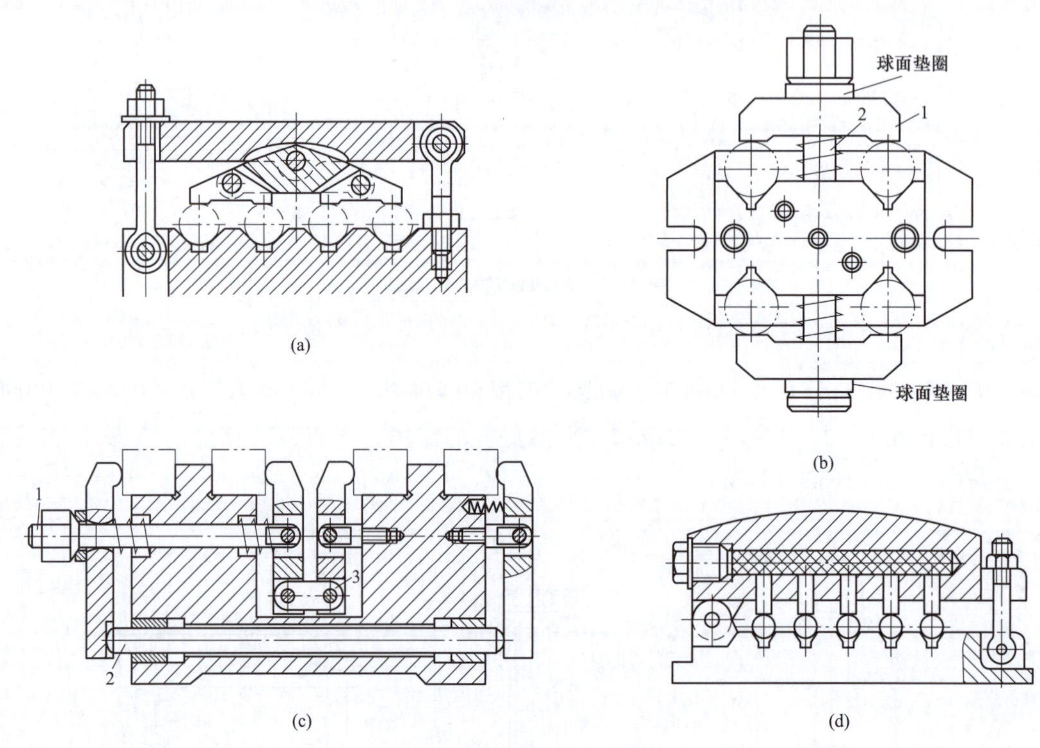

图 4-56 多位多件联动夹紧机构

设计多位多件联动夹紧机构应注意以下几点：

（1）夹紧元件必须为浮动、可调节的联动零件，以保证同时均匀夹紧和同时松开。

（2）应保证每一工件都有足够的夹紧力。

（3）夹紧元件和传力零件应有足够的刚性，保证传力均匀。

【任务实施】

（1）钻底面孔时采用开口垫圈和螺母夹紧定位。

（2）其余孔加工时，该工件上部外表面为圆形表面可采用活动 V 形块为夹紧元件，设计气动夹紧方式，如图 4-57 所示。

（3）也可以在底板处采用螺旋压板夹紧方式，结构如图 4-55（a）所示。

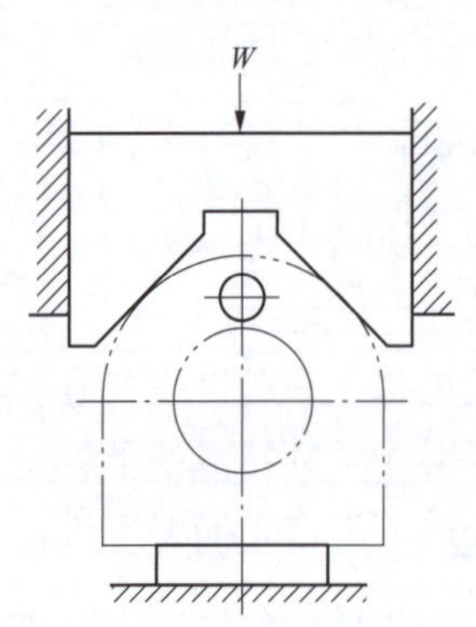

图 4-57 V 形块气动夹紧机构

【任务小结】

机械加工中所使用的夹具一般都必须有夹紧装置。夹紧装置的设计需要遵循夹紧装置的设计要求，按照原则确定出夹紧力的大小、方向、作用点，参考常用的斜楔夹紧装置、偏心夹紧装置、螺旋夹紧装置等典型案例的结构，设计出较为理想的夹紧机构，并能用机械图样画出夹紧机构。

【任务评价】

序号	考核项目	考核内容	检验规则	分值	
				小组互评	教师评分
1	夹紧装置的组成	说明夹紧装置一般由哪几部分组成	正确得 10 分		
2	夹紧装置的设计要求	设计夹紧装置有哪些要求	每正确说出一条得 5 分		
3	夹紧力的确定原则	说明夹紧力大小、方向、作用点的确定原则	每正确说出一条得 5 分		
4	典型的夹紧机构	叙述典型夹紧机构的类型及各自的特点	每说出一种类型及特点得 10 分		
合计					

任务四 钻夹具装配图的绘制

【学习目标】

知识目标

(1) 掌握常用钻夹具的结构类型。

(2) 掌握钻夹具图样绘制的要点和步骤。

(3) 掌握钻套的种类及各自的应用。

技能目标

(1) 能根据夹具图样分析该夹具的结构及使用方法。

(2) 能设计中等复杂程度的钻夹具。

(3) 能按夹具设计的规定绘制一般复杂程度夹具装配图。

【任务描述】

分析如图 3-1 所示的阀体零件图，分别为孔 4×ϕ10、6×ϕ8、ϕ16、ϕ74、ϕ132、2×ϕ30、4×ϕ15 的加工设计合适的钻夹具（或镗夹具），并绘制夹具装配图图纸，标明尺寸及技术要求。

【任务分析】

用来钻、扩、铰孔的机床夹具称为钻夹具。这类夹具的特点是装有钻套和安装钻套用的钻模板，故习惯上简称为钻模。钻夹具在企业的应用非常广泛，设计钻夹具是工程技术人员必备的一项技能。

为了完成设计任务，首先了解钻夹具常用的类型及结构，掌握钻套设计的要点，结合前面任务确定的定位方案和夹紧方案，确定夹具体的结构，按照国家标准《机械制图》的规定及夹具设计的规定绘制出夹具装配图样。

知识链接

一、钻床夹具的类型及应用

钻床夹具的种类很多，根据钻模板的工作方式分为以下五类。

1. 固定式钻模

这类钻模在加工过程中固定不动。夹具体上设有安放紧固螺钉或便于夹压的部位。这类钻模主要用于立式钻床加工单孔，或在摇臂钻床上加工平行孔系。图 4-58 所示为定位支座钻孔 $\phi12$ 的固定式钻模。图 4-59 所示为定位支座钻孔 $\phi12$ 的工序图。

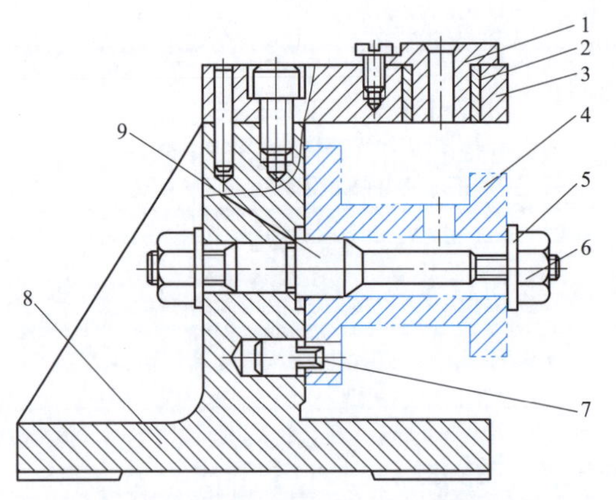

图 4-58 定位支座钻孔 $\phi12$ 的固定式钻模

1—钻套；2—衬套；3—钻模板；4—工件；5—开口垫圈；6—螺母；7—菱形销；8—夹具体；9—心轴

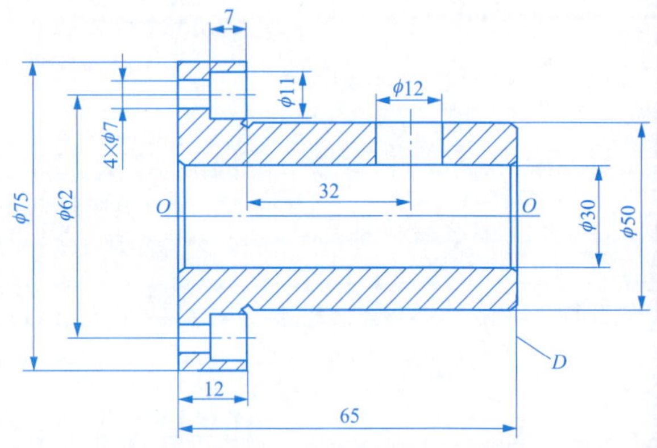

图 4-59 定位支座钻孔 $\phi12$ 的工序图

2. 回转式钻模

回转式钻模用于加工工件上同一圆周上孔系或加工分布在同一圆周上的径向孔系。回转式钻模的基本形式有立轴、卧轴和倾斜轴三种。工件一次装夹中，靠钻模依次回转加工各孔，因此这类钻模必须有分度装置。回转式钻模使用方便、结构紧凑，在成批生产中广泛使用。一般为缩短夹具设计和制造周期，提高工艺装备的利用率，夹具的回转分度部分多采用标准回转工作台。图 4-60 所示为该钻孔工序设计的回转式钻模。图 4-61 所示为在凸轮圆周上钻 3 个 $\phi8$mm 孔的工序图。

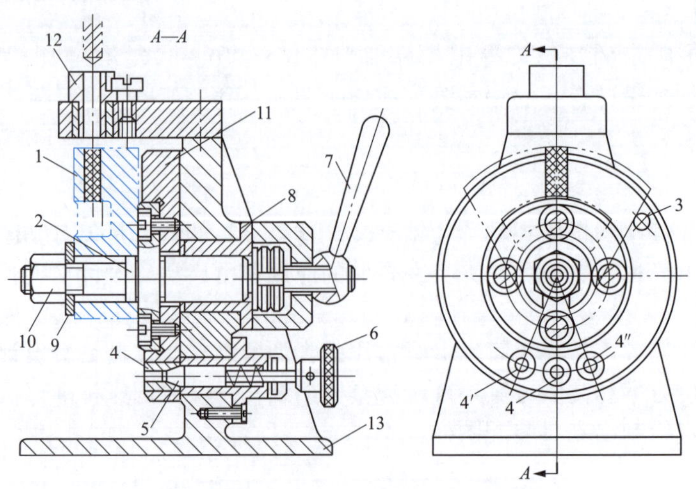

图 4-60 凸轮钻三孔用的回转式钻模

1—工件；2—心轴；3—挡销；4—定位套；5—定位销；6—把手；7—手柄；8—衬套；9—开口垫圈；10—螺母；11—分度盘；12—钻套；13—夹具体

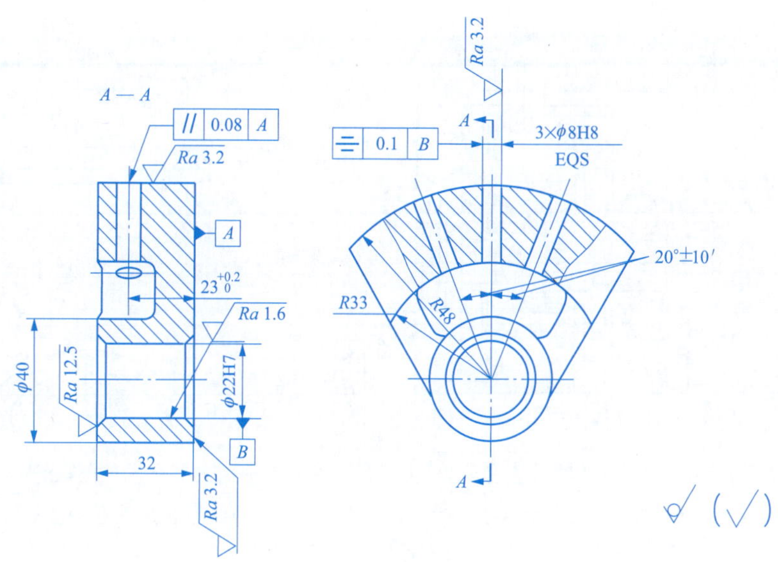

图 4-61 凸轮钻孔工序

3. 翻转式钻模

翻转式钻模是一种没有固定回转轴的回转钻模。在使用过程中，需要用手进行翻转，因此夹具连同工件的质量不能太重，一般不大于 8～10kg。翻转式钻模主要适用于加工小型工件上分布几个方向的孔，这样可减少工件的装夹次数，提高工件上各孔之间的位置精度。图 4-62（a）所示为该工序设计的翻转式钻模，图 4-62（b）所示为端盖零件钻圆周上 6 个 M5 螺纹孔和端面上 6 个 M5 孔的工序图。

4. 盖板式钻模

盖板式钻模没有夹具体，只有一块钻模板，在钻模板上除了装钻套外，还有定位元件，如图 4-63 所示。加工时，钻模板盖在工件上。盖板式钻模的特点是定位元件及钻套均设在钻模板上，靠人力和钻孔的切削力夹紧工件，故一般不需另外设计夹紧装置，因此结构简单、制造方便、成本低廉、加工孔的位置精度较高。盖板式钻模常用于床身、箱体等大型工件上的小孔加工。对于中小批量生产，凡需钻、扩、铰后立即进行倒角、锪平面、攻螺纹等工步时，使用盖板式钻模也非常方便。

5. 滑柱式钻模

滑柱式钻模是带有升降台的通用可调夹具，钻模体可以通用于较大范围的不同工件，在生产中应用较广。滑柱式钻模的平台上可根据不同加工对象需要设计安装相应的定位元件，钻模板上可设置钻套等。这种钻模不需另行设计专门的夹紧装置，但需设计夹紧元件，依靠齿轮轴 6 与齿条柱 3 之间的啮合，调整钻模板与工件的距离，进而简化设计工作，如图 4-64 所示，适用于不同类型的中小型零件的孔加工，尤其在大批量生产中应用较广。滑柱式钻模已标准化，其结构尺寸可查阅《夹具设计手册》。

二、钻套的应用

设计钻模时，应根据工件的形状、尺寸、工序的加工要求、使用的设备及生产类型，经济合理地选用钻模板及钻套的结构形式。另外，在设计过程中还要注意考虑排屑等问题。

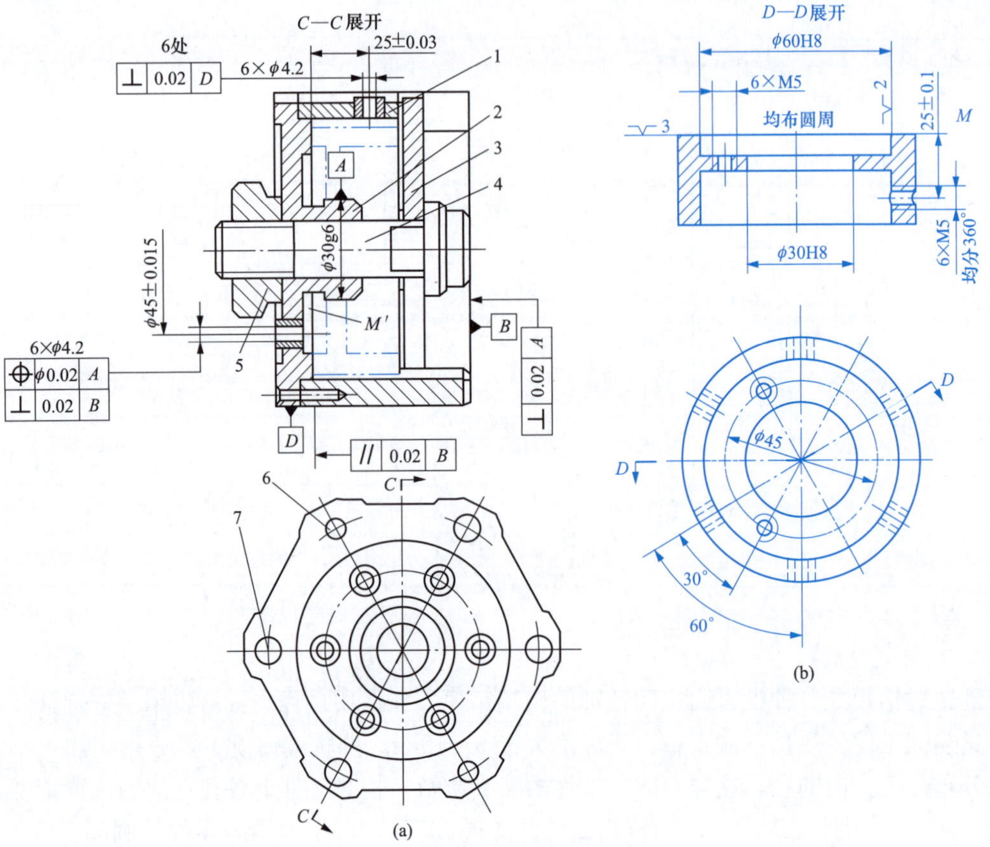

图 4-62　端盖钻孔用的翻转式钻模

1—钻模；2—定位销；3—开口垫圈；4—螺杆；5—手轮；6—销；7—沉头螺钉

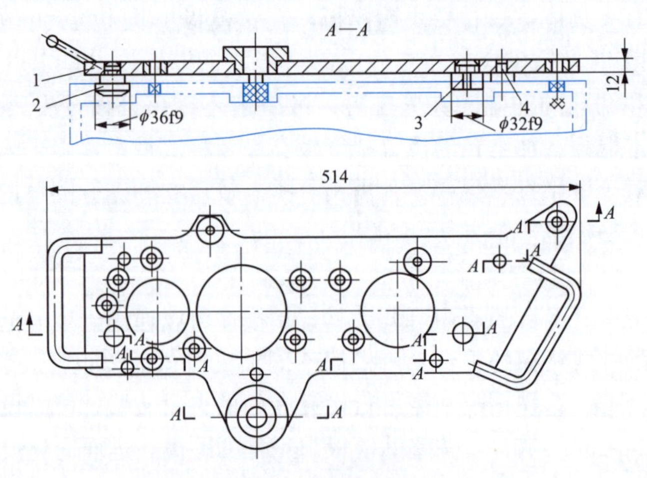

图 4-63　盖板式钻模板

1—钻模板；2—圆柱销；3—菱形销；4—支承钉

1. 钻套的种类

钻套是钻模上特有的元件，用来引导刀具以保证被加工孔的位置精度和提高刀具的刚

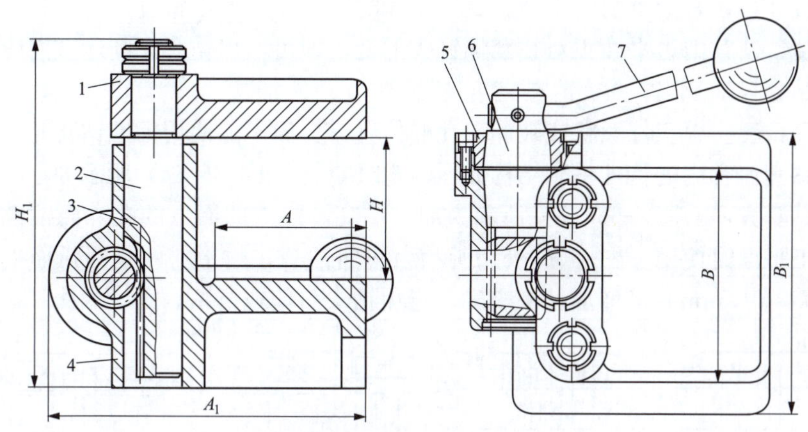

图 4-64　手动滑柱钻模

1—钻模板；2—滑柱；3—齿条柱；4—夹具体；
5—套环；6—齿轮轴；7—手柄

度，并防止加工过程中刀具偏斜。通常钻套分为以下四种类型：

(1) 固定钻套。如图 4-65 (a) 所示，钻套安装在钻模板或夹具体中，其配合为 H7/r6 或 H7/n6。固定钻套结构简单，钻孔精度高，但钻套磨损后，不易更换，适用于小批生产或小孔距及孔距精度高的孔加工。

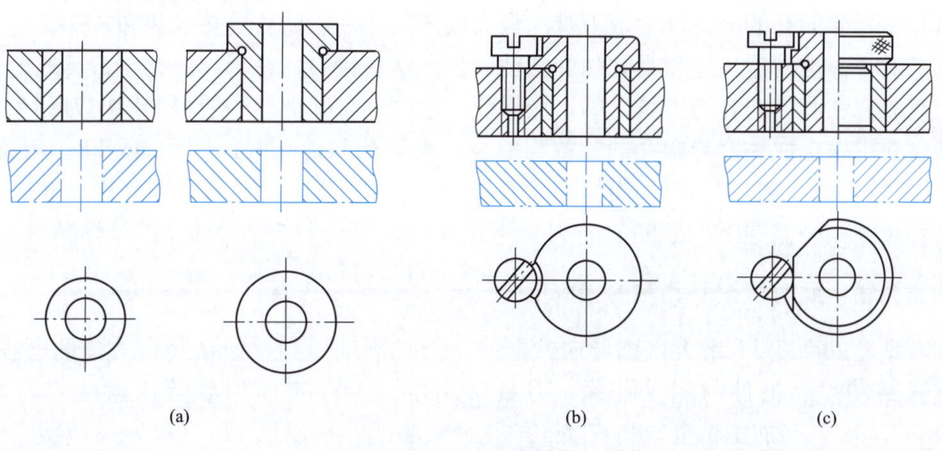

图 4-65　标准钻套

(2) 可换钻套。如图 4-65 (b) 所示，为了克服固定钻套磨损后不易更换的缺点，在大批量生产中，可选用可换钻套。钻套与衬套的配合为 F7/m6 或 F7/k6，衬套与钻模板的配合为 H7/r6 或 H7/n6，并用钻套螺钉固定，以防止加工时钻套转动及退刀时脱出。钻套磨损后，卸下钻套螺钉，便可更换新的可换钻套。

(3) 快换钻套。如图 4-65 (c) 所示，快换钻套适用于工件在一次装夹中，需要依次进行钻、扩、铰孔的工序。为了快速更换不同孔径的钻套，应选用快换钻套。快换钻套与衬套的配合为$\frac{F7}{m6}$或$\frac{F7}{k6}$，衬套与钻模板的配合为$\frac{H7}{r6}$或$\frac{H7}{n6}$。快换钻套除了在其凸缘上有供钻套螺钉压紧的肩台外，还有一个削边平面。更换钻套时，不需要拧下钻套螺钉，只要将快换钻套转过一定角度，使其削边平面正对钻套螺钉头部处，即可取出钻套。削边方向应考虑刀具的旋向，以免钻套自动脱出。

（4）特殊钻套。因工件形状或被加工孔的位置需要而不能使用标准钻套时，则需要设计特殊结构的钻套。常用的特殊钻套结构如图 4-66 所示。图 4-66（a）所示为小孔距钻套，用定位销确定钻套方向。图 4-66（b）所示为加长钻套，加工凹面上的孔，而钻模板又无法接近工件的加工平面时使用。图 4-66（c）所示为斜面钻套，用于斜面或圆弧面上钻孔，排屑空间的高度 $h \leqslant 0.5$mm，可增加钻头刚度，避免钻头引偏或折断。

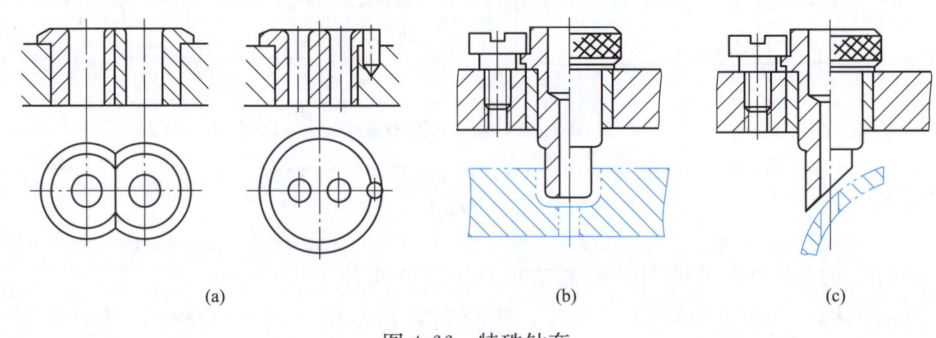

图 4-66　特殊钻套

2. 钻套设计注意事项

（1）钻套导向孔的公称尺寸取刀具的最大极限尺寸，以防止受热卡住和咬死。

（2）对于标准的定尺寸刀具，如麻花钻、扩孔钻、铰刀，钻套导向孔与刀具的配合应按基轴制选取；钻套导向孔与刀具之间，应保证一定的配合间隙。一般根据所用刀具和工件的加工精度要求来选取钻套导向孔的公差与配合。当钻孔和扩孔时，选 F7 或 F8；粗铰孔时，选 G7；精铰孔时，选 G6；当采用标准铰刀铰 H7 或 H9 孔时，导向孔的公称尺寸取被加工孔的公称尺寸，公差选 F7 或 E7；若刀具不是用切削部分导向，而是用刀具的导柱部分导向，如锪孔钻，此时可按基孔制的相应配合$\frac{H7}{f7}$、$\frac{H7}{g6}$或$\frac{H6}{g5}$选取。

（3）钻套的高度 H 增大，则导向性能好，刀具刚度提高，但钻套与刀具的磨损加剧。应根据孔距精度、工件材料、孔深、刀具耐用度、工件表面形状等因素决定。通常取 $H=(1\sim2.5)d$，当加工精度较高或加工的孔径较小时，可以取 $H=(2.5\sim3.5)d$，d 为被加工孔径。

（4）钻套与工件间应留有适当的排屑空间 h，如图 4-67 所示。若 h 太小，排屑困难，会加速导向表面的磨损；若 h 太大，排屑方便，但导向性能降低。因此，设计时应根据钻头直径及工件材料确定适当的间隙。通常按经验公式选取 h 值：

加工铸铁、黄铜时　　$h=(0.3\sim0.7)d$

加工钢件时　　$h=(0.7\sim1.5)d$

工件材料硬度越高，其系数应取小值，钻头直径越小（钻头刚性越差），其系数应取大值，以免切屑堵塞而使钻头折断。下面几种特殊情况，需另行考虑：

1）在斜面上钻孔（或钻斜孔）时，可取 $h=0.3d$，以免钻头引偏。

2）孔的位置精度较高时，可取 $h=0$，使切屑从钻头的螺旋槽中排出。

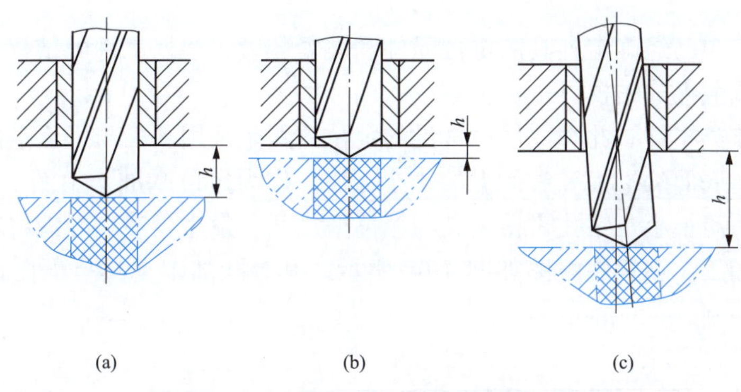

图 4-67 钻套与工件距离 h 的选取

3）钻深孔（孔的长径比 $L/d>5$）时，要求排屑畅快，取 $h=1.5d$。

三、钻床夹具图绘制的要点

（1）图样尽可能按 1∶1 的比例绘制。

（2）主视图应按操作实际位置布置。

（3）三视图要能清楚表示出夹具的工作原理和结构。

（4）把工件视为透明体，用双点画线画出轮廓，画出定位面、夹紧面和加工表面，其他无关表面可省略。

（5）画出定位元件和导向元件。

（6）按夹紧状态画出夹紧元件和机构，必要时可用双点画线画出松开位置时夹紧元件的轮廓。

（7）画出夹具体、其他元件或机构，以及上述各元件与夹具体的连接，使夹具成为一体。

（8）标注必要的尺寸、公差配合和技术条件。目的是检验本工序零件加工表面的形状、位置和尺寸精度在夹具中是否可以达到。

夹具装配图需要标注下面五种尺寸：①夹具外形轮廓尺寸；②夹具与机床工作台或主轴的配合尺寸，以及固定夹具的尺寸等；③夹具与刀具的联系尺寸，如对刀塞尺的尺寸、对刀块表面到定位表面的尺寸及公差；④夹具中工件与定位元件间，导向元件与刀具、衬套间，夹具中所有相互间有配合关系元件应标注配合尺寸、种类和精度；⑤定位元件间、定位元件与导向元件间、各导向元件之间装配后的位置尺寸及公差。上述联系尺寸和位置尺寸的公差，一般取工件的相应公差 1/10～1/3，最常用的是 1/3。

夹具装配图需要标注下面五方面的技术要求：①定位元件的定位表面间相互位置精度；②定位元件的定位表面与夹具安装基面、定向基面间的相互位置精度；③定位表面与导向元件工作面间的相互位置精度；④各导向元件的工作面间的相互位置精度；⑤如果夹具上有检测基准面，还应标注定位表面、导向工作面与该基准面间的位置精度。

（9）对零件编号，填写标题栏和零件明细表。

（10）进行定位精度和夹紧力验算（精度要求不高的工序可不做验算）。

【任务实施】

在任务二、三中已经确定夹具的定位元件和夹紧装置，根据工件的结构选择钻夹具的类型为固定式钻模或盖板式钻模。

阀体属于箱体类零件，此类零件最常见的定位方式是采用平面与平面上的两孔定位，因此，考虑先加工出底面的平面和底面上的 4 个 $\phi15$，作为定位基准。由图 3-1 可知，$\phi15$ 中心与阀体壁之间距离很小，钻孔时钻头夹与箱体壁之间会发生干涉，考虑将零件倒置，从底板背面开始钻孔加工。钻模装配图如图 4-68 所示。其余孔加工夹具装配图，可以根据夹具设计的要点自行绘制。

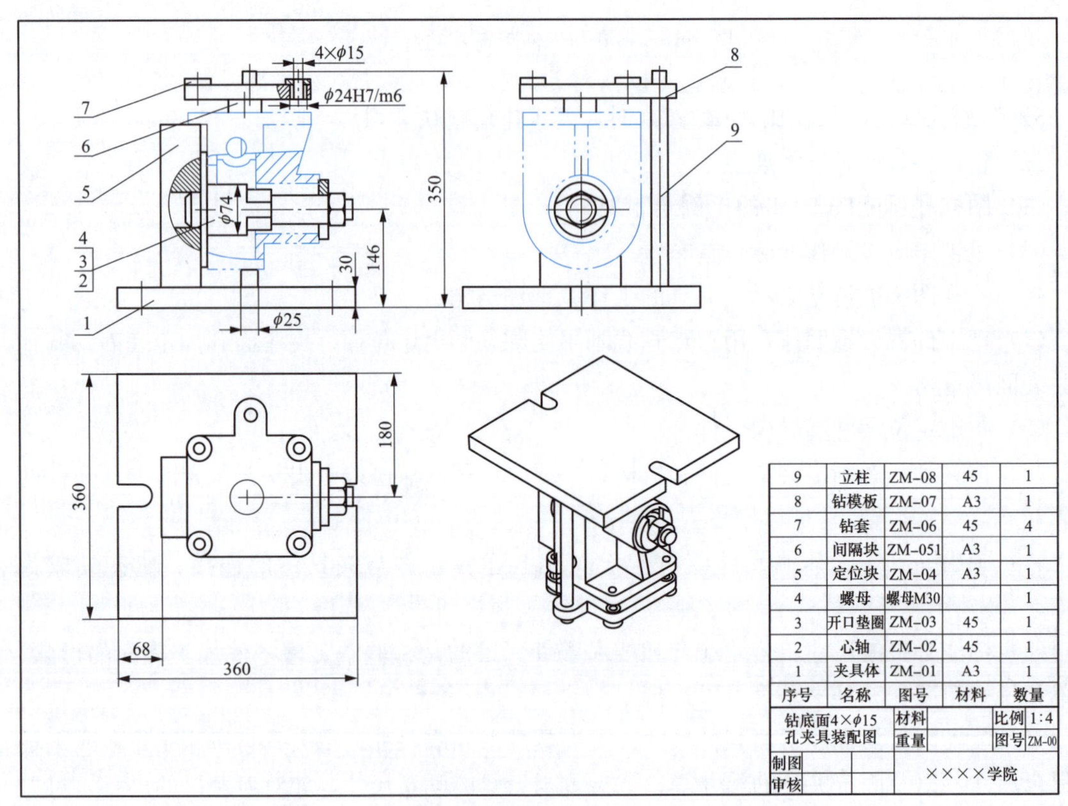

图 4-68 钻底面 4×$\phi15$ 孔夹具装配图

【任务小结】

钻夹具的应用非常普遍，巧妙设计夹具可以减轻工人的劳动强度，保证产品质量，提高生产效率。设计钻夹具时，需要考虑工件的体积、加工部位的结构、加工数量等因素；按夹具设计的步骤进行，依次选择钻模板形式，确定钻套的种类，设计定位元件，设计夹紧装置等，并将成果绘制成夹具装配图。

钻夹具设计是一项展示设计者聪明才智的工作，如果想设计出好的钻夹具，除了掌握钻夹具设计的基础知识，还要多学习相关的成功案例，多思多想，不断总结经验，才能设计出企业需要的高品质、高效率的夹具。

【任务评价】

序号	考核项目	考核内容	检验规则	分值	
				小组互评	教师评分
1	钻夹具的类型	说明常见钻夹具的类型，各自的特点及应用	正确说明一种得10分		
2	钻套的结构	说明钻套的常见结构，各自的应用范围	每正确说出一条得5分		
3	钻套的设计	钻套设计中应注意哪些问题	每正确说出一条得5分		
4	夹具的设计步骤	总结夹具设计的步骤及注意事项	步骤基本正确可得50分		
合计					

项目五　铣削加工技术

【项目描述】

分析如图 5-1 所示的底座零件，已知采用 205mm×130mm×72mm 的长方块，为该零件加工选择合理的加工方法，选择合适的机床及工艺装备，完成工件的加工，测量加工后尺寸是否与图样一致。

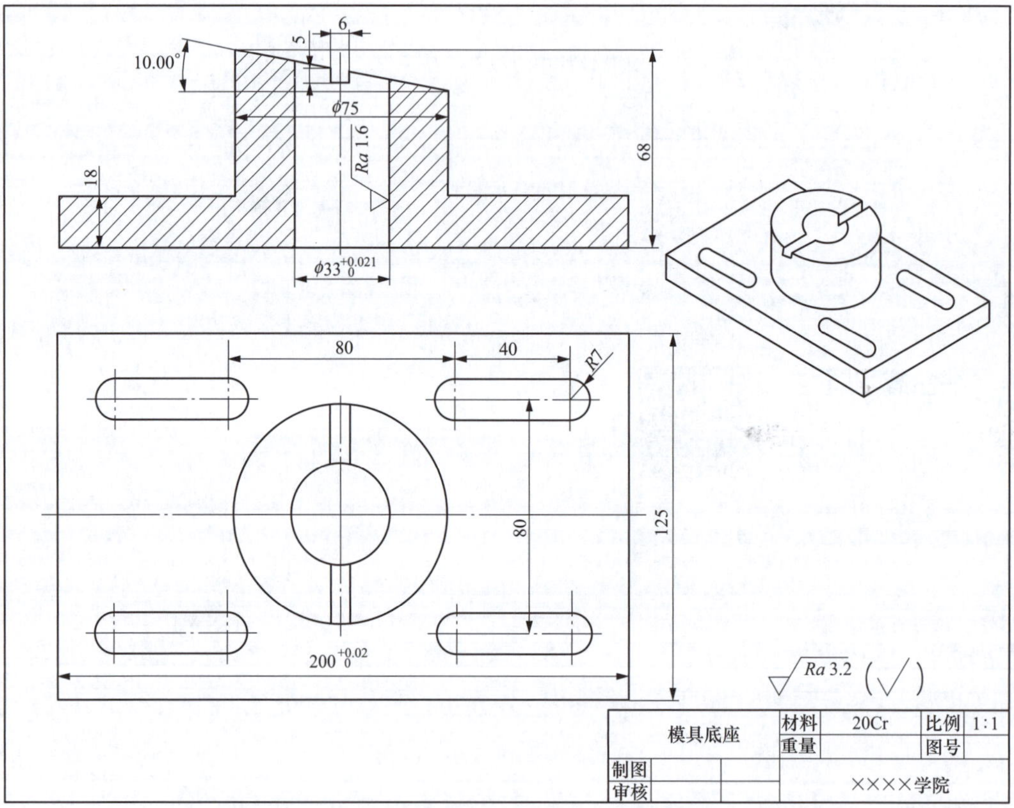

图 5-1　底座零件图

【项目作用】

零件上会有一些大平面、带角度要求的斜面、键槽、成形面、T 形槽、燕尾槽、型腔凹槽等加工部位，这些特殊结构的加工一般需要铣削加工完成。铣削加工是在铣床上使用旋转多刃刀具，对工件进行切削加工的方法。配合多种铣刀及铣床附件，铣削可加工的范围很广。先进的数控加工技术在现代化生产企业应用越来越多，铣削基础知识是数控铣、加工中心操作人员的必备知识。

【项目教学配套设施】

实训室配备万能卧式铣床 X6132 一台，立式铣床一台，平口虎钳、压板、T 型螺栓、万能铣头、分度头、回转工作台等机床附件各一，盘铣刀、立铣刀、键槽铣刀、锯片铣刀、圆周铣刀、角度铣刀各一，游标卡尺、万能角度尺、内径百分表等量具各一，多媒体教学设备，工具橱，相关铣床保养设施等。

【项目分析】

分析如图 5-1 所示的底座零件，该零件需要加工的部位有下表面、四个侧面、上表面、圆柱侧面和有角度要求的上顶面，中间高精度要求的圆孔，四个长圆形的槽等，加工表面精度为一般要求，适合铣削的方法加工。要完成底座零件的加工必须具备认知铣床的结构及基本操作等知识，了解铣刀的类型并能根据加工部位、零件结构等因素选择合理的铣刀，选择合理的铣削方式，掌握铣削加工的步骤和技能，完成工件的加工。

任务一 铣床及铣刀结构认知

【学习目标】

知识目标

(1) 了解铣削加工的基本知识、铣削特点及加工范围。

(2) 了解万能卧式铣床 X6132 的主要组成部件的名称及作用。

(3) 掌握常用铣刀的选择及使用方法。

(4) 掌握铣削机床附件的使用方法。

(5) 掌握立铣刀与键槽铣刀的区别与联系。

技能目标

(1) 能根据加工零件的结构选择铣床。

(2) 能根据加工部位的特点选择铣刀。

(3) 能正确操作和使用普通铣床。

【任务描述】

分析如图 5-1 所示的底座零件图，确定零件的加工步骤，为零件加工确定合适的机床和刀具，认知机床的结构和铣刀的结构，并完成刀具的安装及拆卸的操作。

【任务分析】

为完成任务首先要学习常见卧式铣床及立式铣床的结构及基本操作，根据常见铣床的工作特点选择铣削设备；了解常用铣刀的种类及各自的应用；为加工表面选择合适的铣刀；掌握铣床常见的装夹方法，通过综合训练掌握铣削加工的技能。

知识链接

一、铣床类型及结构认知

铣床的种类很多，最常用的是卧式铣床和立式铣床，此外还有工具铣床、龙门铣床等。

铣床的工作量仅次于车床。

1. 卧式升降台铣床

卧式升降台铣床的主轴是水平的。X6132 铣床是国产铣床中最典型、应用最广泛的一种卧式万能升降台铣床。卧式铣床主要用于加工中小型平面、特形沟槽、齿轮、螺旋槽和小型箱体上的孔等。X6132 型铣床还适用于高速、高强度铣削。X6132 铣床的结构如图 5-2 所示，各部分的主要作用如下：

（1）床身。床身是机床的主体，大部分部件都安装在床身上，例如工作台、主轴等，床身的前壁有燕尾形的垂直导轨，供升降台上下移动。床身的顶上有燕尾形的水平导轨，供横梁前后移动。在床身的后面装有主电动机，驱动安装在床身内部的变速机构，使主轴旋转。主轴转速的变换是由一个手柄和一个刻度盘来实现，它们均装在床身的左上方。在床身的左下方有电器柜。

（2）横梁。横梁可以借助齿轮、齿条前后移动，调整其伸出长度，并可由两套偏心螺栓来实现夹紧。在横梁上安装着支架，用来支承刀杆的悬出端，以增强刀杆的刚性。

（3）主轴。主轴是一根空心轴，前端是锥度为 7∶24 的圆锥孔，用于装铣刀或铣刀杆，并用长螺栓穿过主轴通孔从后面将其紧固。

（4）纵向工作台。纵向工作台用来安装工件或夹具，并带着工件做纵向进给运动。纵向工作台的上面有三条 T 形槽，用来安装压板螺栓（T 型螺栓）。这三条 T 形槽中，中间一条精度较高，其余两条精度较低。工作台前侧面有一条小 T 形槽，用来安装行程挡铁。纵向工作台台面的宽度，是标志铣床大小的主要规格。

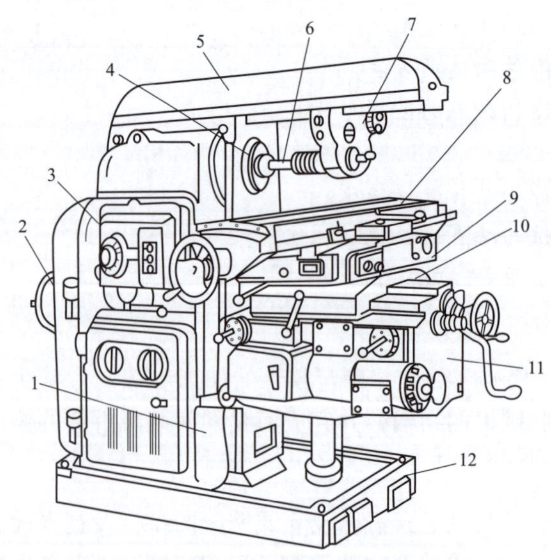

图 5-2 X6132 型卧式升降台铣床

1—床身；2—电动机；3—变速机构；4—主轴；5—横梁；6—刀杆；7—刀杆支架；8—纵向工作台；9—转台；10—横向工作台；11—升降台；12—底座

（5）横向工作台。横向工作台在纵向工作台的下面，用以带动纵向工作台前后移动。这样，有了纵向工作台、横向工作台和升降台，便可以使工件在三个互相垂直的坐标方向移动，以满足加工要求。

(6) 转台。万能铣床在纵向工作台和横向工作台之间，还有一层转台，其唯一作用是能将纵向工作台在水平面内向左或向右±45°范围内回转，以便铣削螺旋槽。有无转台是区分万能卧铣和一般卧铣的唯一标志。

(7) 升降台。升降台是工作台的支座，在升降台上安装着铣床的纵向工作台、横向工作台和转台。进给电动机和进给变速机构是一个独立部件，安装在升降台的左前侧，由一个蘑菇形手柄控制使升降台、纵向工作台和横向工作台移动，变换进给速度，允许在开车的情况下进行变速。升降台可以沿床身的垂直导轨移动，在升降台的下面有一根垂直丝杠，它支撑着升降台的升降，横向工作台和升降台的机动操纵是靠装在升降台左侧的手柄来控制，操纵手柄有两个，是联动的。手柄有向上、向下、向前、向后及停止五个位置，五个位置是互锁的。

(8) 底座。底座是整个铣床的基础，用来支承床身和升降台，内装切削液。

2. 立式升降台铣床

立式铣床与卧式铣床很多地方相似。不同之处在于立式铣床的床身无顶导轨，也无横梁，而在前上部安装一个立铣头，其作用是安装主轴和铣刀。

当然，立式升降台铣床与卧式升降台铣床的最大区别为主轴是垂直布置的。X5136S 型立式升降台铣床结构如图 5-3 所示。立式升降台铣床的立铣头与床身之间还有转盘，在垂直平面内可以向右或向左在±45°范围内回转，可使主轴倾斜一定角度，以利于铣削斜面，如图 5-4 所示。立式铣床一般用于铣削平面、斜面、沟槽、加工齿轮等零件，也可用来镗孔或钻孔。

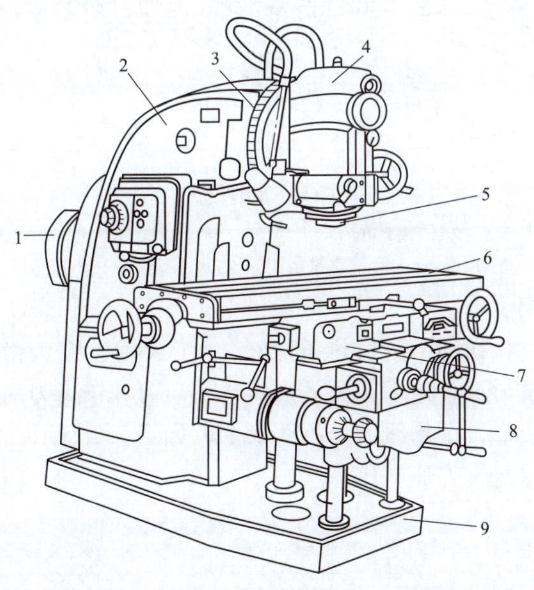

图 5-3　X5136S 型立式升降台铣床

1—电动机；2—床身；3—主轴头架旋转刻度；4—主轴头架；5—主轴；6—工作台；7—横向工作台；8—升降台；9—底座

3. 龙门铣床

龙门铣床是一种大型高效通用铣床，主要用于加工各类大型工件上的平面、沟槽等，可

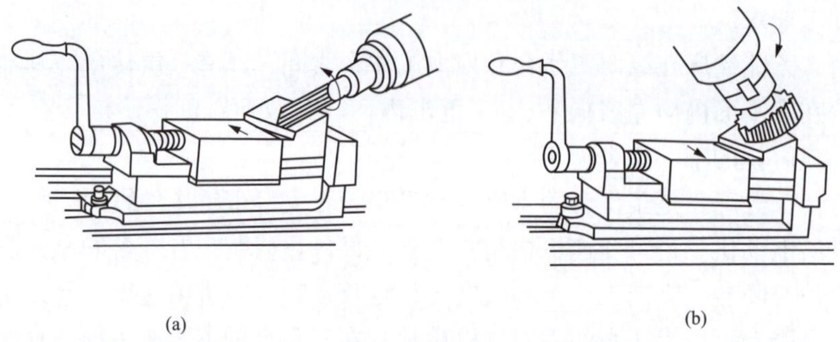

图 5-4 旋转立铣头铣带角度的平面

以对工件进行粗铣、半精铣，也可以进行精铣。图 5-5 所示为龙门铣床的外形。龙门铣床可用多个铣头同时加工一个工件的几个面或同时加工几个工件，所以生产率很高，在成批和大量生产中得到广泛应用。

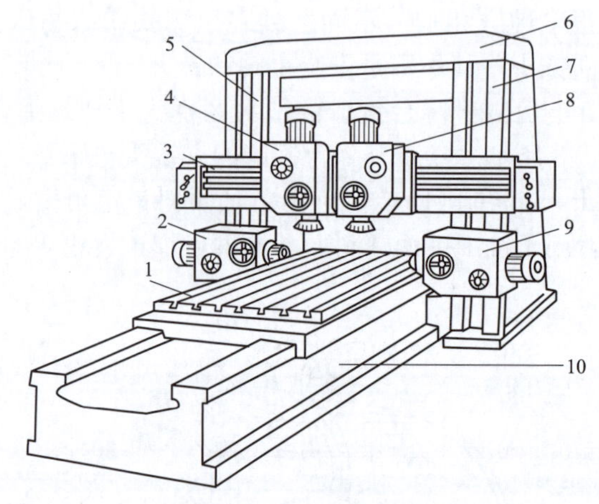

图 5-5 龙门铣床

1—工作台；2—左水平铣头；3—横梁；4—左垂直铣头；5、7—立柱；6—顶梁；8—右垂直铣头；9—右水平铣头；10—床身

二、铣刀类型及应用

铣刀是一种多刃刀具，切削刃的散热条件好，生产率高。铣刀由刀体、刀槽角、前刀面和后刀面等部分组成。铣刀刀齿按后刀面的形状有尖齿刀和铲齿刀两种。大部分铣刀为尖齿刀，其后刀面形状有直线形、抛物线型、折线形等，如图 5-6 所示。尖齿铣刀在刃磨时只需要刃磨铣刀的后刀面来保持铣刀原有的形状。

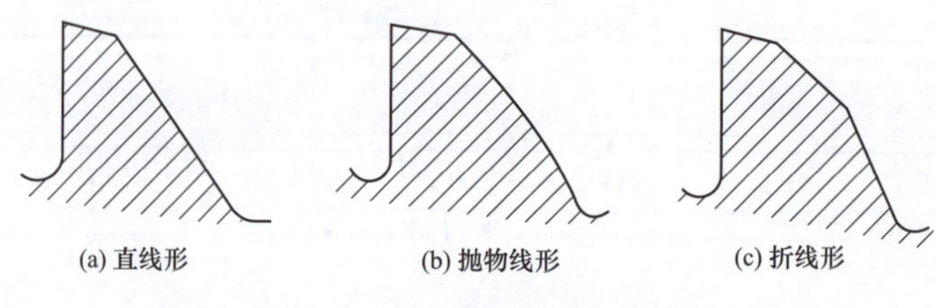

图 5-6 尖齿铣刀的刀齿形状

齿轮铣刀、成形铣刀等为铲齿铣刀，其刀齿由于后刀面是铲削加工的阿基米德螺旋面，所以刃磨时只能刃磨前刀面，严格控制原有前角的大小和等分性，才能使刀齿形状不发生改变。铲齿铣刀及其刀齿形状如图 5-7 所示。

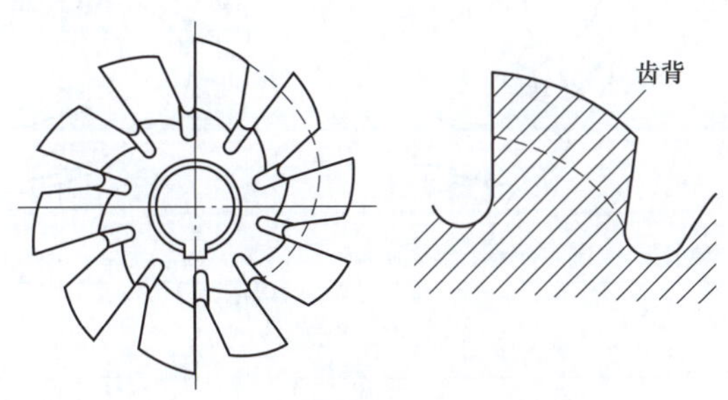

图 5-7 铲齿铣刀及其刀齿形状

铣刀一般按其用途分类，可分为加工平面用的铣刀、加工沟槽用的铣刀和成形铣刀。

（一）加工平面用的铣刀

1. 圆柱铣刀

圆柱铣刀的形状如图 5-8 所示，刀齿分布在铣刀的圆周上，圆柱铣刀有高速钢整体制造、镶焊硬质合金等制造方法。为提高铣削时的平稳性，以螺旋形的刀齿居多。圆柱铣刀有两种类型：粗齿圆柱铣刀，具有齿数少、刀齿强度高、容屑空间大、重磨次数多等特点，适用于粗加工；细齿圆柱铣刀，齿数多、工作平稳，适用于精加工。

圆柱铣刀直径有 50、63、80、100mm 四种，主要用于在卧式铣床上加工较窄平面。也可以多把圆柱铣刀组合在一起进行宽平面铣削，组合时必须是左右交错螺旋齿。

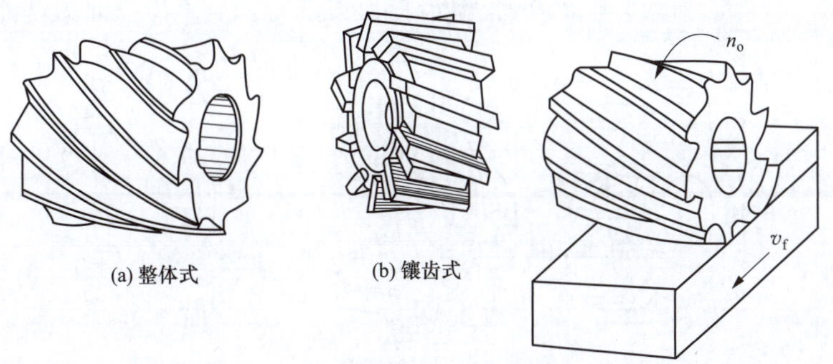

图 5-8 圆柱铣刀种类及加工

2. 面铣刀

面铣刀的端面和圆周上均有刀齿，也有粗齿和细齿之分。其结构有整体式、镶齿式和可转位式三种，如图 5-9 所示。

小直径面铣刀用高速钢做成整体式，高速钢面铣刀一般用于加工中等宽度的平面。大直径的面铣刀是在刀体上装配焊接式硬质合金刀头，或采用机械夹固式可转位硬质合金刀片。硬质合金面铣刀的切削效率及加工质量均比高速钢铣刀高，故目前广泛使用硬质合金面铣刀加工平面，见图 5-10。硬质合金面铣刀也适用于高速铣削平面。

面铣刀主要用于立式铣床、端面铣床或龙门铣床上加工较大面积的平面。

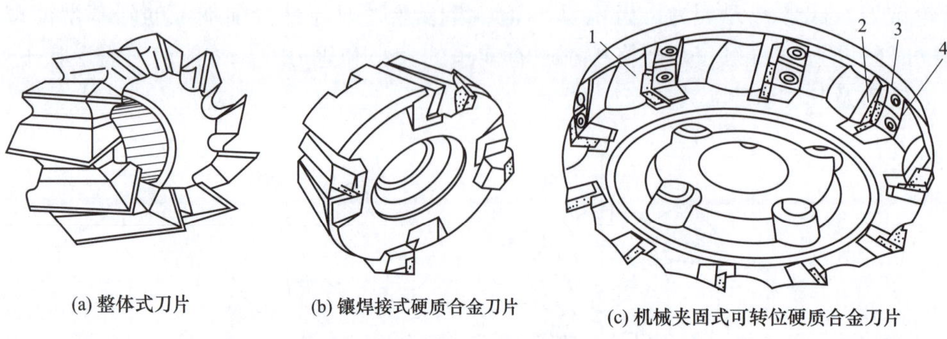

图 5-9　面铣刀

1—刀体；2—定位座；3—定位座夹板；4—刀片夹板

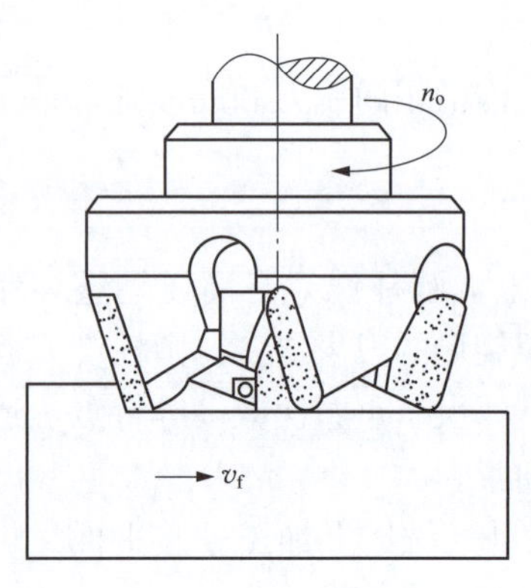

图 5-10　硬质合金面铣刀加工平面

（二）加工沟槽用的铣刀

1. 三面刃铣刀

三面刃铣刀除圆周表面具有主切削刃外，两侧面还具有副切削刃，三个刃口均有后角，刃口锋利，切削轻快，从而改善切削条件，提高切削效率和降低表面粗糙度数值。

三面刃铣刀可分为直齿三面刃铣刀、错齿三面刃铣刀和镶齿三面刃铣刀，如图 5-11 所示。

（1）直齿三面刃铣刀：制造简单，切削条件较差，用于铣削较浅定值尺寸凹槽，也可铣削一般槽、台阶面、侧面光洁加工。

（2）错齿三面刃铣刀：与直齿三面刃铣刀相比，它具有切削平稳、切削力小、排屑容易等优点，用于加工较深的沟槽。

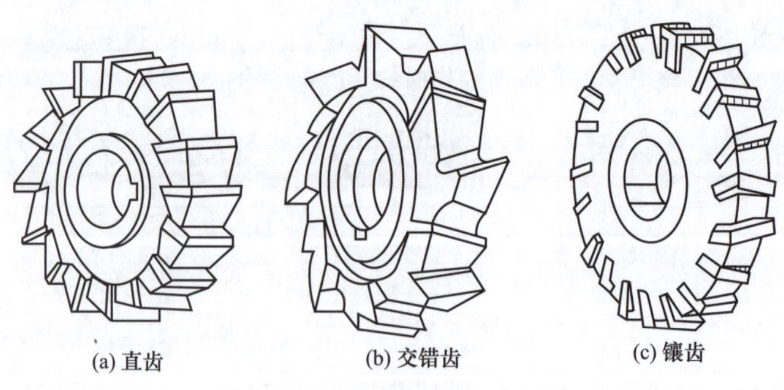

图 5-11　三面刃铣刀

（3）镶齿三面刃铣刀：直径较小的三面刃铣刀用高速钢做成整体式的，直径较大的常采用镶齿结构。

三面刃铣刀主要用于卧式铣床上加工凹槽和台阶面。铣刀直径为 50～200mm，宽度为 4～40mm。图 5-12 所示为高速钢三面刃铣刀加工沟槽。

2. 锯片铣刀

锯片铣刀较薄，只在圆周上有切削刃，主要用于切断工件和在工件上铣削窄槽，如

图 5-13 所示。

3. 立铣刀

立铣刀相当于带柄的小直径圆柱铣刀，粗齿直柄或锥柄立铣刀一般有 3 或 4 个刀齿，细齿直柄或锥柄立铣刀有 5～8 个刀齿。立铣刀圆柱面上的切削刃是主切削刃，端面上的切削刃没有通过中心，是副切削刃，所以工作时不宜做轴向运动。当立铣刀直径较小时，柄部制成直柄；当立铣刀直径较大时，柄部制成锥柄，如图 5-14 所示。

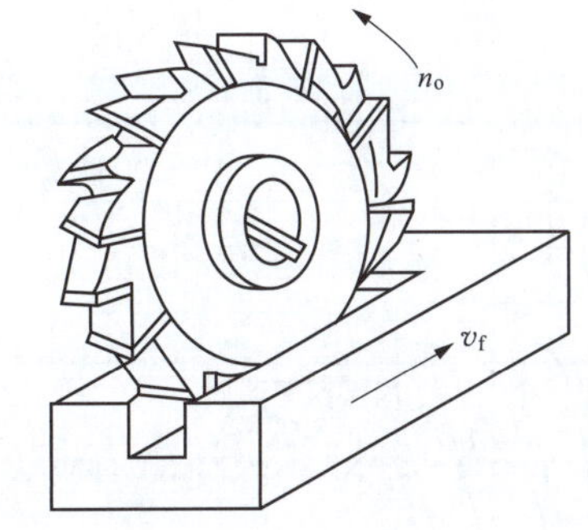

图 5-12　高速钢三面刃铣刀加工沟槽

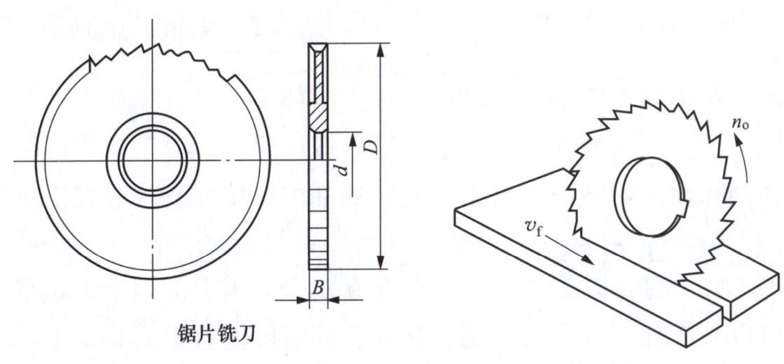

图 5-13　锯片铣刀

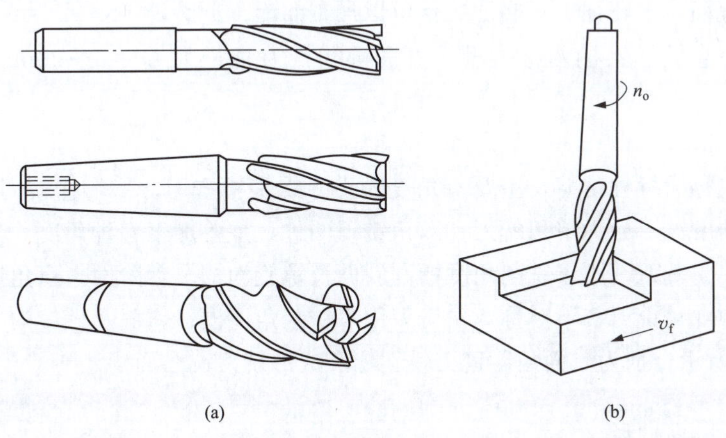

图 5-14　立铣刀及加工

立铣刀主要用于加工内腔表面、凹槽，也可加工平面、阶台面，利用靠模还可加工成形表面。在立式铣床上用立铣刀的圆柱面铣平面时，铣出的平面可以保证与铣床工作台台面垂直，如图 5-15 所示。但由于立铣刀的直径相对于端铣刀的回转直径小，因此加工效率低，且用立铣刀加工较大平面时有接刀纹，相对而言，表面粗糙度值较大。

4. 键槽铣刀

键槽铣刀的外形与立铣刀非常相似，但又区别于立铣刀，主要体现在以下几个方面：

(1) 刀齿数目不同。键槽铣刀只有两个螺旋刀齿，而立铣刀一般为 3～6 个刀齿，如

图 5-16 所示。

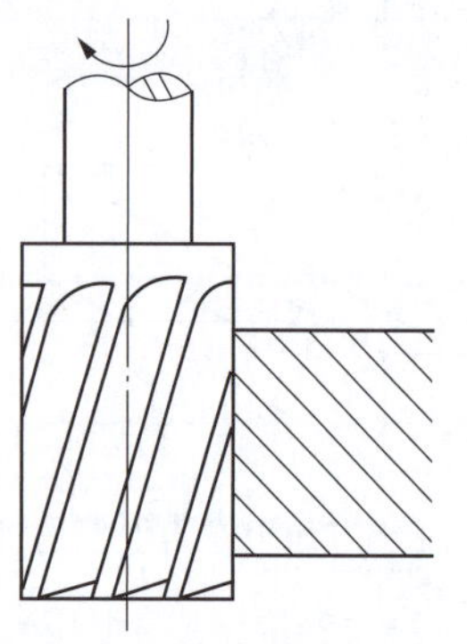

图 5-15 立铣刀铣平面

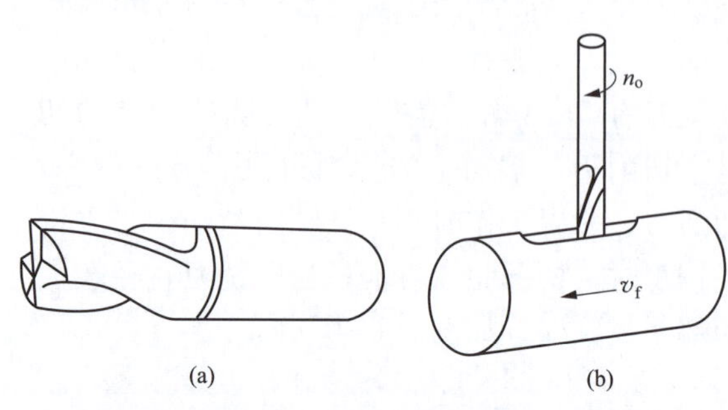

图 5-16 键槽铣刀及加工

（2）切削刃的分布不同。键槽铣刀端面切削刃延伸至中心，端面刀刃为主切削刃，圆周上的切削刀刃为副切削刃，因此在加工两端不通的键槽时，能沿刀具轴向做适量的进给。立铣刀的主切削刃在圆柱面上，端面只有很短的副切削刃，中间有中心孔没有刃带，因此不能沿轴向垂直下刀。

（3）加工范围不同。键槽铣刀工作时，分布在两个刀齿上的切削力矩形成力偶，径向力互相抵消，所以可以一次加工出与刀具回转直径相同宽度的键槽，且加工精度高。因此，键槽铣刀主要用于加工轴或平面上的键槽，一般不能加工平底面。立铣刀主要用圆柱面刀刃工作，铣削时有两个以上的刀齿同时参与切削，工作平稳，排屑良好，加工效率较高，容易得到良好的加工表面，主要加工平底面，也可以加工曲面、型腔等。

键槽铣刀有直柄与锥柄两种类型，直柄键槽铣刀直径为 $D=2\sim20$mm，锥柄为 $D=14\sim50$mm。

（三）成形铣刀

成形铣刀也称为特种铣刀，主要有角度铣刀、螺旋槽铣刀、T 形槽铣刀、燕尾槽铣刀、模具铣刀等。角度铣刀分为单角铣刀和双角铣刀两种，主要加工各种角度。只有一个侧面刃的角度铣刀为单角铣刀，用于铣削角度槽，斜面及螺旋沟槽及台阶面。双角铣刀分为对称双角铣刀和不对称双角铣刀，不对称双角铣刀用来铣削角度槽、斜面及螺旋沟、台阶面等。图 5-17 和图 5-18 所示分别为单面角度铣刀铣斜槽和成形铣刀铣曲面槽。

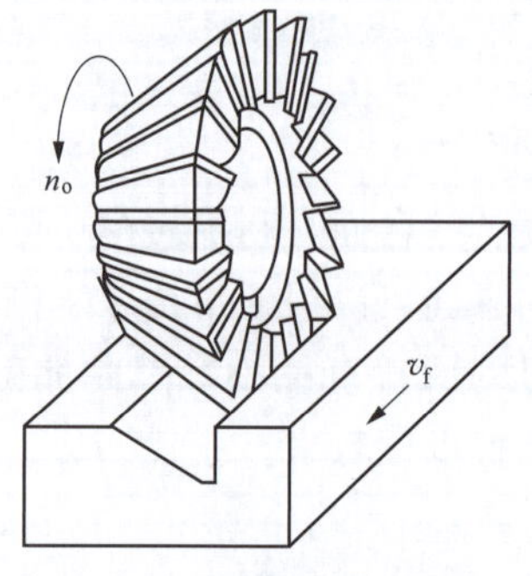

图 5-17 单面角度铣刀铣斜槽

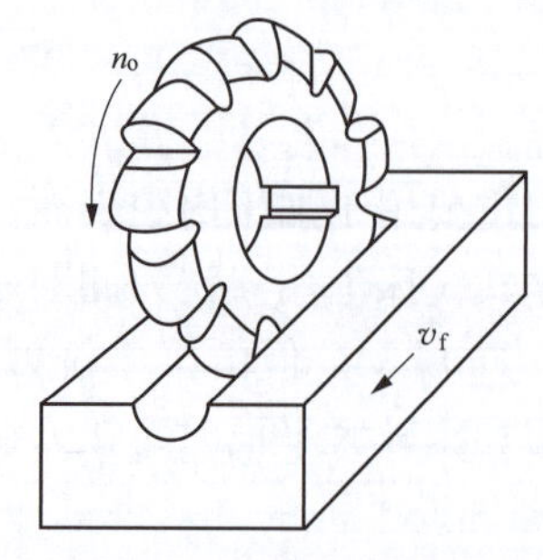

图 5-18 成形铣刀铣曲面槽

三、铣床附件及应用

在铣床上，铣削力很大，工件必须用夹具装夹后才能铣削。铣床附件有平口虎钳、万能铣头、万能分度头和回转工作台等。

1. 平口钳

平口钳又名机用虎钳，是铣床、钻床上常用来装夹工件的附件，有回转式和非回转式两种，见图 5-19 和图 5-20。回转式平口钳可以绕底座旋转 360°，固定在水平面的任意位置上，因而扩大了工作范围，是目前平口钳应用的主要类型。平口钳用两个 T 型螺栓固定在铣床上，底座上还有一个定位键，它与工作台上中间的 T 形槽相配合，以提高平口钳安装时的定位精度。

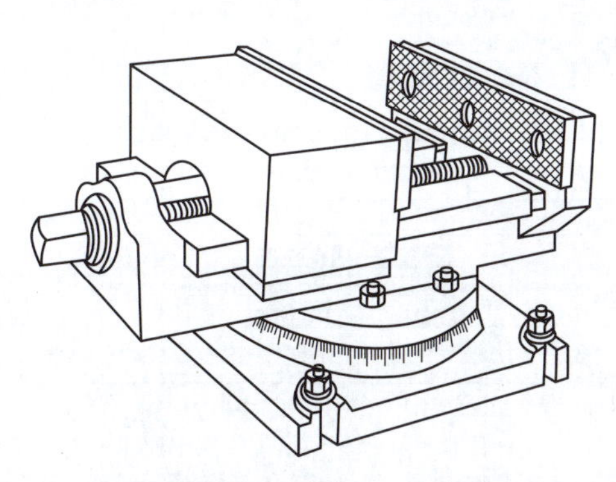

图 5-19 回转式平口钳

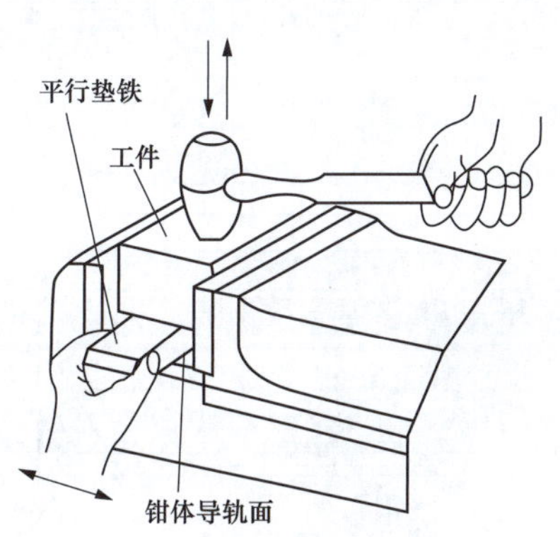

图 5-20 在非回转式平口钳安装工件

平口钳常用于安装中小型工件，铣削长方体工件的平面、台阶面、斜面和轴类工件上的键槽等。当装夹大型、形状复杂的工件时，一般采用压板与 T 型螺栓装夹。

2. 回转工作台

回转工作台又称圆转台或平分盘，根据其回转轴线的方向分为卧轴式和立轴式两种。立轴回转工作台的结构如图 5-21 所示，它的内部有一套蜗轮蜗杆。摇动手轮，通过蜗杆轴就能直接带动与转台相连接的蜗轮转动。转台周围有刻度，可以用来观察和确定转台位置。拧紧固定螺钉，转台固定不动。转台中央有一孔，利用它可以方便地确定工件的回转中心。当底座上的槽和铣床工作台的 T 形槽对齐后，即可用螺栓把回转工作台固定在铣床工作台上。

回转工作台主要用来装夹需要加工圆弧形表面的工件，借助它可以铣削比较规则的内、外圆弧面，做圆周分度和圆周进给铣削回转曲面。图 5-22 所示为利用回转工作台铣削弧形槽。

3. 万能铣头

如图 5-23 所示，万能铣头用来扩大卧式铣床的加工范围。在卧式铣床上装上万能铣头，不仅可以完成各种立式铣床的工作，而且还可根据铣削需要，把铣刀轴扳至任意角度，铣削斜面，但由于万能铣头安装麻烦，并且会减小铣床的工作空间，因而使用受限。

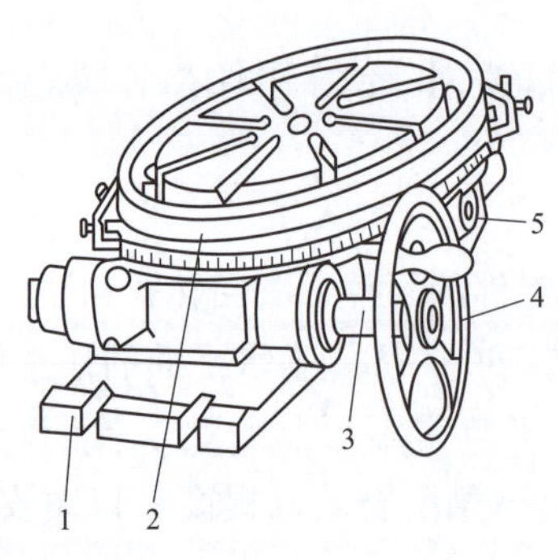

图 5-21 立轴回转工作台

1—底座；2—转台；3—蜗杆轴；4—手轮；5—固定螺钉

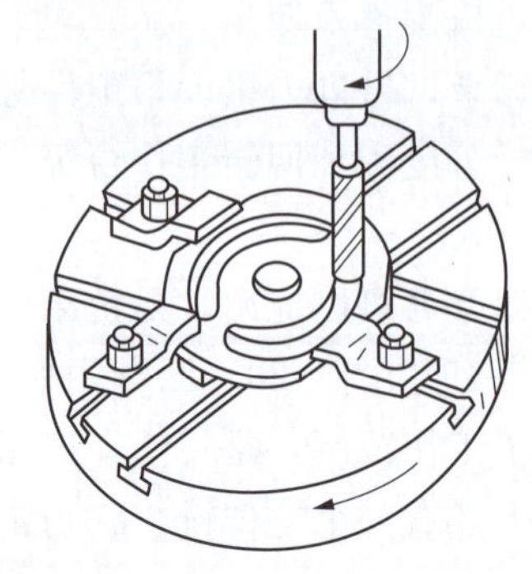

图 5-22 利用回转工作台铣削圆弧槽

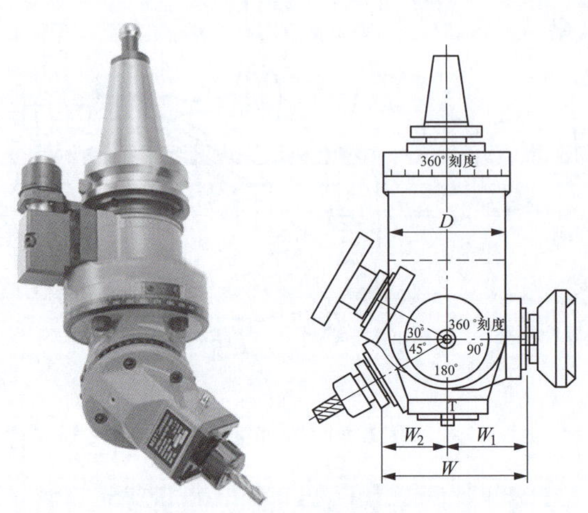

(a) 锥柄安装的万能铣头

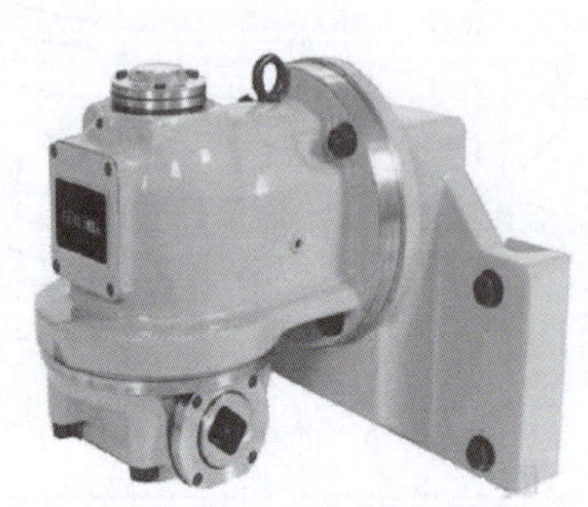

(b) 法兰盘安装的万能铣头

图 5-23 万能铣头结构示意

4. 万能分度头

（1）万能分度头的结构。如图 5-24 所示，万能分度头由底座、转动体、分度盘、主轴等组成。分度头的主轴是空心的，两端均为锥孔，前锥孔可装入顶尖（莫氏 4 号），后锥孔可装入心轴，以便在差动分度时挂轮，把主轴的运动传给侧轴可带动分度盘旋转。主轴前端外部有螺纹，用来安装三爪卡盘。

松开壳体上部的两个螺钉，主轴可以随回转体在壳体的环形导轨内转动，因此主轴除安装成水平外，还能扳至倾斜位置。当主轴调整到所需的位置上之后，应拧紧螺钉。主轴倾斜的角度可以从刻度上看出。

（2）万能分度头的作用。

1）能使工件实现绕自身的轴线周期性地转动一定的角度（即进行分度）。

2）利用分度头主轴上的卡盘夹持工件，使被加工工件的轴线，相对于铣床工作台在向上 90°和向下 10°的范围内倾斜成需要的角度，以加工各种位置的沟槽、平面等（如铣圆锥齿轮），如图 5-25 所示。

3）与工作台纵向进给运动配合，通过配换挂轮，能使工件连续转动，以加工螺旋沟槽、

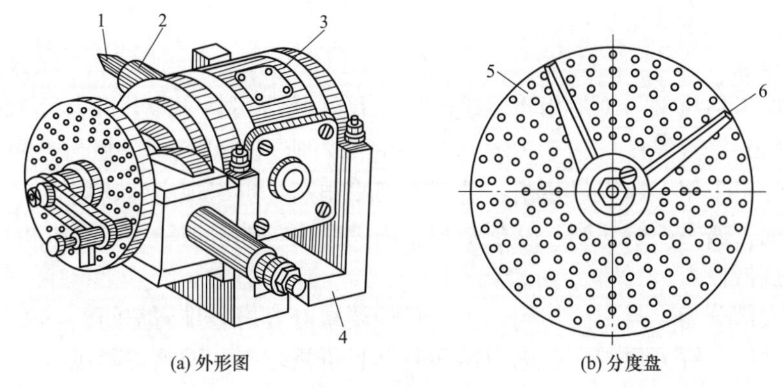

1
2
3
4
5
6
(a) 外形图
(b) 分度盘

图 5-24　分度头

1—顶尖；2—主轴；3—回转体；4—底座；5—分度盘；6—分度尺（扇脚）

斜齿轮等，如图 5-26 所示。

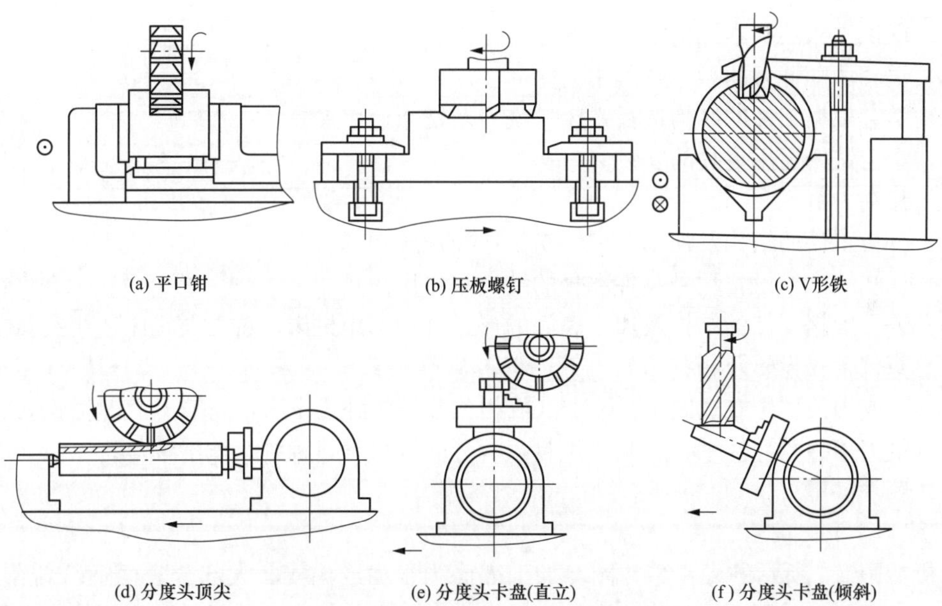

(a) 平口钳
(b) 压板螺钉
(c) V形铁
(d) 分度头顶尖
(e) 分度头卡盘(直立)
(f) 分度头卡盘(倾斜)

图 5-25　铣床附件的使用情况

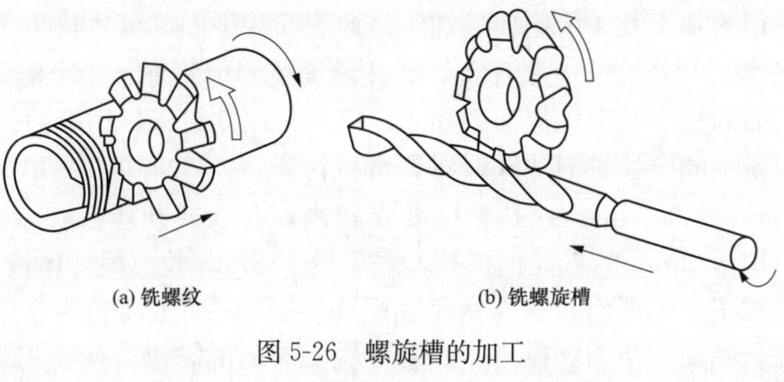

(a) 铣螺纹
(b) 铣螺旋槽

图 5-26　螺旋槽的加工

分度头主要用于铣削多边形工件、花键轴、牙嵌式离合器、齿轮等圆周分度，具有广泛的用途，在单件小批生产中应用较多。

四、铣削特点

（1）铣削加工的质量与刨削相当。铣削后的尺寸精度可达 IT9～IT7，表面粗糙度值可达 Ra6.3～1.6μm，直线度可达 0.12～0.08mm/m，所以铣削只用于粗加工和半精加工。

（2）铣削加工采用多齿刀具切削，铣削生产率很高，可实现高速切削。

（3）铣削加工属于断续切削，切削负荷呈周期变化，冲击振动大，要求机床和夹具具有较高的刚性和抗振性。

（4）铣削大部分为半封闭式切削，工作环境要求有容屑和排屑空间。

（5）由于铣床、铣刀比刨床、刨刀结构复杂且价格较高，因此铣削成本也比刨削高。

（6）同一种被加工表面可以选用不同的铣削方式和刀具。铣削不仅适用于单件小批量生产，也适用于大批量生产。

【任务指导】 铣削实训（一）——铣床、铣刀与附件的综合应用

一、实训目的

（1）认识铣床的基本结构及其各部分的作用。

（2）学会认知铣刀的型号及其用途。

（3）学会根据工件的结构选择铣床、铣刀及铣床通用夹具。

（4）学会铣床通用夹具的安装。

二、实训内容

（1）分析工件的结构及加工要求，初步选择铣床和铣刀。

（2）认知铣床的设备型号及各部分的结构和作用。

（3）练习根据工件的结构及加工表面的形式合理选用机床、铣刀及铣床通用夹具。

三、实训使用设备及相关工具

X5040 或相关型号立式铣床、X6132 或相关型号的卧式铣床，立铣刀、键槽铣刀、圆柱铣刀、盘铣刀等刀具，扳手、手锤等工具，百分表等量具，棉纱、润滑油等。

四、实训步骤

1. 选择合适的机床和刀具种类

分析如图 5-1 所示的底座零件图，加工表面为平面或沟槽，大部分表面适合铣削加工，由于同一表面可以采用不同的机床和铣刀加工，在刀具与机床的选择上一定要综合衡量加工质量、生产成本等。综合衡量加工方案如下：

（1）工件下底面的加工及 4 个侧面的加工。此表面为平面，尺寸较小，表面粗糙度值为 Ra3.2μm，精度一般，可以在立式铣床上，采用端面铣刀分别加工 4 个侧面和底面。

（2）底板上表面的加工及圆柱侧面的加工。可以采用立铣床，用端面铣刀铣出四周的长方形，再用立铣刀铣中间圆柱侧面的同时对剩余材料清底。

（3）中间 ϕ33mm 孔的加工。该孔精度要求较高，在立式升降台铣床上，先用 ϕ22mm 的麻花钻钻孔，再用 ϕ32mm 的扩孔钻扩孔，之后换 ϕ33mm 铰刀粗、精铰完成。

（4）上顶面的加工。上顶面要求与水平面呈 10°夹角，加工面积为 ϕ75mm 的圆，可以继续采用立式升降台铣床，使用立铣刀，调整立铣头后面的转盘，使铣刀轴线旋转 80°，铣削加工。

（5）4 个键槽的加工。采用立式升降台铣床，采用键槽铣刀，用分层法或逐步扩大法依

次加工。或者先用麻花钻头分别在 4 个键槽端部位置钻 4 个孔，再用立铣刀铣削。

（6）上表面 6mm 开口槽的加工。6mm 的开口槽可以在卧式升降台上用 6mm 锯片铣刀，铣削完成。由于铣刀的类型很多，铣床附件种类也较多，所以铣刀与机床的配合加工方式也有多种，可以自行分析其他的加工方式并在生产中加以实践。

2. 铣床结构认知

面对铣床，首先认知机床的设备型号，然后结合教材或机床说明书等，逐一认知机床每部分结构并说明其用途，并填写到表 5-1 中，表格不够可另行附纸。

表 5-1　　铣床结构认知

实训小组：第______组		设备型号：________
序号	结构名称	主要用途
1		
2		
3		
4		
5		
6		
7		
8		
9		
10		

3. 刀具的选择

刀具尺寸和型号选择时遵循以下原则：

（1）铣刀直径应根据铣削宽度、深度选择，一般铣削宽度和深度越大、越深，铣刀的直径也越大。铣刀宽度（或端铣刀直径）应大于工件加工面宽度。

（2）铣刀齿数应根据工件材料和加工要求选择，一般铣削塑性材料或粗加工时，选用粗齿铣刀，见图 5-27（a）；铣削脆性材料或半精加工、精加工时，选用中、细齿铣刀，见图 5-27（b）。

（3）铣刀直径尽量取大些，以保证刀具的刚性，切削平稳。

4. 常见表面的加工练习

（1）铣平面。铣平面可以用圆柱铣刀、端铣刀或三面刃盘铣刀及立铣刀在卧式铣床或立

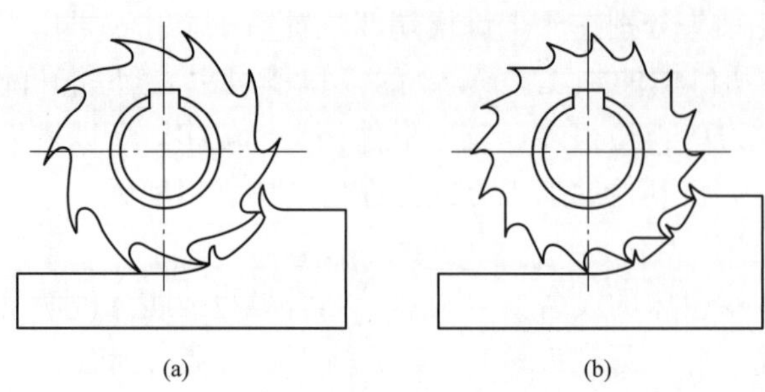

图 5-27　铣刀的齿数

式铣床上进行铣削，如图 5-28 所示。

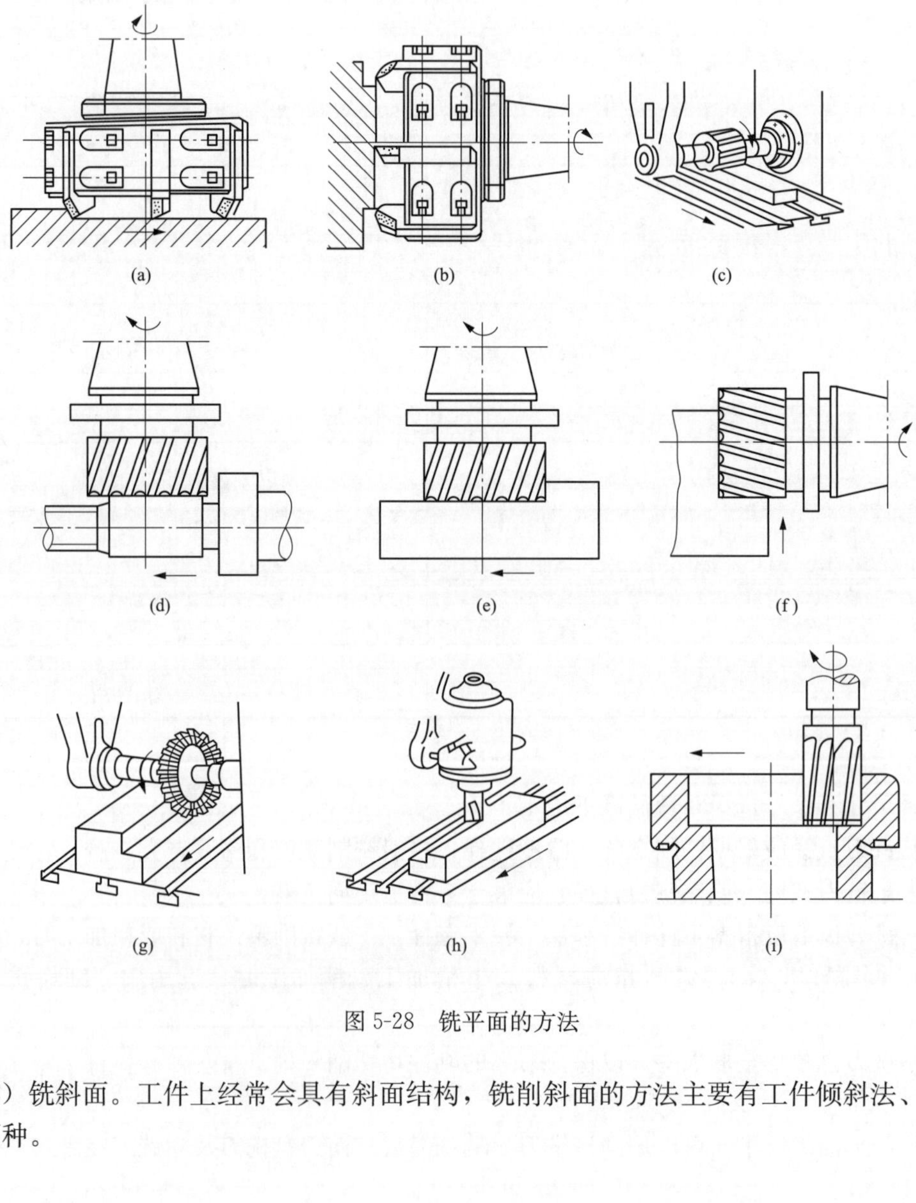

(a) (b) (c)

(d) (e) (f)

(g) (h) (i)

图 5-28　铣平面的方法

（2）铣斜面。工件上经常会具有斜面结构，铣削斜面的方法主要有工件倾斜法、铣刀倾斜法两种。

1）工件倾斜铣斜面：主要用于在立式或卧式铣床上，铣刀无法实现转动角度的情况下，可以将工件倾斜所需角度安装铣削斜面。常用的方法有以下几种：

方法一　在单件生产中，常采用划线校正工件的装夹方法来实现斜面的铣削，如图 5-29 所示。

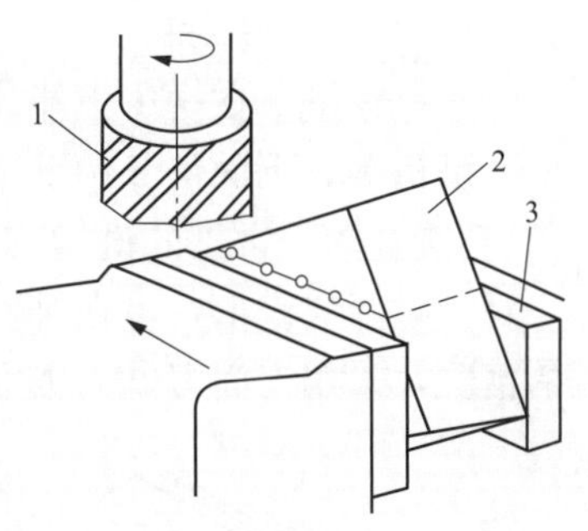

图 5-29　按划线加工斜面

1—铣刀；2—工件；3—平口钳

方法二　利用钳体调转所夹工件的角度也可以实现斜面的铣削。按角度要求将钳体转到刻度盘上的相应位置，无论是在立铣床还是卧式铣床上，均可加工出要求的斜面，如图 5-30 所示。

方法三　使用倾斜垫铁装夹工件铣斜面。在零件设计基准的下面垫一块倾斜的垫铁，则铣出的平面就与设计基准面呈倾斜位置，改变倾斜垫铁的角度，即可加工不同角度的斜面，如图 5-31 所示。

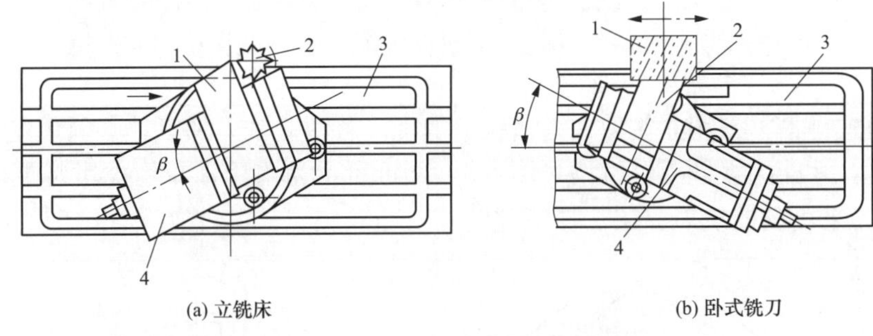

图 5-30　调转钳体角度装夹工件

1—工件；2—铣刀；3—工作台；4—平口钳

方法四　利用分度头铣斜面。在一些圆柱形和特殊形状的零件上加工斜面时，可利用分度头将工件转至所需位置进而铣出斜面，如图 5-32 所示。

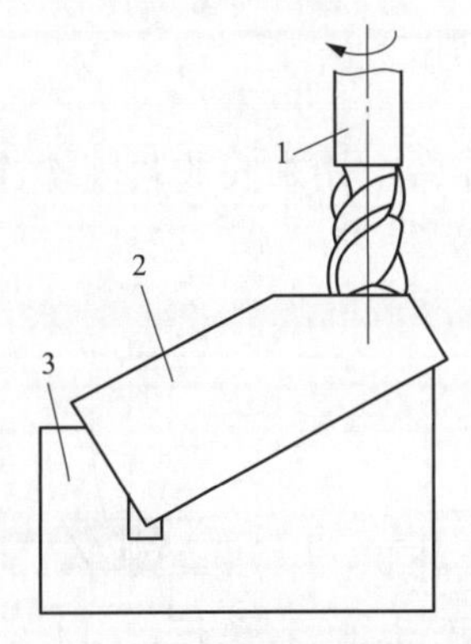

图 5-31　用倾斜垫铁装夹工件

1—铣刀；2—工件；3—斜垫铁

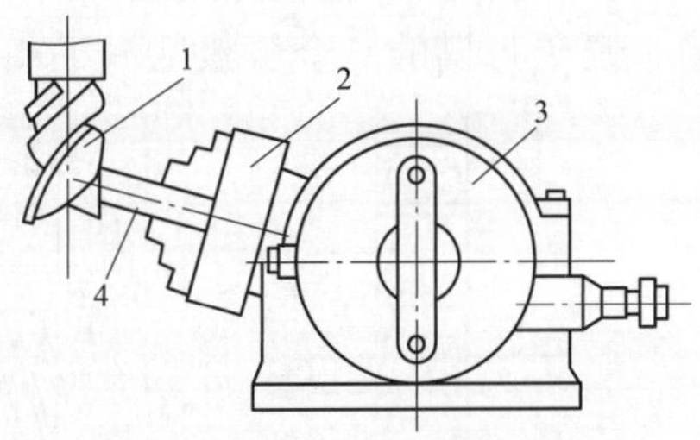

图 5-32　用万能分度头装夹工件

1—铣刀；2—夹盘；3—万能分度头；4—工件

2）用铣刀倾斜铣斜面。在立铣头可偏转的立式铣床、装有立铣头的卧式铣床、万能工具铣床上均可将端铣刀、立铣刀按要求偏转一定角度进行斜面的铣削。图 5-4 所示为用立铣头铣斜面，由于立铣头能方便地改变刀轴的空间位置，因此可以转动铣头以使刀具相对工作倾斜一个角度来铣斜面。

（3）铣沟槽。在铣床上能加工的沟槽种类很多，如直槽、角度槽、V形槽、T形槽、燕尾槽和键槽等。下面仅介绍键槽和T形槽的加工。

1）铣键槽。常见的键槽有敞开式、半封闭式和封闭式三种，如图5-33所示。

对于敞开式键槽，可在卧铣上进行，一般采用三面刃铣刀加工。半封闭式则要根据封闭端的情况，采用三面刃铣刀或立铣刀加工。

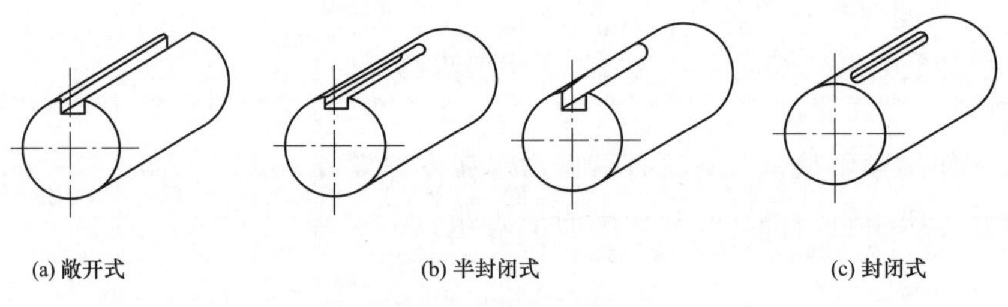

图5-33 键槽的种类

对于封闭式键槽，采用立铣刀或键槽铣刀加工。若用立铣刀加工，必须预先在槽的一端钻一个落刀孔，才能用立铣刀铣键槽。图5-34（a）所示为采用轴专用虎钳装夹工件，图5-34（b）所示为采用键槽铣刀分层法加工键槽。

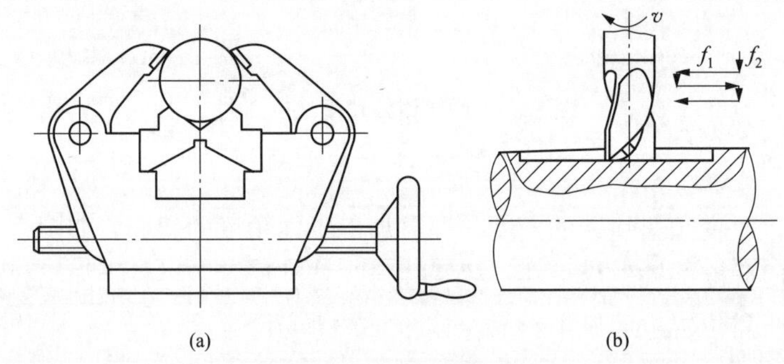

图5-34 立铣刀铣封闭键槽的装夹及加工方法

2）铣T形槽。T形槽应用很多，如铣床和钻床的工作台上用来安放紧固螺栓的槽就是T形槽。铣T形槽的三个步骤见图5-35。

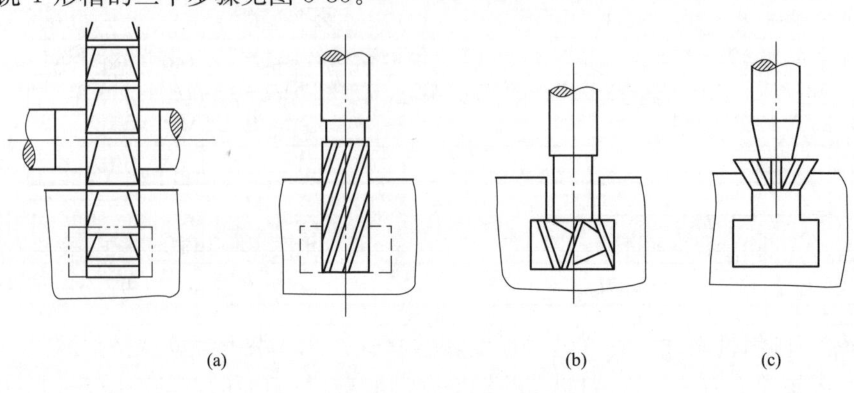

图5-35 铣T形槽的三个步骤

【任务小结】

(1) 通过铣削的基础知识训练，了解铣床的结构特点，掌握常见机床附件的应用，学会选择铣刀类型，并学会铣刀的安装与拆卸。

(2) 铣削刀具种类非常多，加之铣床附件的应用，同一表面可以采用不同机床和不同铣刀去加工。这样的训练有利于开动脑筋，激发学习兴趣，从零部件的开发、加工、质量、成本、管理、安全、环保等方面，培养工程意识，提高解决问题的能力、综合实践的能力和创新能力。

【任务评价】

序号	考核项目	考核内容	检验规则	分值	
				小组互评	教师评分
1	铣床的应用	叙述立式铣床与卧式铣床的区别	正确说明得 10 分		
2	铣削的特点	叙述铣削加工的特点	每说出一条得 2 分		
3	综合应用	说出适合平面加工的铣刀及铣床	每说出一种得 5 分		
4	铣刀的应用	说明立铣刀与键槽铣刀的区别，在加工键槽时的工作步骤	正确说明之间区别得 10 分，工作步骤每种得 5 分		
5	铣床附件的应用	说明铣床附件种类及应用	每说出一种得 10 分		
合计					

任务二 铣削加工方式的选择及实践

【学习目标】

知识目标

(1) 掌握周铣与端铣概念及各自的优缺点。

(2) 掌握逆铣与顺铣的定义及各自的优缺点。

(3) 掌握对称铣与不对称铣的应用。

(4) 掌握铣削加工操作的步骤。

(5) 掌握铣床的变速、手动进给等基本操作。

技能目标

(1) 能根据加工情况合理地选择铣削方式。

（2）能根据铣削加工出现的问题分析原因，找出解决措施。

（3）能操作机床实现顺铣和逆铣加工。

（4）能按照工作步骤完成中等复杂程度零件的铣削加工。

【任务描述】

分析如图 5-1 所示的底座零件图，选择合理的加工机床及刀具、装夹方式等，为零件加工确定合适的铣削方式，并在实训车间完成项目五的铣削加工。

【任务分析】

铣削方式是指铣削时铣刀相对于工件的运动和位置关系。它对铣刀寿命、工件表面粗糙度、铣削过程平稳性及生产率都有较大的影响。同一表面采用同一刀具，仅仅是铣削方式的不同，会带来不同的加工成本和表面质量。

确定加工方式应首先了解各加工方式的特点，例如对零件表面、对刀具寿命、切削力、切削热产生的影响，工件毛坯情况、工件硬度情况，以及加工阶段等。结合工件的实际加工情况综合考虑，确定各铣削加工过程采用的铣削方式，并能调整机床实现这些铣削加工。

知识链接

一、铣削加工的工艺范围

铣削的工艺范围如图 5-36 所示。铣削可用于加工平面、台阶面、垂直面、斜面、齿轮、齿条、各种沟槽（直槽、T 形槽、燕尾槽、V 形槽）成形面、切断、铣六方、铣刀具、镗孔等。

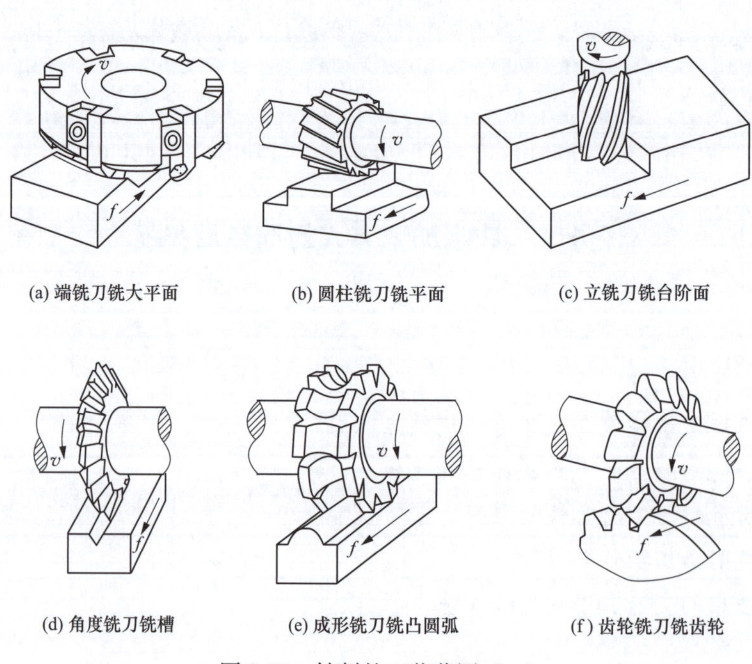

(a) 端铣刀铣大平面　(b) 圆柱铣刀铣平面　(c) 立铣刀铣台阶面

(d) 角度铣刀铣槽　(e) 成形铣刀铣凸圆弧　(f) 齿轮铣刀铣齿轮

图 5-36　铣削的工艺范围（一）

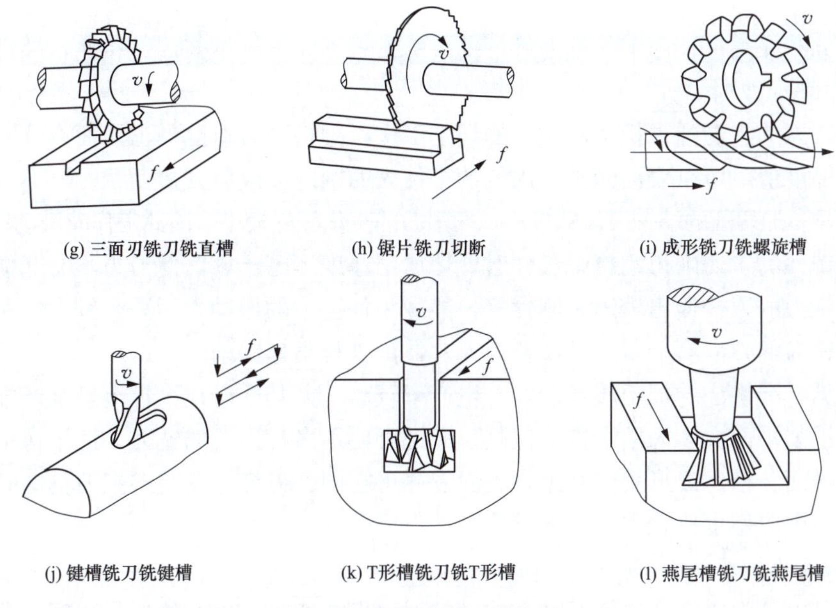

(g) 三面刃铣刀铣直槽　(h) 锯片铣刀切断　(i) 成形铣刀铣螺旋槽

(j) 键槽铣刀铣键槽　(k) T形槽铣刀铣T形槽　(l) 燕尾槽铣刀铣燕尾槽

图 5-36　铣削的工艺范围（二）

二、平面铣削的方式

铣平面是铣削的主要工作，铣平面的方式有周铣和端铣两种，如图 5-37 所示。

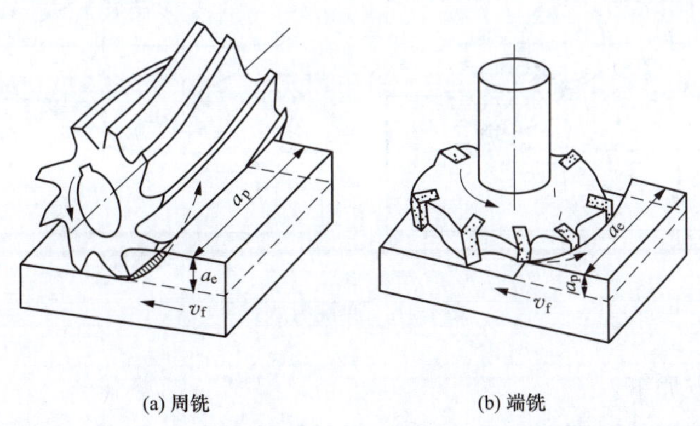

(a) 周铣　(b) 端铣

图 5-37　平面铣削方式

（一）周铣与端铣的工作特点

1. 周铣

用刀齿分布在圆周表面的铣刀进行铣削的方式称为周铣。铣平面用的圆柱铣刀一般为螺旋齿圆柱铣刀，螺旋线的方向应使铣削时所产生的轴向力将铣刀推向主轴轴承方向。

用螺旋齿铣刀铣削时，同时参加切削的刀齿数较多，每个刀齿工作时都是沿螺旋线方向逐渐地切入和脱离工作表面，切削比较平稳。在单件小批生产的条件下，一般采用圆柱铣刀在卧式铣床上铣平面的方法。

2. 端铣

用刀齿分布在圆柱端面上的铣刀进行铣削的方式称为端铣。与周铣相比，端铣铣平面时较为有利，其特点如下：

（1）端铣刀的主切削刃担负着主要的切削工作，副切削刃对已加工表面有修光作用，能降低表面粗糙度值，所以表面光整，周铣的工件表面则有波纹状残留面积。

（2）同时参加切削的端铣刀齿数较多，切削力的变化程度较小，因此工作时振动比周铣小。

（3）端铣刀的主切削刃刚接触工件时，切屑层厚度不等于零，使刀刃不易磨损。

（4）端铣刀的刀杆伸出较短，刚性好，能减小加工中的振动，可采用较大的切削用量。

（5）端铣刀的刀齿易于镶装硬质合金刀片，可进行高速铣削。

由此可见，端铣法的加工质量较好，生产率较高，尤其适于在大批大量生产中铣削宽大平面，因此铣削平面大多采用端铣。但是，周铣可使用多种形式的铣刀，适于在中小批生产中铣削狭长平面、槽、成形表面和组合表面，并可在同一刀杆上安装多把刀具同时加工几个表面，在生产中应用也比较多。

（二）周铣的分类

周铣又可以分为顺铣和逆铣两种方式。铣刀刀齿在切入工件时的切削速度方向与工件进给速度方向相反，称为逆铣，见图 5-38（a）；铣刀刀齿在切出工件时的切削速度方向与工件进给速度方向相同，称为顺铣，见图 5-38（b）。

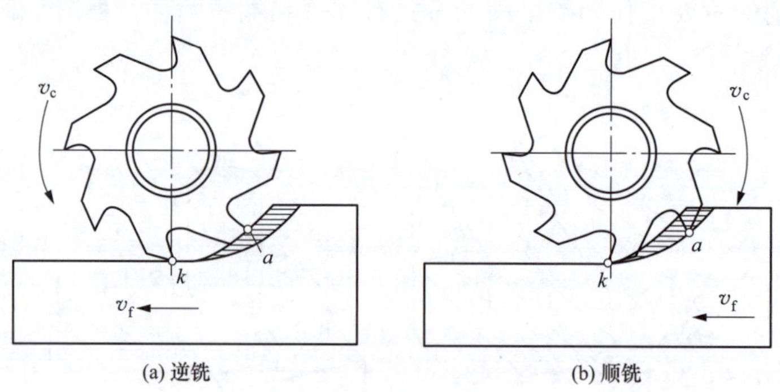

图 5-38　逆铣与顺铣

逆铣与顺铣特点如下：

（1）逆铣时，切屑的厚度从零开始渐增。如图 5-38（a）所示，铣刀的刀刃接触到工件后，先在工件表面滑行一段距离才真正切入金属层。此过程中存在对工件已加工表面的挤压与摩擦，造成工件已加工表面出现加工硬化，从而降低了工件表面质量，也使得铣刀刀刃容易出现磨损。

顺铣刀刃一开始切入工件，切削厚度最大，逐渐减小到 0，如图 5-38（b）所示。后刀面与已加工表面挤压摩擦小，刀刃磨损慢，没有逆铣时的滑行，冷硬程度大为减轻，已加工表面质量较高，刀具寿命也比逆铣高。但刀齿切入时冲击较大。

（2）如图 5-39（a）所示，逆铣时产生的铣削垂直分力 F_V 向上，工件在该方向易产生振动，引起工件的松动，工件需较大的夹紧力夹紧。当切削用量大时夹紧装置需要自锁。

如图 5-39（b）所示，顺铣铣刀对工件作用力 F_V' 在垂直方向分力 F_V 始终向下，对工件起压紧作用，需要的夹紧力较小，工件夹紧变形小。

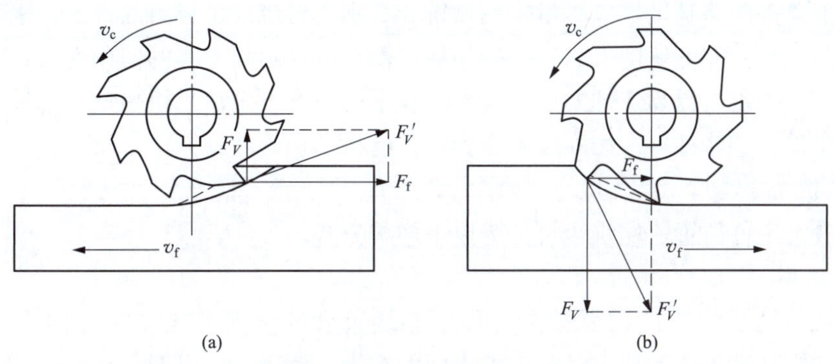

图 5-39 顺铣与逆铣的受力分析

(3) 顺铣时工件的进给会受工作台传动丝杠与螺母之间间隙的影响。如图 5-40（a）所示，因为铣削的水平分力与工件的进给方向相同，当这一切削分力足够大时，大于工作台与导轨间的摩擦力，就会在螺纹传动副侧隙范围内使工作台向前窜动并短暂停留。若铣削力忽大忽小，会使工作台窜动、进给量不均匀，甚至引起打刀或啃刀。因此，必须在纵向进给丝杠处有消除间隙的装置才能采用顺铣。

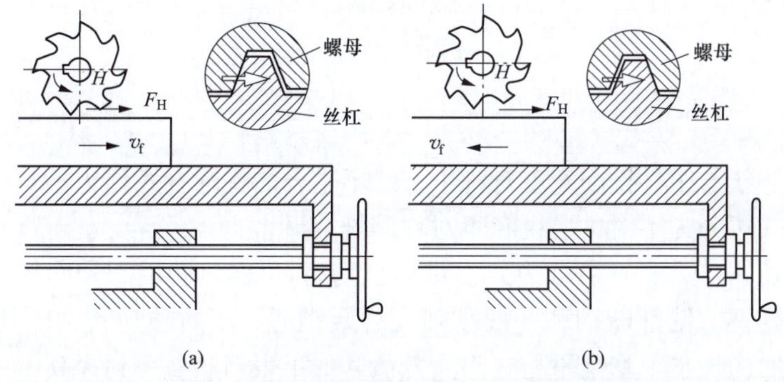

图 5-40 丝杠间隙对顺铣、逆铣的影响

逆铣时工件承受的水平铣削力 F_f 与工作台进给方向相反，如图 5-40（b）所示。铣床工作台丝杠始终与螺母接触，工作台不会窜动。

(4) 顺铣时刀刃从工件外表面切入，工件表层硬皮和杂质易使刀具磨损和损坏。对铸件、锻件表面进行粗加工时，顺铣因刀齿首先接触黑皮，将加剧刀具的磨损。

逆铣刀刃沿已加工表面切入工件，工件的表面硬皮和杂质对刀刃影响小。

(三) 顺铣与逆铣的适用范围

(1) 逆铣的适用范围。逆铣主要用于粗加工，下列情况一般采用逆铣：①铣床工作台丝杠与螺母的间隙较大且不便调整；②工件表面有硬质层、夹渣或硬度不均匀；③工件表面凹凸不平的现象较为显著；④工件材料过硬；⑤阶梯铣削；⑥切削深度较大。

(2) 顺铣的适用范围。采用顺铣时，首先要求机床具有间隙消除机构，如采用滚珠丝杠，能可靠地消除工作台进给丝杠与螺母间的间隙，以防止铣削过程中产生的振动。如果工作台由液压驱动则最为理想。其次，要求工件毛坯表面没有硬皮，工艺系统要有足够的刚性。如果以上条件能够满足，应尽量采用顺铣。特别是对难加工材料的铣削，采用顺铣不仅可以减小切削变形，降低切削力和功率的消耗，而且可以延长刀具的使用寿命，避免在已加工表面产生加工硬化，提高工件的加工质量。在下列情况下建议采用顺铣：①铣削不易夹牢或薄而长的工件；②精铣；③切断胶木、塑料、有机玻璃等材料。

（四）端铣的分类

根据刀具与工件位置，端铣也可分为以下两种方式。

1. 对称铣削

铣削时铣刀轴线与工件铣削宽度对称中心线重合的铣削方式称为对称铣削，见图 5-41（a）。对称铣削避免铣刀切入时对工件表面的挤压、滑行，铣刀寿命高。

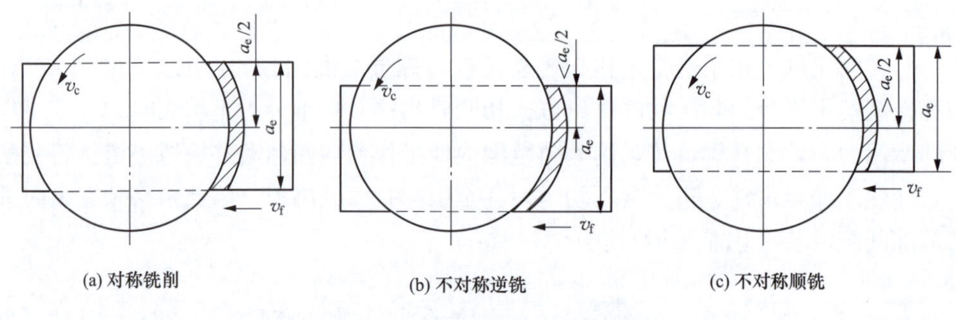

图 5-41 对称铣削与不对称铣削

2. 不对称铣削

铣削时铣刀轴线与工件铣削宽度对称中心线不重合的铣削方式称为不对称铣削。根据铣刀偏移位置不同又可分为不对称逆铣和不对称顺铣。

（1）不对称逆铣，见图 5-41（b）。不对称铣削时，切入时切削厚度小于切出时切削厚度，称为不对称逆铣。铣削碳钢和一般高强度合金钢时，不对称逆铣由于切入时切削厚度小，可降低切入时的冲击，切削平稳，刀具寿命和加工表面质量得到提高。

（2）不对称顺铣，见图 5-41（c）。不对称铣削时，切入时的切削厚度大于切出时的切削厚度，称为不对称顺铣。实践证明，不对称顺铣适用于切削强度低，塑性大的材料（如不锈钢、耐热钢等）。可降低硬质合金的剥落磨损，切削速度可提高 40%～60%。

总之，在确定铣削方式时，需要综合考虑工件的强度、工件表面形式、加工阶段等情况做出判断。

【任务指导】 铣削加工实训（二）——铣削加工基本操作

一、实训目的

（1）学会选择合理的铣削加工方式。

（2）学会确定铣削用量。

（3）学会铣削的加工工作步骤。

（4）学会铣削对刀。

二、实训内容

（1）分析工件的加工要求，选择合理的加工方式。

（2）根据铣削用量的选择原则和方法，选择合理的切削用量。

（3）对刀确定刀具加工时的位置。

（4）学会手动进给、机动进给、主轴变速等操作。

（5）完成项目的加工，并根据图纸做工件的自检检查。

三、实训使用设备及相关工具

卧式铣床、立式铣床等设备，立铣刀、盘铣刀等刀具，平口钳、压板、T型螺栓、分度头等铣床附件，对刀块、软塞尺等对刀装置，卡尺等量检具。

四、实训步骤

1. 铣削加工方式选择

工件上、下底面及四个侧面，采用端面铣刀加工，加工方式为端铣，由于20Cr为合金结构钢，可以采用不对称逆铣。

2. 确定工件装夹方案

本工件小批量生产，工件体积不大且大部分表面属于规则平面，可以采用机用平口钳装夹或压板装夹。

3. 确定铣削加工用量

（1）铣削用量。铣削时的铣削用量由铣削速度 v_c、进给量 f、背吃刀量（又称铣削深度）a_p和侧吃刀量（又称铣削宽度）a_c四要素组成。

1）铣削速度 v_c。铣削速度即铣刀最大直径处的线速度。铣削速度与机床转速之间计算见式（1-1）。

2）进给量 f。由于铣刀为多刃刀具，一般是指每齿进给量 f_z，单位为 mm/z。铣床铭牌上所标出的进给量为每分钟进给量 v_f。

3）背吃刀量（铣削深度）a_p。背吃刀量是平行于铣刀轴线方向测量的切削层尺寸，单位为 mm。

4）侧吃刀量（铣削宽度）a_c。侧吃刀量是垂直于铣刀轴线方向测量的切削层尺寸，单位为 mm。

（2）铣削用量的合理选用。选择铣削用量的依据是工件的加工精度、刀具耐用度和工艺系统的刚度。在保证产品质量的前提下，尽量提高生产效率、降低成本。

1）吃刀量的选用。吃刀量应根据工件的加工余量大小及工件所要求达到的表面粗糙度情况来确定，同时也应考虑被加工工件的材料等。粗铣时，若加工余量不大，可一次切除；精铣时，吃刀量应小一些。端铣时的侧吃刀量 a_c 和周铣时的背吃刀量 a_p 一般与工件加工面的宽度相等，以期提高加工效率。在生产实际中，铣削背吃刀量可参考附表 11 选择。

2）每齿进给量的选用。每齿进给量应根据铣刀的强度、加工工件材料、夹具的刚性来确定。粗铣时，每齿进给量尽量取得大些；精铣时，一般选用较小的每齿进给量，同时也要考虑每转进给量。在实际生产中每齿进给量可参考附表 12 来选用。

3）铣削速度的选用。合理的铣削速度是在保证加工质量和铣刀寿命的条件下确定的。粗铣时，应选用相对低一点的铣削速度；精铣时，选用高一些的铣削速度。工件材料强度硬度高时，铣削速度取小值；反之，取大值。刀具耐热性好，铣削速度取大值。铣削速度可参考附表 13 来选用。

4. 对刀

在铣床上，移动工作台有手动和机动两种方法，对刀一般采用手动进给的方法，使工件缓慢趋近铣刀，对刀块放置在工件加工部位的正前方，用软塞尺确定铣刀与对刀块之间的距离，同时避免铣刀与对刀块碰撞。

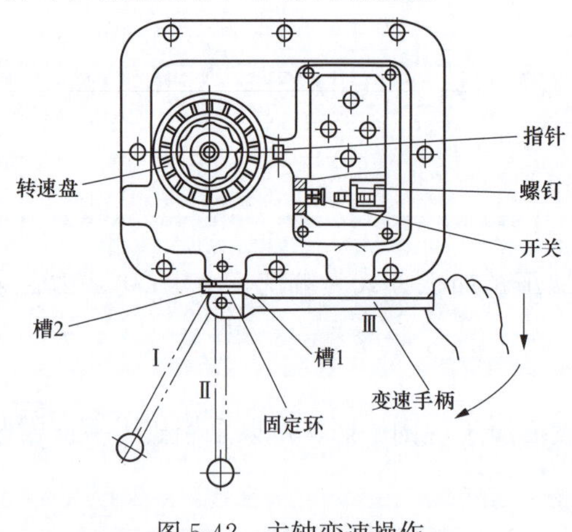

图 5-42　主轴变速操作

5. 铣削操作练习（以 X6132 卧式铣床为例）

（1）主轴变速操作。如图 5-42 所示，将各进给手柄及锁紧手柄放在空位，练习主轴的启动、停止及主轴变速。

（2）手动进给操作。用手分别摇动纵向、横向工作台、床鞍和升降台的控制手柄，如图 5-43 所示，做往复运动，并练习操作各工作台锁紧手柄。

将手柄分别接通其手动进给离合器，摇动工作台任何一个进给手柄，就能带动工作台做相应的进给运动。顺时针摇动手柄，可使工作台前进（或上升）；逆时针摇动手柄，则工作台后退（或下降）。分别顺时针、逆时针转动各手柄，观察工作台的移动方向。

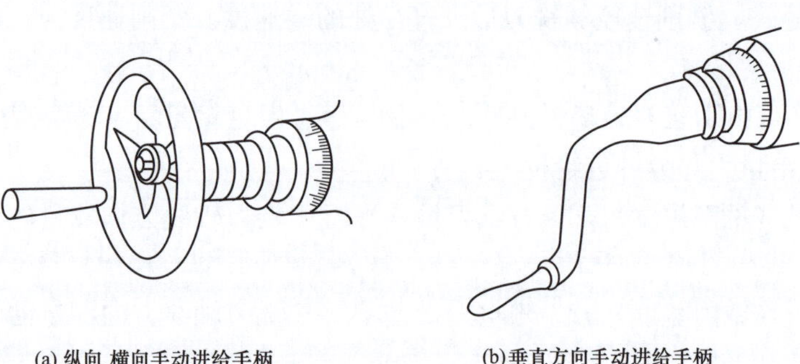

图 5-43　手动进给手柄

若手柄摇过了刻度，不能直接摇回，必须将其退回 1 转后，再重新摇到要求的刻度位置。

（3）自动进给操作与进给变速操作。

1）工作台的自动进给，必须启动主轴才能进行。工作台纵向、横向、垂向的自动进给操纵手柄均为复式手柄。纵向进给操纵手柄有三个位置（见图 5-44），即向左进给、向右进给、停止。横向和垂直方向由同一手柄操纵，该手柄有五个位置，即向里进给、向外进给、向上进给、向下进给、停止，如图 5-45 所示。在主轴转动时，手柄推动的方向即工作台移动的方向，停止进给时，把手柄推至中间位置。

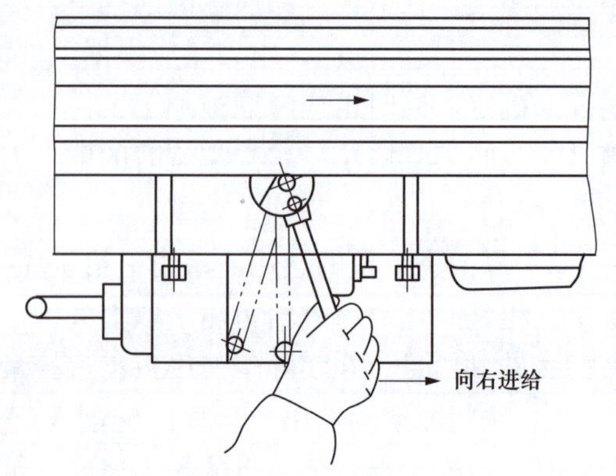

图 5-44　工作台纵向机动进给手柄

2）变换进给速度时应先停止进给，首先向外拉出进给变速手柄；再转动手柄带动进给速度盘转动，使选择好的进给速度值对准进给速度盘上指针位置；最后将变速手柄推回原位，即可完成进给变速的操作。转速盘上有 23.5～1180r/min 共 8 种进给速度，如图 5-46 所示。

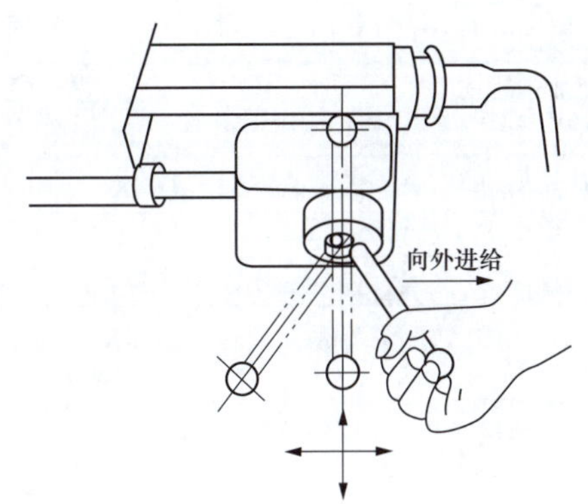

图 5-45　工作台横向、垂直机动进给手柄

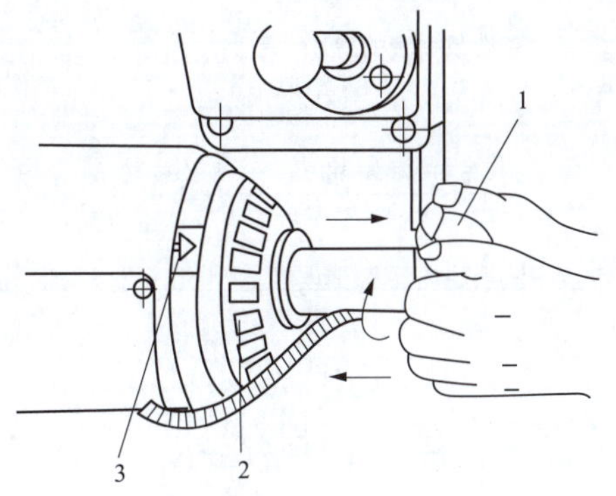

图 5-46　进给变速操作
1—进给变速手柄；2—进给速度盘；3—指针

3）自动进给时，如果同时按下快速按钮，工作台则快速进给；松开后，快速进给停止，恢复正常进给速度。

（4）调整主轴转速方向与进给方向，实现顺铣与逆铣。

6. 自检工件

按照步骤加工好项目五，并根据图 5-1，用游标卡尺等量具进行自检，做好记录并分析误差的原因，写出实训报告单。

【任务小结】

本任务对周铣与端铣这两种平面铣削方式的优缺点做了比较，为保证工件表面质量和提高加工效率考虑一般采用端铣，端铣可以采用对称铣削、不对称逆铣和不对称顺铣三种方式，从减小切入冲击的角度一般采用不对称铣削。周铣也有顺铣和逆铣两种方式，一般粗加工用逆铣，精加工用顺铣。铣削方式的选择需要综合衡量加工情况。铣削方式选择合理，可以提高刀具的使用寿命，保证加工表面的质量，降低对机床精度的损伤等。

通过实训学会在铣床上铣削加工的步骤，掌握铣削加工的要点及技能。

【任务评价】

序号	考核项目	考核内容	检验规则	分值	
				小组互评	教师评分
1	平面的铣削方式	叙述两种平面铣削的方式	正确得 5 分		
2	顺铣与逆铣的定义	准确叙述顺铣与逆铣的定义，演示说明逆铣与顺铣的区别	正确得 10 分		

续表

序号	考核项目	考核内容	检验规则	分值	
				小组互评	教师评分
3	逆铣与顺铣的应用	说明以下四种情况分别采用什么铣削方式：①表面质量要求较高时；②工件表面有黑皮时；③粗加工时；④薄壁零件和薄件	每说出一种得5分		
4	逆铣与顺铣的优缺点	比较说明逆铣与顺铣的优缺点（四个方面）	每正确说明一条得5分		
5	铣削的加工范围	说出铣削的加工范围（五种以上）	每说出一种得2分		
合计					

项目六　磨削加工技术

【项目描述】

如图 6-1 所示的球销零件是汽车操纵机构的重要零件，被称为汽车的保命件。该零件要求头部渗碳，倒锥部到球面局部淬火处理 HRC51～54，完成零件的加工并保证零件上四处高精度要求的表面的三个尺寸（$\phi 40_{-0.025}^{\ 0}$、$\phi 32_{-0.016}^{\ 0}$、$\phi 20_{-0.021}^{\ 0}$）和表面粗糙度值，还有锥度 1∶5 处的锥度值。选择机床、刀具、加工方式，完成零件的精加工，并检测零件加工的尺寸是否在公差范围内，加工的锥度部分是否符合要求。

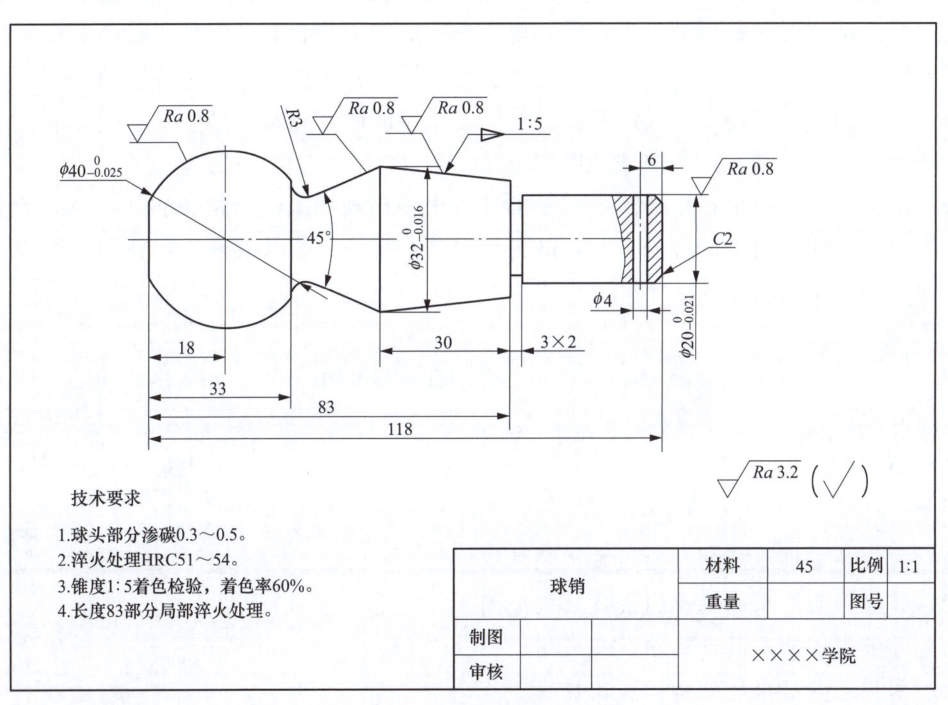

图 6-1　球销零件图

【项目作用】

零件上精度要求较高的表面，如安装轴承的表面、配合的表面等，既要求很高的硬度又要求严格的尺寸公差和较低的表面粗糙度值，采用车削、铣削等加工方法很难达到加工精度的要求，一般需要磨削加工。用磨料磨具（砂轮、砂带、油石、研磨料等）作为工具对工件表面进行切削加工的方法统称为磨削。磨削是常用的精加工方法。

磨削加工不仅要求操作者有较高的技术水平，还要求有耐心细致的工作态度和较强的责任心。此项目不但培养学生的磨削加工技能，更重要的是培养一丝不苟的职业素养。

此项目是磨床操作等精加工人员的必备知识。

【项目教学配套设施】

配备万能外圆磨床 M1432A、平面磨床、无心磨床等机床，砂轮、金刚石笔等磨削工具，千分尺、游标卡尺、百分表等量具，多媒体教学设备，工具橱，相关磨床保养设施等。

【项目分析】

分析如图 6-1 所示的球销零件，该零件主要结构为回转体，由头部的曲面、颈部、锥度部分等组成，精度较高，前期可以采用车削加工的方法，但该零件要求淬火处理 HRC51～54，硬度较高。淬火处理后，工件会产生较大的变形，且无法用车削加工消除。为保证零件上四处高精度要求的表面的加工尺寸和表面粗糙度值，需要采用磨削加工。磨削加工是切削加工中获得高精度表面的加工方法，一般也是零件的最终加工工序。因此，磨削加工技术对产品质量起着关键作用。

要完成高精度要求的球销加工，首先要会选择磨削刃具，具备磨削刃具的安全使用、修整等基础知识及技能。磨削机床型号的选择也是关键，各种磨削机床有不同的磨削方式。只有掌握这些磨削方式的特点，利用磨削过程的三个不同阶段对加工产生的不同影响，才能保证工件的质量，节约砂轮，高效地完成加工。

要保证磨削加工质量，还必须掌握磨削过程中的物理现象，清楚磨削过程中会产生切削力、切削热导致切削温度的急剧上升，甚至产生磨削烧伤、裂纹等现象，找到避免或减轻这些磨削质量问题出现的途径。

任务一　磨床结构认知

【学习目标】

知识目标

（1）掌握外圆磨床的结构组成及工艺范围。

（2）掌握平面磨床的结构组成及工艺范围。

（3）掌握内圆磨床的结构组成及应用。

（4）掌握无心磨床的结构组成及应用。

技能目标

（1）能根据工件的结构及加工表面选择合适的磨削机床。

（2）能说出各机床的组成及各部分的作用。

【任务描述】

为如图 6-1 所示的球销零件磨削加工选择合理的加工机床，并学会基本操作。

【任务分析】

用砂轮、油石作为工具对工件表面进行切削加工的机床，统称为磨床。要完成任务首先要学习各种磨床的工作特点及基本结构，清楚各部分结构的作用及磨床的基本操作，为工件的磨削加工打好基础。

知识链接

在所有机床类别中，磨床的种类最多。常用磨床主要有外圆磨床和万能磨床、内圆磨床、平面磨床、无心磨床、各种工具磨床，各种刃具磨床，还有珩磨机、研磨机和超精加工机床等。

一、M1432A 型万能外圆磨床结构及应用

1. 外圆磨床的结构

M1432A 型万能外圆磨床是普通精度级的万能外圆磨床，主要用于磨削精度 IT7～IT6 的圆柱形或圆锥形的外圆及内孔，表面粗糙度值为 Ra1.25～0.08 μm。如图 6-2 所示，M1432A 型万能外圆磨床的结构由以下几部分组成：

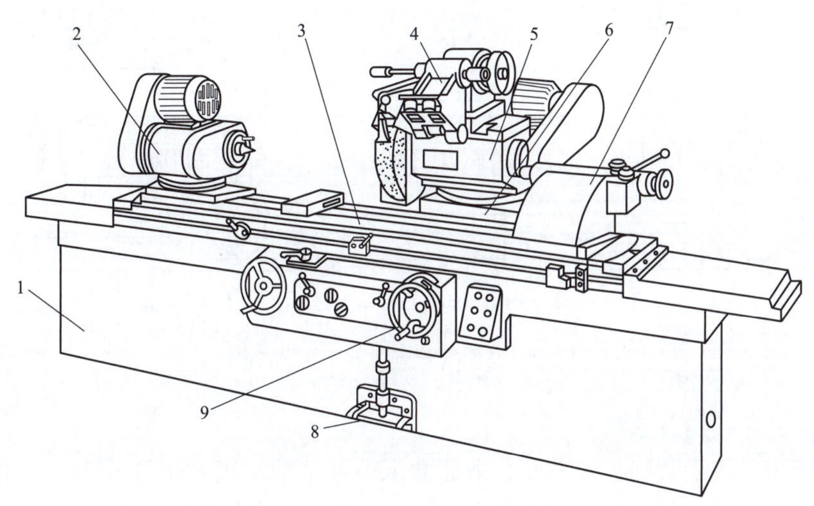

图 6-2　M1432A 型万能外圆磨床

1—床身；2—头架；3—工作台；4—内圆磨具；5—砂轮架；6—横向进给机构；7—尾架；8—脚踏操作板；9—横向进给手柄

（1）床身：用于支承和连接磨床各个部件。为了提高机床刚度，磨床床身一般为箱型结构，内部装有液压传动装置，上部有纵向和横向两组导轨以安装工作台和砂轮架。

（2）工作台：由上、下两层组成，上工作台可相对于下工作台偏转一定角度，以便磨削锥面；下工作台下装有活塞，可通过液压机构使工作台做往复运动。

（3）砂轮架：其上安装砂轮，由单独电动机带动做高速旋转。砂轮架安装在床身的横向导轨上，可通过手动或液压传动实现横向运动。

（4）头架：用于安装工件，其主轴由电动机经变速机构带动做旋转运动，主轴前端可安装卡盘或顶尖。

（5）尾架：安装在工作台右端，尾架套筒内装有顶尖，可与主轴顶尖一起支承工件，其在工作台上的位置可根据工件长度任意调整。

2. 万能外圆磨床的工艺范围

外圆磨床的工作范围如图 6-3 所示，可磨削外圆柱面及外台肩端面，并可转动上工作台

磨削外圆锥面，也可旋转砂轮架磨削大锥角圆锥面。另外，某些外圆磨床还具备有磨削内圆的内圆磨头附件，用于磨削内圆柱面和内圆锥面。凡带有内圆磨头的外圆磨床习惯上称为万能外圆磨床。

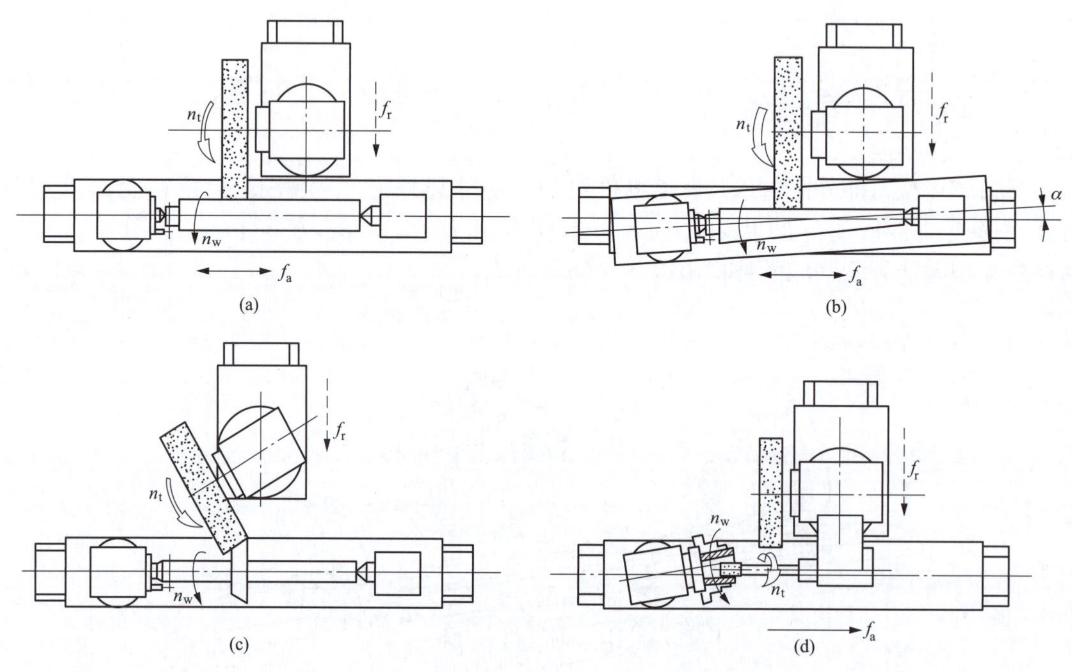

图 6-3　万能外圆磨床加工工艺范围

二、平面磨床结构及应用

平面磨床主要用于磨削各种平面。平面磨床根据主轴轴线的位置分为立轴和卧轴两种。根据工作台的形状又分为矩形和圆形两种，矩形工作台适宜加工长工件，但工作台做往复运动，较易发生振动；圆形工作台适宜加工短工件或圆工件的端面，工作台连续旋转，无往复冲击。与其他磨床不同的是工作台上装有电磁吸盘，可直接吸住工件。

如图 6-4 所示，M1730 型砂轮架移动式卧轴矩台平面磨床的工作台只做纵向往复运动，而由砂轮架沿滑鞍上的燕尾型导轨移动来实现横向进给运动；滑鞍和砂轮架一起可沿立柱的导轨垂直移动，完成垂直进给运动。在这类平面磨床上，工作台的纵向往复运动和砂轮架的横向进给运动，一般都采用液压传动。砂轮架的垂直进给运动通常是手动的。

图 6-5 所示为立轴圆台平面磨床。圆形工作台安装在床鞍上，除了做旋转运动实现圆周进给外，还可以随床鞍一起沿床身的导轨纵向快速退离或趋进砂轮，以便装卸工件。砂轮架可做垂直快速的位置调整运动，以适应磨削不同高度工件的需要。在这类平面磨床上，其砂轮主轴轴线的位置，可根据加工要求进行微量调整，使砂轮端面和工作台台面平行或倾斜一个微小的角度（一般小于 $10'$）。粗磨时，常采用较大的磨削量以提高磨削效率，为避免发热量过大而使工件产生热变形和表面烧伤，需将砂轮端面倾斜一定角度，以减小砂轮与工件的接触面积。精磨时，为了保证磨削表面的平面度与平行度，需使砂轮端面与工作台台面平行或倾斜一极小的角度。砂轮主轴轴线的位置可通过砂轮架相对于立柱，或立柱相对于床身底座偏斜一个角度来进行调整。

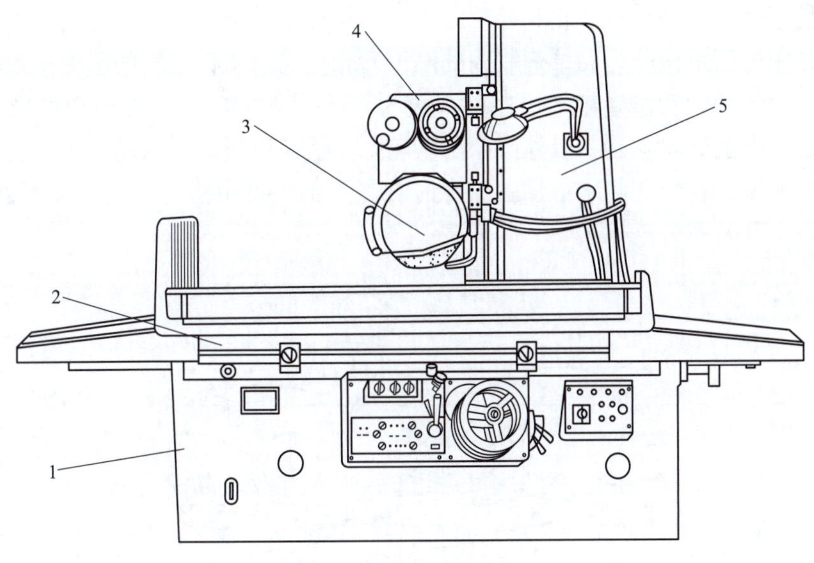

图 6-4 卧轴矩台平面磨床

1—床身；2—工作台；3—砂轮架；4—滑鞍；5—立柱

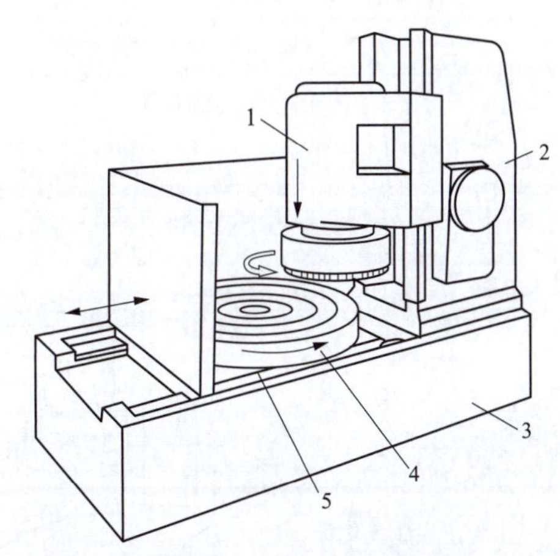

图 6-5 立轴圆台平面磨床

1—砂轮架；2—立柱；3—床身；4—工作台；5—床鞍

三、无心外圆磨床结构及应用

图 6-6 所示为目前生产中使用最普遍的无心外圆磨床。磨削砂轮由装在床身内的电动机经皮带传动带动旋转，通常不变速。导向轮可做有级或无级变速，以获得所需的工件进给速度，它的传动装置在座架内。导向轮可通过转动体 5 在垂直平面内相对座架 6 转动位置，以便使导向轮主轴能根据加工需要相对磨削砂轮主轴偏转一定角度。在砂轮架 3 的左上方装有砂轮修整器 2，在导轮转动体 5 上面装有导轮修整器 4，它们可根据需要修整磨削砂轮和导向轮的几何形状。另外，座架 6 能沿拖板 9 上导轨移动，实现横向进给运动。回转底座 8 可在水平面内转动一定角度，以便磨出锥度不大的圆锥面。

无心外圆磨削是外圆磨削的一种特殊形式。如图 6-7 所示，磨削时工件不用顶尖来定心和支承，而是直接将工件放在砂轮和导轮之间，用托板支承着，工件被磨削的外圆作定位基准面。导轮是用树脂或橡胶为黏结剂制成的刚玉砂轮，它与工件之间的摩擦系数较大，工件由导轮的摩擦力带动旋转。导轮的线速度一般为 10～50m/min，工件的线速度基本上等于导轮的线速度。磨削砂轮就是一般外圆磨削砂轮，其线速度很高，因此磨削砂轮与工件之间有很大的切削速度。在无心磨床上加工工件时，工件不需打中心孔，且装夹工件省时省力，可连续磨削，生产效率较高。

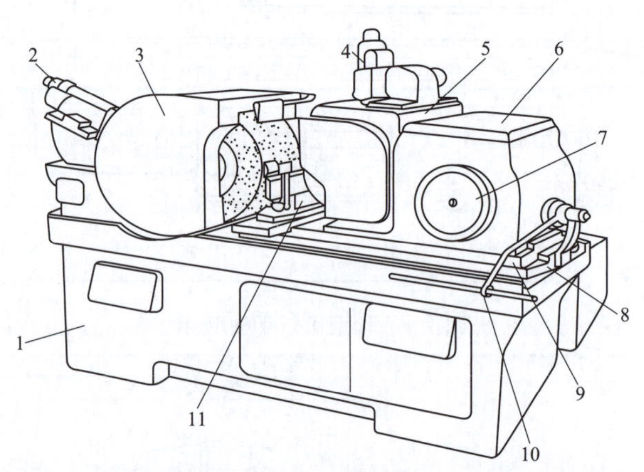

图 6-6　无心外圆磨床

1—床身；2—砂轮修整器；3—砂轮架；4—导轮修整器；5—转动体；6—座架；7—微量进给手轮；8—回轮底座；9—滑板；10—快速进给手柄；11—工件座架

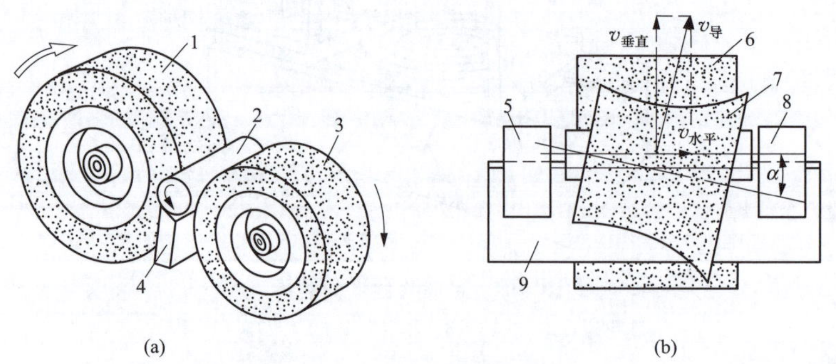

图 6-7　无心外圆磨工作原理

1、6—砂轮；2—工件；3、7—导轮；4、9—托板；5—前导板；8—后导板

为了避免磨削出椭圆形工件，工件的中心应高于磨削砂轮与导轮中心的连心线。这样可使工件和导轮及砂轮的接触，相当于在假想的 V 形槽中转动，工件的凸起部分和 V 形槽的两侧面不可能对称接触，因此，就使工件在多次运动中，逐步磨圆。工件中心高出的距离为工件直径的 15%～20%。但是高出的距离不宜过大，否则导轮对工件的向上方向垂直分力也随着增大，磨削时易引起工件跳动，影响加工表面的粗糙度。

无心磨床主要用来磨削大批量的细长轴及无中心孔的轴、套、销等零件的外圆，它是高效率、高自动化的磨床。

【任务指导】 磨削加工实训（一）——磨床选择与基本操作

一、实训目的

（1）根据零件的加工要求选择合适的磨床。

（2）清楚磨床的组成及每部分的作用。

二、实训内容

（1）分析图样，根据工件的加工要求选择合适的磨床。

（2）参考教材和机床说明书，认知机床的结构及每部分的作用。

（3）学习磨床安全操作规程。

三、实训使用设备及相关工具

万能外圆磨床、平面磨床、无心磨床等常见的磨床设备、扳手、锤头等拆卸工具。

四、实训步骤

（1）磨床的选择。分析如图 6-1 所示的球销零件，根据零件的结构与技术要求，ϕ40 球头部分采用无心外圆磨床，45°锥面、1∶5 锥面和 ϕ20 圆柱面处的磨削加工采用万能外圆磨床。

（2）面对 M1432A 万能外圆磨床，仔细认知每部分结构及各操作手柄，将结构名称及各部分结构的作用填入表 6-1 中。表格不够时可另行附纸说明。

表 6-1　认知 M1432A 万能外圆磨床的结构和操作手柄

实训小组：第______组		设备型号：____________
序号	结构名称	主要用途
1		
2		
3		
4		
5		

（3）练习外圆磨床的以下基本操作：①认清砂轮进给量程，横向移动砂轮实现进刀，退刀；②纵向移动工作台，观察行程挡铁的位置，学会调节工作台的行程；③学会装夹工件。

【任务小结】

本任务主要学习常见的磨床类型及其结构组成，认清各部分的结构在机器中的作用，认清各操作手柄的使用，掌握各机床的特点及加工范围，会根据加工要求选择机床。

【任务评价】

序号	考核项目	考核内容	检验规则	分值	
				小组互评	教师评分
1	外圆磨床	说明外圆磨床的工艺范围	每正确说明一条得 5 分		
2	外圆磨床的操作	说明外圆锥面的加工办法	正确得 10 分		
3	平面磨床	说明平面磨床的种类	每正确说明一种类型得 5 分		
4	无心外圆磨床	叙述无心外圆磨床的主要工作特征	正确说明得 5 分		
5	无心磨床的装夹	无心磨床上工件是如何在机床内定位的	正确得 5 分		
合计					

任务二　砂轮特性与磨削过程分析

【学习目标】

知识目标

(1) 掌握影响砂轮特性的五个因素。

(2) 掌握砂轮特性选择的原则。

(3) 了解砂轮使用的基本要求。

(4) 了解磨粒切削过程的三个阶段。

(5) 了解磨削力的主要特征。

(6) 了解整个磨削过程的三个阶段。

(7) 了解磨削温度的概念，掌握影响磨削温度的因素。

技能目标

(1) 能根据工件加工表面的情况合理选择砂轮。

(2) 能安装并修整砂轮。

(3) 能利用磨削过程三个阶段的特点安排生产工艺。

(4) 能有效地控制切削温度保证工件质量。

(5) 能根据磨削加工中出现的问题分析原因，寻找解决措施。

【任务描述】

分析如图 6-1 所示的球销零件图，为磨削加工选择砂轮，写出砂轮型号，并能平衡、安装和修整砂轮。

【任务分析】

要选择砂轮，首先要了解砂轮的组成，学习五个要素对磨削加工产生的影响、砂轮五要素的选择原则等问题；再根据工件加工表面的结构形状选择砂轮的形状；最后确定砂轮的型号以便选用或购买砂轮。

在磨削过程中砂轮和工件之间会产生磨削力，磨削力引起工艺系统变形，磨削时发热严重带来磨削温度的急剧上升，这些都会对磨削质量和砂轮寿命产生影响，严重时工件表面会出现烧伤和裂纹。为保证产品质量，首先要学习磨削过程产生的物理现象，了解磨屑的形成，分析切削力的特征，研究磨削过程各阶段的特点，找出影响磨削温度的因素等，从而找出能提高磨削效率，保护工件质量，延长砂轮寿命的途径和方法。

知识链接

一、砂轮的选择

砂轮是磨削加工应用最多的刃具。砂轮是用结合剂把磨料黏结起来，经压坯、干燥和焙烧的方法制成的。它是由磨料和结合剂构成的疏松多孔物体。由于磨料、结合剂及砂轮制造工艺的不同，砂轮特性差别可能很大，对磨削加工的精度及生产率等有着重要的影响。

（一）砂轮的组成

从图 6-8 可以看出，砂轮由磨粒、结合剂和空隙三部分组成。砂轮磨粒暴露在表面部分的尖角即为切削刃，由于数目众多，磨粒像无数把小车刀一样起切削作用。结合剂的作用是将众多磨粒黏结在一起，并使砂轮具有一定的形状和强度。空隙在磨削中主要起容纳切屑、磨削液及散发磨削液的作用。

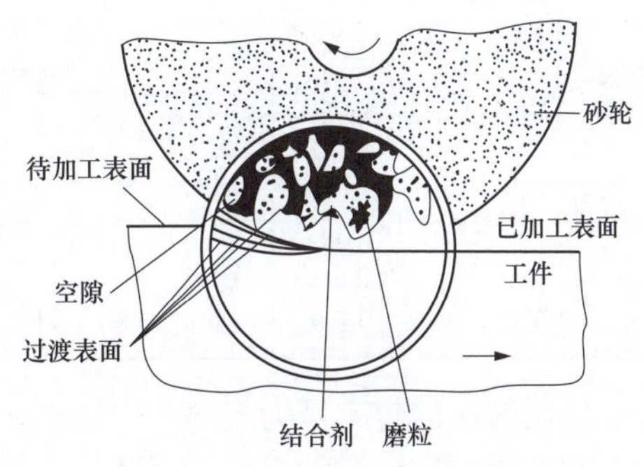

图 6-8　砂轮表面放大图

（二）影响砂轮特性的五要素

砂轮的特性由磨料、粒度、结合剂、硬度和组织五大要素来确定。

1. 磨料

磨料是砂轮的主要成分，它担负切削工作，应具有很高的硬度和锋利的棱角，并要有良好的耐热性。常用的磨料有刚玉系列、碳化物系列和天然类三种，见表 6-2。刚玉系列的主要成分是 Al_2O_3，由于它的纯度不同和加入金属元素不同，而分为不同的品种。碳化物系列磨料主要以碳化硅、碳化硼等为基体，也是因材料的纯度不同而分为不同品种。天然类磨料主要有金刚砂、天然刚玉和石榴石。

2. 粒度

粒度用来表示磨料颗粒的大小。粒度根据颗粒的粒径大小有不同的标记方法。一般直径较大的砂粒称为磨粒，磨粒用筛选法分级，其粒度用磨粒所能通过的筛网号表示。例如粒度号 F60 的磨粒，表示其大小正好能通过 1in 长度上孔眼数为 60 的筛网。对于较小颗粒，用沉降法或电阻法检验其粒度组成时，中值粒径 d_{s50}（或 d_{v50}）不大于 64μm 的颗粒称为微粉。微粉有工业用途的 F 系列微粉和精密研磨用途 J 系列微粉两个系列，粒度号前分别冠以字母“F”和“J”，加磨粒自身 d_{s50} 对应的表征粒度的数字表示其粒度号。例如粒度号 F240 的微粉，其 d_{s50} 值对应为（44.5±2)μm。

表 6-2　　常用磨料的代号、性能及应用

系列	磨粒名称	代号	颜色	特性	适用范围
刚玉系列 Al_2O_3	棕色刚玉	A	棕褐色	硬度较低，韧性较好	磨削碳钢、合金钢、可锻铸铁、硬青铜
	白色刚玉	WA	白色	较 A 硬度高，磨粒锋利，韧性差	磨削淬硬钢、高速钢及成形磨
	铬刚玉	PA	玫瑰红色	韧性较 WA 好	高速钢、不锈钢、刀具刃磨
碳化物系列 SiC	黑色碳化硅	C	黑色带光泽	比刚玉类硬度高、导热性好、韧性差	磨削铸铁、黄铜、铝及非金属等
	绿色碳化硅	GC	绿色带光泽	比 C 硬度高、导热性好、韧性较差	磨削硬质合金、玻璃、玉石、陶瓷等
天然类	金刚砂	E		是目前已知硬度最高的磨料	用途有两方面，修整砂轮（如天然金刚石修整器）；磨削和研磨难加工材料（如硬质合金、宝石、玻璃、硅片等）
	天然刚玉	NC		硬度仅次于金刚砂	磨削高温合金、不锈钢、高速钢等
	石榴石	G		磨料呈粒状，有参差状断口，硬度适中，韧性好，边角锋利，自锐性好。高温煅烧后韧性增加，研磨能力优于其他磨料	主要用于磨削硅片和光学玻璃（如磨削镜头和镜片），很少产生擦伤和划痕

常用磨料的粒度号为 F30～F100。粒度号越大，磨料越细。常用砂轮的粒度及应用范围见表 6-3。

表 6-3　　常用砂轮粒度及应用范围

类别		粒度号	应用范围
磨粒	粗粒	F4、F5、F6、F7、F8、F10、F12、F14、F16、F20、F22、F24	荒磨、去毛刺
	中粒	F30、F36、F40、F46	一般磨削。加工表面粗糙度值可达 $Ra0.8\mu m$
	细粒	F54、F60、F70、F80、F90、F100	半精磨、精磨和成形磨削。加工表面粗糙度值可达 $Ra0.8 \sim 0.1\mu m$
	微粒	F120、F150、F180、F220	精磨、精密磨、超精磨、成形磨、刀具刃磨、珩磨
微粉		F230、F240、F280、F320	精磨、精密磨、超精磨、珩磨、螺纹磨
		F360、F400、F500、F600、F800、F1000、F1200、F1500、F2000	超精密磨、镜面磨、精研。加工表面粗糙度值可达 $Ra0.1 \sim 0.05\mu m$

磨粒的粒度直接影响磨削的表面质量和生产率。一般粗磨时，磨削量较大，要求较高的磨削效率，宜选用粒度粗的砂轮；精磨时，为了获得小的表面粗糙度值及高的廓形精度，宜选用粒度细的砂轮。当工件材料软、塑性大时，为避免砂轮堵塞应选用粒度粗的砂轮。当磨削的面积大时，为避免过度发热而引起工件表面烧伤，也应选用粒度粗的砂轮。

3. 结合剂

结合剂的作用是将磨粒黏结在一起，并使砂轮具有所需要的形状、强度、耐冲击性、耐热性等。黏结越牢固，磨削过程中磨粒就越不易脱落。常用的结合剂有陶瓷结合剂、树脂结合剂和橡胶结合剂。常用结合剂的性能及适用范围见表 6-4。

表 6-4　常用结合剂的性能及使用范围

结合剂	代号	性　　能	适　用　范　围
陶瓷	V	耐热，耐蚀，气孔率大，易保持廓形，弹性差	最常用，适用于各类磨削加工
树脂	B	强度较 V 高，弹性好，耐热性差	适用于高速磨削、切断、开槽等
橡胶	R	强度较 B 高，更富有弹性，气孔率小，耐热性差	适用于切断、开槽及作无心磨的导轮

4. 硬度

硬度是指砂轮表面上的磨粒在磨削力的作用下脱落的难易程度。磨粒容易脱落，则砂轮的硬度低，称为软砂轮；磨粒难脱落，则砂轮的硬度高，称为硬砂轮。

在磨削过程中，一方面，磨粒在高速、高压及高温的共同作用下逐渐磨损而变钝，变钝的磨粒切削能力将急剧降低，使作用在磨粒上的力急剧增大，磨粒将会发生破碎而形成新的锋利棱角，代替被磨钝的磨粒对工件进行切削；另一方面，当切削力超过砂轮结合剂的黏结力时，被磨钝的磨粒就会从砂轮表面脱落，露出一层锋利的磨粒，此特性称为自锐性。

砂轮自锐性的能力与砂轮的硬度有关。砂轮的硬度主要取决于结合剂的黏结能力及含量，与磨粒本身的硬度无关。砂轮的软硬和磨粒的软硬是两个不同的概念。

砂轮硬度的选择主要根据工件材料特性和磨削条件来决定。磨削时，若砂轮硬度过高，则磨钝了的磨粒不能及时脱落，会使磨削温度升高而造成工件烧伤；若砂轮太软，则磨粒脱落过快，不能充分发挥磨粒的磨削效能。一般磨削软材料时应选用硬砂轮，磨削硬材料时应选用软砂轮，粗磨采用较软砂轮，成形磨削和精密磨削应选用硬砂轮。当工件材料太软（如有色金属、橡胶、树脂等）时，为避免砂轮堵塞应选用较软的砂轮。当工件与砂轮接触面积大时，应选用较软砂轮。砂轮硬度等级及代号见表 6-5。

表 6-5　砂轮的硬度等级及代号

硬度等级				软硬级别
A	B	C	D	超软
E	F	G	—	很软
H	—	J	K	软
L	M	N	—	中
P	Q	R	S	硬
T	—	—	—	很硬
—	Y	—	—	超硬

注　磨未淬硬钢选用 L～N，磨淬火合金钢选用 H～K，高表面质量磨削时选用 K 和 L，刃磨硬质合金刀具选用 H～L。

5. 组织

砂轮的组织是指磨粒和结合剂的疏密程度，它反映了磨粒、结合剂和气孔三者之间的比例关系。根据磨粒在砂轮总体积中所占的比例，按照 GB/T 2484—2018 的规定，将砂轮组织分为紧密、中等和疏松三大级（见图 6-9），细分为 15 个号（见表 6-6）。组织号越小，磨粒所占比例越大，表明组织越紧密，气孔越少；反之，组织号越大，表明组织越疏松，气孔越多。

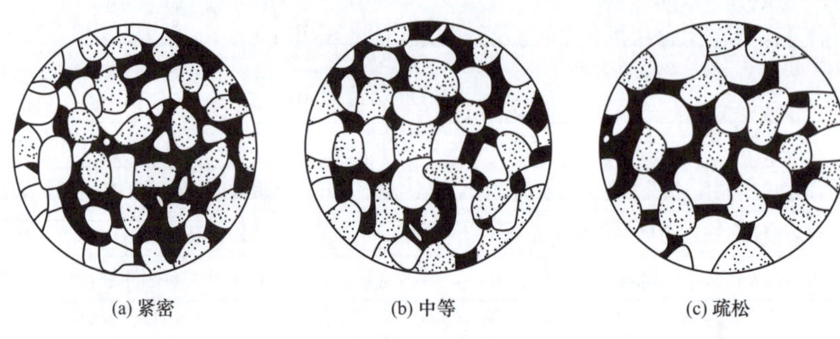

图 6-9 砂轮的组织

砂轮中的气孔可以容纳切屑，不易堵塞，并把切削液带入磨削区，使磨削温度降低，避免烧伤和产生裂纹，减小工件的热变形。但气孔太多，磨粒含量少，容易磨钝和失去正确外形。一般 7～9 级组织的砂轮最常用。砂轮的组织对磨削生产率和工件表面质量有直接影响。一般的磨削加工广泛使用中等组织的砂轮；成形磨削和精密磨削则采用紧密组织的砂轮；而平面端磨、内圆磨削等接触面积较大的磨削，以及磨削薄壁零件、有色金属、树脂等软材料时，应选用疏松组织的砂轮。

表 6-6　　砂轮组织的分级

组织号	0	1	2	3	4	5	6	7	8	9	10	11	12	13	14
磨粒率（%）	62	60	58	56	54	52	50	48	46	44	42	40	38	36	34
疏密程度	紧密				中等				疏松					大气孔	
适用范围	重负载、成形、精密磨削，加工脆硬材料				外圆、内圆、无心磨及工具磨，淬硬工件及刀具刃磨等				粗磨及磨削韧性大、硬度低的工件，适合磨削薄壁、细长工件，或砂轮与工件接触面大及平面磨削等					有色金属及塑料、橡胶等非金属及热敏合金	

（三）砂轮的形状和尺寸

为适应各种磨床结构和磨削加工的需要，砂轮可制成各种形状与尺寸。常用砂轮的形状、代号及用途见表 6-7。

表 6-7　　常用砂轮形状、代号及用途

砂轮名称	简　图	代号	用　途
平形砂轮		1	磨削外圆、内圆、平面，用于无心磨、工具磨和砂轮机
双斜边砂轮		4	磨削齿轮的齿形和螺纹
筒形砂轮		2	立轴端面平磨

续表

砂轮名称	简　图	代号	用　途
杯形砂轮		6	圆周磨削平面、内圆及端面刃磨刀具
碗形砂轮		11	刃磨刀具，用于导轨磨
碟形砂轮		12a	磨削铣刀、铰刀、拉刀及齿轮的齿形
薄片砂轮		41	切断和开槽

二、砂轮的代号标记

按 GB/T 2484—2018 规定，砂轮标志顺序如下：磨具形状、尺寸、磨料、粒度、硬度、组织、结合剂和最高线速度。另外砂轮标志还有两个可选项，分别为磨料牌号和生产厂自定的结合剂牌号，可由砂轮生产厂家确定是否写在标志内。砂轮的标志应标示在砂轮表面或粘贴标签上，使用砂轮之前应仔细看清砂轮标记，防止用错。下面举例说明砂轮标记的含义：

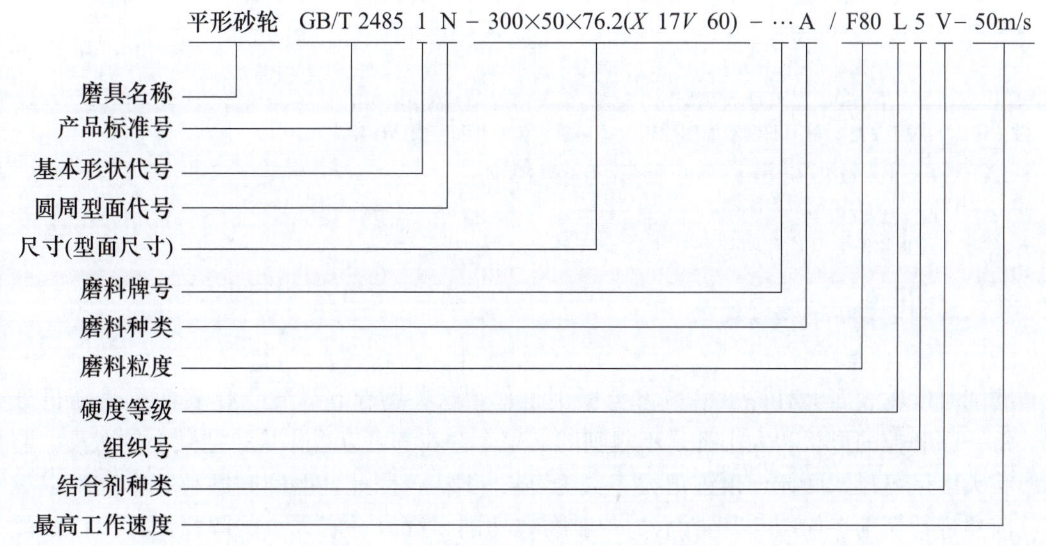

平形砂轮的圆周可有各种型面，其中一些型面是标准化的，由紧跟砂轮型号后面的字母来表示。平形砂轮的圆周型面标记代号见表 6-8。

表 6-8　　平形砂轮的标准圆周型面

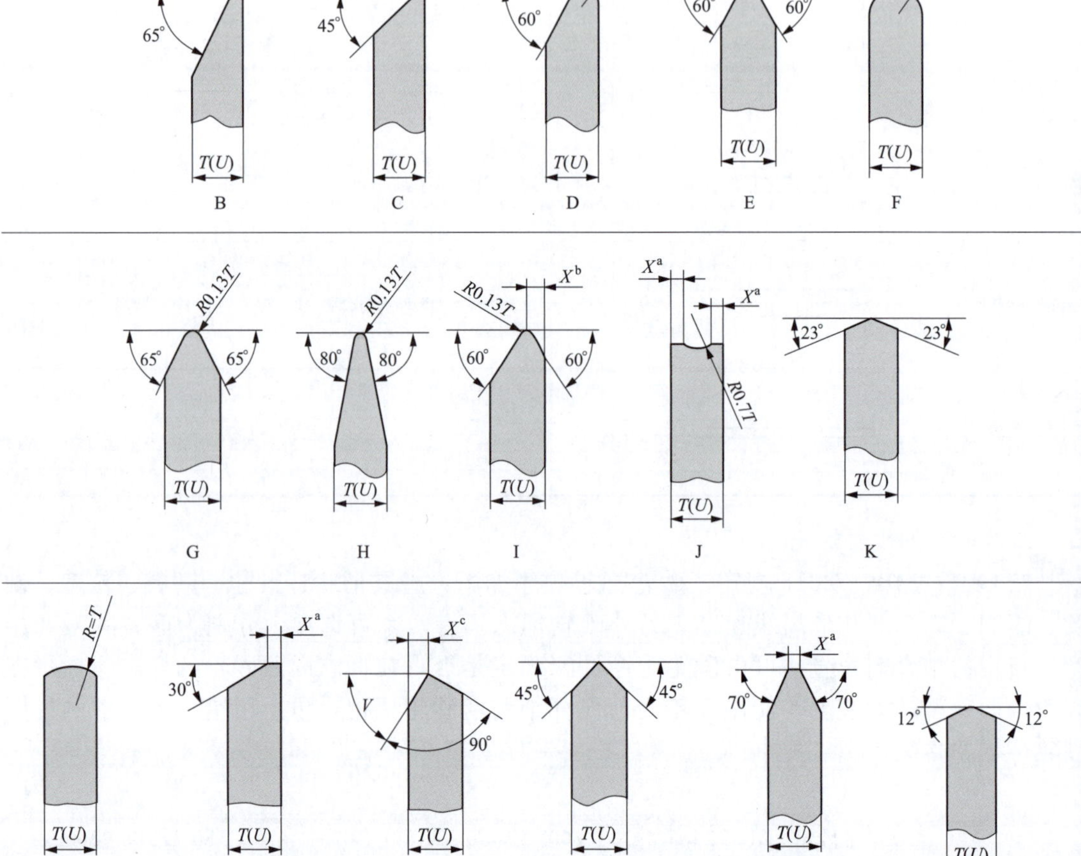

注　$T(U)$ 对于平形、单面凹和双面凹砂轮为 T，对于单面凸和双面凸砂轮为 U。

a　$X=0.25\times T(U)$，X 最大至 3.2mm，除非另有规定。

b　$X=0.33\times T(U)$。

c　对于 N 型面，X 和 V 应有规定。

三、磨削过程中的物理现象

（一）砂轮的微观特征

磨削时砂轮表面上有许多磨粒参与磨削工作，这些磨粒在砂轮工作表面上是随机分布的，每一颗磨粒的形状和大小都是不规则的，每个磨粒都可以看作是一把微小的刀具。磨料的形状大多呈菱形八面体，顶锥角大多数为 90°～120°，因此，磨削时磨粒基本上都以很大的负前角进行切削，如图 6-10 所示。一般磨粒切削刃都有一定大小的圆弧，其刃口圆弧半径在几微米到几十微米之间，磨粒磨损后，其负前角和圆弧半径 r 都将增大。

（二）磨屑的形成过程

由于砂轮工作表面形貌特点，磨粒以较大的负前角和钝圆半径对工件进行切削，磨粒接触工件的初期不会切下切屑，只有在磨粒的切削厚度增大到某一临界值后才开始切下切屑。分析图 6-11 可知，砂轮中颗粒的高低状态不同，其磨粒工作状态有三种：一种是参加切除金属的，称为有效磨粒；第二种是与切削层金属不接触的，称为无效磨粒；第三种是刚好与切削层金属接触的，仅产生滑擦而不能切除金属。

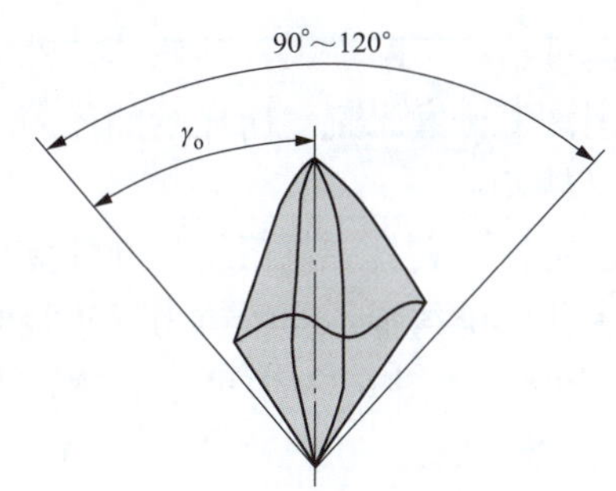

图 6-10　单颗磨粒的形状特征

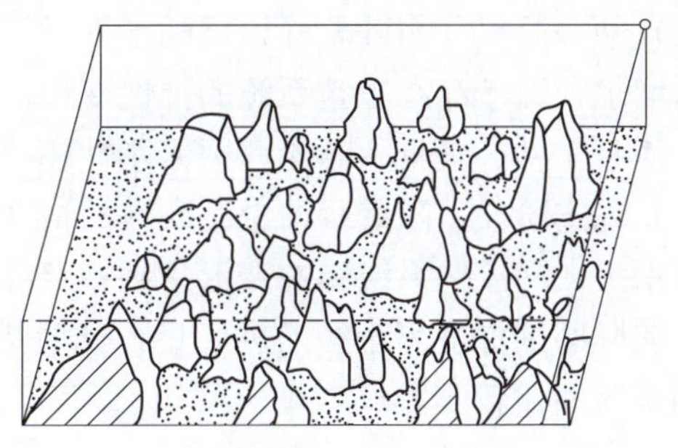

图 6-11　砂轮中磨粒的形状特征

磨粒的切削过程如图 6-12 所示，可分为三个阶段。

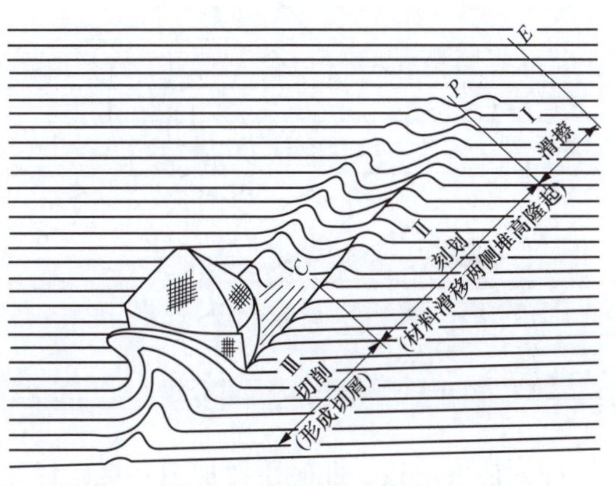

图 6-12　磨粒的切削过程

（1）滑擦阶段。当磨粒刚进入切削区，磨粒刚开始与工件接触时，由于切削厚度非常小，磨粒只是在工件上滑擦，砂轮和工件接触面上只有弹性变形和由摩擦产生的热量。

（2）刻划阶段。随着切削厚度逐渐加大，磨粒与切削层金属产生挤压和摩擦。随着切入，挤压力加大，被磨工件表面开始产生塑性变形，磨粒逐渐切入工件表层材料中。表层材料被挤向磨粒的前方和两侧，工件表面出现沟痕，沟痕两侧产生隆起，该阶段也称为犁耕阶段。此阶段磨粒对工件的挤压摩擦剧烈，产生的热量大大增加。

（3）切削阶段。当继续切入时，磨粒切削厚度进一步加大，当磨粒的切削厚度增加到某一临界值时，磨粒前面的金属产生明显的剪切滑移，从而形成切屑。

因此，单个磨粒的工作过程可划分三个阶段：滑擦阶段、刻划阶段和切屑形成阶段。磨粒经过这三个阶段，在工件表面切下金属层，产生磨屑。

（三）磨削力

虽然单个磨粒切除的材料很少，但砂轮表层有大量磨粒同时工作，而且由于磨粒几何形状的随机性和参数不合理，磨削时的单位磨削力很大，可达 70000N/mm^{2}以上。

总磨削力 F 可分解为互相垂直的三个分力：磨削力 F_c、径向磨削力 F_p 和轴向磨削力 F_f。如图 6-13 所示，三项分力中径向分力 F_p 最大。这是因为磨粒以负前角切削，刃口钝圆半径与切削厚度之比相对很大，而且磨削时砂轮与工件接触宽度较大等的缘故。

因径向分力 F_p 会引起工件、夹具、砂轮和磨床系统产生弹性变形，直接影响加工精度和表面质量，也使实际磨削深度与磨床刻度盘上所显示的数值有差别。故该力在磨削时应引起足够的重视。

（四）磨削过程三阶段

由于径向力 F_p 的存在，引起工艺系统变形，磨削加工时的整个磨削过程可分为三个阶段。

（1）初磨阶段。当砂轮开始接触工件时，随着径向进给的不断加大，砂轮给工件的径向力不断增加，由于存在工艺系统的弹性变形，实际磨削深度比磨床刻度所显示的径向进给量要小。而且工件、夹具、砂轮、磨床刚性越差，此阶段越长。

（2）稳定阶段。随着径向进给次数的增加，机床、工件、夹具工艺系统的弹性变形抗力也逐渐增大。当工艺系统弹性变形达到一定程度后，工艺系统的弹性变形抗力等于径向磨削力时，实际磨削深度等于径向进给量，此时进入稳定阶段。从图 6-14 中可以看出，此阶段占用加工时间比较长。

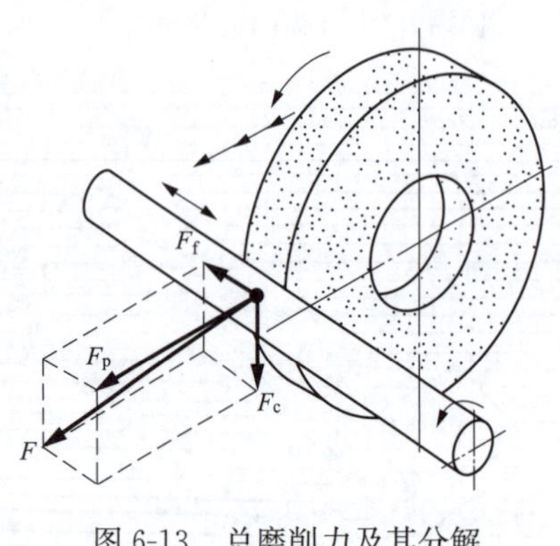

图 6-13 总磨削力及其分解

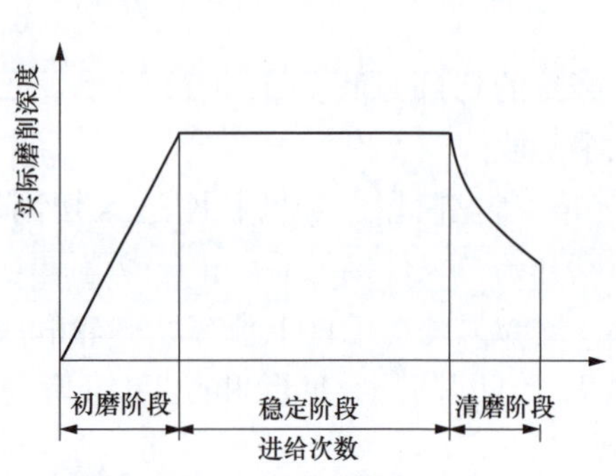

图 6-14 磨削过程三个阶段

（3）清磨阶段。此时主要加工余量已经磨去，可在很小的径向进给量或完全不进给的情况下再磨削一段时间。此阶段中由于工艺系统的弹性变形逐渐恢复，实际磨削深度大于径向进给量，随着工件被磨去一层又一层，实际磨削深度趋近于零，磨削火花逐渐消失。这个清磨阶段主要是为了提高磨削精度和表面质量。

通过对磨削过程三个阶段的分析，可得出结论：在开始磨削时，可采用较大的径向进给量缩短初磨阶段和稳定阶段的时间以提高生产率；最后应无径向进给磨削延长清磨阶段的时间以提高工件质量。

（五）磨削温度的概念及影响因素

由于磨削时单位磨削力 k_c 比车削时大得多，所以切除金属体积相同时，磨削所消耗的能量远远大于车削所消耗的能量。这些能量在磨削中将迅速转变为热能，热量传入砂轮、磨屑、工件或被切削液带走。然而砂轮是热的不良导体，因此几乎 80%的热量传入工件和磨屑，并使磨屑燃烧产生火花。磨粒磨削点温度可高达 1000～1400℃，砂轮磨削区温度也有几百摄氏度。磨削温度对加工表面质量影响很大，须设法控制。

1. 磨削温度概念

一般磨削温度是指磨削过程中砂轮与工件接触磨削区域的平均温度，为 400～1000℃。磨削温度影响磨粒的磨损，磨屑与磨粒的黏附；引起工件表面的加工硬化、烧伤和裂纹，使工件热膨胀、翘曲、形成内应力。为此，磨削时需采用大量的切削液进行冷却，并冲走磨屑和碎落的磨粒。

2. 影响磨削温度的因素

(1) 砂轮速度 v_c。提高砂轮速度 v_c，单位时间内通过工件表面的磨粒数增多，单颗磨粒切削厚度减小，挤压和摩擦作用加剧，单位时间内产生的热量增加，使磨削温度升高。

(2) 工件速度 v_w。增大工件速度 v_w，单位时间内进入磨削区的工件材料增加，单颗磨粒的切削厚度加大，磨削力及能耗增加，磨削温度上升。但从热量传递的观点分析，提高工件速度 v_w，工件表面被磨削点与砂轮的接触时间缩短，工件上受热影响区的深度较浅，可以有效防止工件表面层产生磨削烧伤和磨削裂纹，在生产实践中常采用提高 v_w 的方法来减少工件表面烧伤和裂纹。

(3) 径向进给量 f_r。径向进给量 f_r 增大，有利于热量散发，可以降低磨削温度。

(4) 切削厚度。切削厚度增大，产生的热量增多，使磨削温度升高。

(5) 工件材料。磨削韧性大、强度高、导热性差的材料，因为消耗于金属变形和摩擦的能量大，发热多，散热性能又差，故磨削温度较高。磨削脆性大、强度低、导热性好的材料，磨削温度相对较低。

(6) 砂轮特性。选用低硬度砂轮磨削时，砂轮自锐性好，磨粒切削刃锋利，磨削力和磨削温度都比较低；选用粗粒度砂轮磨削时，容屑空间大，磨屑不易堵塞砂轮，磨削温度就比选用细粒度砂轮磨削低。

因此，要使磨削温度降低，应该采用较小的砂轮速度和磨削深度，并增大工件速度。而砂轮硬度对磨削温度的影响有明显规律：砂轮软，磨削温度低；砂轮硬，磨削温度高。

【任务指导】 磨削加工实训（二）——砂轮的选择及平衡安装

一、实训目的

(1) 学会根据加工工件选择合适的砂轮。

(2) 学会砂轮的平衡办法。

(3) 学会砂轮的安装步骤。

(4) 学会砂轮的修整办法。

二、实训内容

(1) 分析工件的结构、材料、加工要求，选择合适的砂轮，并写出砂轮的代号。

(2) 对选定的砂轮做静平衡实验。

(3) 将经过静平衡的砂轮安装到磨床上。

(4) 对砂轮做修整。

三、实训使用设备及相关工具

外圆磨床等设备，砂轮、砂轮平衡架、套筒扳手、手锤等拆装工具，金刚石笔等砂轮修整工具。

四、实训步骤

1. 选择砂轮

分析如图 6-1 所示的球销零件图，根据影响砂轮特性五大要素的选择原则选择砂轮。

（1）根据磨削工件材料为45碳钢，且淬火处理，硬度较大，选择磨料为白刚玉，代号WA。

（2）工件最终表面粗糙度值为$Ra0.8\mu m$，可以分为粗磨和精磨两次磨削，粗磨选择中粒度，精磨选择细粒度，因此，粗磨可以选择F40，精磨可以选择F60。

（3）加工表面为外圆磨削，结合剂选用陶瓷结合剂，代号为V。

（4）磨削表面为淬火钢表面，且质量较高，砂轮硬度选择中软或者软系列，例如选择代号为K。

（5）表面硬度较高，选择中等的组织，例如7级。

（6）选择砂轮的形状为平形砂轮，代号为1。

因此，粗加工选择的砂轮标志为GB/T 4127 1C－300×40×60－WA/F40K7V 40，精加工选择的砂轮标志为GB/T 4127 1C－300×40×60－WA/F60K7V 35。

2. 砂轮的平衡

由于砂轮各部分密度不均匀、几何形状不对称、安装偏心等原因，往往造成砂轮重心与其旋转中心不重合，即产生不平衡现象。不平衡的砂轮在高速旋转时会产生迫使砂轮偏离轴心的离心力，使主轴发生振动，影响磨削质量和机床精度，严重时还会造成机床损坏和砂轮碎裂。因此，对于直径大于200mm的砂轮，在往磨床主轴上安装之前都要进行平衡。砂轮的平衡有静平衡和动平衡两种。一般情况下，只需做静平衡，但在高速磨削（线速度大于50m/s）和高精度磨削时，必须进行动平衡。

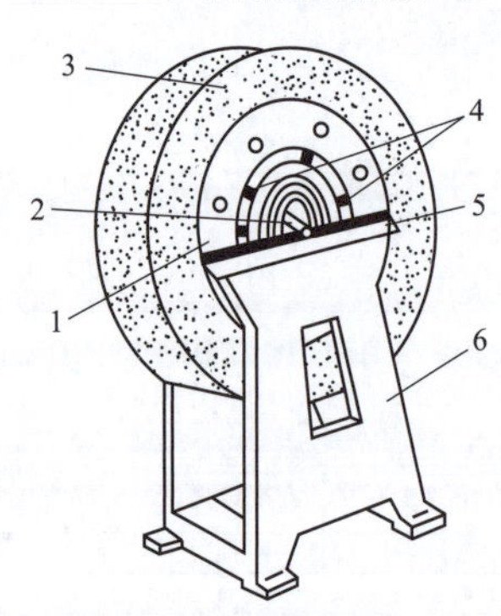

图6-15　砂轮的静平衡
1—砂轮套筒；2—心轴；3—砂轮；4—平衡块；5—平衡轨道；6—平衡架

砂轮的平衡主要是在静平衡架上通过调整砂轮上的平衡块位置来实现。如图6-15所示，砂轮在法兰盘上装好后，将法兰盘安装在平衡心轴上，再把砂轮连同平衡心轴一起放在已调成水平的平衡架上。若砂轮不平衡，心轴会在平衡滚道上自由滚动，当砂轮停止滚动时，它的重心正好处于回转中心正下方的垂线上。这时将平衡块的位置向两侧移动，直至砂轮在任何位置都能保持静止，说明砂轮的重心已与回转中心重合。

3. 砂轮的安装

砂轮安装前应鉴别有无裂纹，可用响声法检查。一手托住砂轮，另一手用木棒轻敲，听其声音。没有裂纹的砂轮发出清脆的声音，有裂纹的砂轮声音嘶哑。如果砂轮有裂纹则不能使用，避免砂轮工作时受力产生爆裂。

砂轮的孔径与法兰盘轴颈部分应有0.1～0.2mm的安装间隙。若砂轮孔径与法兰盘轴颈配合过紧，可用刮刀均匀修刮砂轮内孔；若配合间隙太大，则砂轮盘的中心与法兰盘的中心会产生安装偏心，增大砂轮的不平衡量。为此，可在法兰轴颈的周围垫上一层纸片，如图6-16所示，以减小安装偏心；如果砂轮孔径与法兰轴径相差太多，就应重新配置法兰盘。

法兰盘的支撑平面应平整且外径尺寸相等，安装时在法兰盘端面和砂轮之间，应垫上1～2mm厚的塑性材料制成的衬垫（或弹性垫圈），衬垫的直径比法兰盘外径稍微大一些。

如图 6-17 所示，砂轮安装以后应做两次平衡，在静平衡前砂轮需做整形修整。从磨床主轴上拆卸法兰盘时，要使用套筒扳手和拨头。

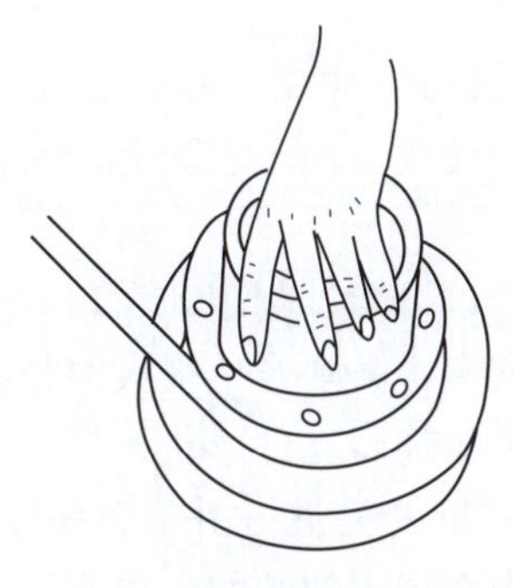
图 6-16　法兰盘轴颈与砂轮内孔间隙过大

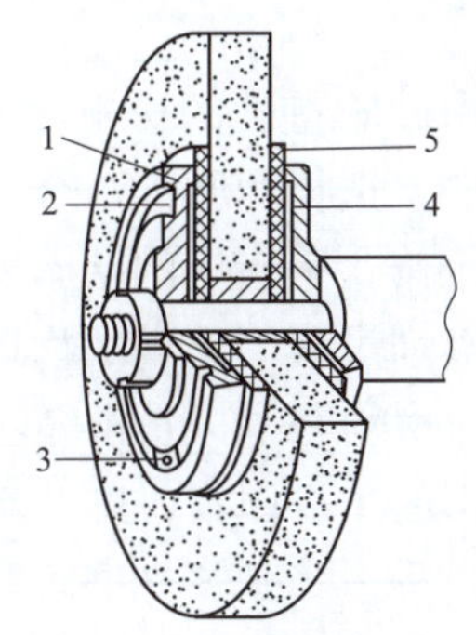

图 6-17　砂轮的安装
1—法兰盘；2—环形槽；3—平衡块；4—法兰；5—弹性垫圈

4. 砂轮的修整

砂轮工作一定时间后，出现磨粒钝化、表面空隙被磨屑堵塞、外形失真等现象时，必须除去表层的磨料，重新修磨出新的刃口，以恢复砂轮的切削能力和外形精度。砂轮修整一般利用金刚石工具采用车削法、滚压法或磨削法进行。修正砂轮用的工具如图 6-18 所示。

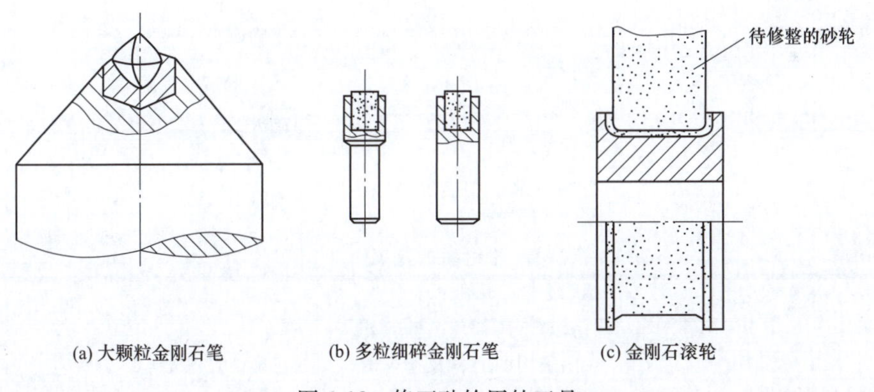

(a) 大颗粒金刚石笔　(b) 多粒细碎金刚石笔　(c) 金刚石滚轮

图 6-18　修正砂轮用的工具

(1) 大颗粒金刚石笔。大颗粒金刚石笔是将大颗粒的金刚石镶焊在特制刀杆上的一种修整工具。修整时将金刚石笔安装在修整座上，表面磨粒碰到金刚钻坚硬的尖角，就会碎裂或者整个磨粒脱落，从而产生新的微刃。金刚石与砂轮的接触面积小，引起的弹性变形小，所以能获得精细平整的表面。这是目前应用最广的一种方法。金刚钻是一种贵重的材料，使用时要检查其焊接是否牢固，以及是否有裂纹，以免金刚石修整时脱落。

(2) 多粒细碎金刚石笔。多粒细碎金刚石笔是由颗粒较小的碎粒金刚石或金刚石粉，用结合力很强的合金结合起来，压入特别的金属刀杆上制成的。多粒金刚石笔修整效率较高，所修整的砂轮磨出工件的表面粗糙度值较小，主要用于修整细粒度砂轮。

(3) 金刚石滚轮。金刚石滚轮是由多片渗碳淬火钢或白口铁的金属圆盘装在刀柄上制成，金属盘的形状为尖角形，修整时金属盘随砂轮高速滚动，并对砂轮表面滚轧。金刚石滚轮修整效率更高，适于修整成形砂轮。

【任务小结】

本任务主要学习砂轮特性的影响因素，了解砂轮的切削性能与砂轮五大要素之间的关系，掌握砂轮五大要素选择的原则，会根据工件材料、硬度、加工表面等因素选择砂轮，以及掌握砂轮安装、维修、平衡等的基本操作技能。

本任务还分析磨削过程中出现的物理现象。磨粒经过滑擦、刻划和切削三个阶段从工件表面切下磨屑。由于磨粒都是以负前角工作，且数量众多，磨削产生很大的径向力。径向力是引起工艺系统变形的主要因素，工艺系统变形会导致磨削后工件形状、尺寸出现误差。为减小误差，在磨削过程适当延长光磨阶段是提高工件质量的关键。由于磨削过程发热严重，使磨削温度升高。磨削温度的上升是引起工件烧伤、表面产生裂纹的主要原因。为减少磨削质量问题的产生，必须合理地利用和控制影响磨削温度的因素。

【任务评价】

序号	考核项目	考核内容	检验规则	分值	
				小组互评	教师评分
1	磨粒的磨削过程	叙述磨粒将金属材料层变为磨屑的三个阶段	正确得 10 分		
2	磨削过程的三个阶段	整个磨削过程可以分为哪三个阶段，各阶段有什么特点	每正确说明一条得 5 分		
3	粒度	叙述粒度的概念及粒度选择的原则	正确得 10 分		
4	硬度	说明砂轮硬度的含义，硬度的选择原则	正确得 10 分		
5	组织	说明砂轮组织的定义，组织选择的原则	正确得 10 分		
6	磨料	针对不同颜色的砂轮能说出采用的磨料及适合的加工工件材料	每正确说明一条得 10 分		
合计					

任务三　磨削方式选择与实践

【学习目标】

知识目标

（1）掌握磨削的方式及各自特点。

（2）掌握磨削加工的特点。

（3）掌握磨削加工中工件的装夹方法。

(4) 掌握中等复杂程度工件的磨削方法和步骤。

技能目标

(1) 能根据工件的技术要求、结构等选择合理的磨削方式。

(2) 能按照加工步骤完成工件的磨削加工。

(3) 能合理地应用先进的磨削技术。

【任务描述】

分析如图 6-1 所示的球销零件图，为零件磨削加工确定合适的磨削方式，按照步骤磨削加工工件，并对照图纸检查测量加工尺寸、技术要求是否在公差范围内。

【任务分析】

要完成任务首先要学习每种磨床对应的磨削加工方式及每种加工方式的特点，选择合适的加工方式，学会工件在磨床上的装夹方法，完成项目六球销磨削工序的加工。

知识链接

一、磨削工艺范围

磨削工艺范围见图 6-19，可以磨削内外圆柱面和圆锥面、平面、螺旋面、齿轮的轮齿表面、各种成形面等，还可以刃磨刀具，应用范围非常广泛。

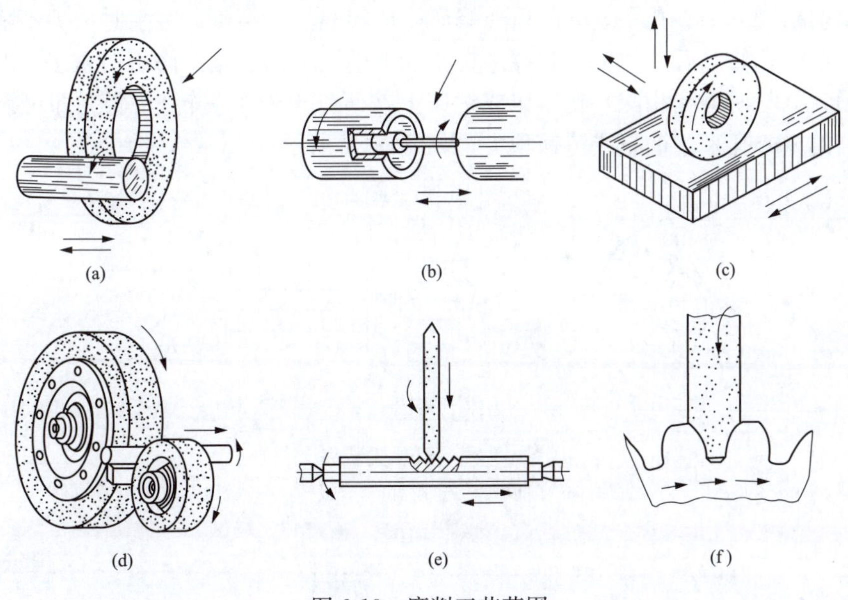

图 6-19　磨削工艺范围

二、磨削加工的特点

和前面的车削、铣削、刨削等加工方法相比，磨削加工具有以下的特点：

(1) 磨削的加工精度高达 IT6～IT5，表面粗糙度值仅为 $Ra0.8 \sim 0.2\mu m$。砂轮表面有很多的切削刃同时参加切削。砂轮上每一磨粒相当于一个切削刃，而且切削刃的形状及分布处于随机状态，每个磨粒的切削角度、切削条件均不相同。磨削属于微刃切削，切削厚度极薄，每一磨粒切削厚度可小到数微米，故可获得很高的加工精度和较低的表面粗糙度值。

（2）磨粒硬度很高，因此磨削不但可以加工碳钢、铸铁等常用金属材料，还能加工一般刀具难以加工的高硬度、高脆性材料，如淬火钢、硬质合金等。但磨削不适宜加工硬度低且塑性大的有色金属材料。

（3）磨削的切削速度高（30m/s以上），切削温度高（1000℃以上），必须使用冷却液。目前的高速磨削砂轮线速度已达到60～250m/s。

（4）砂轮有自锐作用，这是其他刀具所不具备的。

（5）磨削力的径向分力较大，因此为保证工件加工尺寸和减小形状误差，在达到尺寸以后，还要进行多次无进给清磨。

三、磨削方式及应用

（一）外圆磨床磨削外圆

1. 外圆磨床工件的装夹

在外圆磨床上磨削外圆时，常采用以下三种方法装夹工件：

（1）用前、后两顶尖装夹工件。两端有中心孔的零件常用顶尖装夹，利用工件两端的中心孔将工件支承在磨床头架及尾座顶尖之间，用前、后两顶尖装夹工件，如图6-20所示。但磨床所用顶尖不随工件一起转动，两顶尖均为死顶尖，这样主轴与轴承的制造误差及两者之间的间隙等都不会反映到工件上，所以加工精度高，工件的旋转依靠鸡心夹头带动。此方法装夹工件迅速方便，加工精度高，但工件的端面需要加工出中心孔，而且中心孔的精度决定了轴的磨削精度。中心孔在装夹前需要修研，以提高加工精度。磨削时顶尖不随工件一起转动，所以中心孔修研后和顶尖一起擦净，并加上适当的润滑脂。修研的方法一般采用四棱硬质合金顶尖（与研磨孔相配）在车床或钻床上挤研（工件不旋转），研亮即可。对较大或修研精度高的中心孔采用油石或铸铁顶尖，如图6-21所示。

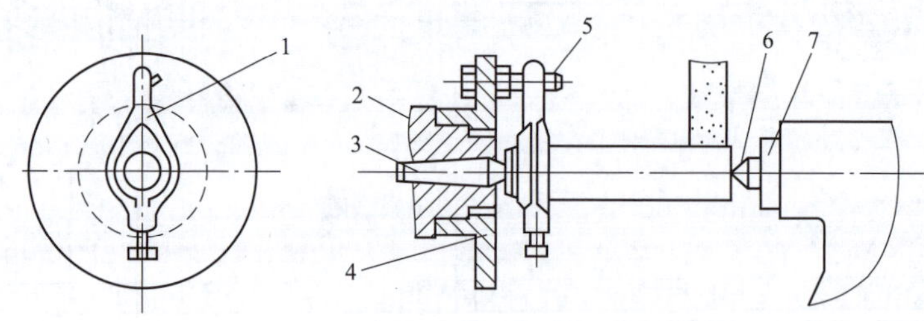

图6-20 双顶尖装夹

1—卡箍；2—头架主轴；3—前顶尖；4—拨盘；5—拨杆；6—后顶尖；7—尾座套筒

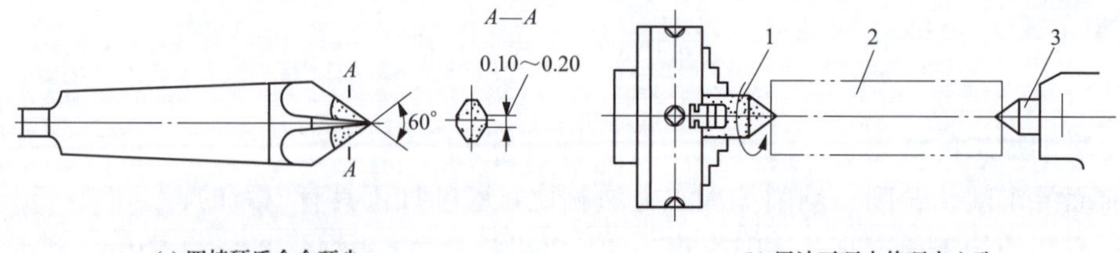

(a) 四棱硬质合金顶尖 (b) 用油石顶尖修研中心孔

图6-21 修研中心孔工具

1—油石顶尖；2—工件；3—后顶尖

（2）用三爪卡盘或四爪卡盘装夹工件。该方法适用于零件轴向尺寸短且无中心孔的情况，回转体零件用三爪卡盘装夹，表面不规则的零件用四爪卡盘装夹。

（3）利用心轴装夹工件。该方法适用于盘套类零件磨削外圆时，所用心轴与车削心轴基本相同，但几何精度及表面粗糙度要求要严格得多，常用的心轴有小锥度心轴、台肩心轴、可胀心轴等。

2. 外圆磨床磨削方式

外圆磨削的方式分为纵向进给磨削法、横向进给磨削法、综合磨削法、深度磨削法等，如图 6-22 所示。

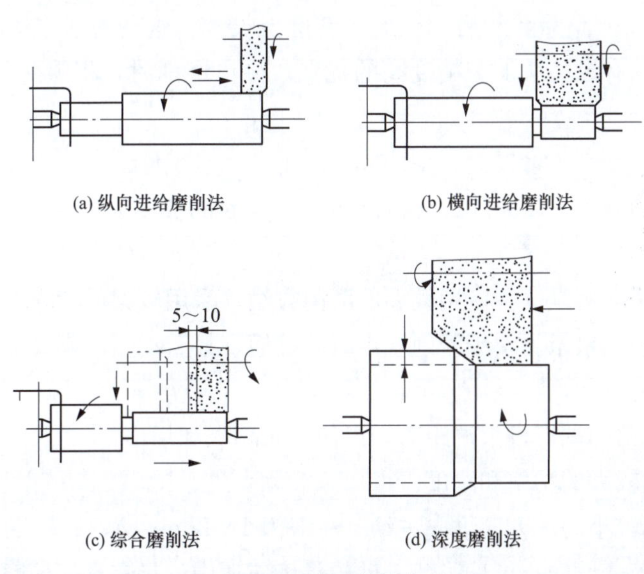

图 6-22　外圆磨削方式

（1）纵向进给磨削法。纵向进给磨削法是最常用的磨削方法。磨削时，工作台做纵向往复进给，砂轮做周期性横向进给，工件的磨削余量要在多次往复行程中磨去。

纵向进给磨削法（简称纵向法）的特点如下：

1）在砂轮整个宽度上，磨粒的工作情况不一样，砂轮左端面（或右端面）尖角负担主要的切削作用，工件部分磨削余量均由砂轮尖角处的磨粒切除，而砂轮宽度上绝大部分磨粒担负降低工件表面粗糙度值的作用。纵磨法由于砂轮前部磨削而后部起抛光作用且磨削背吃刀量很小（一般为 0.005～0.01mm），可获得较高的加工精度和较小的表面粗糙度值。纵向磨削法磨削力小，磨削热少，由于工件做纵向进给运动，故散热条件较好。

2）走刀次数多，生产率较低。该法可以用同一砂轮磨削不同长度的工件，适用于加工批量不大的细长、精密或薄壁工件的磨削及精磨加工。

（2）横向进给磨削法。被磨削工件外圆长度小于砂轮宽度，磨削时砂轮做连续或间断横向进给运动，直到磨去全部余量为止。砂轮磨削时无纵向进给运动。粗磨时，可用较高的切入速度；精磨时，切入速度则较低，以防止工件烧伤和发热变形。

横向进给磨削法（简称横磨法）或切入法的特点如下：

1）整个砂轮宽度上磨粒的工作情况相同，充分发挥所有磨粒的磨削作用，同时，由于采用连续的横向进给，缩短磨削的基本时间，故有很高的生产效率。

2）径向磨削力较大，工件容易产生弯曲变形，一般不适宜磨削较细的工件。

3）磨削时产生较大的磨削热，工件与砂轮的接触面积大，不容易散热，工件容易烧伤和发热变形，因此加工质量差。

横磨法一般用于成批或大批量生产中刚性好且磨削长度较短的工件、台阶轴及其轴颈，以及工件的粗磨等。

（3）综合磨削法。它是切入法与纵向法的综合应用，即先用横磨法将工件分段进行粗磨，留 0.03～0.04mm 余量，然后用纵磨法精磨至尺寸。这种磨削方法既具有横磨法生产效率高的优点，又具有纵磨法加工精度高的优点。分段磨削时，相邻两段间应有 5～10mm 的重叠。

综合磨削法适合磨削余量较大、刚性较好的工件，且工件的长度也要适当。考虑到磨削效率，应采用较宽的砂轮，以减少分段数。当加工表面的长度为砂轮宽度的 2～3 倍时为最佳状态。

（4）深度磨削法。这是一种应用较多的磨削方法，采用较大的背吃刀量在一次纵向进给中磨去工件的全部磨削余量。由于磨削基本时间缩短，故劳动生产率高。

深度磨削法的特点如下：

1）要求加工表面两端有较大的距离，以便砂轮切入和切出。

2）磨床应具有较大的功率和刚度。

3）磨削时采用较小的单方向纵向进给（一般为 1～2mm/r），砂轮纵向进给方向应面向头架并锁紧尾座套筒，以防止工件脱落。砂轮硬度应适中，且有良好的磨削性能。

一般深度磨削法只用于成批或大批量生产中刚性好的工件。

（二）无心外圆磨削

无心外圆磨削工件不需要装夹，有贯穿磨削法和切入磨削法两种加工方式。

1. 无心磨削外圆的方式

（1）贯穿磨削法。贯穿磨削法也称为纵磨法，是指工件一边自身旋转一边纵向进给穿过磨削区域。如图 6-23（a）所示，用贯穿法磨削时，由于导轮轴线在垂直平面内倾斜一个 α 角，导轮表面经修整后为一回转双曲面，其直母线与托板表面平行。工件被导轮带动回转时产生一个水平方向的分速度，从导轮与磨削砂轮之间穿过。如果将工件从机床前面放到托板上并推至磨削区。工件可以一个接一个地连续进入并通过磨削区，从磨床另一端流出，生产率高且易于实现自动化。贯穿法可以磨削圆柱形，尤其是细长轴，磨削长度可大于或小于砂轮宽度，但不能磨削带台阶的圆柱形工件。

（2）切入磨削法。切入磨削法也称为横磨法。如图 6-23（b）所示，用切入法磨削时，导轮轴线的倾斜角度很小，仅用于使工件产生小的轴向推力，顶住挡板而得到可靠的轴向定位。磨削时，工件不穿过磨削区，而是在修整成形的砂轮、导轮及托板组成的磨削区域里，一面旋转一面在导轮（或砂轮）横向进给作用下，靠近砂轮进行磨削，直到磨去全部余量为止，然后导轮（或砂轮）后退，取出工件。切入磨削法适用于带台阶的回转体或有成形表面的回转体工件的磨削加工。

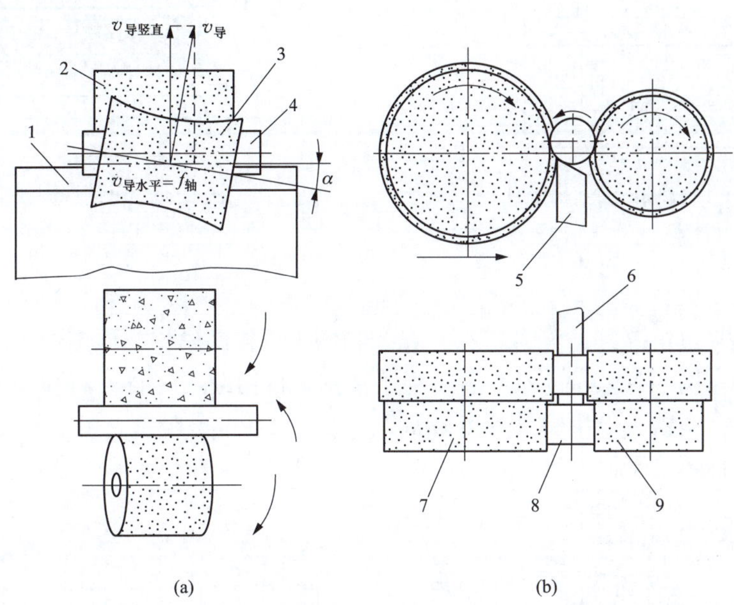

图 6-23　无心磨床磨削示意

1、5—托板；2、7—磨削砂轮；3、9—导轮；4、8—工件；6—挡板

2. 无心外圆磨削的特点

(1) 工件不需打中心孔，支承刚性好，磨削余量小而均匀，生产率高，易实现自动化，适合成批生产。

(2) 加工精度高，其中尺寸精度可达 IT6～IT5，形状精度也比较好，表面粗糙度值为 *Ra*1. 25～0. 16μm。

(3) 不能加工断续表面，如花键、单键槽表面。

(三) 磨削平面

磨削平面一般在平面磨床进行。

1. 平面磨床上工件的装夹

平面磨削的装夹方法应根据工件的形状、尺寸和材料而定，常用方法有电磁吸盘装夹、精密平口钳装夹等。

(1) 电磁吸盘装夹。电磁吸盘是最常用的夹具之一，用于装夹定位面为平面且与电磁吸盘接触面积足够大的中小型导磁工件（如钢、铸铁等材料），该方法装卸工件方便迅速，牢固可靠，能同时安装许多工件。

电磁吸盘工作台有矩形和圆形两种，其工作原理如图 6-24 所示。当线圈中通过直流电时，芯体被磁化，磁力线经过盖板—工件—盖板—吸盘体而闭合，工件被吸住。装夹前，工件应去毛刺并将电磁吸盘和工件擦净，工件一般装夹在电磁吸盘能吸牢的地方。当磨削键、垫圈、所有薄壁套等尺寸较小而壁较薄的零件时，因零件与工作台接触面积小，吸力弱，所以在工件四周或左右两侧用挡铁围住，以免工件移动，如图 6-25 所示。

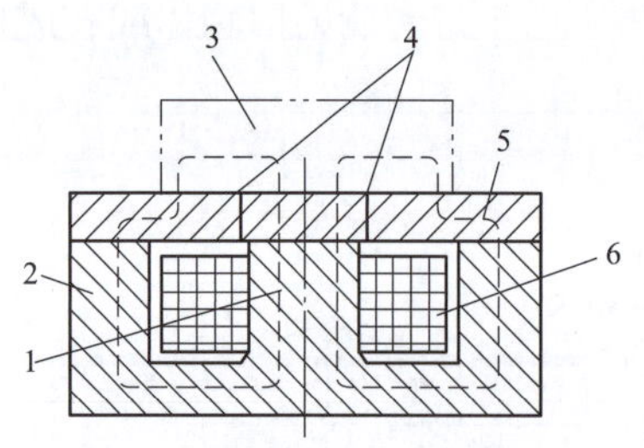

图 6-24 电磁吸盘的结构原理

1—芯体；2—吸盘体；3—工件；4—绝磁层；5—盖板；6—线圈

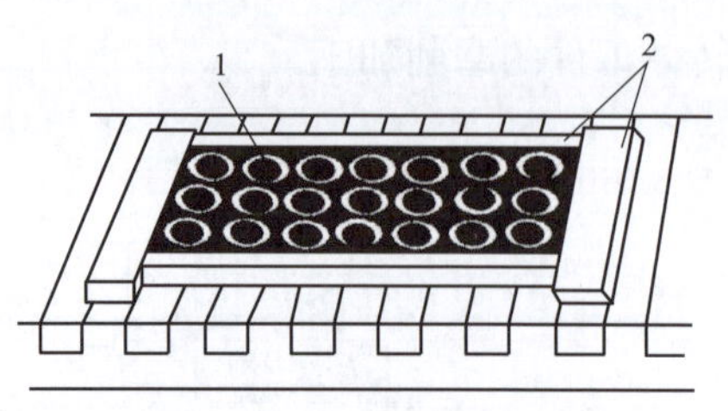

图 6-25 用挡铁围住工件

1—工件；2—挡铁

（2）工件用平口钳等装夹。图 6-26 所示为精密平口钳的结构及使用。图 6-26（a）所示为平口钳的结构，图 6-26（b）、（c）所示为用精密平口钳装夹工件。将精密平口钳、方箱、直角弯板、垫铁、角铁、专用夹具等简易夹具直接吸附在电磁吸盘上用来装夹工件，可用于磨削斜面及装夹面不是平面的工件，还可用于装夹铜、铝、非金属等不导磁工件。

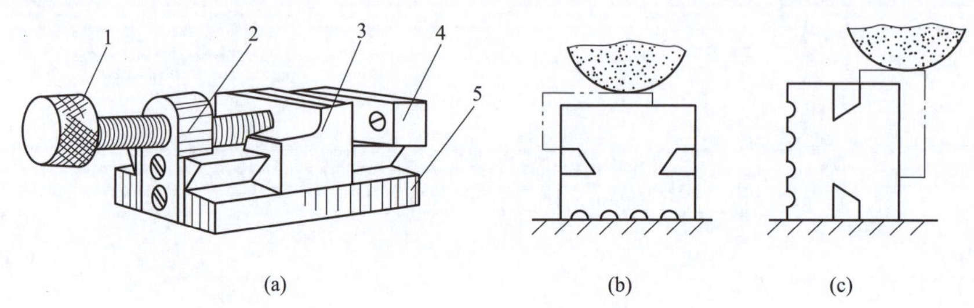

图 6-26 精密平口钳

1—螺杆；2—凸台；3—活动钳口；4—固定钳口；5—底座

2. 磨削平面的方式

平面磨削方式分为周面磨削法和端面磨削法，如图 6-27 所示。

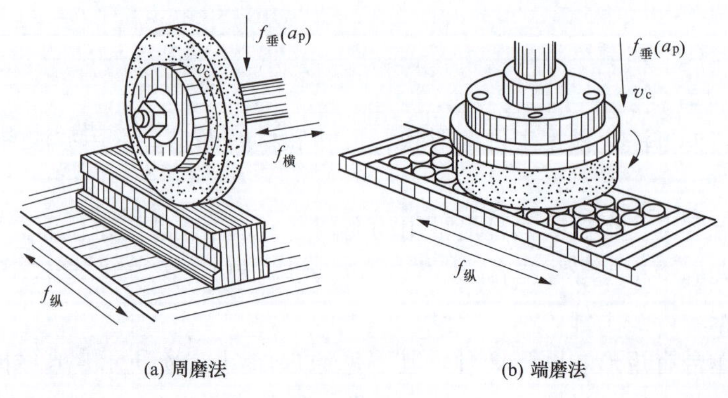

图 6-27 平面磨削加工方式

（1）周面磨削法。平面磨床采用砂轮的轮缘（圆周）进行磨削，称为周面磨削法，简称周磨。砂轮主轴水平放置（卧轴）。用周面磨削法磨削平面时，砂轮与工件接触面积小，产生的磨削力小、磨削热少，排屑和冷却容易，工件受热所产生的变形小，可以得到较高的加工精度和较细的表面粗糙度等级。但由于周磨时砂轮与工件接触面积小，要用间断的横向进给来完成整个工件表面的磨削，所以生产率较低。一般周磨法用于精磨及易翘曲变形的工件。

(2) 端面磨削法。平面磨床采用砂轮的端面进行磨削，称为端面磨削法，简称端磨。砂轮主轴竖直放置（立轴），端面磨削法磨头主轴伸出长度短，刚性好，可采用较大的切削用量，磨削面积大，生产率高。但由于砂轮与工件接触面积大，发热多，切削液不能直接注入磨削区，造成排屑和冷却困难，工件表面容易发生热变形和烧伤，且沿砂轮直径的各点线速度不同，故加工精度低、表面粗糙度值较大。

一般端磨法用于粗磨，以及磨削形状简单的工件平面。为改善磨削条件，提高磨削精度，可以选用大粒度、低硬度的杯形或碗形树脂结合剂砂轮，也可以采用镶块砂轮等。

镶块砂轮的结构见图6-28，它由几块扇形砂瓦围成，用螺钉、楔块等固定在金属法兰盘上。磨削时，砂轮与工件的接触面减小，改善了排屑与冷却条件，砂轮不易堵塞，且可更换砂瓦，砂轮使用寿命长。但是镶块砂轮是间断磨削，磨削时易产生振动，故加工的表面粗糙度值较大。

（四）磨削内圆

内圆磨削可在万能外圆磨床上用内圆磨头磨削，也可以在普通内圆磨床上磨削。

内圆磨床上工件的装夹一般采用三爪卡盘、四爪卡盘、花盘及压板等。

1. 内圆磨削特点

磨孔时，砂轮尺寸受到孔径尺寸限制，砂轮轴径一般为孔径的0.5～0.9倍，而且砂轮轴伸出长，刚性较差，影响内圆磨孔质量。内圆磨削时，因为砂轮尺寸小，若使砂轮的圆周速度达到一般的25～30m/s，就需要极高的转速，因此与外圆磨削相比，内圆磨削的生产率低，加工精度和表面质量较差，测量也较困难。

2. 内圆磨削方式

磨削内圆时，可采用纵磨法或横磨法磨削内孔，如图6-29所示。一般采用纵磨法，当磨削短孔或内成形面时采用横磨法。

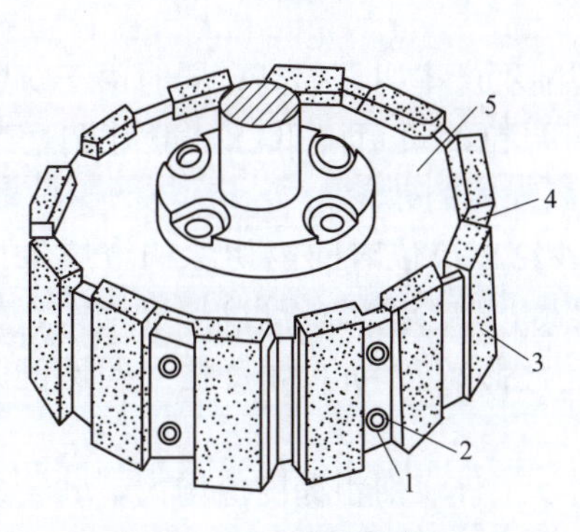

图6-28　镶块砂轮

1—楔块；2—螺钉；3—平衡块；4—砂瓦；5—法兰盘

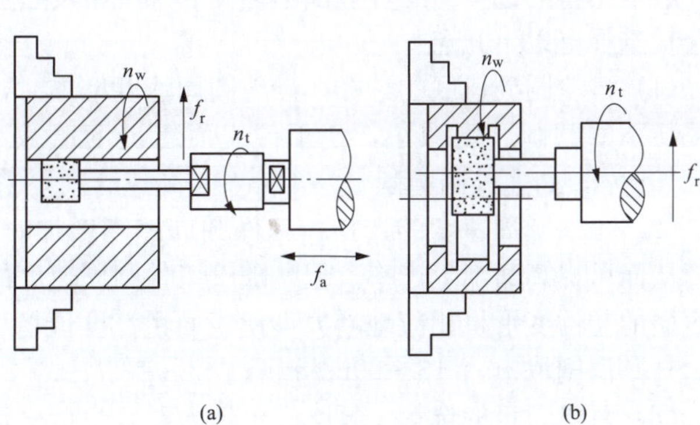

图6-29　内圆磨削方式

【任务指导】 磨削加工实训（三）——磨削方式选择及实践

一、实训目的

（1）学会根据工件的结构及加工要求选择磨削方式。

（2）学会工件在磨床上的装夹方法。

（3）学会选择磨削加工的切削用量。

（4）学会磨床对刀。

（5）学会采用正确的磨削方式加工工件。

二、实训内容

（1）分析图中工件的结构及加工要求，选择磨削加工方式。

（2）确定磨削加工用量。

（3）按照步骤磨削加工工件。

（4）测量工件锥度尺寸及公差，并分析出现误差的原因。

三、实训使用设备及相关工具

外圆磨床等设备，后顶尖、反顶尖等附件，砂轮等刀具，螺丝刀、扳手等磨床维修工具，砂轮修整器，环规、着色剂、千分尺等检验量具。

四、实训步骤

1. 分析零件的结构及加工技术要求，选择磨削方式

由于该零件为回转体，磨削的是外表面，只能采用外圆磨和无心外圆磨床的加工方式。

（1）ϕ40 球头：属于曲面，只能在无心外圆磨床上用切入法磨削。

（2）ϕ20 圆柱面：选用万能外圆磨床，磨削的轴向长度较短，选用横磨法。

（3）45°圆锥面：选用万能外圆磨床，磨削长度较短，选用横磨法。

（4）1∶5 锥度圆锥面：选用万能外圆磨床，采用纵磨法。

2. 将工件在磨床上装夹

无心磨床工件一般不用装夹。外圆磨床磨削时，根据工件的结构特点，头部为圆球，可以采用反顶尖定位，限制三个自由度，ϕ20 右端面有中心孔，可以用后顶尖定位并夹紧，注意磨削之前工件需清洁中心孔，并涂润滑油。

3. 选择机床的切削用量及调整机床转速

磨削用量的选择对工件表面粗糙度、加工精度、生产率和工艺成本均有影响。磨床的磨削余量选择有以下几点：

（1）砂轮圆周速度的选择。砂轮圆周速度增加时，磨削生产率明显提高；同时由于每颗磨粒切下的磨削厚度减小，使工件表面粗糙度值减小，磨粒的负荷降低。一般外圆磨削 $v_c=35\text{m/s}$，高速外圆磨削 $v_c=45\text{m/s}$。高速磨削要采用高强度的砂轮。

（2）工件圆周速度的选择。工件圆周速度增加时，砂轮在单位时间内切除的金属量增加，从而可提高磨削生产率。但是随着工件圆周速度的提高，单个磨粒的磨削厚度增大，工件表面的塑性变形也相应地增大，使表面粗糙度值增大。一般 v_w应与 v_c保持适当的比例关系。外圆磨削取 $v_w=13\sim20\text{m/min}$。

（3）背吃刀量的选择。背吃刀量增大时，生产率提高，工件表面粗糙度值增大，砂轮易变钝。一般取 $a_p=0.01\sim0.03\text{mm}$，精磨时取 $a_p<0.01\text{mm}$。

（4）纵向进给量的选择。纵向进给量对加工的影响与背吃刀量相同。粗磨时 $f=(0.4\sim0.8)B$，精磨时 $f=(0.2\sim0.4)B$，其中，B 为砂轮宽度。

根据选择的切削用量调整好砂轮转速和工件转速。

4. 对刀

(1) 磨削前的准备。启动油泵，开动磨床进行自动润滑和排气运行，砂轮空转运行检查，各部件运转正常之后再停车。

(2) 检查砂轮是否需要修整。注意：每次修整之前一定要先退砂轮，退到使其进刀后都能与金刚笔头具有一段距离的安全点，打进给手柄使砂轮靠近修刀座，然后缓慢摇动刻度盘，让砂轮缓慢接触金刚笔，少量进给修整。

(3) 重新开动机床，使砂轮和工件旋转。调整砂轮位置，使其对准要加工的工件位置，转动砂轮架横向手柄，将砂轮慢慢靠近工件。打开切削液，继续转动工作台横向进给手柄使工件靠近砂轮，直至与工件稍微接触并擦出火花，记下刻度盘读数。

5. 磨削加工

该工件的磨削步骤如下：

(1) 用反顶尖和后顶尖组合定位，夹住工件，用横磨法，粗磨 ϕ20 圆柱面，横磨时，调整背吃刀量，背吃刀量不可太大，一般单边不超过 10 丝，每次进刀加工都要退刻度盘，等砂轮接触工件后再缓慢摇刻度盘到加工指定位置。选择合适的进给量磨削，测量工件两点外径尺寸，避免出现椭圆、微锥等问题。

(2) 将砂轮架逆时针旋转 22.5°，粗磨 45°圆锥面，保持砂轮端面有 $R3$ 圆角，横磨法磨至精加工前尺寸，如图 6-30 所示。

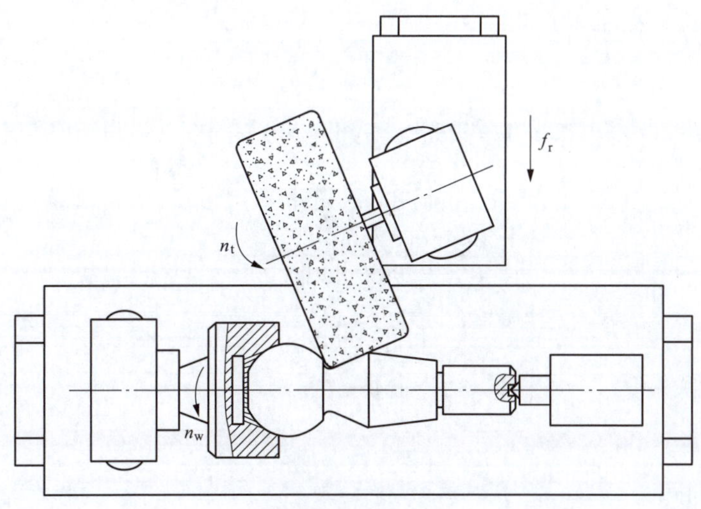

图 6-30　横磨法

(3) 恢复砂轮架位置，将上层工作台旋转 1∶10 斜度，纵磨法粗磨至锥度 1∶5 表面精加工前尺寸，如图 6-31 所示。

(4) 修整砂轮，对此三表面做精磨，注意对加工表面的测量，防止超差，对 1∶5 锥面，涂染色剂，并用环规做着色度检测。

(5) 修整无心磨床砂轮和导轮的形状，使之与工件球面相符，将工件放在托板上，用切入法粗、精磨球头至尺寸 $\phi 40_{-0.025}^{0}$。

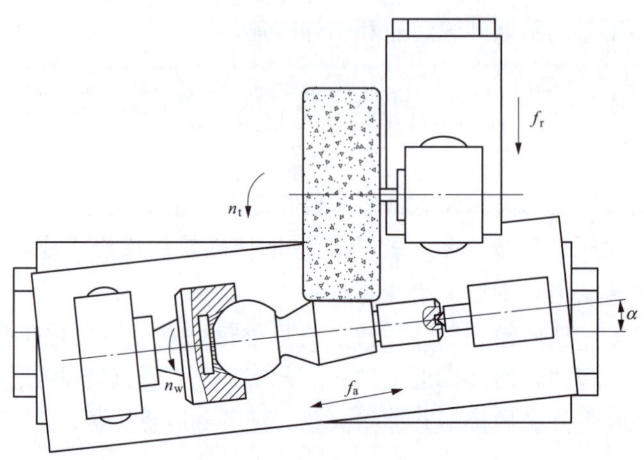

图 6-31 纵磨法

6. 清理现场

清洁机床，将部件开关复位后，关闭电源。

【任务小结】

本任务学习磨削加工的工艺范围，磨削加工的特点，重点学习外圆、平面、内圆和无心四种磨床各自采用的磨削方式和各种磨削方式的优缺点及应用情况，可以根据工件加工表面的要求加以选择应用。通过磨削加工实训学会磨削加工的步骤和操作要点，要求能按照磨削加工的步骤生产出合格的产品。

【任务评价】

序号	考核项目	考核内容	检验规则	分值	
				小组互评	教师评分
1	外圆磨削	叙述外圆磨床常用的磨削方式、各自的优缺点及适用范围	正确回答一问得 10 分		
2	无心外圆磨削	叙述无心磨常用的磨削方式、各自的优缺点及适用范围	正确回答一问得 10 分		
3	平面磨削	叙述平面磨床常用的磨削方式、各自的优缺点及适用范围	每正确回答一问得 10 分		
4	磨削步骤	说明磨削加工的大致工作步骤	正确得 10 分		
5	磨削的特点	叙述磨削加工的特点	正确说明一种得 5 分		
合计					

综合练习题

项目七 机械加工工艺规程编制

【项目描述】

根据任务书已知：该轴（见图 7-1）为小型机械中的传动轴，该机械的生产纲领 $Q=1000$ 台/年；每台产品中该轴的数量 $n=4$ 件/台；该轴的备品百分率 $a=8\%$，废品百分率 $b=0.6\%$；根据任务书确定该轴的生产类型，并依照工艺文件制订的步骤，为该零件编制机械加工工艺规程。

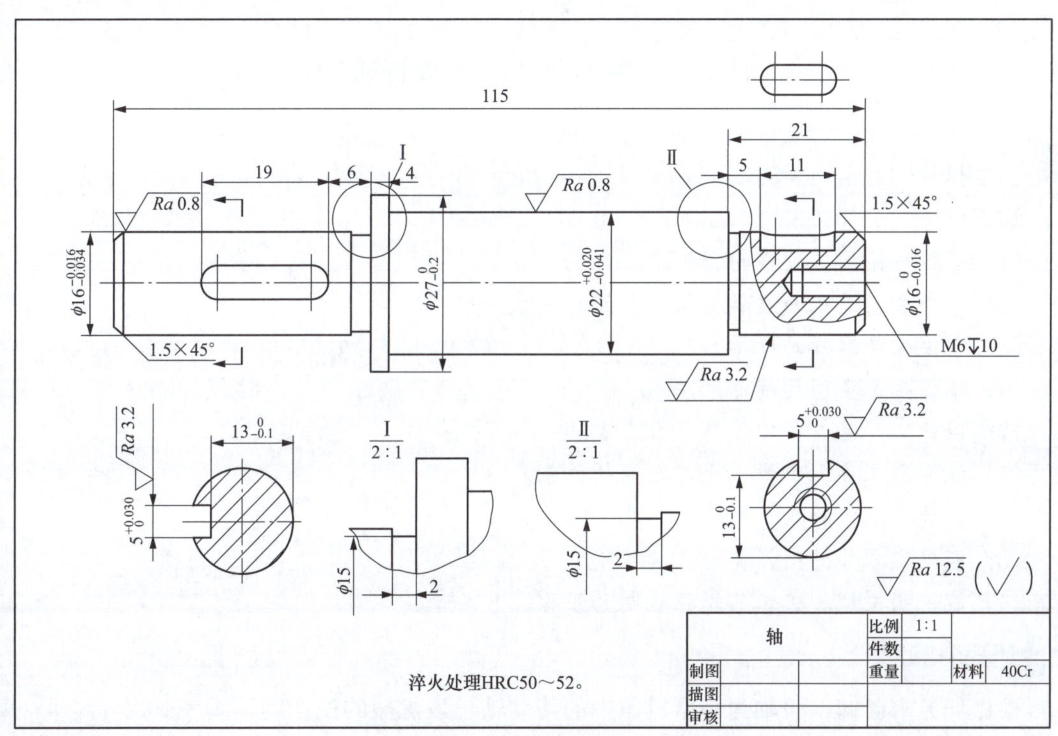

图 7-1 小型传动轴产品图

【项目作用】

机械加工的目的是将毛坯加工成符合产品要求的零件。通常毛坯需要经过若干工序才能加工成符合产品要求的零件。用机械加工方法改变毛坯的形状、尺寸、相对位置和性质使其成为零件的全过程称为机械加工工艺过程。同一种机器零件，可以采用几种不同的工艺过程来加工，但其中总有一种工艺过程在某一特定条件下是最经济、最合理的。人们把工艺过程的有关内容用文件的形式固定下来，用以指导生产，这个文件称为工艺规程。

在机械制造企业中，为了确保零件的设计性能、质量、经济性要求，零件加工之前，应首先由技术人员编制零件的机械加工工艺规程，工人严格按照制订的工艺规程的内容对零件进行加工。加工工艺规程是机械加工依据的法律性基础与技术支持。

作为企业的工艺人员，编制工艺文件是一项基本技能，也是日常的工作内容之一。

【项目教学配套设施】

《机械加工工艺人员手册》，多媒体教学设备等。

【项目分析】

要编制工艺文件，首先要对工艺基础性概念有一个清楚的认识，会计算产品的生产纲领，能确定产品的生产批量，懂得如何审查产品图样的工艺性，掌握工艺文件编制的步骤及每一步的工作内容，照此路线以传动轴零件为例编制合理的工艺文件。

本项目所要解决的问题是：在现有的生产条件下如何采用经济有效的加工方法，并以合理、经济的路径安排若干加工方法，以获得加工的工艺规程。

任务一　机械加工工艺规程认知

【学习目标】

知识目标

（1）了解机械加工过程的含义。

（2）掌握工艺过程的组成及相互之间的关系。

（3）掌握生产纲领的计算。

（4）掌握生产类型的确定方法。

技能目标

（1）能分清工序、工步、走刀之间的关系。

（2）能计算零件的生产纲领。

（3）能确定零件的生产类型。

（4）能说明机械加工工艺规程编制的步骤。

【任务描述】

根据任务书已知：该轴为小型机械中的传动轴，该机械的生产纲领 $Q=1000$ 台/年；每台产品中该轴的数量 $n=4$ 件/台；该轴的备品百分率 $a=8\%$，废品百分率 $b=0.6\%$；依照工艺文件制订的步骤，计算该轴的年生产纲领，并确定出该轴的生产类型，做好为该零件编制机械加工工艺规程的基础工作。

【任务分析】

工艺规程是企业的法律性文件，生产过程要按照工艺规程有关文件开展，工艺规程文件主要有两种形式，即机械加工工艺过程卡片和机械加工工序卡片。

要完成任务，首先要了解工艺文件编制的基础，搞清楚工序、工步、走刀、安装的层次关系，工艺规程的作用等工艺基础知识，知道生产纲领的概念和计算方法，学会确定生产批量的办法，了解工艺文件编制的步骤，掌握工艺规程制订的原则，为后续工作的开展打好基础。

知识链接

机械制造厂一般都从其他工厂取得机械加工所需要的原材料或半成品。生产过程是指将原材料转变为成品的全过程，包括原材料的运输、保管与准备，产品的技术、生产准备，毛坯的制造，零件的机械加工及热处理，部件及产品的装配、检验、调试、油漆包装，以及产品的销售和售后服务等。

机械加工工艺过程是生产过程中很重要的一个环节。

一、机械加工工艺过程的组成

由于零件加工表面的多样性，生产设备和加工手段、加工范围的局限性，零件精度要求及产量的不同，通常零件的加工过程是由若干个顺次排列的工序组成的。通过这些工序的依次加工，毛坯成为成品零件。

1. 工序

工序是指一个或一组工人，在一个工作地对同一个或同时对几个工件所连续完成的那一部分工艺过程。工作地点不变和连续完成是构成工序的两个基本要素。

工序是工艺过程的基本组成部分，也是制订生产计划和进行成本核算的基本单元。

一个零件的加工过程需要包括哪些工序，由被加工零件的复杂程度、加工精度要求及其产量等因素决定。如图 7-2 所示的销轴，在单件小批生产时，其加工过程由 3 个工序组成，见表 7-1 ；而在大批量生产时，其加工过程可由 6 个工序组成，见表 7-2。

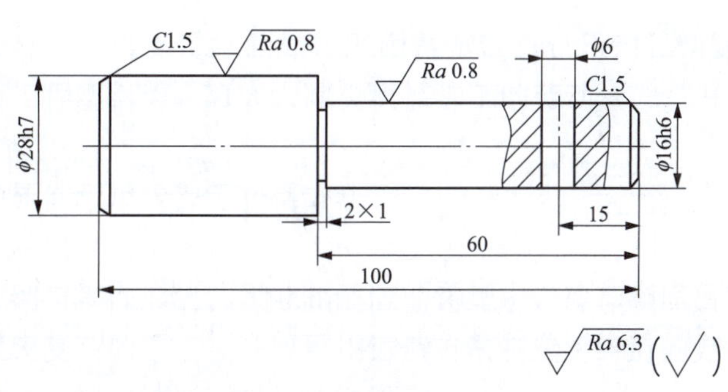

图 7-2　销轴产品图

表 7-1　销轴单件生产工艺过程

工序号	工序内容	所用设备
1	车端面，打中心孔，车外圆，车砂轮越程槽，倒角	CA616 普通车床
2	钻 ϕ6 孔	Z515 台式钻床
3	磨削外圆	M4132A 万能外圆磨床

表 7-2　销轴大批量生产工艺过程

工序号	工序内容	所用设备
1	铣端面，打中心孔	立式铣床
2	车大外圆及倒角	车床
3	掉头车小外圆、车砂轮越程槽及倒角	车床
4	钻 ϕ6 孔	台式钻床
5	修研中心孔	车床
6	磨削外圆	M4132A 万能外圆磨床

2. 安装

如果在一个工序中需要对工件进行几次装夹，则每次装夹下完成的那部分工序内容称为一次安装。在一个工序中，有的工件只需装夹一次，有的则需要装夹多次。

如图 7-2 所示的销轴单件生产时，车削两端外圆和端面、打中心孔是工艺过程的第一道工序。本工序操作过程是三爪卡盘先夹住销轴小头端，车大头端面，打中心孔，车外圆，倒角；然后工件掉头，用三爪卡盘夹住刚加工过的大头表面，车小头端面，打中心孔，车外圆、切槽等，此为第二次装夹。本工序要进行两次装夹，才能把工件上左、右两个表面加工出来。从减小装夹误差及缩短装夹工件所花费的时间考虑，应尽量减少安装次数。

3. 工位

工位是在工件的一次安装中，工件相对于机床（或刀具）占据的每一个确切位置。

在同一工序中，有时为了降低由于多次装夹而带来的误差及时间损失，往往采用转位工作台或转位夹具。在工件的一次安装中，通过工作台的分度、移位可以使工件相对于机床变换加工位置。如图 7-3 所示，1 号工位上料、拆卸毛坯，2 号工位预钻底孔，3 号工位钻孔，4 号工位扩孔，5 号工位粗铰孔，6 号工位精铰孔，利用回转工作台在一次安装中顺次完成装卸工件、钻孔、扩孔和铰孔多个工位。

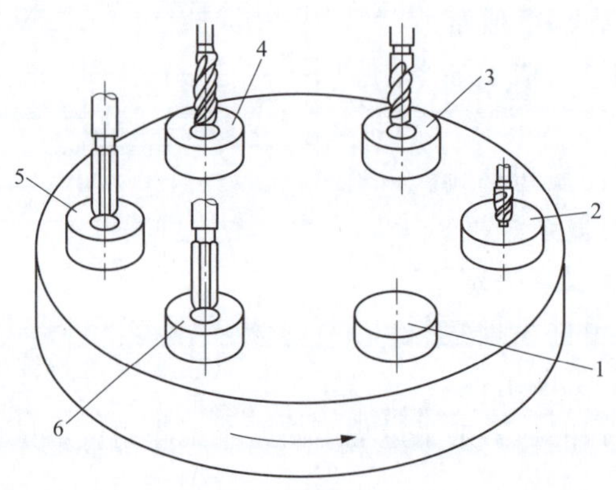

图 7-3 多工位加工

采用多工位加工，可以提高生产率和保证被加工表面间的相互位置精度。图 7-3 中工件的上料、装夹、拆卸动作与工件的钻孔等动作同时进行，节省了加工辅助时间，提高了生产率。

4. 工步

一个工序（或一次安装或一个工位）中可能需要加工若干个表面；也可能只加工一个表面，但却要用若干把不同的刀具轮流加工；或只用一把刀具但却要在不同加工表面上切多次，而每次切削所选用的切削用量不全相同。在同一个工位上，加工表面、刀具、切削速度和进给量不变的情况下所连续完成的工位内容称为一个工步。

上述加工表面、切削刀具和切削用量（指切削速度和进给量）三个要素中，只要有一个要素改变了，就不能认为是同一个工步。

为了提高生产效率，机械加工中有时用几把刀具同时加工几个表面，将其视为一个工步，称为复合工步。图 7-4（a）所示为在转塔车床上用一把车刀和一个钻头同时加工工件的外圆和孔，图 7-4（b）所示为钻孔、扩孔复合刀具加工相同的内表面，这些均称为复合工步，复合工步视为一个工步。

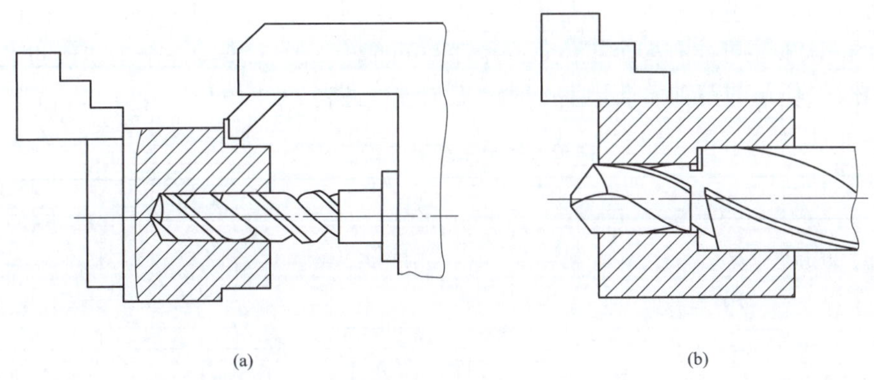

图 7-4　复合工步

对于在一次安装中连续进行的若干个相同工步，习惯上视为一个工步。如图 7-5 所示，钻模板用钻夹具一次安装，在台式钻床上依次加工 6 个 ϕ16 孔，可写成一个工步，即“工步×——钻 6 个 ϕ16 孔”。

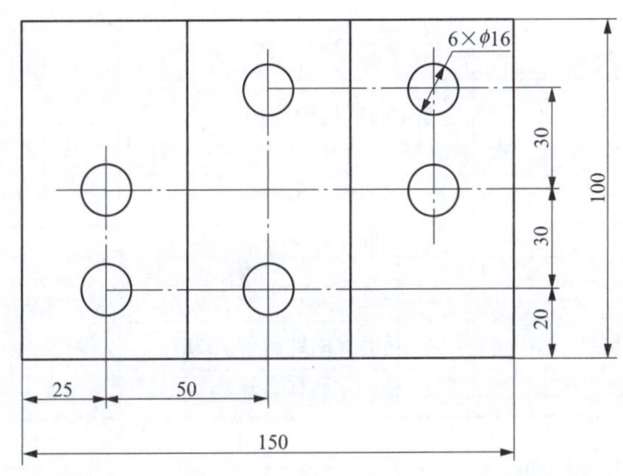

图 7-5　钻模板

5. 走刀

在一个工步中，如果要切掉的金属层很厚，可分几次切削。刀具在加工表面上切削一次所完成的工步内容称为一次走刀，如图 7-6 所示。走刀是构成加工过程的最小单元。

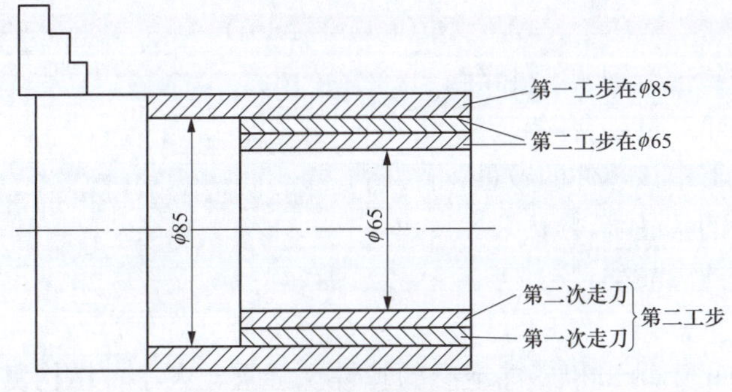

图 7-6　车削阶梯轴的多次走刀

由分析可知，工艺过程的组成是很复杂的。工艺过程由许多工序组成，一个工序可能有几次安装，一次安装可能有多个工位，一个工位可能有几个工步，一个工步经过几次走刀，等等。如图 7-2 所示的销轴大批量生产时的工艺过程见表 7-3。

表 7-3　销轴大批量生产时的工艺过程

<table>
<tr><th>工序</th><th>安装</th><th>工步</th><th>工位</th><th>走刀</th></tr>
<tr><td rowspan="3">1 铣端面，打中心孔</td><td rowspan="3">3
平口钳</td><td>1. 铣两端面</td><td rowspan="3">3</td><td>1</td></tr>
<tr><td>2. 打中心孔</td><td>1</td></tr>
<tr><td>3. 掉头打另一端中心孔</td><td>1</td></tr>
<tr><td rowspan="2">2 车大外圆及倒角</td><td rowspan="2">1
三爪卡盘</td><td>1. 车外圆</td><td rowspan="2">1</td><td>1</td></tr>
<tr><td>2. 倒角</td><td>1</td></tr>
<tr><td rowspan="3">3 车小外圆及倒角</td><td rowspan="3">1
三爪卡盘</td><td>1. 车外圆</td><td rowspan="3">1</td><td>3</td></tr>
<tr><td>2. 车槽</td><td>2</td></tr>
<tr><td>3. 倒角</td><td>1</td></tr>
<tr><td>4 钻孔 $\phi 6$</td><td>1
专用夹具</td><td>1. 钻 $\phi 6$ 孔</td><td>1</td><td>1</td></tr>
<tr><td rowspan="2">5 修研中心孔</td><td rowspan="2">2
顶尖，拨盘、鸡心夹头</td><td>1. 修研一端中心孔</td><td rowspan="2">2</td><td>1</td></tr>
<tr><td>2. 修研另一端中心孔</td><td>1</td></tr>
<tr><td rowspan="4">6 磨削外圆</td><td rowspan="4">1
双顶尖，鸡心夹头、拨盘</td><td>1. 粗磨大端外圆至 $\phi 28.2$</td><td rowspan="4">1</td><td>2</td></tr>
<tr><td>2. 粗磨小端外圆至 $\phi 16.2$</td><td>4</td></tr>
<tr><td>3. 精磨大端外圆至 $\phi 28h7$</td><td>1</td></tr>
<tr><td>4. 精磨小端外圆至 $\phi 16h6$</td><td>1</td></tr>
</table>

二、生产类型及其工艺特征

零件的机械加工工艺过程与生产类型密切相关，在制订机械加工工艺规程时，首先要确定生产类型，而生产类型主要与生产纲领有关。

（一）零件的生产纲领

零件的生产纲领主要是指包括备品与废品在内的产品（指零件）年产量。在制订零件的机械加工工艺规程时，必须先计算出零件的生产纲领，具体可按下式计算：

$$N = Qn(1+a)(1+b) \tag{7-1}$$

式中　N——零件的年生产纲领，件/年；

Q——机器的年产量，台/年；

n——每台机器中该零件的数量，件/台；

a——该零件的备品率，%；

b——该零件的废品率，%。

（二）零件的生产类型

根据加工零件的年产纲领和零件本身的特性（轻重、大小、结构复杂程度、精密程度等），可以将零件的生产类型划分为单件生产、成批生产和大量生产三种。

单个地生产不同结构、尺寸的产品，且很少重复或完全不重复，称为单件生产，如机械配件加工、专用设备制造、新产品试制等都是属于单件生产。

产品的数量很大，大多数的工作一直按照一定节拍进行同一种产品的加工，称为大量生产，如手表、洗衣机、自行车、汽车等的生产。

成批地制造相同产品，并且是周期性的重复生产，称为成批生产，如机床制造等多属于成批生产。每批制造的相同零件的数量，称为批量。批量可根据零件的年产量及一年中的生产批数计算确定；一年中的生产批数，须根据零件的特征、流动资金的周转速度、仓库容量等具体情况确定。按照批量多少和被加工零件自身的特性，成批生产又可分为小批生产、中批生产和大批生产。小批生产工艺过程的特点与单件生产相似。大批生产接近大量生产；中批生产介于单件生产和大量生产之间。

在同一个工厂中，可能同时存在几种不同生产类型的生产。生产类型的划分主要取决于生产纲领，即年产量，但也要考虑产品本身的大小和结构的复杂程度，见表 7-4 与表 7-5。

表 7-4　生产类型与生产纲领的关系

生产类型	生产纲领（台/年或件/年）			工作地每月担负的工作数（工序数/月）
	小型机械或轻型零件	中型机械或中型零件	重型机械或重型零件	
单件生产	≤100	≤10	≤5	不做规定
小批生产	>100～500	>10～150	>5～100	不做规定
中批生产	>500～5000	>150～500	>100～300	>20～40
大批生产	>5000～50000	>500～5000	>300～1000	>10～20
大量生产	>50000	>5000	>1000	1

注　小型机械、中型机械和重型机械可分别以缝纫机、机床和轧钢机为代表。

表 7-5　不同机械产品的零件质量型别

机械产品类型	零件的质量（kg）		
	轻型零件	中型零件	重型零件
小型机械	≤4	>4～30	>30
中型机械	≤15	>15～50	>50
重型机械	≤100	>100～2000	>2000

不同生产类型的零件加工工艺、工艺装备、毛坯制造方法及对工人的技术要求等，都有很大的不同。各种生产类型的工艺特征见表 7-6。

表 7-6　各种生产类型的工艺特征

名称	大量生产	成批生产	单件生产
生产对象	品种较少，数量很大	品种较多，数量较多	品种很多，数量少
零件互换性	具有广泛的互换性，某些高精度配合件用分组选择法装配，不允许用钳工修配	大部分零件具有互换性，同时还保留某些钳工修配工作	广泛采用钳工修配

续表

名称	大量生产	成批生产	单件生产
毛坯制造	广泛采用金属模机器造型、模锻等 毛坯精度高，加工余量小	部分采用金属模造型、模锻等，部分采用木模手工造型、自由锻造毛坯精度中等	广泛采用木模手工造型、自由锻造 毛坯精度低，加工余量大
机床设备及其布置	采用高效专用机床、组合机床、可换主轴箱（刀架）机床、可重组机床 采用流水线或自动线进行生产	部分采用通用机床，部分采用数控机床、加工中心、柔性制造单元、柔性制造系统 机床按零件类别分工段排列	广泛采用通用机床、重要零件采用数控机床或加工中心 机床按机群布置
获得规定加工精度的方法	在调整好的机床上加工	一般是在调整好的机床上加工，有时也用试切法	试切法
装夹方法	高效专用夹具装夹	夹具装夹	通用夹具装夹，找正装夹
工艺装备	广泛采用高效率夹具、量具或自动检测装置，高效复合刀具	广泛采用夹具，广泛采用通用刀具、万能量具，部分采用专用刀具、专用量具	广泛采用通用夹具、量具和刀具
对工人要求	调整工技术水平要求高，操作工技术水平要求不高	对工人技术水平要求较高	对工人技术水平要求高
工艺文件	工艺过程卡片、工序卡片、检验卡片	一般有工艺过程卡片，重要工序有工序卡片	只有工艺过程卡片

应当指出，生产类型对零件工艺规程的制订影响很大。在制订零件机械加工工艺规程时，必须首先确定生产类型，生产类型确定之后，工艺过程的总体轮廓就勾画出来了。

三、工艺规程作用及内容

将制订好的零（部）件的机械加工工艺过程按一定的格式（通常为表格或图表）和要求用文字描述出来，经审批后用来指导生产，这些图表、卡片和文字材料统称为工艺文件，即为机械加工工艺规程。它是在具体的生产条件下，按规定的形式书写成的最合理或较合理的工艺过程和操作方法。

（一）工艺规程的作用

(1) 工艺规程是工厂进行生产准备工作的主要依据。产品在投入生产之前要做大量的生产准备工作，包括原材料和毛坯的供应、机床的配备和调整、专用工艺装备的设计制造、核算生产成本及配备人员等，所有这些工作都要根据工艺规程进行。

(2) 工艺规程是企业组织生产的指导性文件。工厂管理人员根据工艺规程规定的要求，编制生产作业计划，组织工人进行生产，并按照工艺规程要求验收产品。

(3) 工艺规程是新建和扩建机械制造厂（或车间）的重要技术文件。新建和扩建机械制造厂（或车间）须根据工艺规程确定机床和其他辅助设备的种类、型号规格和数量，以及厂房面积，设备布置，生产工人的工种、等级、数量等。

此外，先进的工艺规程还起着交流和推广先进制造技术的作用。典型工艺规程可以缩短工厂摸索和试制的过程。

（二）工艺规程的内容及形式

工艺规程中包括各个工序的排列顺序，加工尺寸、公差及技术要求，工艺设备及工艺措施，切削用量及工时定额等内容。为了适应工业发展的需要，加强科学管理和便于交流，JB/T 9165.2—1998《工艺规程格式》规定各机械制造厂按统一规定的格式填写。按照规定，属于机械加工工艺规程的有机械加工工艺过程卡片和机械加工工序卡片。

1. 机械加工工艺过程卡片

机械加工工艺过程卡片是说明零件机械加工工艺过程的工艺文件。此卡片以工序为单元简要说明工件的加工工艺路线，包括工序号、工序名称、工序内容、所经车间工段、所用机床与工艺装备的名称、时间定额等。图 7-7 所示为蜗轮减速机箱体的机械加工工艺过程卡片。

(企业名称)	机械加工工艺过程卡片	产品型号		零(部)件图号	W05–01		
		产品名称	蜗轮减速机	零(部)件名称	箱体	第1页	共1页

材料牌号	HT200	毛坯种类	铸件	毛坯外形尺寸	350×300×330	每毛坯可制件数	1	每台使用件数	1	备注	

	工序号	工序名称	工序内容	车间	工段	设备	工艺装备	工时(min) 准终	工时(min) 单件
	1	铸造	砂型铸造毛坯	铸造					
	2	时效	去应力时效处理						
	3	划线	划出上、下体中心线，及上、下平面和剖分面的加工线	机加	2	划线平台			20
	4	铣削	加工上、下平面和剖分面达到图纸的要求	机加	1	X336铣床			55
	5	配划线	将上、下体面对面重叠，配划出箱体各螺纹孔、各轴承孔和内外端面的加工线，完成后组合成箱体	机加	2	划线平台			45
	6	钻削	钻削加工4×ϕ12孔，并锪平孔端面	机加	1	Z5140钻床			15
	7	镗削	镗削加工ϕ62H7和ϕ40h6孔及孔内 外端面，加工放油孔	机加	1	TX618镗床			100
	8	钻削	加工ϕ62孔端面上及其他表面上的螺纹孔，加工地脚孔	机加	1	Z5140钻床			35
描图	9	铣削	加工ϕ40孔的油槽	机加	1	X5030立铣			20
	10	检验							
描校									
底图号									
装订号									

										编制(日期)	审核(日期)	标准化(日期)	会签(日期)
标记	处数	更改文件号	签字	日期	标记	处数	更改文件号	签字	日期				

图 7-7　蜗轮减速机箱体的机械加工工艺过程卡片

单件小批生产由于生产的分工较粗，通常只需说明零件的加工工艺路线（即其加工工序顺序），一般填写机械加工工艺过程卡片，主要用来表示工件的加工流向，供安排生产计划、组织生产调度用。

2. 机械加工工序卡片

机械加工工序卡片是在机械加工工艺过程卡片的基础上分别为每一工序编制的一种工艺文件，用于指导操作工人完成某一工序的加工。工序卡片要求画工序简图，工序简图须用定位夹紧符号表示定位基准、夹压位置和夹压方式；用加粗的实线画出本工序的加工表面，工序简图中还要标明工序尺寸、公差及技术要求。对于多刀加工和多工位加工，还应绘出工序布置图，要求表明每个工位刀具和工件的相对位置和加工要求。图 7-8 所示为蜗轮减速机箱体划线工序机械加工工序卡片。

机械加工工序卡片主要用于大批大量生产；在成批生产中加工一些比较重要的工件时，有时也编制机械加工工序卡片。

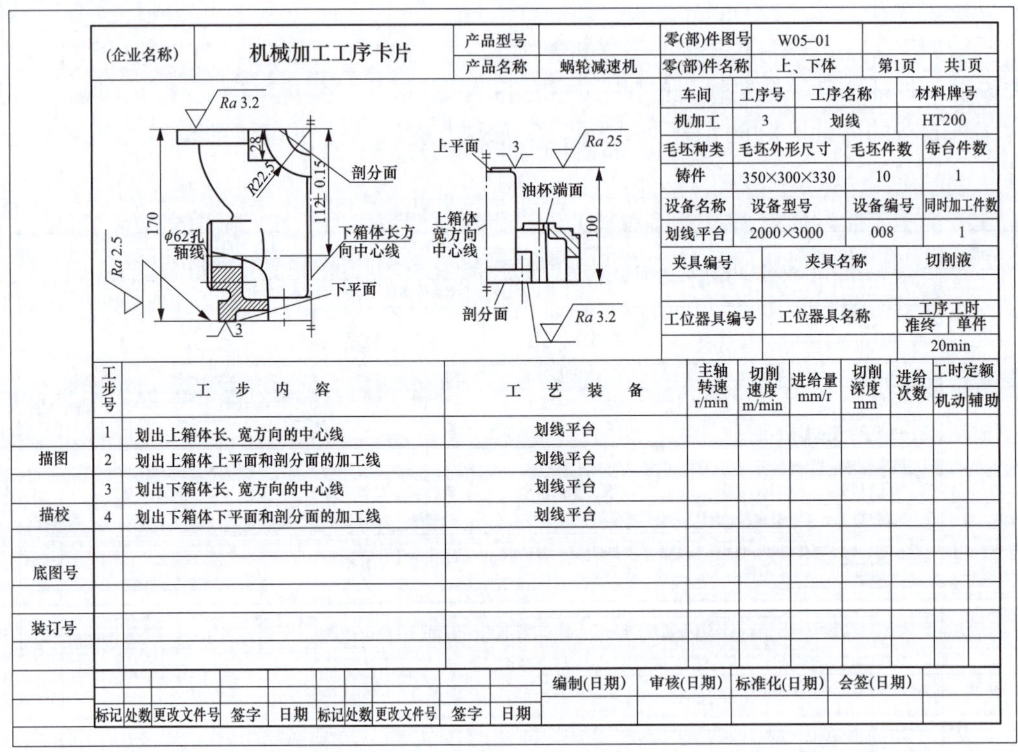

(企业名称)	机械加工工序卡片	产品型号		零(部)件图号	W05–01		
		产品名称	蜗轮减速机	零(部)件名称	上、下体	第1页	共1页

车间	工序号	工序名称	材料牌号
机加工	3	划线	HT200
毛坯种类	毛坯外形尺寸	毛坯件数	每台件数
铸件	350×300×330	10	1
设备名称	设备型号	设备编号	同时加工件数
划线平台	2000×3000	008	1
夹具编号	夹具名称		切削液
工位器具编号	工位器具名称		工序工时 准终 单件
			20min

	工步号	工步内容	工艺装备	主轴转速 r/min	切削速度 m/min	进给量 mm/r	切削深度 mm	进给次数	工时定额 机动	辅助
	1	划出上箱体长、宽方向的中心线	划线平台							
描图	2	划出上箱体上平面和剖分面的加工线	划线平台							
	3	划出下箱体长、宽方向的中心线	划线平台							
描校	4	划出下箱体下平面和剖分面的加工线	划线平台							
底图号										
装订号										

标记	处数	更改文件号	签字	日期	标记	处数	更改文件号	签字	日期	编制(日期)	审核(日期)	标准化(日期)	会签(日期)

图 7-8　蜗轮减速机箱体划线工序机械加工工序卡片

不同的生产类型对工艺规程的要求不同。对于大批量生产，因其生产组织严密、分工细致，工艺规程应尽量详细，要求对每道加工工序的加工精度、操作过程、切削用量、使用的设备及刀、夹、量具等均做出具体规定。因此，除了工艺过程卡外，还应有相应的加工工序卡。

四、工艺规程的设计原则

（1）所设计的工艺规程必须保证机器零件的加工质量和机器的装配质量，达到设计图样上规定的各项技术要求。

（2）工艺过程应具有较高的生产效率，使产品能尽快投放市场。

（3）尽量降低制造成本。

（4）注意减轻工人的劳动强度，保证生产安全。

五、工艺规程设计所需原始资料

（1）产品装配图、零件图。

（2）产品验收质量标准。

（3）产品的年生产纲领。

（4）毛坯材料与毛坯生产条件。

（5）制造厂的生产条件包括机床设备和工艺装备的规格、性能和当前的技术状态，工人的技术水平，工厂自制工艺装备的能力，以及工厂供电、供气的能力等有关资料。

（6）工艺规程设计、工艺装备设计所用设计手册和有关标准。

六、加工工艺规程的设计步骤

（1）分析零件图和产品装配图。阅读零件图和该零件组成的机器装配图，了解机器的用途、性能及工作条件，明确零件在机器中的位置、功用及其主要的技术要求。

（2）零件结构工艺性审查。主要审查零件图上的视图、尺寸和技术要求是否完整、正确；分析各项技术要求制订的依据，找出其中的主要技术要求和关键技术问题，以便在设计加工工艺规程时采取措施予以保证；审查零件的结构是否有机械加工可行性。

（3）确定毛坯的种类及其制造方法。毛坯的种类较多，毛坯与产品成本、产品消耗、加工路线长短有很大关系，确定毛坯类型应认真参考零件材料、零件结构、零件生产类型与生产纲领、企业的生产技术水平等，当需要铸造毛坯时，还要绘制零件的毛坯图样。

（4）确定定位基准。定位基准的确定包括粗基准和精基准的确定，基准的选择对保证零件加工精度，合理安排加工顺序有决定性的影响。

（5）拟订机械加工工艺路线。工艺路线不但影响加工质量和生产效率，而且影响工人的劳动强度，影响设备投资、车间面积、生产成本等，这是机械加工工艺规程设计的核心部分。其主要内容包括：确定加工方法；合理安排机械加工顺序，以及安排热处理、检验和其他工序，确定是采用工序集中还是工序分散等。在拟订工艺路线时，需同时提出几种可能的加工方案，然后通过技术、经济的对比分析，最后确定一种最为合理的工艺方案。

（6）确定各工序余量并计算每道工序的工序尺寸和公差，确定所需的机床和工艺装备。工艺装备包括夹具、刀具、量具、辅具等。机床和工艺装备的选择应在满足零件加工工艺的需要和可靠地保证零件加工质量的前提下，与生产批量和生产节拍相适应，并应优先考虑采用标准化的工艺装备和充分利用现有条件，以降低生产准备费用。对必须改装或重新设计的专用机床、专用或成组工艺装备，应在进行经济性分析和论证的基础上提出设计任务书。

填写工艺卡片时，要确定各工序的加工余量，计算工序尺寸和公差，必要时要画工序图，确定切削用量，当零件较为复杂时要对所制订的工艺方案进行技术经济性分析，并应对多种工艺方案进行比较，或采用优化方法，以确定出最优工艺方案。

（7）计算各工序的工时定额，并将相关内容填写成工艺卡片。

【任务实施】

1. 计算传动轴的生产纲领

根据任务书已知：该零件为小型机械中的传动轴，该机械的生产纲领 Q＝1000 台/年；每台产品中使用该轴的数量 n＝4 件/台；该轴的备品百分率 $a\%=8\%$，废品百分率 $b\%=0.6\%$。则传动轴的生产纲领计算如下：

$$
\begin{aligned}
N &= Qn\times(1+a\%)\times(1+b\%)\\
&=1000\times4\times(1+8\%)\times(1+0.6\%)\\
&=4346(\text{件/年})
\end{aligned}
$$

2. 确定传动轴的生产类型及工艺特征

由于该传动轴的质量≤15kg，根据表 7-5 可知，小型机械产品的零件质量在 4～30kg 范围内，是中型零件。根据计算的生产纲领（4346 件/年）在 500～5000 件/年范围及零件类型（中型零件），由表 7-4 可查出，该传动轴的生产类型为大批生产。

【任务小结】

本任务学习的是编制加工工艺的基础知识，掌握工艺过程的组成，分清工序、工步、工位、安装、走刀工艺基本概念的区别与联系，了解工艺规程的作用和呈现形式，掌握机械加工工艺规程的设计原则及其在企业中的作用，了解机械加工工艺规程制订所需的原始资料，掌握机械加工工艺规程的编制步骤及内容等。

【任务评价】

序号	考核项目	考核内容	检验规则	分值	
				小组互评	教师评分
1	生产过程与机械加工工艺过程	说明生产过程与机械加工工艺过程的关系	正确得 10 分		
2	编制工艺文件的步骤	说明制订工艺文件的步骤及各步骤的工作要点	每正确说出一条得 10 分		
3	生产类型	叙述生产类型的分类，并说明分类的依据	说清楚一问得 10 分		
4	机械加工工艺过程的组成	叙述工序、工步等工艺过程组成部分的概念	每说出一种概念得 5 分		
合计					

任务二　产品图样结构工艺性审查

【学习目标】

知识目标

(1) 了解零件结构工艺性的概念。

(2) 掌握常见零件的合理工艺结构。

(3) 掌握分析零件结构工艺性的步骤。

技能目标

(1) 能说明零件的结构工艺性优劣。

(2) 能对零件结构工艺性提出改进措施。

(3) 能对产品图样的加工工艺性做审查。

【任务描述】

分析如图 7-1 所示的轴的结构特点及其在机器中的作用和装配情况，分析该图样的结构工艺性是否合理，如果不合理提出改正措施。

【任务分析】

本任务以生产中的常用零件轴为例，学习工艺规程编制的步骤及有关问题，编制工艺文件首先要细心分析零件生产图样，审查零件结构工艺性，分清主要加工表面、次要表面及相关技术要求。零件的结构工艺审查合理之后才可以继续进行编制工艺文件的下一步内容。零件的工艺审查流程见图 7-9。

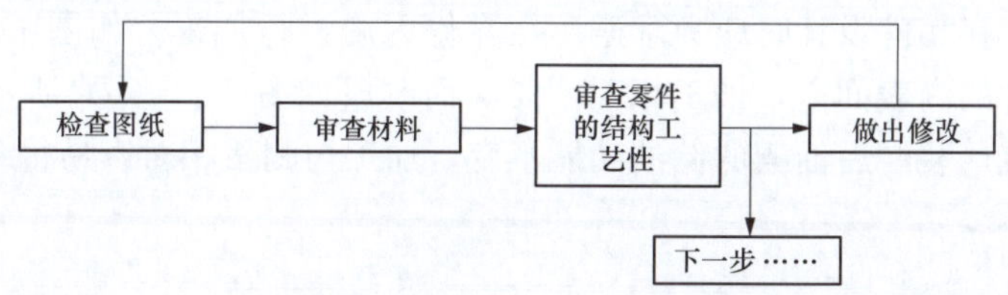

图 7-9　零件的工艺审查流程

知识链接

零件结构工艺性是指所设计的零件在能满足使用要求的前提下制造的可行性和经济性，包括零件铸造、锻造、冲压、焊接、热处理、切削加工等阶段的结构工艺性。由此可见，零件结构工艺性涉及面很广，必须全面综合地分析。

在制订零件机械加工工艺规程时，对产品零件图进行细致的审查，做好工艺性分析，并提出修改意见是一项重要工作。对零件进行工艺性审查，除了检查尺寸、视图及技术条件是否完整外，还应有以下几方面内容。

一、分析零件技术要求及其合理性

一般将零件图上提出的有关技术要求分为以下几类：

（1）加工表面本身的要求（尺寸精度、形状和粗糙度）：编制工艺时依据加工表面选择加工方法、加工工序等。

（2）表面之间的相对位置精度（包括位置尺寸、位置精度）：编制工艺时依据表面之间位置精度选择定位基准。

（3）表面质量及镀层要求：涉及选材及热处理工艺的确定。

（4）其他要求：如密封、平衡、探伤等。

此外，还要审查零件材料选用是否恰当，技术要求是否合理。过高的精度要求、表面粗糙度要求及其他要求，会使工艺过程复杂化，增加加工难度和生产成本。

二、零件的结构工艺性审查内容

有时功能完全相同而结构工艺性不同的零件其制造方法与制造成本往往相差很大。关于零件在机械加工中的结构工艺性内容，主要考虑以下几方面：

1. 零件结构应有利于达到所要求的加工质量

（1）在满足使用要求的基础上，尽量降低零件的加工精度和表面质量要求。加工精度定得过高会增加工序和制造成本，过低则会影响其使用性能。因此，必须根据零件在整个机器中的作用和工作条件合理地选择表面加工精度。

（2）保证位置精度的可能性。为保证零件的位置精度，最好使零件能在一次装夹下加工出所有相关表面。这样由机床的精度来保证达到要求的位置精度。如图 7-10（a）所示的零件图样，由于外圆需要在两次装夹下加工，很难保证 $\phi80$ 与内孔 $\phi60$ 的同轴度。如果改成如图 7-10（b）所示的结构，就能在一次装夹下完成外圆与内孔的加工，可以很容易地保证同轴度的要求。

2. 零件结构应有利于减少加工和装配的劳动量

（1）尽量避免、减少或简化内表面的加工。因为外表面加工要比内表面方便经济，而且便于测量。因此，在零件设计时应力求避免在零件内腔进行加工。如图 7-11（a）所示，油槽设计在套类零件的内表面上，加工相对困难。而改成如图 7-11（b）所示的结构，油槽加工在轴的外表面上，装配后油槽的储油功能不变，加工与测量相对容易得多，同时节约了加工成本。

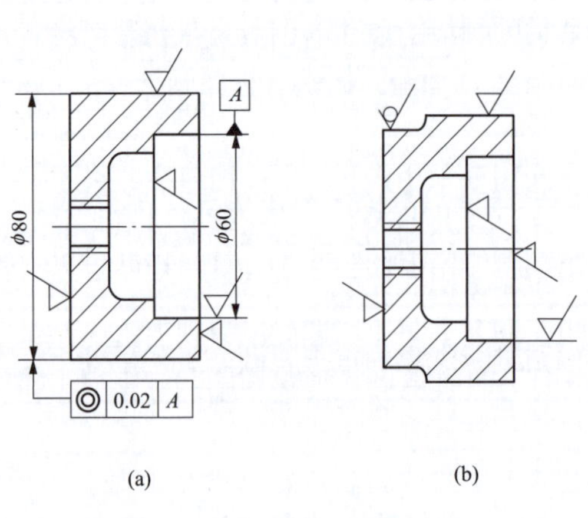

图 7-10 保证同轴度的结构

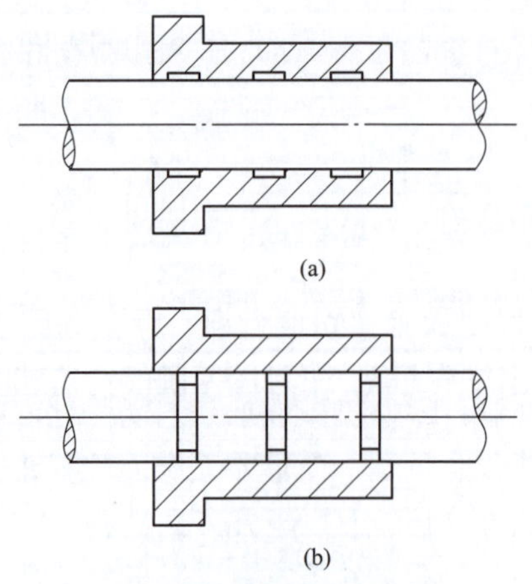

图 7-11 减少内部结构加工

（2）减小不必要的加工面积可降低机械加工量。尽可能减少需要精密加工的表面，安装表面的减少有利于保证配合面的接触质量。如图 7-12（a）所示的深孔加工，加工工艺较难。采用如图 7-12（b）所示的结构，可避免深孔加工，节约了零件材料及加工时间。

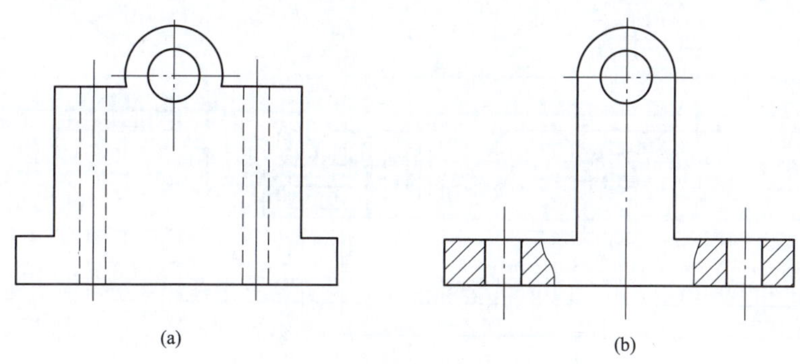

图 7-12　减小加工面积

3. 零件结构应有利于提高劳动生产率，与生产类型相适应

（1）零件的有关尺寸应力求一致，并能使用标准刀具加工。例如，退刀槽尺寸一致，倒角尺寸一致，可减少刀具种类。如图 7-13（a）所示，同一零件上槽宽或倒圆角的尺寸不同，就需要增加刀具数量，以满足图纸的要求。改为如图 7-13（b）所示的轴上槽宽尺寸、圆角尺寸统一，并不影响零件的使用功能，但同一零件的切槽刀或外圆车刀只需要一把即可，减少了刀具种类，也缩短了换刀和对刀时间。

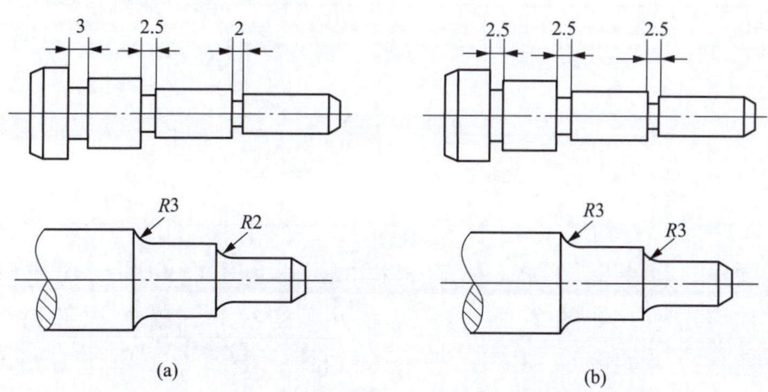

图 7-13　槽宽、圆角尺寸不影响使用的条件下一致

（2）零件加工表面应尽量分布在同一方向。如图 7-14（a）所示，两个键槽分别设置在轴的 90°方向上，需两次装夹加工。改为如图 7-14（b）所示的结构，将两个键槽设置在同一方向上，则可一次装夹加工出两个键槽，提高生产率。

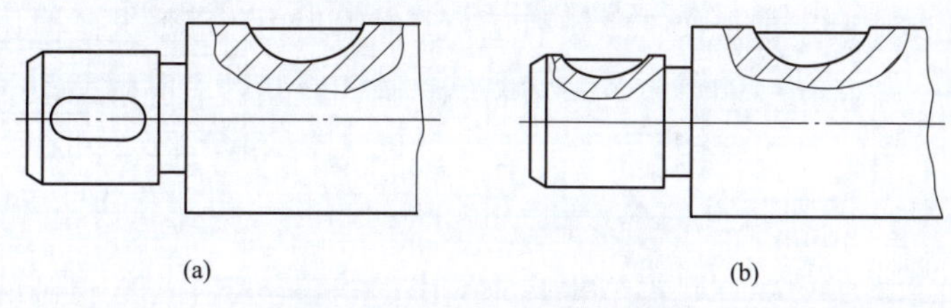

图 7-14　加工表面位于同一方向

（3）零件设计的结构便于多刀或多件加工。如图 7-15（a）所示，零件底部有圆弧结构，每次只能加工一件。改为如图 7-15（b）所示的结构，底部设计成平面，不影响零件的使用性能，还可将毛坯排列成行，便于多件连续加工。

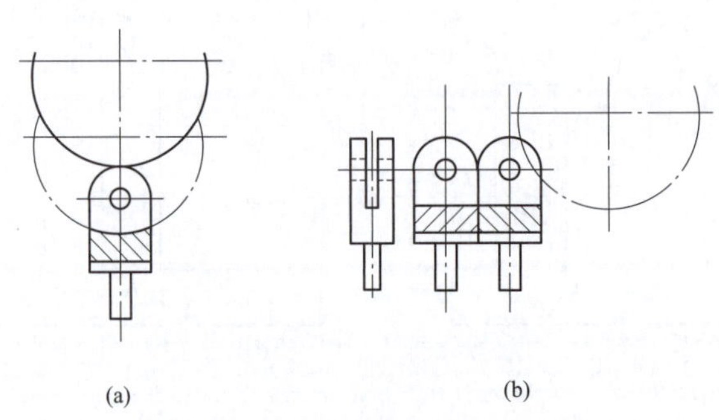

图 7-15　结构便于多件加工

（4）尽量减少工作行程次数。如图 7-16（a）所示，加工面高度不同，需两次调整刀具位置，影响生产率。改为如图 7-16（b）所示的结构，加工面在同一高度，只需一次工作行程就可加工出两个平面，生产效率高，工艺性好。

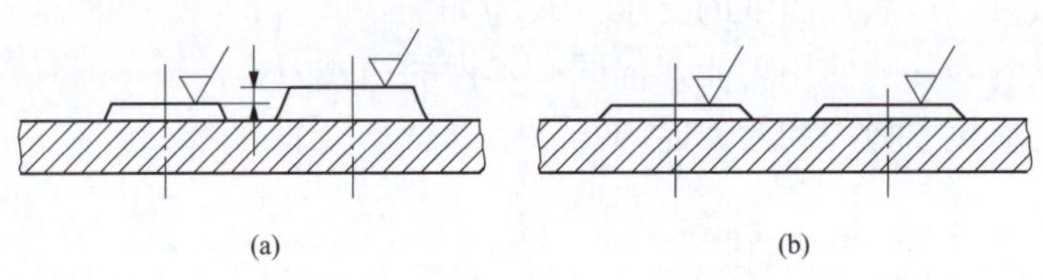

图 7-16　减少工作行程次数

4. 零件结构应方便刀具的进退

（1）设计零件结构时，应考虑留有刀具加工的空间。如图 7-17 所示，轴颈处磨削加工，因为砂轮有圆角，轴上需要加工砂轮越程槽，避免不能磨削清根或砂轮磨削完退出时误加工工件的轴肩端面。如图 7-18（a）所示，车螺纹时，螺纹根部易打刀，工人操作困难，且不能清根。改为如图 7-18（b）所示的结构，提前加工出退刀槽，容易操作，且螺纹能清根。

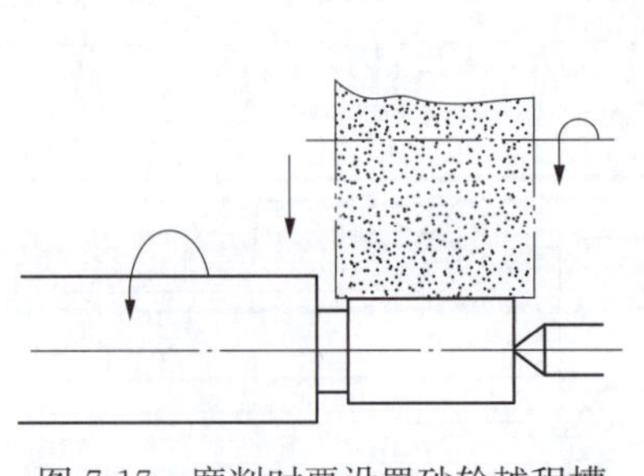

图 7-17　磨削时要设置砂轮越程槽

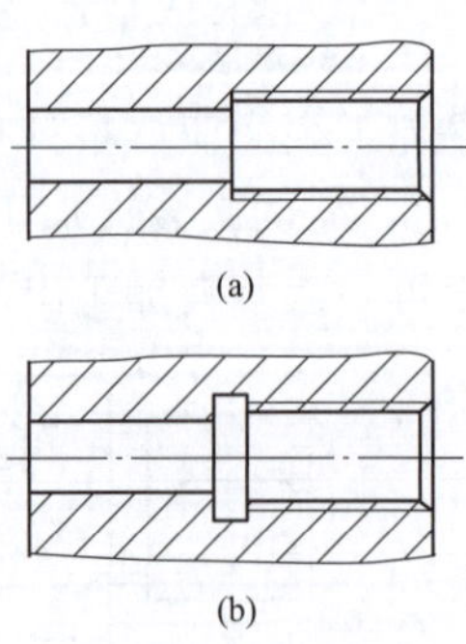

图 7-18　车削螺纹要设置退刀槽

（2）工件孔与箱体壁之间的空隙要留出刀具进退的空间及安装刀具的空间。如图 7-19（a）所示，孔离箱体壁太近，钻头容易引偏，另外由于钻套与箱体壁干涉，孔无法加工。改为如图 7-19（b）所示的结构，加长底部耳板，增加孔与箱体壁距离，可保证钻头的进退不受干涉。

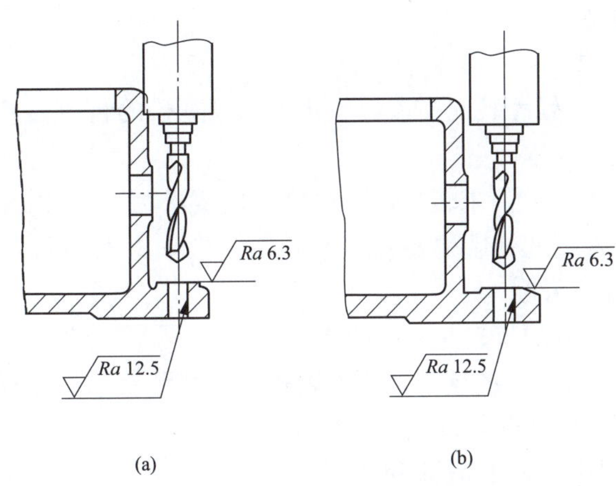

图 7-19　孔与箱体壁之间距离考虑钻头的进退

（3）避免在斜面或弧面上钻孔和钻头单刃切削，进而避免造成切削力不等使钻孔轴线倾斜或折断钻头。如图 7-20（a）所示，孔的入口端和出口端都是斜面或曲面，钻孔时钻头两个刃受力不均，容易引偏，而且钻头也容易损坏；宜改用如图 7-20（b）所示的结构，钻头入口、出口留出平台，方便钻孔。如图 7-20（c）所示的结构，入口是平的，但内壁出口是曲面，钻头钻出时受力不均，容易折断，而且很难保证两孔轴线的位置度；改用如图 7-20（d）所示的结构，内壁孔出口处平整，钻孔容易，加工工艺性好。

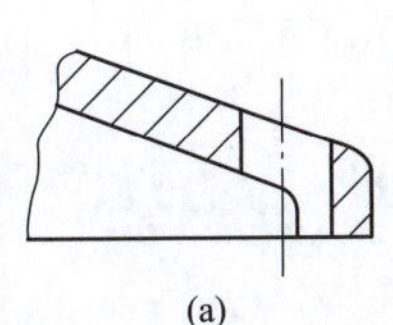
(a)

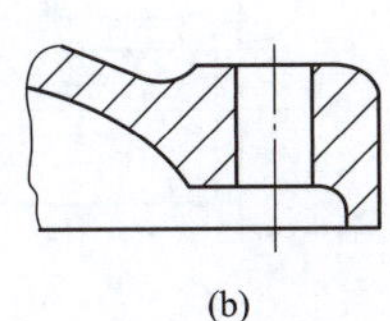
(b)

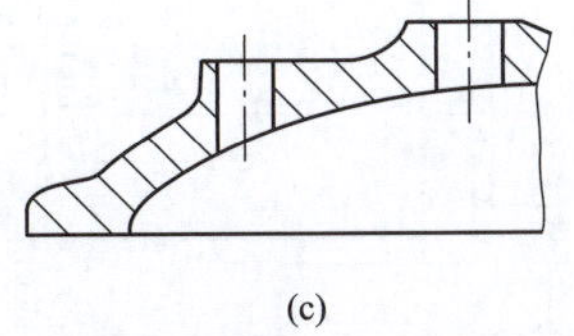
(c)

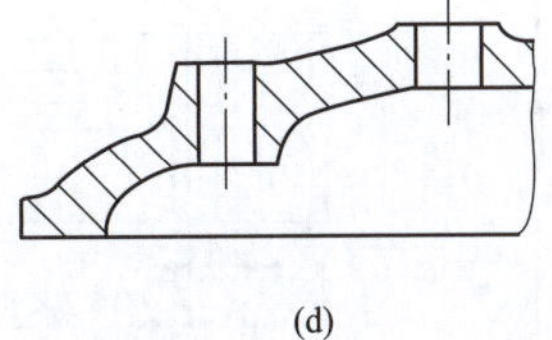
(d)

图 7-20　避免在斜面或弧面上钻孔

审查产品结构工艺性是一件严肃的事情，如果审查不严格，将工艺性能差的零件投入生产，轻者会造成产品因工艺性不好无法生产，重者将导致大量废品无法实施下一步生产，因此一定要养成耐心细致的工作态度。

【任务实施】

1. 看懂传动轴的结构形状

零件图采用了主视图和移出断面图、局部放大图等方法表达其形状结构。从主视图可以看出，主体由四段不同直径的回转体组成，有轴颈、轴肩、键槽、砂轮越程槽、螺纹孔、倒角、圆角等结构，属于一般复杂程度的轴，但精度要求较高。

2. 明确传动轴的装配位置和作用

由产品装配图可知，该轴起支承带轮、齿轮并传递扭矩的作用。右端 $\phi16$ 外圆用于安装皮带轮，$\phi22$ 轴肩起轴向定位作用；右端面加工有螺纹孔，用于安装挡圈，以轴向固定皮带轮。左端 $\phi16$ 外圆安装齿轮，与轴之间采用普通平键连接，$\phi27$ 轴肩起轴向定位；中间 $\phi22$ 外圆与箱体有配合要求。

3. 审查零件技术要求是否合理

（1）零件中间 $\phi27_{-0.2}^{\ 0}$ 处无装配要求，尺寸采用较宽松的自由公差，既不影响零件的使用性能，又可以减少加工成本。

（2）右端 $\phi16_{-0.016}^{\ 0}$ 处公差要求较高，而粗糙度值要求为 $Ra3.2\mu m$，比较粗糙，尺寸公差与粗糙度值不匹配，根据此处装配要求，将粗糙度值 $Ra3.2\mu m$ 改为 $Ra0.8\mu m$。

4. 审查零件的结构工艺性

原图样存在以下的影响加工工艺性的问题：

（1）零件中两处槽宽 5mm 的键槽，在不影响工件装配要求的前提下，改为开在同一方向，可以减少安装和调整的次数，提高生产效率。

（2）直径 $\phi22_{-0.041}^{-0.020}$ 圆柱段缺少长度尺寸。

（3）左端缺少轴向固定的结构，在前端加工出轴用挡圈槽，用轴用挡圈固定。

结构改进后图样如图 7-21 所示。

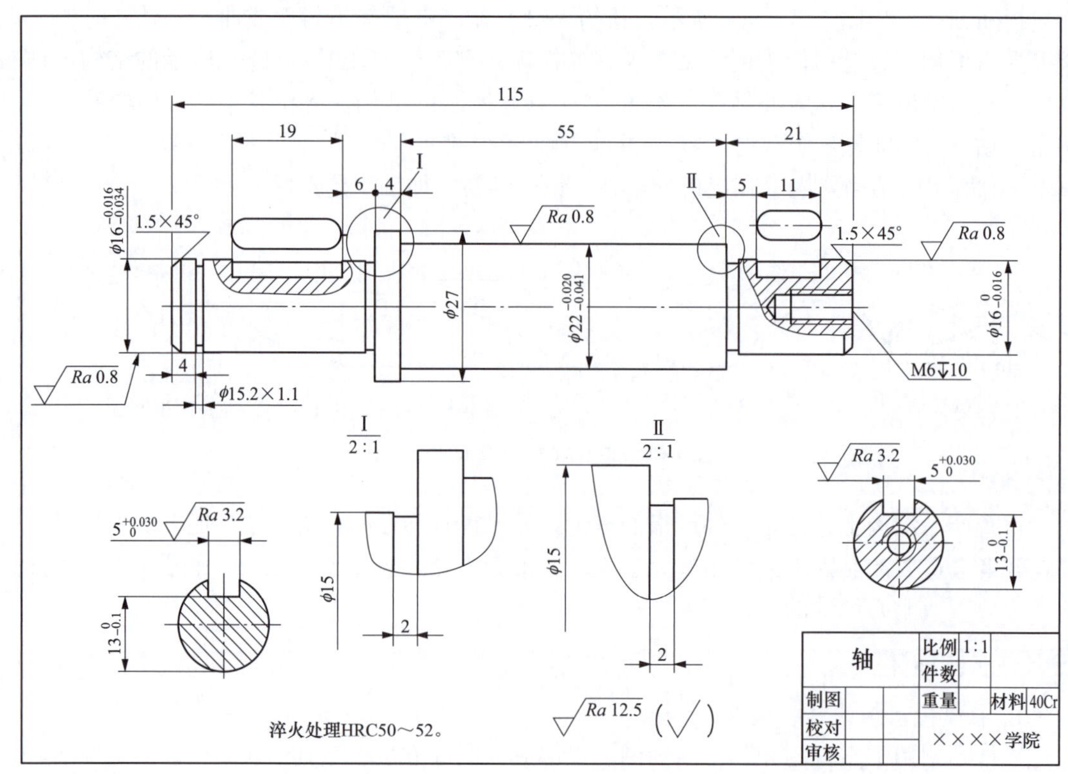

图 7-21 审查后重新绘制的图样

5. 确定轴的加工关键表面

（1）$\phi16_{-0.016}^{\ 0}$、$\phi16_{-0.034}^{-0.016}$、$\phi22_{-0.041}^{-0.020}$都具有较高的尺寸精度要求，表面粗糙度（*Ra* 值为 0.8μm）要求也较高；另外与 $\phi22_{-0.041}^{-0.020}$ 表面相邻的端面虽然尺寸精度不高，但由于起轴向定位作用，与外圆表面的位置精度要求较高，所以此三处与 $\phi22_{-0.041}^{-0.020}$ 相邻端面均为主要加工表面，如图 7-22 所示。

（2）键槽侧面（宽度）$5_{\ 0}^{+0.030}$ 尺寸精度要求较高，但表面粗糙度（*Ra* 值为 3.2μm）要求中等，键槽底面（深度）尺寸精度（$13_{-0.1}^{\ 0}$）和表面粗糙度（*Ra* 值为 12.5μm）要求都较低，所以键槽是次要加工表面。$\phi27$ 圆柱面、退刀槽、左、右端面、倒角、螺纹孔等其余表面，尺寸及表面精度要求都比较低，均为次要加工表面。

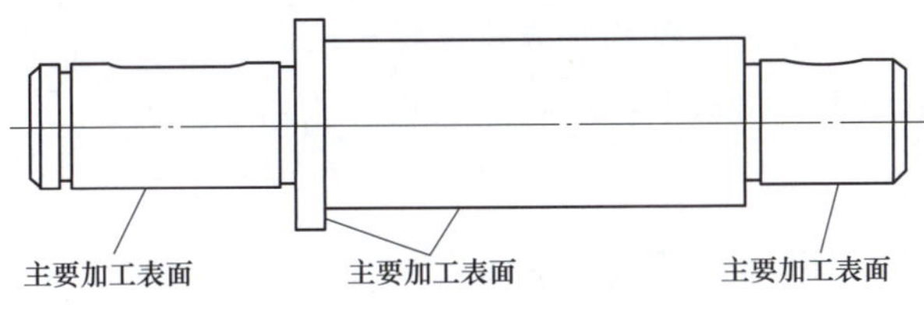

图 7-22　轴的主要加工表面

【任务小结】

通过对零件结构工艺性的学习，学会审查图样结构工艺性的内容及步骤，主要要养成良好的职业素养，能够分析零件的结构工艺性。合理优化零件结构，可以降低产品成本，减轻工人劳动强度，保障产品可加工性，提高产品加工质量。此外通过对零件的结构工艺性分析，对产品的结构做深入了解，为后续加工路线的拟订做好准备工作。

【任务评价】

序号	考核项目	考核内容	检验规则	分值	
				小组互评	教师评分
1	零件的结构工艺性	设计零件时，考虑零件结构工艺性的一般原则有哪几项	每正确说明一项得 10 分		
2	结构工艺性的拓展	为什么要尽量减少加工时的安装次数	正确得 10 分		
3	结构工艺性的分析Ⅰ	为什么零件上同类结构要素要尽量统一	每说出一种得 10 分		
4	结构工艺性的分析Ⅱ	轴上的多处键槽位于不同角度的轴线上，从加工工艺角度分析是否合理	正确得 10 分		
5	审查产品结构工艺	零件加工结构工艺性审查的内容有哪些	每说出一种得 10 分		
合计					

任务三　毛坯的选择

【学习目标】

知识目标

（1）了解毛坯的选择原则和所要考虑的因素。

（2）初步掌握常用典型零件的毛坯种类。

（3）掌握毛坯图的绘制方法。

技能目标

（1）能根据零件的生产纲领、结构特点等选择毛坯。

（2）能为铸造、锻造毛坯绘制毛坯图。

【任务描述】

分析如图 7-21 所示传动轴的结构特点，为零件选择毛坯的获得方法，并绘制毛坯图。

【任务分析】

毛坯是指根据零件所要求的工艺尺寸、形状而制成的坯料，供进一步加工使用，以获得成品零件。

从图 7-23 可以看出，毛坯是零件加工的基础，有很多种获得方法，正确选择零件毛坯和合理选择机械加工方法是机械零件生产过程控制的关键。毛坯选择正确与否，不仅影响机械零件制造的质量和使用性能，对于生产周期和成本也有重大的影响。毛坯的尺寸、形状越接近成品零件，机械的加工量越少，零件的材料消耗也越少，但是毛坯的制造成本就越高。因此，应根据生产纲领综合考虑毛坯制造和机械加工成本来确定毛坯类型，以获得最好的经济效益。

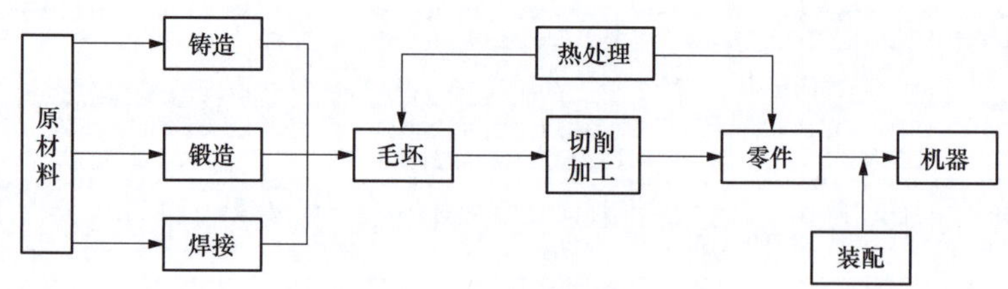

图 7-23　毛坯获得与零件的关系

要完成任务首先应掌握与毛坯选择有关的因素，了解常见毛坯种类的特点及其应用，综合考虑毛坯成本与产品质量的关系，学会绘制毛坯图的有关规定，绘制出零件的毛坯图，并标注毛坯有关尺寸。

知识链接

一、选择毛坯考虑的因素

机械加工中常用的毛坯有铸件、锻件、冲压件和型材等，选用时主要考虑以下几个因素：

（1）零件的材料与力学性能。根据零件的材料与力学性能大致确定毛坯种类。例如，材料为铸铁或青铜等的零件，应选择铸造毛坯；对于钢质零件，当形状不复杂，力学性能要求又不太高时，可选用型材；对于重要的钢质零件，为保证其力学性能，应选择锻造毛坯。

（2）零件的结构形状与外形尺寸。毛坯的形状和尺寸应尽量接近零件的形状和尺寸，以减少机械加工的劳动量。形状复杂的毛坯，一般采用铸造方法制造，但薄壁零件不宜用砂型铸造。一般用途的阶梯轴，如果各段直径相差不大，可选用圆棒料；如果各段直径相差较大，为减少材料消耗和机械加工的劳动量，宜采用锻造毛坯。大型零件一般选择自由锻造，中小型零件可考虑选择模锻件。

（3）生产类型。大量生产的零件应选择精度和生产率高的毛坯制造方法，用于毛坯制造的昂贵费用可通过减少材料消耗和降低机械加工费用来补偿。例如，铸件采用金属模机器造型或精密铸造；锻件采用模锻、精锻；单件小批生产时应选择精度和生产率较低的木模手工造型或自由锻造来制造毛坯。

（4）毛坯车间的生产条件。在选择毛坯时，应考虑工厂毛坯车间的生产条件，充分利用企业现有的生产资源。

（5）充分利用新工艺、新技术、新材料的可能性。例如，采用精密锻造、压铸、精锻、冷轧、冷挤压、粉末冶金、异型钢材及工程塑料等，可大大减少机械加工的劳动量。

二、毛坯的种类

常用的毛坯主要有铸件、锻件、冲压件和焊接件等获得方法。

（一）铸件

铸造是将经过熔化的液态金属浇注到与零件形状、尺寸相适应的铸型中，冷却凝固后获得毛坯或零件的一种工艺方法。对形状较复杂的毛坯，一般可用铸造方法制造。铸造的方法有砂型铸造、金属模铸造、金属压力铸造、熔模铸造、离心铸造等。

1. 砂型铸造

砂型铸造是以砂为主要造型材料制备铸型的一种铸造方法，适用于单件小批生产或大型零件的铸造。目前大多数铸件是采用砂型铸造的方法生产的。砂型铸造工艺特点如下：

（1）成型方便，适应性强。砂型铸造是利用液态成型，适用于各种形状、尺寸、材料的铸件。

（2）铸件精度低，生产成本低，材料来源广泛，设备简单，较为经济。但加工表面需留较大的加工余量，生产效率低。

（3）铸件组织性能差，铸件晶粒粗大，力学性能差。

2. 金属模铸造

金属模铸造是将熔融金属在重力下浇入金属铸型内，以获得铸件的一种铸造方法。金属模一般是用铸铁或耐热钢制成，可反复使用，所以又称为永久型，适用于大批量生产的中小型铸件。金属模铸造的特点：一型多铸，铸件精度高，力学性能好，但成本高，设备费用高，铸件的重量也受限制。

3. 金属压力铸造

金属压力铸造是将熔融的金属在高压下，快速压入金属铸型的型腔中，并在压力下凝固，以得到铸件的一种铸造方法。这种铸件精度高，可达 IT13～IT11；表面粗糙度值小，可达 Ra3.2～0.4μm；铸件力学性能好。金属压力铸造的方法可铸造各种结构较复杂的零件，铸件上各种孔眼、螺纹、文字及花纹图案均可铸出，但需要一套昂贵的设备和型腔模，适用于批量较大的形状复杂、尺寸较小的有色金属铸件。

4. 熔模铸造

熔模铸造是将蜡料制成模样，在上面涂以若干层耐火涂料制成型壳，然后加热型壳，使模样熔化、流出，并焙烧成有一定强度的型壳，再经浇注，去壳而得到铸件的一种铸造方法。熔模铸造的特点：以熔化模样为起模方式，铸件精度高，表面质量好，可节省材料，降低成本，是少切削、无切削加工的方法之一；其设备简单，是一项先进的毛坯制造工艺，主要用于大批、大量生产；其缺点是工艺过程复杂，生产周期长，主要用于生产铸造形状复杂的空心铸件。

5. 离心铸造

离心铸造是将熔融的金属浇入高速旋转的铸型中，使金属液在离心力的作用下凝固成型，以得到铸件的一种铸造方法。这种铸件晶粒细，金属组织致密，零件的力学性能好，外圆精度及表面质量高，但内孔精度差，且需要专门的离心浇注机，适用于批量较大的黑色金属和有色金属的旋转体铸件。

（二）锻件

锻压是指对坯料施加压力，使其产生塑性变形，改变尺寸、形状及改善性能，用以制造机械零件、工件或毛坯的成形加工方法。

锻件毛坯由于经锻造后可得到连续、均匀的金属纤维组织。因此，锻件的力学性能较好，常用于受力复杂的重要钢质零件。锻件有自由锻造和模锻造两种获得方法。

（1）自由锻件：通过自由锻造的方法得到的锻件称为自由锻件，如图 7-24（a）所示。自由锻造是利用冲击力或压力使金属在上、下砧面间各个方向自由变形，不受任何限制而获得所需形状及尺寸和一定机械性能的锻件的一种加工方法，简称自由锻。自由锻的精度和生产率较低，主要用于小批生产和大型锻件的制造。

（2）模锻件：在锻锤或压力机上，通过专用锻模锻制成形的锻件，称为模锻件，如图 7-24（b）所示。图 7-25 所示为单模膛锻模。

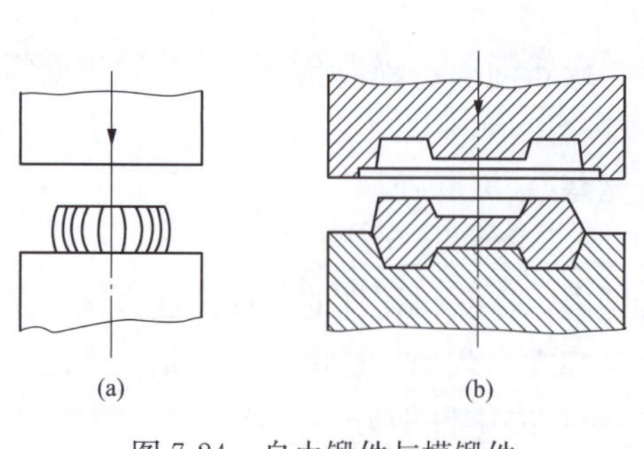

图 7-24　自由锻件与模锻件

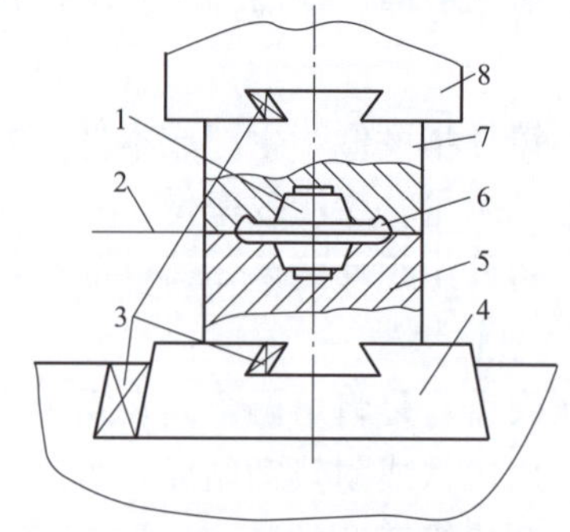

图 7-25　单模膛锻模

1—模腔；2—分模面；3—紧固楔铁；4—模垫；5—下模；6—飞边槽；7—上模；8—锤头

模锻件的精度和表面粗糙度均比自由锻件好，可以使毛坯形状更接近工件形状，加工余量小。同时，由于模锻件的材料纤维组织分布好，锻制件的机械强度高，模锻的生产效率高，但需要专用的模具，且锻锤的吨位也要比自由锻造大。模锻主要适用于批量较大的中小型零件。

（三）冲压件

冲压件是通过冲压设备对薄钢板进行冷冲压加工而得到的零件，非常接近成品要求。冲压件可以作为毛坯，有时还可以直接成为成品。冲压件的尺寸精度高，适用于批量较大而零件厚度较小的中小型零件。气门顶杆的冲压产品图及拉伸模具见图 7-26。冲压后的产品可以作为机械加工的毛坯，经过车削、磨削等加工后装配使用。

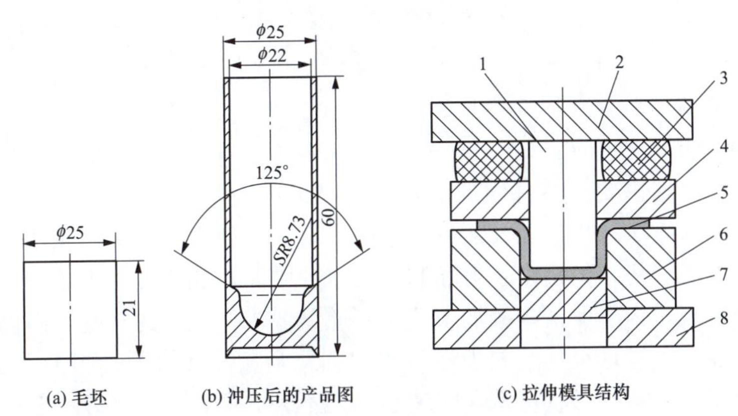

(a) 毛坯　(b) 冲压后的产品图　(c) 拉伸模具结构

图 7-26　气门顶杆的冲压产品图及拉伸模具

1—拉伸凸模；2—上模座；3—橡胶垫；4—凸模固定板；5—工件；6—拉伸凹模；7—顶出杆；8—下模座

（四）型材

型材主要有板材、棒材、线材等。常用截面形状有圆形、方形、六角形和特殊截面形状。就其制造方法，又可分为热轧和冷拉两大类。热轧型材尺寸较大，精度较低，用于一般的机械零件；冷拉型材尺寸较小，精度较高，适合作轴、平板类零件的毛坯。型材主要用于毛坯精度要求较高的中小型零件。

（五）焊接件

焊接件是用焊接的方法将同种材料或不同的材料焊接在一起而获得的毛坯。由于焊接方法简单，容易实现大型毛坯、结构复杂毛坯的制造。焊接件主要用于单件小批生产和大型零件及样机试制。其优点是制造方便简单，生产周期短，节省材料，重量轻，但其抗振性较差，变形大，需经时效处理后以消除内应力才能进行机械加工，适合单件小批生产中制造大型毛坯。

各类毛坯的特点及适用范围见表 7-7。

表 7-7　各类毛坯的特点及适用范围

毛坯种类	制造精度	加工余量	原材料	工件尺寸	工件形状	适应生产类型	适应生产成本
型材		大	各种材料	各种尺寸	简单	各类型	低
型材焊接件		一般	钢材	大、中	较复杂	单件	低
砂型铸造	IT13 以下	大	铸铁、青铜	各种尺寸	复杂	各类型	较低

续表

毛坯种类	制造精度	加工余量	原材料	工件尺寸	工件形状	适应生产类型	适应生产成本
自由锻造	IT13 以下	大	钢材为主	各种尺寸	较简单	单件小批	较低
普通模锻	IT15～IT11	一般	钢、铸铝、铜	中、小	一般	中、大批	一般
精密锻造	IT11～IT8	较小	锻材、锻铝	小	较复杂	大批	较高
压力铸造	IT11～IT8	小	铸铁、铸钢、青铜	中、小	复杂	中、大批	较高
熔模铸造	IT10～IT7	很小	铸铁、铸钢、青铜	小	复杂	中、大批	高

三、毛坯图绘制

1. 毛坯形状与尺寸的确定

毛坯的形状与尺寸主要由零件组成表面的形状结构、加工余量等因素确定。毛坯的形状、尺寸与毛坯制造方法、机加工及热处理等因素有关。实现少切屑、无切屑加工，是现代机械制造技术的发展趋势。但是由于毛坯制造技术的限制，加之现代机器对零件精度和表面质量的要求越来越高，为了保证机械加工能达到质量要求，毛坯的某些表面仍需留有加工余量。毛坯尺寸与零件图设计尺寸之差为零件的加工总余量，其值可查相关手册或标准确定。加工毛坯时，由于一些零件形状特殊，安装和加工不大方便，必须采取一定的工艺措施才能进行机械加工。常见的毛坯工艺措施如下：

（1）为了加工时安装工件方便，有些铸件毛坯需铸出工艺搭子。如图 7-27 所示，为加工时能平稳放置，小刀架毛坯铸出 B 处的工艺搭子。工艺搭子在零件加工完毕一般应切除，若对使用和外观没有任何影响也可保留在零件上。

（2）装配后需要形成同一工作表面的两个相关零件，为保证加工质量并使加工方便，常将这些分离零件先做成个整体毛坯，加工到一定阶段再切割分离。如图 7-28 所示，车床走刀系统中的开合螺母外壳，其毛坯是上、下两件合制成一体的，在机械加工完成后再切开。

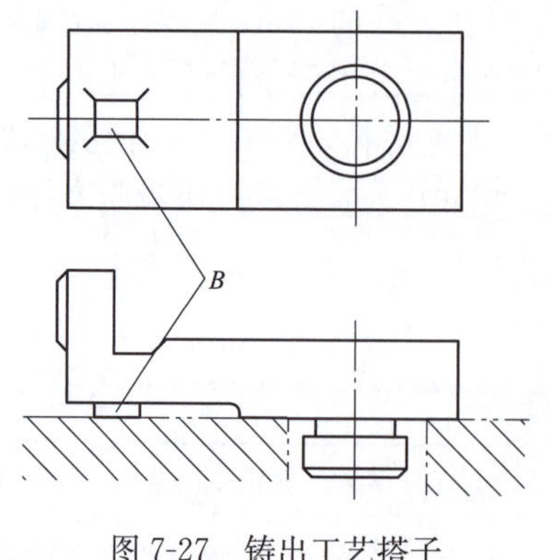

图 7-27　铸出工艺搭子

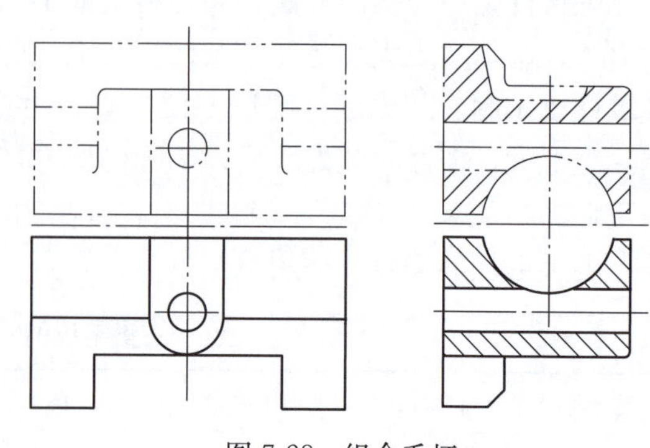

图 7-28　组合毛坯

（3）对于形状比较规则的小型零件，为了提高机械加工的生产率和便于安装，应将多件合成一个毛坯，当加工到一定阶段后，再分离成单件。如图 7-29 所示的滑键，图（a）为滑键的产品图样；图（b）为采用的毛坯条，将毛坯条的各平面加工好后切离为单件，再对单件进行加工。

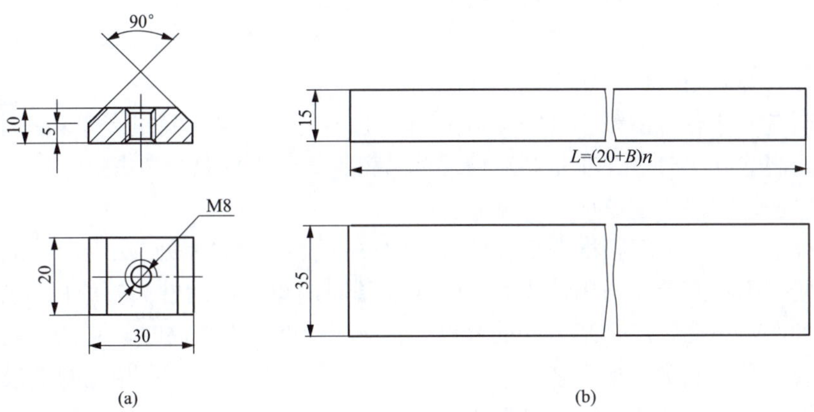

图 7-29　滑键图样及毛坯

2. 毛坯图的绘制

在选定毛坯和确定了毛坯的机械加工总余量后，便可绘制毛坯图。图 7-30 所示为齿轮模锻毛坯图。绘制方法如下：

（1）以实线表示毛坯表面的轮廓、以双点画线画出零件的轮廓线，在剖面图上用交叉线表示加工余量。

（2）标注毛坯尺寸和公差，毛坯的基本尺寸包括机械加工的余量在内，毛坯的尺寸公差参照有关资料。

（3）标注机械加工的粗基准符号和有关技术要求。

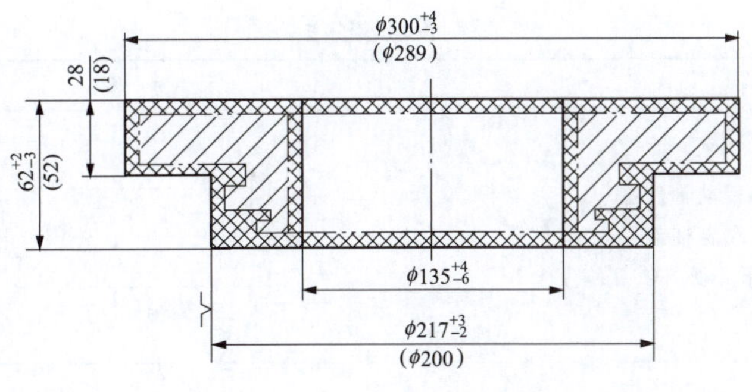

图 7-30　齿轮模锻毛坯图

毛坯尺寸是根据工艺规程，由机械加工各工序的加工余量与毛坯制造方法能达到的精度决定的，因此毛坯图绘制和工艺规程的制订是反复交叉进行的。

【任务实施】

1. 分析零件结构，选择毛坯类型

毛坯的种类和制造方法主要与零件使用要求和生产类型有关。轴类零件最常用的毛坯是锻件与圆棒料，只有结构复杂的大型轴类零件（如曲轴）才采用铸件。根据传动轴的制造材料（40Cr），该轴承受交变载荷，要求有较高的综合力学性能。而只有锻造后的毛坯能改善金属的内部组织，提高其抗拉、抗弯等机械性能。同时，因锻件的形状和尺寸与零件相近，可以节约材料，减少切削加工的劳动量，降低生产成本。因此，比较重要的轴或直径相差较大的阶梯轴，大都采用锻件，所以该毛坯选用锻件。

锻件的制造方法有自由锻、模锻等。不同的毛坯制造方法，其生产率和成本都不相同。在选择锻件的制造方法时，并非是制造精度越高就越好，需要综合考虑机械加工成本和毛坯制造成本，以达到零件制造总成本最低的目的。

当生产批量较小、毛坯精度要求较低时，锻件一般采用自由锻造法生产。由于不用制造锻造模型，使用工具简单、通用性较大，生产准备周期短，灵活性大，所以应用较为广泛，特别适用于单件和小批生产。当生产批量较大、毛坯精度要求较高时，锻件一般采用模锻法生产。模锻锻件尺寸准确，加工余量小，生产率高。因需配备锻模和相应的模锻设备，一次性投入费用较高，所以适用于较大批量的生产，而且生产批量越大，成本就越低。

该项目传动轴的生产类型为大批生产，精度要求较高，所以毛坯采用模锻。

2. 绘制传动轴毛坯简图

（1）确定传动轴毛坯的余量。根据阶梯轴的自由锻造机械加工余量计算公式（7-2），$D_i<65$mm 时，按 $D_i=65$mm 计算；$L<300$mm 时，按 $L=300$mm 计算。轴锻件余量计算如下：

$$\begin{aligned}A &=0.26L^{0.2}D_i^{0.5} \qquad (7\text{-}2)\\ &=0.26\times 300^{0.2}\times 65^{0.5}\\ &\approx 0.26\times 3.13\times 8.06\\ &\approx 6.56\text{mm}\end{aligned}$$

取整数 $A=7$mm。

（2）根据传动轴的零件图 7-21 绘制传动轴毛坯简图，见表 7-8。

表 7-8　　绘制传动轴的毛坯图

毛坯图绘制步骤	示例图
1. 用细双点画线画出传动轴的主视图。只画主要结构，次要细节简化不画，非毛坯制造的孔不画	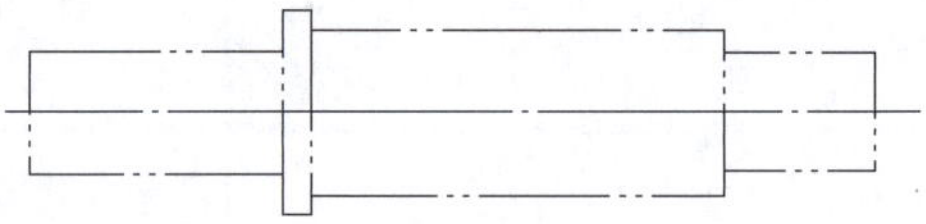
2. 将加工总余量用粗实线画在加工表面上，轴的毛坯加工余量为双边余量，每边的余量为 3.5mm	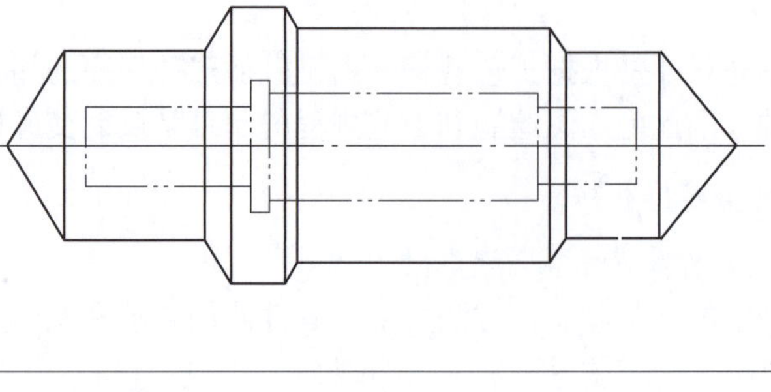

续表

毛坯图绘制步骤	示　例　图
3. 标注出毛坯的主要尺寸，直径公差值查工艺手册为±2mm	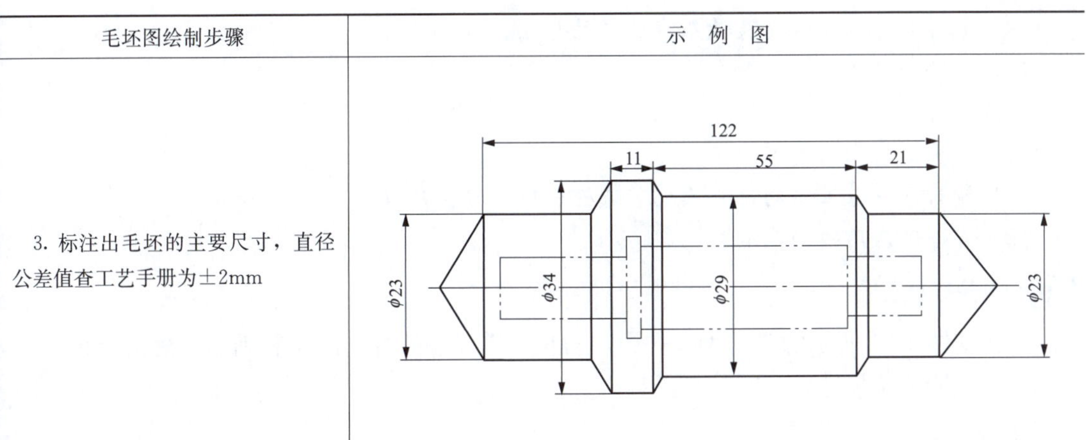

【任务小结】

毛坯的选择主要是确定毛坯的种类、制造方法和制造精度等级。毛坯的形状、尺寸越接近成品，切削余量就越小；但从加工成本考虑，切削余量越小，制造毛坯的成本相对而言就越高。因此，选择毛坯时应从制造毛坯和机械加工两方面来综合考虑。

【任务评价】

序号	考核项目	考核内容	检验规则	分值	
				小组互评	教师评分
1	毛坯种类	说明常见的毛坯种类，各自应用的场合	每正确说明一种得 10 分		
2	毛坯选择原则	说明选择毛坯时考虑的因素	每说出一条得 5 分		
3	毛坯选择原则的应用Ⅰ	机床底座一般选择什么毛坯	每说出一种得 10 分		
4	毛坯选择原则的应用Ⅱ	支架类零件一般选择什么毛坯	正确得 10 分		
5	毛坯选择原则的应用Ⅲ	无传动要求的轴类零件一般选择什么毛坯	每说出一种得 10 分		
合计					

任务四　定位基准的选择

【学习目标】

知识目标

(1) 了解基准的分类。

（2）掌握粗基准的概念及粗基准选择的原则。

（3）掌握精基准的概念及精基准选择的原则。

（4）了解辅助基准的概念和应用。

技能目标

（1）能确定基准的类型。

（2）能为每一道工序的每一次安装选择合理的定位基准。

（3）能合理应用辅助基准。

【任务描述】

分析如图 7-21 所示的传动轴零件图，为每一道工序的每一次安装确定合理的定位基准，并选择合理的定位元件。

【任务分析】

在零件加工过程中，每一道工序每一次安装都需要选定定位的基准。我们把工件上用作定位的点、线、面等，称为定位基准。一般定位基准都是通过零件表面体现，该表面称为定位基面。定位基准的选择，对保证零件加工精度、合理安排加工顺序有决定性的影响。

要完成任务，首先要分清楚基准的概念，掌握粗、精基准选择的原则，根据原则在工件上找出最合理的定位基准，并结合前面所学的知识，根据定位基准选择合理的定位元件，为工件的安装确定定位方案。

知识链接

一、基准的分类

用来确定生产对象几何要素间几何关系所依据的那些点、线、面，称为基准。基准是由具体的几何表面来体现，称为基面。如图 7-31 所示，零件的外圆表面基准是中心线，在具体装配或定位时，外圆表面是体现基准轴线的基面。按基准在不同场合下的不同作用，基准可分为设计基准和工艺基准两大类；工艺基准又可分为工序基准、定位基准、测量基准和装配基准等。

1. 设计基准

设计基准是设计图样上标注设计尺寸所依据的基准。如图7-31（a）所示的零件，轴线 O—O 是各外圆的设计基准，端面 C 是轴向的设计基准。

2. 工艺基准

工艺基准是加工工艺过程中所使用的基准。工艺基准可根据应用不同分为工序基准、定位基准、测量基准和装配基准四类。

（1）工序基准：在工序图上用来确定本工序加工表面尺寸、形状和位置所依据的基准。它是某一工序所要达到的加工尺寸（即工序尺寸）的起点。如图 7-31（b）所示齐车削 A 端面的工序中，C 端面是加工 A 端面的工序基准。

（2）定位基准：工件上在加工中用作定位的基准。如图 7-31（c）所示的定位方案中，用 ϕd 外圆在 V 形块上定位铣大直径 ϕD 上平面时，ϕd 中心线就是定位基准，ϕd 外圆表面是定位基面。

（3）测量基准：工件在加工中或加工后，测量尺寸和几何误差所依据的基准。如图 7-

31 (d) 中用卡尺测量铣后平面与大端外圆母线之间的尺寸 L，大端直径 ϕD 母线是测量基准。

(4) 装配基准：装配时用来确定零件或部件在产品中相对位置所依据的基准。如图 7-31 (e)所示的装配，ϕd 外圆表面和端面 B 为此工件的装配基准。

上述各种基准应尽可能重合。在设计机器零件时，应尽量选用装配基准作为设计基准；在编制零件的加工工艺规程时，应尽量选用设计基准作为工序基准；在加工及测量工作时，应尽量选用工序基准作为定位基准及测量基准；以消除由于基准不重合引起的定位误差。

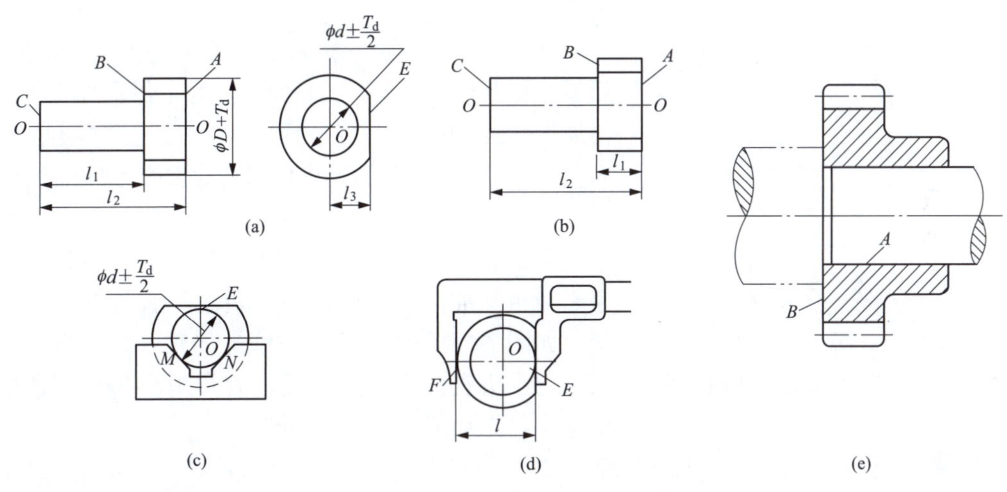

图 7-31　各种基准示例

二、定位基准的选择原则

定位基准的选择，对保证零件加工精度，合理安排加工顺序有决定性的影响。定位基准又可分为粗基准和精基准两种情况。

1. 粗基准选择的原则

用没有加工过的毛坯表面作为定位基准，则称为粗基准；在机械加工工艺的过程中，第一道工序总是用粗基准定位。粗基准的选择对各加工表面加工余量的分配、保证不加工表面与加工表面间的尺寸、相互位置精度均有很大的影响。

粗基准选择的原则如下：

(1) 选择重要表面为粗基准。对于工件的重要表面，为保证其本身的加工余量小而均匀，应优先选择该重要表面为粗基准。例如，加工机床床身时，导轨面是床身的主要表面，精度要求高，耐磨性好。在铸造时，导轨面需向下放置，以使其表面层的金属组织细致均匀，没有气孔、夹砂等铸造缺陷；加工时切去的金属层尽可能薄一些，留下组织紧密、耐磨的金属表面层。因此，常以导轨面（见图 7-32）为粗基准，先加工床身床脚平面，去除一层金属余量；再掉头以床脚平面定位加工导轨面时，可以保证导轨面的加工余量均匀，进而保证导轨面的加工精度。此时床脚平面的加工余量可能不均匀，但不会影响床身的加工质量；反之，导轨面加工余量不均匀则床身不能使用。而加工主轴箱时，也常用重要表面——主轴孔作为粗基准。

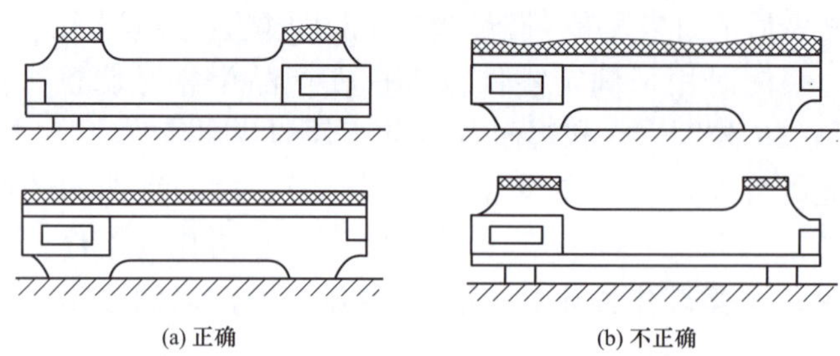

图 7-32　用床身导轨面为粗基准加工底面

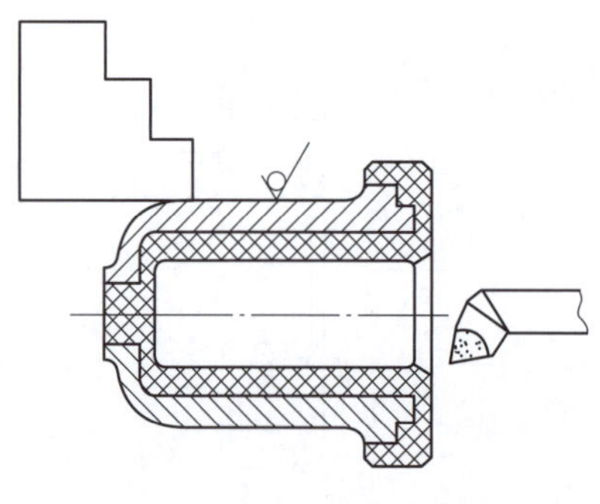

图 7-33　以不加工表面作为粗基准

（2）选择不加工表面为粗基准。如图 7-33 所示，当零件图上有多个非加工表面时，为了保证加工表面与不加工表面之间的相互位置要求，一般应选择不加工表面中与加工表面的位置精度要求高的表面为粗基准。

（3）选择加工余量最小的表面为粗基准。若零件上有多个表面要加工，则应选择其中加工余量最小的表面为粗基准，以保证各加工表面都有足够的加工余量。如图 7-34 所示，铸造或锻造的轴，大头直径上的余量比小头直径上的余量大，故常用小头外圆表面为粗基准，先加工大头直径外圆。

（4）选择较为平整光洁，无分型面、冒口，面积较大的表面为粗基准。可以使工件定位可靠、装夹方便，减少加工劳动量。

（5）粗基准在同一自由度方向上只能使用一次。粗基准重复使用会造成较大的定位误差。如图 7-35 所示，外圆表面 B 已经作为加工表面 C 的粗基准，加工表面 A 又错误地重复使用外圆表面 B 为粗基准，由于粗基准表面精度较低，会造成整个工件的精度都不高。

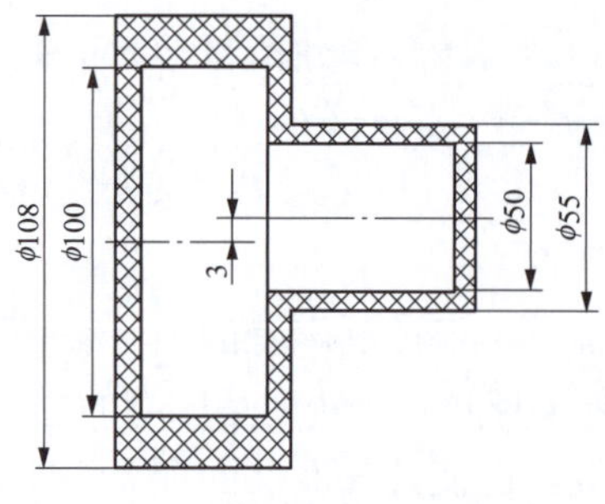

图 7-34　加工余量大小不等的情况

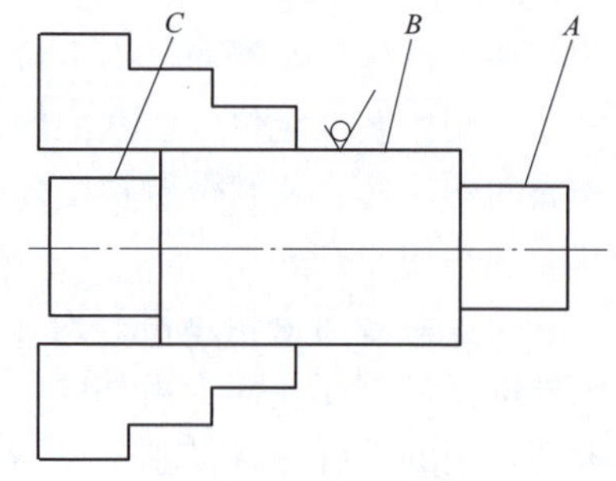

图 7-35　重复使用粗基准

2. 精基准的选择原则

用已经加工过的表面作为定位的基准面，则称为精基准。选择精基准时，应重点考虑保证加工精度，使加工过程操作方便。选择精基准一般要考虑以下原则：

（1）基准重合的原则。尽量选用被加工表面的设计基准和工序基准作为精基准。若是中间工序，应采用工艺基准为定位精基准；若是最终工序，应选择设计基准为定位精基准。这样可以避免因基准不重合而引起的误差。如图 7-36 所示的箱体镗孔零件，要求大孔距底面 M 的距离 $H_1=205\pm0.1$。在大批量生产时采用调整法进行加工。

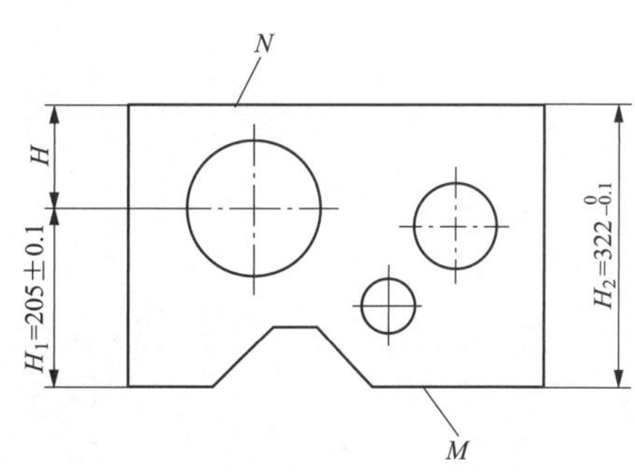

图 7-36　箱体镗孔工序

定位方案一：箱体用顶面 N 为定位基准。镗孔工序直接保证的工序尺寸是 H，而 $H_1=205\pm0.1$ 尺寸是由 H 及 H_2 两个尺寸间接保证的；尺寸 H 和尺寸 H_2 的公差会反映给 H_1，造成 H_1 超差。在此方案中大孔的设计尺寸是底面 M，定位基准如果采用顶面 N，设计基准和定位基准不重合，则设计基准与定位基准之间的联系尺寸 H_2 的公差 0.1 会反映到 H_1 尺寸中来，这个误差称为基准不重合误差。

定位方案二：如果以底面 M 定位，则设计基准和定位基准重合。调整镗刀高度，可以直接保证设计尺寸 $H_1=205\pm0.1$。

因此，定位方案二比较好。

(2) 基准统一原则。选择尽可能多的表面加工时都能使用的基准作为精基准。例如轴类零件，常用顶尖孔作统一基准加工外圆表面见图 7-37，这样可保证各表面之间同轴度。箱体类零件常用一平面和两个距离较远的孔作为精基准。如图 7-38 所示，主轴箱采用上顶面及上顶面的两个销孔为精基准。图 7-39 所示为加工时采用专用夹具的定位情况，其中，垫块定位工件平面，一圆销和一菱销定位平面上的两孔。

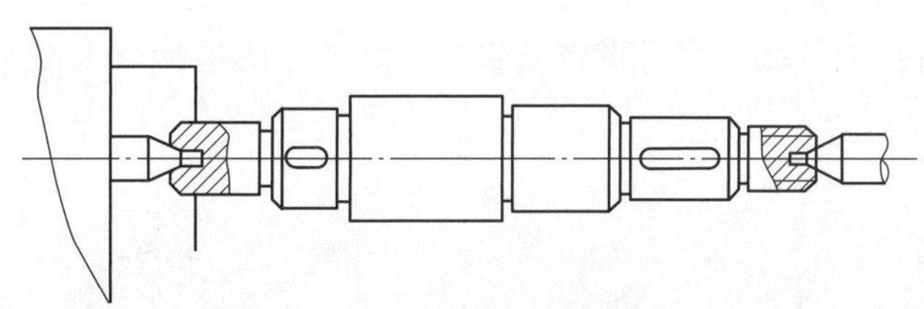
图 7-37　轴类零件精基准两端中心孔

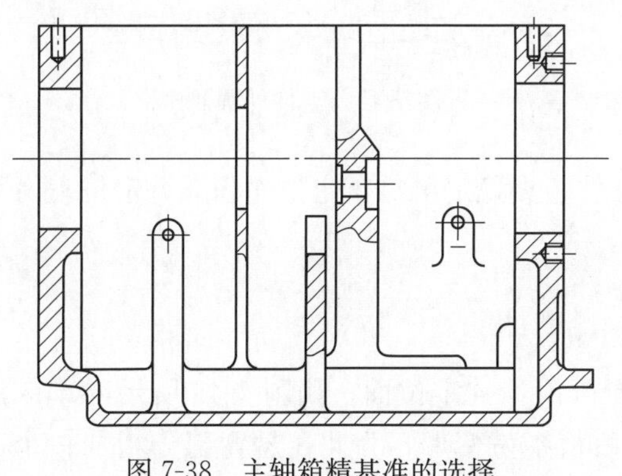
图 7-38　主轴箱精基准的选择

采用基准统一原则可避免基准变换产生的误差，简化夹具设计和制造。

(3) 互为基准原则。对于两个表面间相互位置精度要求很高，同时其自身尺寸与形状精度都要求很高的表面加工，常采用互为基准、反复加工的原则。例如，机床主轴前端锥孔与轴颈外圆的加工，此两表面为主轴的重要表面，二者有同轴度的要求，如图 7-40 所示，常以锥孔为精基准加工外圆轴颈，再以外圆轴颈为精基准加工内锥孔，以保证二者间的位置精度。

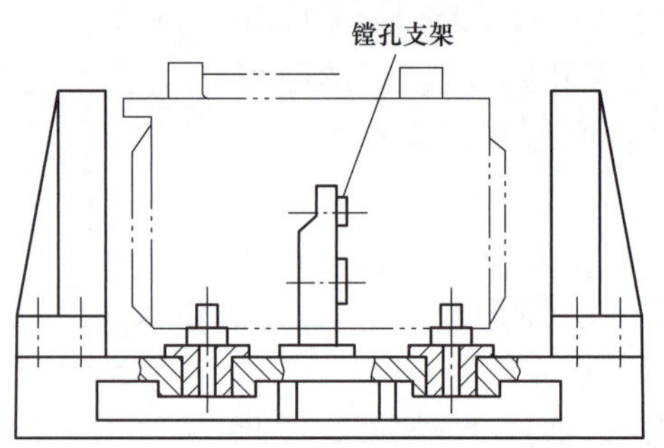

图 7-39　箱体零件采用定位元件一面两销

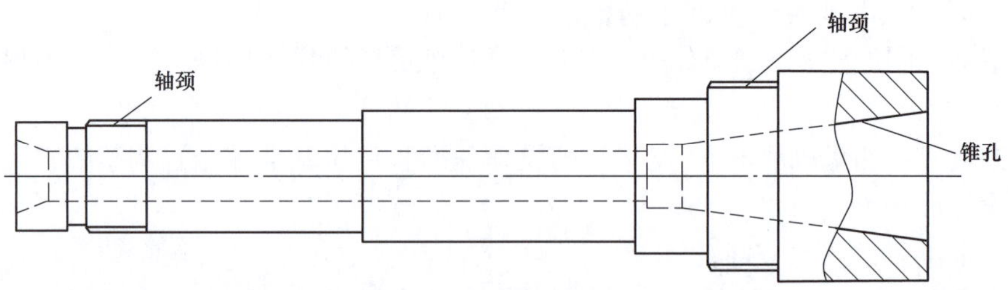

图 7-40　机床主轴加工精基准的选择

（4）自为基准原则。对于加工精度要求很高，余量小且均匀的表面，加工中常用加工表面本身作为定位基准。例如磨削机床床身导轨面时，为保证导轨面上切除余量小而均匀，常在导轨面上安装百分表，在床身下安装可调支承，以导轨面本身找正定位磨削导轨面，如图 7-41 所示。图 7-42 所示为研磨工件外圆工序，以工件外圆为定位基准支撑在研具夹的孔内，工件转动即可加工自身的外圆。另外像浮动镗孔、无心外圆磨床磨工件外圆，都是自为基准原则应用的例子。

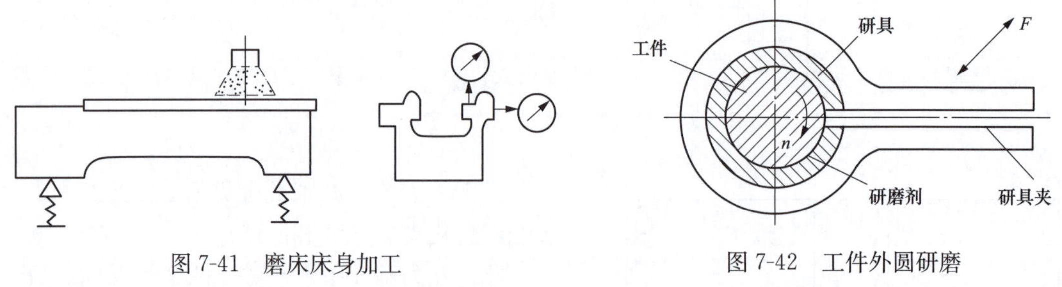

图 7-41　磨床床身加工　　图 7-42　工件外圆研磨

（5）便于装夹的原则。所选精基准应保证工件装夹稳定可靠，定位面积大，定位表面平整并尽量靠近加工表面。

三、辅助基准的应用

1. 辅助基准的定义

辅助基准是指为满足工艺需要，在工件上专门设计的定位面。如图 7-43 所示的车床溜板的加工，由于定位面 A 面积太小，工件受力后很容易变形，为此在悬臂部分增加一个工艺凸台，则凸台上用来定位的表面即为辅助基准。又如，轴类零件加工中用作定位的顶尖孔，它本身并不是零件上的工作表面，轴类零件之所以加工该中心孔，是因为该中心孔是作为加工定位用的辅助基准。

另外，零件上的某些次要表面，其本身并无太高的精度要求，若因加工定位的需要，而人为地提高其加工精度和表面质量，这种表面也属于辅助基准。例如丝杠的外圆表面，对螺旋副传动来说属于次要表面，但作为螺旋加工的定位基面，其圆度和圆柱度均需相应提高，并降低其表面粗糙度。此时，丝杠外圆表面即为辅助基面。

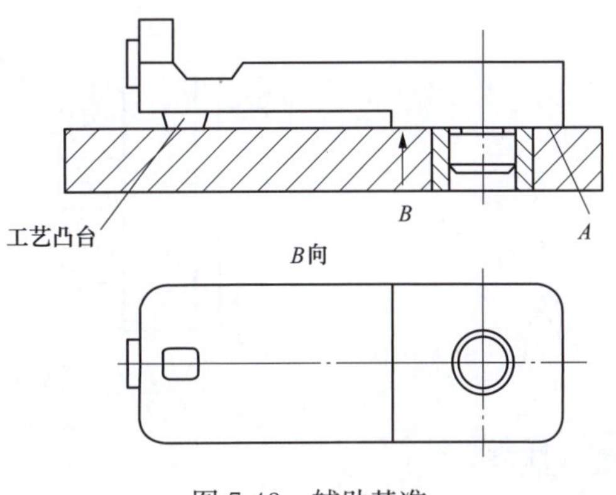

图 7-43　辅助基准

2. 定位基准在工序图中的标记

确定定位基准后，需要在工序图中标记定位符号-∨-。将定位基准符号标注在定位基准面上或定位中心线上，并将该基准限制的自由度数目写在基准符号附近，当限制的自由度数目为 1，可以省略数目，具体标记方法如图 7-44 所示。

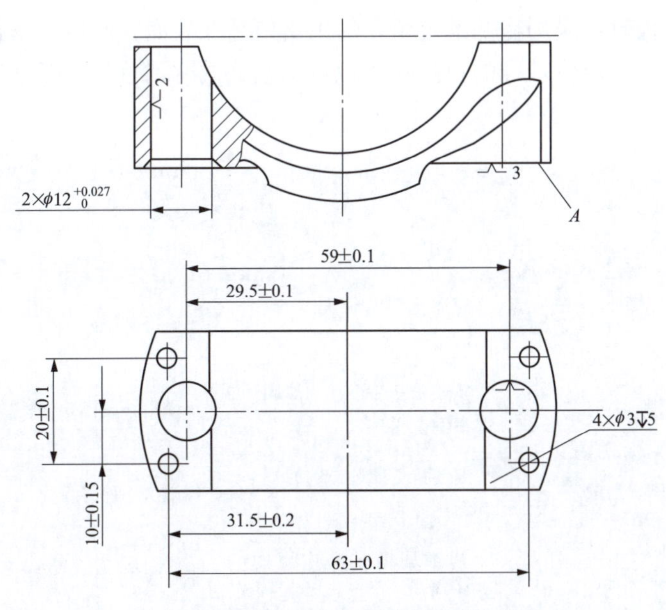

图 7-44　基准符号在工序图上的标记

【任务实施】

(1) 以圆钢 ϕ27 外圆面为粗基准，粗车端面并钻中心孔。

(2) 为保证外圆面的位置精度，以轴两端的中心孔为定位精基准，这样满足了基准重合和基准统一的原则。

(3) 淬火处理后，需修整中心孔；中心孔在使用过程中的磨损及热处理后产生的变形都会影响加工精度。因此，在热处理之后、精加工之前，应安排研修中心孔工序，以消除误差。修研中心孔的方法见图 7-45。

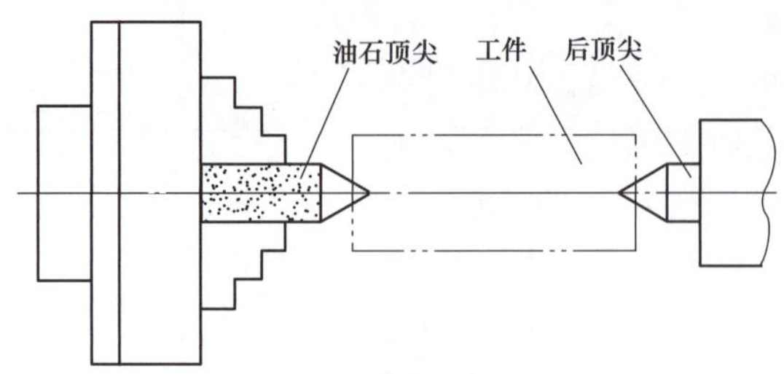

图 7-45 修研中心孔

【任务小结】

本任务主要分析定位基准的选择原则（包括粗基准、精基准的选择原则）、辅助基准的选择原则，并结合应用实例，通过练习充分认识定位基准选择对保证加工精度的重要性，制订合理的工艺规程需要很好地掌握和灵活运用定位基准的选择原则。

粗基准的选择，应考虑如何保证各加工表面有足够的余量；精基准的选择，应考虑如何减小定位误差，提高加工精度和安装方便。因此，精基准选择首选基准重合原则，减少夹具的数量，再选基准统一的原则提高定位准确度。

在制订工艺规程时，采用粗基准定位，加工出精基准表面；然后采用精基准定位，加工零件的其他表面。选择定位基准的目的在于拟订工艺路线时，首先安排加工基准面的工序。

【任务评价】

序号	考核项目	考核内容	检验规则	分值	
				小组互评	教师评分
1	基准的分类	叙述基准的种类及各自的应用	正确得 10 分		
2	粗基准原则	叙述粗基准选择的原则，并举例说明	每说出一条得 5 分		
3	精基准原则	叙述精基准选择的原则，并举例说明	每说出一种得 5 分		
4	辅助基准原则	列举辅助基准应用的实例	正确得 10 分		
5	粗基准的概念	说明粗基准的定义	正确得 5 分		
合计					

任务五 工艺路线的拟订

【学习目标】

知识目标

（1）掌握加工经济精度的概念。

(2) 掌握常见外圆、平面、内孔的加工工艺路线。

(3) 掌握划分加工阶段的原因。

(4) 掌握加工顺序安排的原则。

(5) 掌握工艺路线拟订的步骤。

技能目标

(1) 能合理拟订简单零件的加工工艺路线。

(2) 能合理安排热处理及辅助工序。

(3) 能合理确定加工顺序。

【任务描述】

拟订加工工艺路线是工艺规程设计中的关键性工作，合理与否不仅影响加工质量和加工效率，还影响工人的劳动强度、设备投资、生产成本等。本任务主要以如图 7-21 所示的传动轴为例选择表面的加工方法，安排加工顺序，安排热处理及辅助工序，根据车间实际情况调整整个工艺过程中的工序数量，制订合理、经济的工艺路线。

【任务分析】

工艺路线为零件加工所经的整个路线，是仅列出工序名称的简略工艺。目前还没有一套通用而完整的工艺路线拟订方法，只总结出一些综合性原则，在运用时要根据具体条件综合分析。拟订工艺路线的基本过程如图 7-46 所示。

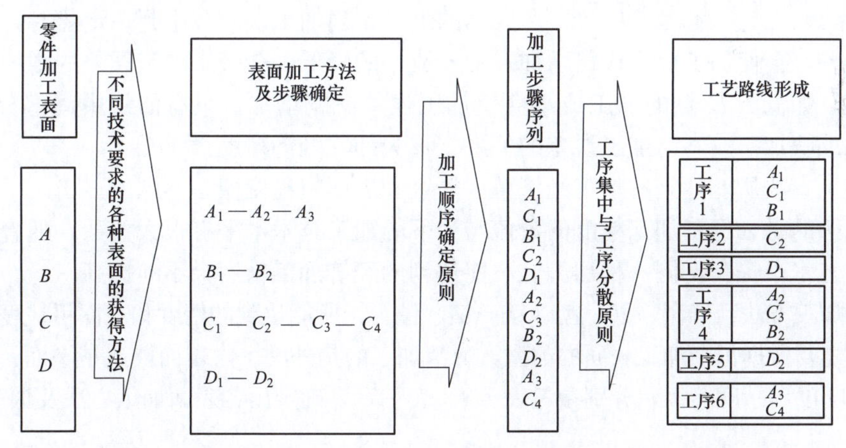

图 7-46　拟订工艺路线的基本过程

零件是由多个表面组成的，每一个表面又可以用多种加工方法获得。因此，应该对零件的结构特点、形状大小、技术要求、材料性能、生产批量、设备现状、经济性等多方面进行分析，选择合适的加工方法。将多种加工方法按照一定的加工顺序链接起来，依次对各个表面进行加工，多种加工方法有机组合成为加工方案。加工方案是拟订工艺过程的基础。另外，要在加工方案中合理地加入热处理、检验等工序，组成一条工艺路线，这条工艺路线便是工艺过程卡片的雏形。

知识链接

一、加工方案的确定

任何复杂的零件都是由若干个简单的几何表面组合而成的，如外圆柱面、孔、平面、成形表面等。零件的加工实质上就是这些简单几何表面加工的组合。因此，在拟订零件的加工工艺路线时，首先要确定构成零件各个表面的加工方法。在具体选择时应综合考虑以下各方面的原则：

（1）所选择加工方法的经济加工精度及表面粗糙度应满足被加工表面的要求。为了合理地选择表面的加工方法和加工方案，首先应了解生产中各种加工方法和加工方案的特点及其能达到的加工经济精度和经济粗糙度。

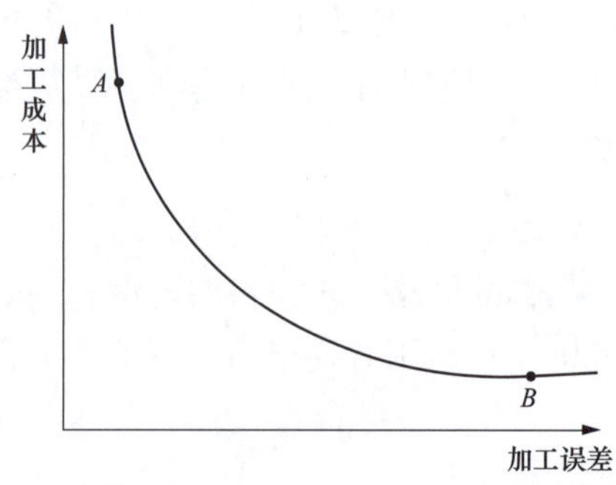

图 7-47　加工误差与加工成本的关系

加工经济精度指在正常加工条件下（采用符合质量标准的设备、工艺装备和标准技术等级的工人，不延长加工时间）所能保证的加工精度。加工精度与加工误差是两个相对立的概念，加工精度高则加工误差就小，反之亦然。因此，我们可以用加工误差的值表示加工精度。在一定或相同的设备条件下，加工误差与加工成本之间的关系用如图 7-47 所示的曲线来表示。

从图 7-47 可以看出，加工误差的减小带来加工成本的上升，当加工误差减小到一定值时，如小于 A 点的加工误差，会使加工成本成倍增加；加工成本的降低，会带来加工误差的增加，当成本低到一定值，如低于 B 点的加工成本会使加工误差急剧增加。只有曲线中间部分（如 AB 段）客观地反映加工成本与加工误差的关系，称为加工经济精度。

各种加工方法所能达到的加工经济精度等级和表面粗糙度值是不同的。

需要说明的是，经济加工精度的数值与当下的加工技术水平有很大关系，随着生产技术的发展，工艺水平提高，同一种加工方法能达到的经济加工精度会不断提高。

不同的加工方法，如车、磨、刨、铣、钻、镗等，所能达到的精度和表面粗糙度也大不一样。所以首先要根据每个加工表面的类型，分清加工的是外圆、内表面，还是平面；再依据图样的表面粗糙度和精度等级，分别参考表 7-9～表 7-11，确定出各表面加工方法及加工方案。

表 7-9　外圆表面加工方案的适用范围

序号	加　工　方　案	加工精度等级	表面粗糙度 Ra 值（μm）	适 用 范 围
1	粗车	IT13～IT11	50～12.5	适用于淬火钢以外的各种金属
2	粗车—半精车	IT10～IT9	6.3～3.2	
3	粗车—半精车—精车	IT6～IT5	1.6～0.8	
4	粗车—半精车—精车—滚压（或抛光）	IT6～IT5	0.2～0.025	
5	粗车—半精车—磨削	IT7～IT6	0.8～0.4	主要用于淬火钢，也可用于未淬火钢，但不宜加工非铁金属
6	粗车—半精车—粗磨—精磨	IT6～IT5	0.4～0.1	
7	粗车—半精车—粗磨—精磨—超精加工	IT6～IT5	0.1～0.012	

续表

序号	加　工　方　案	加工精度等级	表面粗糙度 *Ra* 值（μm）	适 用 范 围
8	粗车—半精车—精车—金刚石车	IT6～IT5	0.4～0.025	主要用于要求较高的非铁金属加工
9	粗车—半精车—粗磨—精磨—超精磨或镜面磨	IT5 以上	＜0.025	用于精度极高的钢或铸铁加工
10	粗车—半精车—粗磨—精磨—研磨	IT5 以上	＜0.1	

表 7-10　　平面加工方案的适用范围

序号	加　工　方　案	加工精度等级	表面粗糙度 *Ra* 值（μm）	适　用　范　围
1	粗车	IT13～IT11	50～12.5	回转体的端面
2	粗车—半精车	IT10～IT8	6.3～3.2	
3	粗车—半精车—精车	IT8～IT7	1.6～0.8	
4	粗车—半精车—磨削	IT8～IT6	0.8～0.2	
5	粗刨（或粗铣）	IT13～IT11	25～6.3	一般不淬硬平面（端铣表面粗糙度 *Ra* 值较小）
6	粗刨（或粗铣）—精刨（或精铣）	IT10～IT8	6.3～1.6	
7	粗刨（或粗铣）—精刨（或精铣）—刮研	IT7～IT6	0.8～0.1	精度要求较高的不淬硬平面；批量较大时宜采用宽刃精刨方案
8	以宽刃刨削代替上述方案刮研	IT7	0.8～0.2	
9	粗刨（或粗铣）—精刨（或精铣）—磨削	IT7	0.4～0.025	精度要求高的淬硬平面或不淬硬平面
10	粗刨（或粗铣）—精刨（或精铣）—粗磨—精磨	IT7～IT6	0.8～0.2	
11	粗铣—拉	IT9～IT7	0.1～0.006（或 *Rz*0.05）	大量生产，较小的平面（精度视拉刀精度而定）
12	粗铣—精铣—磨削—研磨	IT5 级以上		高精度平面

表 7-11　　内孔加工方案的适用范围

序号	加工方案	加工精度等级	表面粗糙度 *Ra* 值（μm）	适　用　范　围
1	钻	IT13～IT11	25～12.5	任何批量，实体工件
2	钻—铰	IT8～IT7	3.2～1.6	不淬火钢件、铸铁件和非铁合金件小孔、细长孔
3	钻—扩—铰	IT8～IT6	1.6～1.6	
4	钻—扩—粗铰—精铰	IT7～IT6	0.8～0.4	
5	粗镗—半精镗—铰	IT8～IT7	1.6～0.8	ϕ30～ϕ100 铸锻孔
6	（钻）粗镗—拉	IT8～IT7	1.6～0.4	成批，大量生产
7	（钻）粗镗—半精镗	IT10～IT9	6.3～3.2	除淬火件外各种零件的小批生产
8	（钻）粗镗—半精镗—精镗	IT8～IT7	1.6～0.8	
9	粗镗—半精镗—浮动镗	IT8～IT7	1.6～0.8	成批，大量生产
10	（钻）粗镗—半精镗—磨	IT8～IT7	1.6～0.8	钢及铸铁孔的精加工
11	（钻）粗镗—半精镗—粗磨—精磨	IT7～IT6	0.8～0.4	

（2）决定加工方法时要考虑被加工材料的性质。例如，淬火钢高精度表面用磨削的方法加工；而有色金属由于磨削困难，一般采用金刚镗或高速精密车削的方法进行精加工。

（3）所选择的加工方法要与生产类型相适应。大批量生产可采用高效机床和先进加工方法，如平面和内孔的拉削。

（4）所选择的加工方法要与工厂现有的生产条件相适应。加工方法不能脱离现有设备状况和工人技术水平，要充分利用现有设备，挖掘生产潜力。

二、典型表面加工方法的选择

1. 外圆表面的加工方案

外圆表面的加工方法依据加工方法选择的原则，结合图 7-48 所示的外圆表面的加工方案或表 7-9，选择与加工表面要求的表面粗糙度 *Ra* 值和加工经济精度相匹配的加工方案和工艺路线。

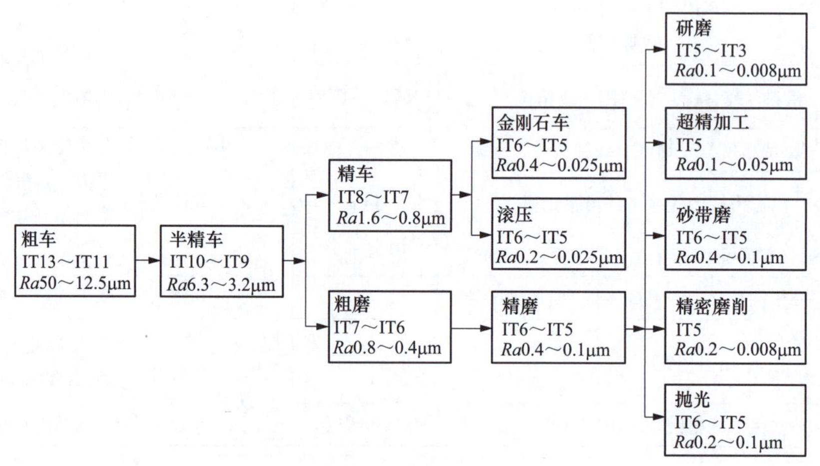

图 7-48　外圆表面的加工方案

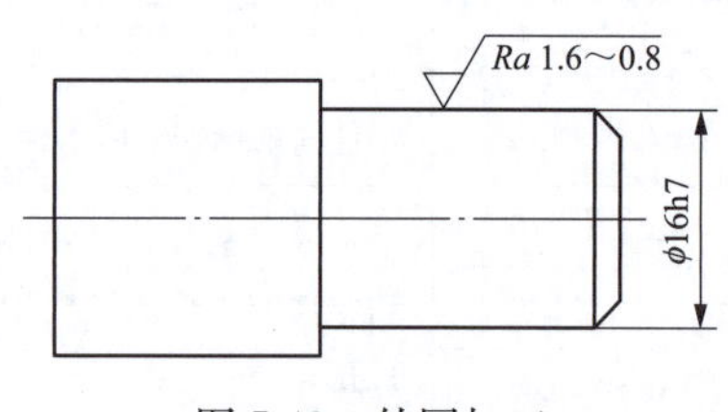

图 7-49　外圆加工

【例 7-1】 如图 7-49 所示的外圆加工，45 钢，淬火 HRC52～54，中批生产，要求轴外圆的加工精度为 IT7 级，表面粗糙度值为 *Ra*1.6～0.8μm，确定外圆表面的加工方案。

查阅图 7-48 可知，要达到要求的精度等级和粗糙度，可以有两种方案：①粗车—半精车—（淬火）—粗磨—精磨；②粗车—半精车—精车。

参照表 7-9 可知，方案①主要用于加工淬火钢件的外圆面，方案②用于加工有色金属材料的外圆面。结合零件的材料及热处理状态选择方案①的加工方法和加工路线。

2. 内表面的加工方案

内表面的加工方案选择时，结合图 7-50 内表面的加工方案或表 7-11。

【例 7-2】 如图 7-51 所示的内表面加工，45 钢，中批生产，要求孔的加工精度为 IT7 级，表面粗糙度值为*Ra*1.6～0.8μm，确定孔的加工方案。

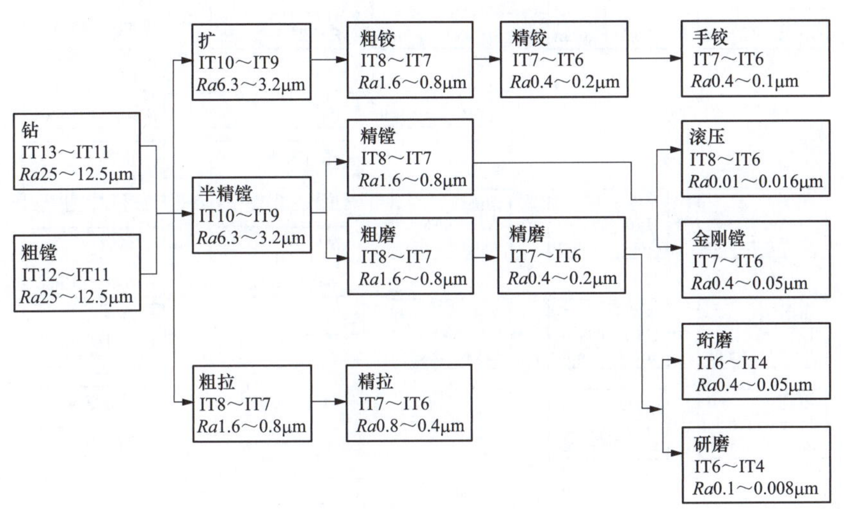

图 7-50　典型内表面加工方案

从图 7-50 可知，有以下四种加工方案：①钻—扩—粗铰—精铰；②粗镗—半精镗—精镗；③粗镗—半精镗—粗磨—精磨；④钻（扩）—拉。

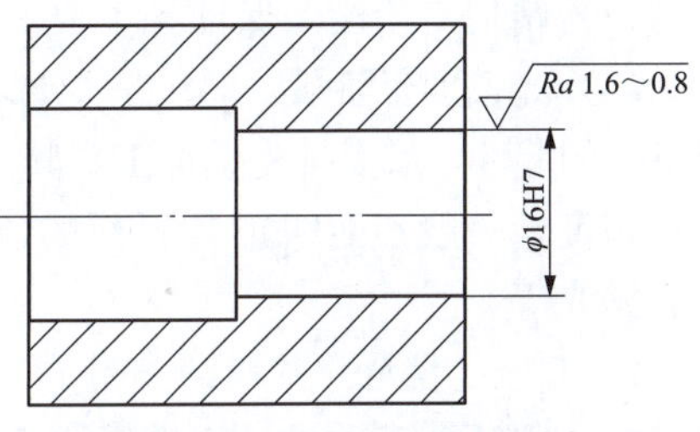

图 7-51　内表面加工

参照表 7-11 可知，方案①在成批生产中常用在立钻、摇臂钻、六角车床等连续进行各个工步加工的机床上。该方案一般用于加工小于 80mm 的孔径，工件材料为未淬火钢或铸铁，不适于加工大孔径，否则刀具过于笨重；方案②用于加工毛坯本身有铸出或锻出的孔，但其直径不宜太小，否则会因镗杆太细而容易发生变形，影响加工精度，箱体零件的孔加工常用这种方案；方案③适用于淬火的工件；方案④适用于成批或大量生产的中小型零件，其材料为未淬火钢、铸铁及有色金属。

分析工件材料及生产批量得知，方案①最合理。

3. 平面的加工方案

选择平面的加工方案时可结合图 7-52 或者表 7-10。

三、加工阶段的划分

1. 各加工阶段的任务

在选定了零件各表面的加工方案之后，还需进一步确定这些加工方法在工艺路线中的顺序。这与加工阶段的划分有关，当零件的加工质量要求较高时，一般都要经过粗加工、半精加工和精加工三个阶段，如果零件精度要求特别高或表面粗糙度值要求特别小时，还要经过光整加工阶段。

各个加工阶段的主要任务如下所述。

（1）粗加工阶段：切除各加工表面上的大部分加工余量，使毛坯在形状和尺寸上接近零件成品，并加工出精基准。此阶段的目的是提高生产率。

（2）半精加工阶段：减小粗加工留下的误差，使工件达到一定精度，为主要表面的精加工做

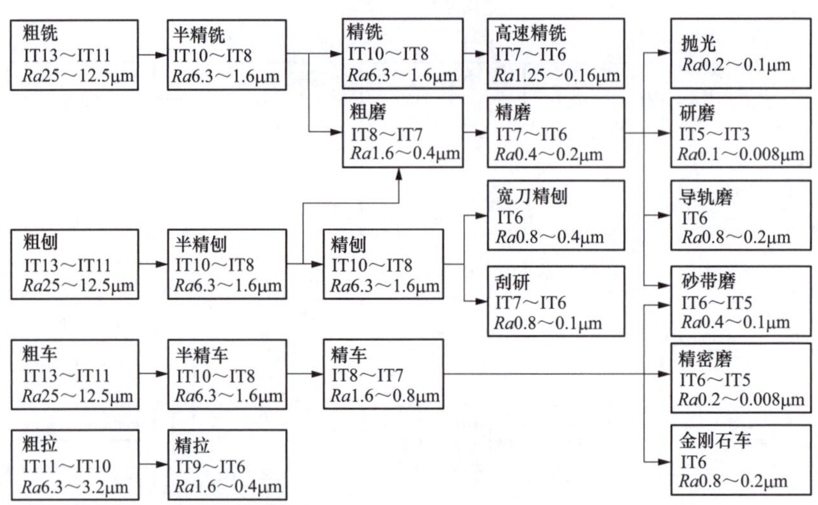

图 7-52 典型平面加工方案

好准备（控制精度和适当余量），并完成一些次要表面的加工（如钻孔、攻螺纹、铣键槽等）。

（3）精加工阶段：保证各主要表面达到图样规定要求，此阶段的目的是保证加工质量。

（4）光整加工阶段：对于精度要求很高（IT6 以上）、表面粗糙度值要求很小（*Ra*0.2μm 以下）的零件，需安排光整加工，其主要任务是减小表面粗糙度值或进一步提高尺寸精度和形状精度，一般不能纠正各表面的位置误差。常用加工方法有金刚镗、研磨、珩磨、镜面磨、抛光等。

2. 工艺过程划分阶段的作用

（1）保证加工质量。工件粗加工时切除金属较多，产生较大的切削力和切削热，同时也需要较大的夹紧力，因而工件会产生较大的弹性变形和内应力。各阶段之间的时间间隔可使工件得到自然时效，有利于消除工件的内应力，逐步修正工件的变形，提高加工精度。

（2）合理使用设备。加工过程划分阶段后，粗加工可采用功率大、刚度好和精度不高的高效率机床以提高生产率，精加工则可采用高精度机床以确保零件的精度要求。发挥各类机床的效能，延长机床的使用寿命。

（3）便于组织生产，便于安排热处理工序。各加工阶段要求的生产条件不同，如精密加工要求恒温洁净的生产环境。此外划分加工阶段可在各阶段之间安排热处理工序。例如，对一些精密零件，粗加工后安排去除应力的时效处理，可减小内应力变形对精加工的影响；半精加工后安排淬火不仅容易满足零件的性能要求，而且淬火引起的变形又可通过精加工工序予以消除。

（4）及时发现缺陷。粗加工时去除了加工表面的大部分余量，可及早发现毛坯的缺陷，在粗加工阶段及时报废，减少后续加工带来的不必要损失。

应当指出，将工艺过程划分成几个阶段是对整个加工过程而言的，不能单纯从某一表面的加工或某一工序的性质来判断。例如工件的定位基准，在半精加工阶段（甚至在粗加工阶段）中就需要加工得很准确，而在精加工阶段中安排某些钻孔之类的粗加工工序也是常有的。划分加工阶段并不是绝对的。对于刚性好、加工精度要求不高或余量不大的工件就不必划分加工阶段；对于有些精度要求高的重型件，由于运输安装费时费工，一般也不划分加工阶段，而是在一次装夹下完成全部粗加工和精加工任务。为减小夹紧变形对加工精度的影响，可在粗加工后松开夹紧机构，然后用较小的夹紧力重新夹紧工件，继续进行精加工，这样有利于提高加工精度，因此加工阶段的划分不是绝对的。

四、工序顺序的安排

（一）机械加工工序的安排

机械加工工序的安排应遵循以下几个原则：

（1）基准先行。选作精基准的表面应安排在工艺过程的一开始就进行加工，以便为后续工序的加工提供精基准。

（2）先粗后精。整个零件的加工工序，应是粗加工工序在前，相继为半精加工、精加工及光整加工工序。

（3）先主后次。先加工零件主要加工表面（装配基准面、工作表面），然后加工次要表面（键槽、紧固螺钉用的光孔和螺孔、润滑油孔等）。由于次要表面的加工工作量较小，又常常与主要加工表面之间有位置精度要求，所以次要表面的加工一般安排在主要表面的加工结束之后或穿插在主要表面加工过程中进行。但是，次要表面的加工必须安排在主要表面最后精加工或光整加工之前，以免主要表面的精度和表面质量因受力变形、搬运、安装等原因受到影响。

（4）先面后孔。对于箱体等类的零件，平面的轮廓尺寸较大，用它定位比较稳定，先加工平面有利于保证孔的加工精度。

（二）辅助工序的安排

辅助工序种类很多，包括工件的检验、去毛刺、平衡及清洗工序等，其中检验工序是主要的辅助工序。检验是保证产品质量的关键措施。为保证零件制造质量，防止产生废品，在每道工序中，操作者应进行自检。在下列场合应安排专门的检验工序：①粗加工全部结束之后；②送往外车间加工的前后；③工时较长和重要工序的前后；④最终加工之后。

除了安排几何尺寸检验工序之外，有的零件还要安排探伤、密封、称重、平衡等检验工序。其他的辅助工序也应予以重视。如果缺少辅助工序或对辅助工序要求不严，常常会给装配工作带来困难，甚至导致机器不运转。例如，毛刺未去净会使装配发生困难；切屑未去净会使润滑部位得不到充足的润滑油，从而影响机器的正常运转。

一般来讲，其他工序的安排如下：

（1）零件表层或内腔的毛刺对机器装配质量影响甚大，切削加工之后，应安排去毛刺工序。

（2）零件在进入装配之前，一般都应安排清洗工序。工件内孔、箱体内腔易存留切屑，研磨、珩磨等光整加工工序之后，微小磨粒易附着在工件表面上，要注意清洗。

（3）在用磁力夹紧工件的工序之后，要安排去磁工序，以免带有剩磁的工件进入装配线。

（三）热处理工序的安排

为了提高工件的力学性能或改善切削性能，消除内应力，应在工艺过程的适当位置安排热处理工序。下面介绍常见热处理工艺在工艺路线中的工序安排。

1. 预备热处理

预备热处理包括退火、正火和调质。

（1）退火：消除内应力，提高强度和韧性，降低硬度，改善切削加工性。例如，高碳钢采用退火，以降低硬度。退火一般安排在粗加工之前，毛坯制造出来以后。

（2）正火：提高钢的强度和硬度，使工件具有合适的硬度，改善切削加工性。例如，低碳钢采用正火，以提高硬度。正火一般安排在粗加工之前，毛坯制造出来以后。

（3）调质：获得细致均匀的组织，提高零件的综合机械性能，并为以后的表面淬火和渗氮时减小变形做好组织准备。调质处理常用于中碳钢和合金钢，一般安排在粗加工之后，半精加工之前。

对于灰铸铁、铸钢和某些无特殊要求的锻钢件（硬度、耐磨性不高），经过预备热处理后，已能满足使用性能要求，不再做最终热处理。

2. 最终热处理

最终热处理包括淬火、回火、渗碳、渗氮、表面装饰性处理等。

（1）淬火：获得高硬度组织。淬火分为整体淬火和表面淬火，为降低淬火后应力，表面淬火后应低温回火。淬火安排在半精加工之后，磨削之前。

（2）回火：稳定组织，消除内应力，降低脆性。

（3）渗碳：提高工件表面的硬度和耐磨性，适用于低碳钢或低合金钢。渗碳分为整体渗碳和局部渗碳两种。渗碳安排在半精加工后，磨削之前，但如果该工件还有淬火处理，渗碳应排在淬火之前。

（4）渗氮：增加表面的耐磨性、耐疲劳性、耐蚀性及耐高温的特性。渗氮温度低，工件变形小，渗氮层薄而硬，渗氮一般安排在磨削之后，对个别质量高的零件，渗氮后可做精磨或研磨。为保证渗氮件心部的综合力学性能，在粗加工后要调质；为防止残余应力引起渗氮变形，渗氮前做去应力退火。

（5）表面装饰性处理：提高工件表面耐磨性、耐蚀性和以装饰为目的而安排的热处理工序，如镀铬、镀锌、发蓝等，一般都安排在工艺过程最后进行。

3. 去除内应力处理

消除毛坯制造和机械加工中产生的内应力，使材料的组织稳定，不再继续变形。去除内应力处理有自然时效和人工时效两种，最好安排在粗加工之后、精加工之前。但是为了避免过多的运输工作量，对于精度要求不太高的零件，一般把去除内应力的人工时效和退火放在毛坯进入机械加工车间之前进行。对于精度要求特别高的零件（如精密丝杠），在粗加工和半精加工过程中要经过多次去除内应力退火，在粗、精加工过程中还要经过多次人工时效。另外，对于机床的床身、立柱等大型铸件，常在粗加工前及粗加工后进行自然时效（或人工时效）。

常见热处理工序在加工阶段中的安排如图 7-53 所示。

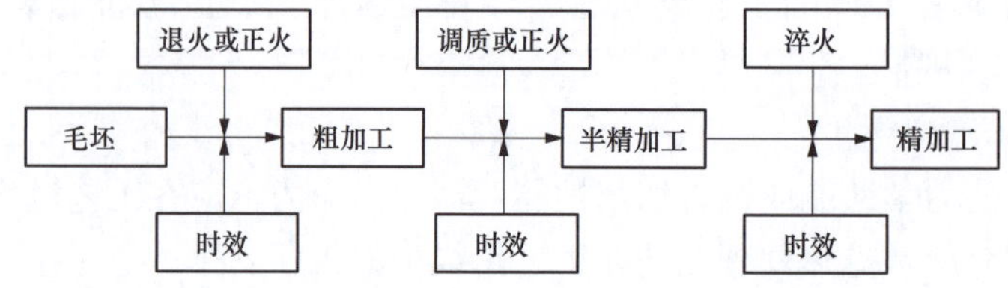

图 7-53　常见热处理工序在加工阶段中的安排

（四）工序的集中与分散确定

（1）工序集中原则。所谓工序集中，就是使每个工序包括比较多的工步，完成比较多的表面加工任务，而整个工艺过程由比较少的工序组成。工序集中的特点如下：

1）工序数目少，设备数量少，可相应地减少操作工人人数，减小生产面积。

2）工序装夹次数少，不但缩短了辅助时间，而且在一次装夹下所加工的各个表面之间容易保证较高的位置精度。

3）有利于采用高效专用机床和工艺装备，生产效率高。

4）由于采用比较复杂的专用设备和专用工艺装备，因此生产准备工作量大，调整费时。

（2）工序分散原则。所谓工序分散就是每个工序包括比较少的工步，甚至只有一个工步，而整个工艺过程有比较多的工序组成。工序分散的特点如下：

1）工序数目多，设备数量多，可相应地增加操作工人人数，增大生产面积。

2）可以选用最有利的切削用量。

3）机床、刀具、夹具等结构简单，调整方便。

4）生产准备工作量小，改变生产对象容易，生产适应性好。

工序集中和分散各有特点，必须根据生产类型、工厂的设备条件、零件的结构特点和技术要求等具体生产条件来确定。在大批大量生产中，大多采用高效机床、专用机床及自动生产线等设备按工序集中原则组织工艺过程；在单件小批生产中，宜用通用机床按工序集中原则组织工艺过程。

应当指出，随着机床功能范围的不断扩大和高效机床的使用，工序集中是发展趋势。

【任务实施】

（1）加工的主要表面为外圆表面，参照表 7-9 或图 7-48 确定各表面的加工方案，键槽表面参照内表面的加工方案，见表 7-12。

表 7-12　　传动轴加工方案

加工表面	精度要求	表面粗糙度 Ra 值 (μm)	加工方案
$\phi16_{-0.034}^{-0.016}$（f7）外圆表面	IT7	0.8	粗车—半精车—粗磨—精磨
$\phi22_{-0.041}^{-0.020}$（f7）外圆表面、轴肩及圆角	IT7	0.8 12.5	粗车—半精车—粗磨—精磨
$\phi16_{-0.018}^{0}$（h7）外圆表面	IT7	0.8	粗车—半精车—粗磨—精磨
键槽侧面 5H9 底面	IT9 IT11 以上	3.2 12.5	粗铣—精铣
挡圈槽 $\phi15.2\times1.1$	IT11 以上	12.5	粗车
螺纹 M6	IT11 以上	12.5	钻孔—攻螺纹

（2）划分加工阶段。大致分为粗加工、半精加工和精加工三个阶段。

（3）热处理的穿插及检验工序安排，见图 7-54。

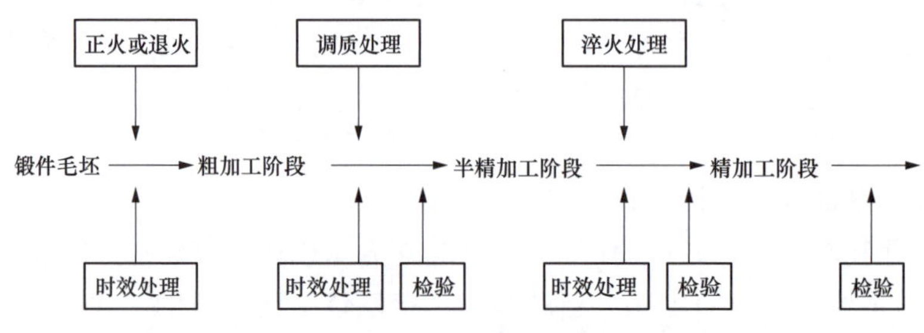

图 7-54　热处理的穿插及检验工序安排

（4）遵照加工顺序的安排原则，初步拟订加工工艺路线。根据加工任务单，本任务传动轴的加工工艺路线如下：锻造—正火或退火—粗车—钻中心孔—调质—半精车、精车—加工次要表面—整体淬火—修研中心孔—粗磨—精磨。

提　示

键槽是轴类零件上常见的结构，通常在普通立式铣床上用键槽铣刀加工。键槽一般都放在外圆精车或粗磨之后、精加工之前进行。如果安排在精车之前铣键槽，在精车时由于断续切削而产生振动，既影响加工质量，又容易损坏刀具。另外，键槽的尺寸也较难控制，如果安排在主要表面的精加工之后，则键槽铣削加工的装夹会破坏主要表面已有的精度。

（5）拟订工艺路线，见表 7-13。

表 7-13　　传动轴工艺路线

下料：40Cr 圆棒自由锻，毛坯为 $\phi 30\times 130$mm 若干段			
	1		退火处理、时效处理
粗加工	2	车	夹毛坯一端外圆，车右端面及右端外圆，打中心孔（基准先行）（先面后孔）
	3	车	掉头，夹右端加工过的圆柱段，车左端面，定总长度，打中心孔，车左端外圆
	4		检验
	5		调质处理、时效处理
半精加工	6	车	以两端中心孔为定位基准，用鸡心夹头，顶尖等装夹工件。半精车左端 $\phi 16^{-0.016}_{-0.034}$ 处，倒角。车左端挡圈槽，砂轮越程槽（先主后次）
	7	车	掉头，半精车右端 $\phi 22^{-0.020}_{-0.041}$，轴肩端面，半精车 $\phi 16^{0}_{-0.018}$ 外圆，倒角，车右端砂轮越程槽
	8	钻攻	夹中间 $\phi 27$ 段，在车床上用麻花钻钻螺纹底孔 $\phi 5$，用丝锥攻 M6 螺纹，并保证螺纹有效长度
	9	铣	在立式铣床上，用平口钳夹中间 $\phi 27$ 段，粗铣键槽 5mm，调整切削用量，精铣键槽 $5^{+0.030}_{0}$
	10		检验

续表

	11	局部淬火，HRC50～52，低温回火，时效处理	
精加工	12	研中心孔，表面粗糙度值 $Ra0.4\mu m$	
	13	粗磨	粗磨 $\phi16_{-0.034}^{-0.016}$外圆、$\phi22_{-0.041}^{-0.020}$外圆及轴肩端面、$\phi16_{-0.018}^{0}$外圆
	14	精磨	精磨 $\phi16_{-0.034}^{-0.016}$外圆、$\phi22_{-0.041}^{-0.020}$外圆及轴肩端面、$\phi16_{-0.018}^{0}$外圆，达到图纸要求
	15	检验	

【任务小结】

通过对本任务的学习，掌握根据工件的技术要求、材料性质、热处理要求、生产类型、企业现有设备状况等选择各主要表面的加工方法，并把加工过程分成粗加工、半精加工和精加工三个阶段，方便安排热处理工序及次要表面的加工，这些表面加工先后顺序应参考机械加工工序安排的原则。另外，安排工序的数目要遵从车间的实际情况选择要采用工序集中原则还是工序分散原则。

本任务的工作重点是编制零件加工的工艺文件，掌握从单一表面加工到整个工件加工的全过程，学会从不同角度考虑实现零件工艺规程设计要求的工艺方法，认识各种加工方法的经济精度，了解工艺过程设计的灵活性，完成工艺路线拟订的优化。

工艺路线的拟订是工艺文件编制最为重要的环节，因此，编制时应多拟订几种方案，从工艺角度、经济角度、环保节能角度等多方面权衡比较选出最合理的方案。

【任务评价】

序号	考核项目	考核内容	检验规则	分值	
				小组互评	教师评分
1	确定加工方法	说明加工方法的选择和依据	正确得 10 分		
2	划分加工阶段	叙述划分加工阶段的意义及各阶段的主要工作	每说出一条得 5 分		
3	工序安排	说明加工顺序安排的原则	每说出一种得 5 分		
4	工序穿插	叙述常见的热处理工序及其安排的位置	正确得 10 分		
5	检验工序安排	说明检验工序如何安排	每说出一种得 10 分		
合计					

任务六　工序余量的确定与工序尺寸的计算

【学习目标】

知识目标

(1) 了解工序余量的概念及确定方法。

(2) 掌握与加工余量有关的工序尺寸及其公差的确定。

(3) 掌握尺寸链概念，掌握增、减环的判定方法。

(4) 掌握尺寸链的正确绘制方法。

(5) 掌握用尺寸链解决工序尺寸问题的步骤。

技能目标

(1) 明确加工余量的基本概念，会与之相关的工序尺寸的计算。

(2) 能绘制工序附图，并标注尺寸及公差。

(3) 会紧密结合工艺路线（工序安排）计算工艺尺寸链。

【任务描述】

分析如图 7-21 所示的传动轴零件图，完成以下任务：

(1) 为各机械加工工序确定加工余量。

(2) 计算各工序尺寸和公差，绘制相应的工序附图。

【任务分析】

所谓工艺尺寸就是在工艺附图或工艺规程中所给出的每一工序加工的尺寸和要求，包括工序尺寸、毛坯尺寸及测量尺寸和相互位置要求等项目。在机械加工过程中，确定各工序的工艺尺寸是为了使加工表面达到所要求的设计目标，同时还要使加工时能有一个合理的加工余量，保证加工后得到的表面既达到所要求的加工质量，也不至于浪费材料。因此，对于零件的某一个表面，为达到图纸所规定的精度及表面粗糙度要求，往往需要经过多次加工才能完成。而每次加工都需要确定去除的余量，并在每道工序画出工序图，标注工序尺寸。

完成本任务首先要掌握工序余量的确定方法，通过查表法或计算法取得合理的加工余量，然后用倒推法计算各工序尺寸。在基准不重合时，或者工序的相关联尺寸较多时需要用工艺尺寸链计算，利用尺寸链进行工序尺寸及公差的分析计算，可以使这些分析计算大为简化。确定工序尺寸和公差是工艺文件编制过程中很重要的一环，它从理论上保证了加工工件质量的准确性。

知识链接

一、加工余量的确定

1. 加工余量的基本概念

用去除材料方法制造机器零件时，一般都要从毛坯上切除一层层材料之后最后才能制得符合图样规定要求的零件。毛坯上留作加工用的材料层，称为加工余量。

加工余量有总余量和工序余量之分。

加工总余量为同一表面上毛坯尺寸与零件设计尺寸之差（即从加工表面上切除的金属层总厚度），如图 7-55 所示。

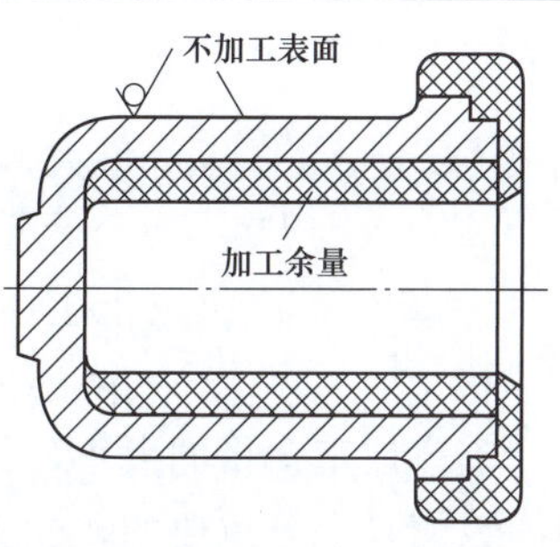

图 7-55　加工总余量

工序余量是指工件某一表面相邻两工序尺寸之差，即同一表面上工序尺寸与本工序尺寸之差。也就是本道工序中切除的金属层厚度。按照这一定义，工序余量又有单边余量和双边余量之分。如图 7-56（a）、（b）所示的非对称结构的非对称表面，其加工余量一般为单边余量；如图 7-56（c）、（d）所示的零件对称结构的对称表面，其加工余量为双边余量。

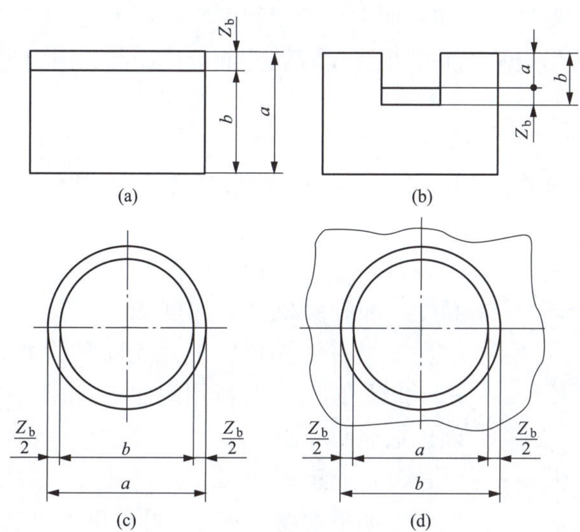

图 7-56　单边余量与双边余量

对于被包容表面，见图 7-56（a）、（c），本工序余量为

$$Z_b = a - b \tag{7-3}$$

对于包容表面，见图 7-56（b）、（d），本工序余量为

$$Z_b = b - a \tag{7-4}$$

式中　Z_b——本工序余量；

a——上工序尺寸；

b——本工序尺寸。

显然某表面加工总余量（Z_{Σ}）等于该表面各个工序余量（Z_i）之和，即

$$Z_{\Sigma} = Z_1 + Z_2 + \cdots + Z_n$$

其中，n 为机械加工工序数目。Z_1为第一道粗加工工序的加工余量。一般来说，毛坯的制造精度高，Z_1就小；毛坯制造精度低，Z_1就大。

由于工序尺寸有偏差，各工序实际切除的余量值是变化的，故工序余量有公称余量（简称余量）、最大余量和最小余量之分。

最大余量＝上工序最大极限尺寸－本工序最小极限尺寸

最小余量＝上工序最小极限尺寸－本工序最大极限尺寸

余量公差＝最大余量－最小余量＝上工序工序尺寸公差＋本工序工序尺寸公差

即
$$T_Z = Z_{max} - Z_{min} = T_a + T_b \tag{7-5}$$

式中　Z_{max}、Z_{min}——最大、最小余量；

T_Z——余量公差；

T_a——上工序尺寸公差；

T_b——本工序尺寸公差。

工序加工余量的大小，将直接影响工件的加工质量、生产率和经济性。正确规定加工余量的数值是十分重要的，加工余量规定得过大，不仅浪费材料，而且耗费加工工时、刀具和电能；甚至会因余量太大而引起很大的切削热和切削力，使工件产生变形，影响加工质量。但加工余量也不能规定得过小，如果加工余量留得过小，则本工序加工就不能完全切除上工序留在加工表面上的缺陷层及表面的相互位置误差而造成废品，因而也就没有达到设置这道工序的目的。

2. 影响加工余量的因素

为了合理确定加工余量，必须深入了解影响加工余量的各项因素。影响加工余量的因素有以下四个方面：

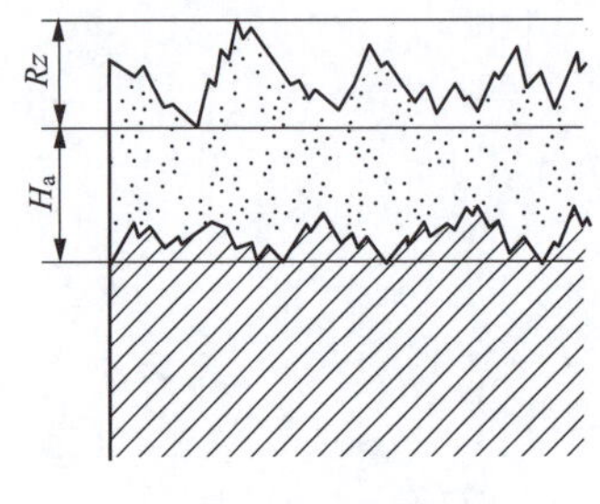

图 7-57　工件表面结构

(1) 上工序留下的表面粗糙度值 Rz（表面轮廓的最大高度）和表面缺陷层深度 H_a。前一工序产生的 Rz 和 H_a，应在本工序切除掉。工件表面结构如图 7-57 所示，表面上 Rz 和 H_a 的大小与所用的加工方法有关，本工序加工余量必须包括这两项因素。

(2) 上工序的尺寸公差 T_a。上工序加工表面存在尺寸误差，如平面度、圆度、圆柱度等这些几何误差，都包含在尺寸公差值 T_a 中。为了纠正这些误差，使本工序的加工尺寸趋于正确，本工序加工余量必须包括上工序公差值 T_a 项，如图 7-58 所示。

(3) T_a 值没有包括的上工序留下的各表面间相互空间位置误差 e_a。工件上有一些几何误差是没有包括在加工表面的工序尺寸公差范围之内的。在确定加工余量时，必须考虑它们的影响，否则本工序加工将无法全部切除上工序留在加工表面上几何误差。如图 7-59 所示的粗长轴，在粗加工后或热处理后产生轴中心线弯曲，弯曲量为 δ，如果不进行校直而继续加工，则直径上的加工余量至少增加 2δ，才能保证该轴在加工后消除弯曲的影响。也就是上一道工序至少在直径上留有 2δ 的加工余量，才能保证位置精度。多种空间误差并存时，总误差是各空间位置误差的向量之和。

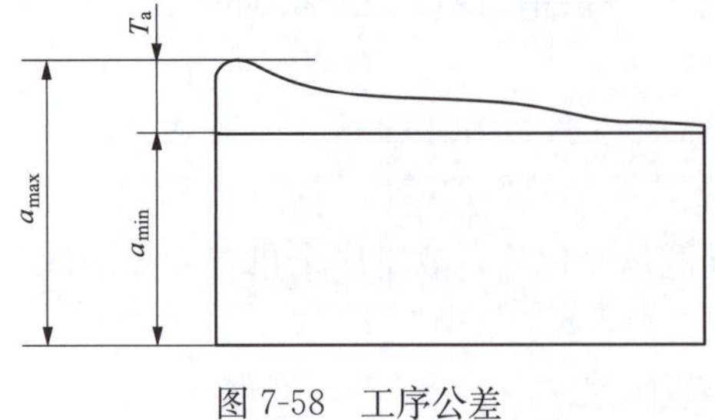

图 7-58　工序公差

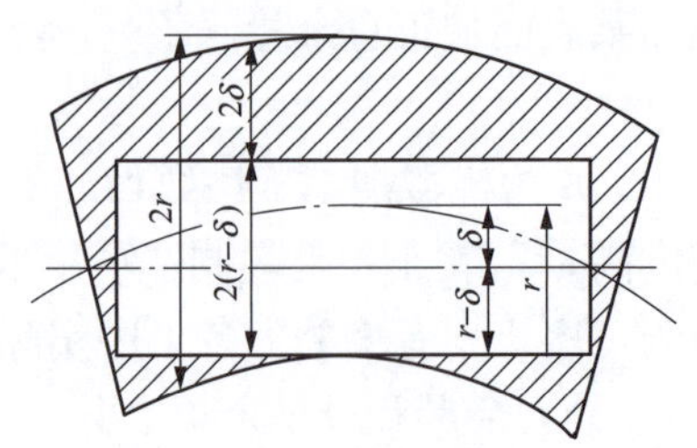

图 7-59　轴的弯曲对加工余量的影响

(4) 本工序加工时的装夹误差 ε_b。如果本工序存在装夹误差 ε_b（包括定位误差、夹紧误差），它会影响切削刀具与被加工表面的相对位置，当余量不足时，加工出的工件会偏心，如图 7-60 所示。用三爪卡盘夹持工件外圆磨削内孔时，若三爪卡盘定心不准确，致使工件轴心线与机床旋转中心线偏移一个 e 值，为了保证加工表面的偏心误差能切除，就需要将磨削余量加大 $2e$。因此，为防止工件轴线偏移，在确定本工序加工余量时还应考虑 ε_b 的影响。

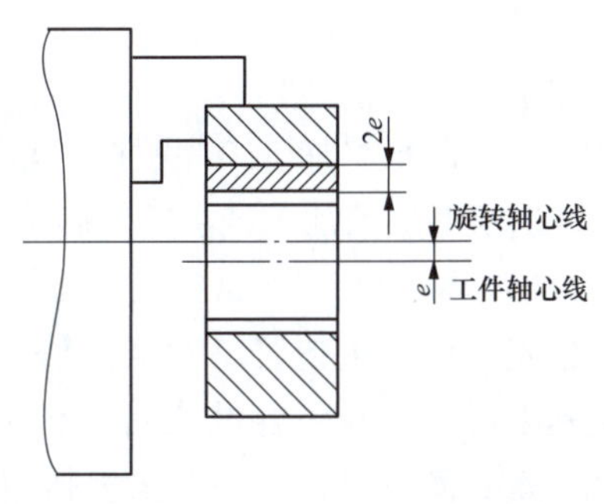

图 7-60　三爪卡盘上的装夹误差

根据以上分析，为保证本工序能切除上工序留在加工表面上的表面粗糙度缺陷层等误差，本工序应设置的工序余量值 Z_b 如下：

对于单边余量（加工平面时）

$$Z_b \geqslant T_a + Rz + H_a + |e_a + \varepsilon_b| \tag{7-6}$$

对于双边余量（加工外圆和孔时）

$$2Z_b \geqslant T_a + 2(Rz + H_a) + 2|e_a + \varepsilon_b| \tag{7-7}$$

3. 加工余量的确定办法

确定加工余量有计算法、查表法和经验估计法三种方法。

（1）计算法。在已知各个影响因素的情况下，计算法是比较精确的。在应用式（7-6）和式（7-7）时，要针对具体情况对其加以分析、简化。例如，在无心外圆磨床上加工零件，装夹误差可忽略不计。当用浮动铰刀铰孔及拉孔（工作端面用浮动支承）时，空间偏差对余量无影响，也无装夹误差的影响。在掌握各加工方法的影响因素具体数据的条件下，用计算法确定加工余量是比较科学的，但是目前所积累的统计资料不多，难以计算，故此法应用较少。

（2）查表法。此法根据通用的《机械加工余量实用手册》或以工厂生产实践和实验研究积累的数据为基础制订的各种表格为依据，可以查出各种工序余量或加工总余量，再结合实际加工情况加以修正。用查表法确定加工余量，方法简便，比较接近实际，在生产上得到广泛应用。常见孔和轴加工工序对应的加工余量见附表 14～附表 20。

（3）经验估计法。加工余量由一些有经验的工程技术人员和工人根据经验确定，由于主观上有怕出废品的思想，导致所估计的加工余量一般都偏大。此法只用于单件小批生产，主要用来确定总余量。

二、工序尺寸和公差的计算

（一）基准重合时工序尺寸与公差的计算

零件上的内孔、外圆和平面的加工多属于这种情况。当表面需要经过多次加工时，各次加工的尺寸及其公差取决于各工序的加工余量及所采用的加工方法所能达到的经济加工精度。因此，确定各工序的加工余量和各工序所能达到的经济加工精度后，就可以计算出各工序的尺寸及公差。计算顺序是从最后一道工序向前推算，俗称倒推法。

1. 工序尺寸的计算及公差的确定步骤

（1）确定各工序加工余量，查阅《机械加工工艺人员手册》或附表 14～附表 20 相关部分。

（2）从最终加工工序开始，即从产品最终的公称尺寸（设计给定的尺寸）开始，逐次加上（对于被包容面）或减去（对于包容面）每道工序的加工余量，可分别得到各工序的基本尺寸。

（3）除最终加工工序根据产品最终的公称尺寸取公差值外，其余各工序按照各自采用的加工方法所对应的加工经济精度确定工序尺寸公差。加工经济精度与公差之间关系见附表 21。

（4）除最终工序必须按照零件图样标注公差外，其余各工序按“入体原则”标注工序尺寸公差。即对被包容尺寸（如轴径），上极限偏差为 0，下极限偏差为负值，其最大尺寸就是基本尺寸；对包容尺寸（如孔径、槽宽），下极限偏差为 0，上极限偏差为正值，其最小尺寸就是基本尺寸。毛坯公差按对称原则标注为“±”。

（5）毛坯余量通常由毛坯图给出，故第 1 工序余量一般由计算取得近似值确定。

2. 案例分析

【例 7-3】 某轴直径为 ϕ50mm，其尺寸精度要求 IT5，表面粗糙度值要求 Ra0.04μm，毛坯为 45 钢，确定其工艺路线为粗车—半精车—粗磨—精磨—研磨，确定各工序尺寸与公差。

（1）查附表 14～附表 18 粗车、半精车、粗磨、精磨、研磨的加工余量表，确定各工序加工余量如下：

研磨余量 0.01mm，精磨余量 0.1mm，粗磨余量 0.3mm

半精车余量 1.1mm，粗车余量 4.5mm

总余量 0.01+0.1+0.3+1.1+4.5=6.01（mm）

将粗车余量改为 4.49mm，总余量取 6mm。

（2）计算各工序基本尺寸，采用倒推法，上工序尺寸加上加工余量就是本工序基本尺寸。

研磨　尺寸为图样标注的尺寸 50mm

精磨　50+0.01=50.01（mm）

粗磨　50.01+0.1=50.11（mm）

半精车　50.11+0.3=50.41（mm）

粗车　50.41+1.1=51.51（mm）

毛坯　51.51+4.49=56（mm）

（3）确定工序尺寸公差及粗糙度值。查表 7-9 或图 7-48 可得各种加工方法的经济精度与粗糙度值：

研磨后　IT5，Ra0.04μm（设计要求）　精磨后　IT6，Ra0.2μm

粗磨后　IT8，Ra0.8μm　半精车后　IT11，Ra3.2μm

粗车后　IT13，Ra12.5μm

查附表 21，确定工序尺寸公差。查工艺手册，锻件公差为±2mm。

（4）按入体原则标注各工序尺寸及公差，见表 7-14。

表 7-14　轴直径 ϕ50h5 各工序的工序尺寸及公差计算

工序	工序余量（mm）		工序基本尺寸（mm）	经济精度（mm）	表面粗糙度 Ra 值（μm）	工序尺寸，公差（mm）
	查表法	调整后				
研磨	0.01	0.01	50	IT5（0.01）	0.04	公称尺寸 ϕ50h5 即 $\phi50_{-0.011}^{0}$
精磨	0.1	0.1	50+0.01=50.01	IT6（0.016）	0.16	$\phi50.01_{-0.016}^{0}$

续表

工序	工序余量（mm）		工序基本尺寸（mm）	经济精度（mm）	表面粗糙度 Ra 值（μm）	工序尺寸，公差（mm）
	查表法	调整后				
粗磨	0.3	0.3	50.01+0.1=50.11	IT8（0.039）	1.25	$\phi 50.11_{-0.039}^{0}$
半精车	1.1	1.1	50.11+0.3=50.41	IT11（0.016）	2.5	$\phi 50.41_{-0.16}^{0}$
粗车	4.5	4.49	50.41+1.1=51.51	IT13（0.039）	16	$\phi 51.51_{-0.39}^{0}$
毛坯			51.51+4.49=56			

（5）在工序附图上标注工序尺寸和公差，如图 7-61 所示。网格线部分表示为下工序预留的加工余量，工序图上此阴影部分不必画。

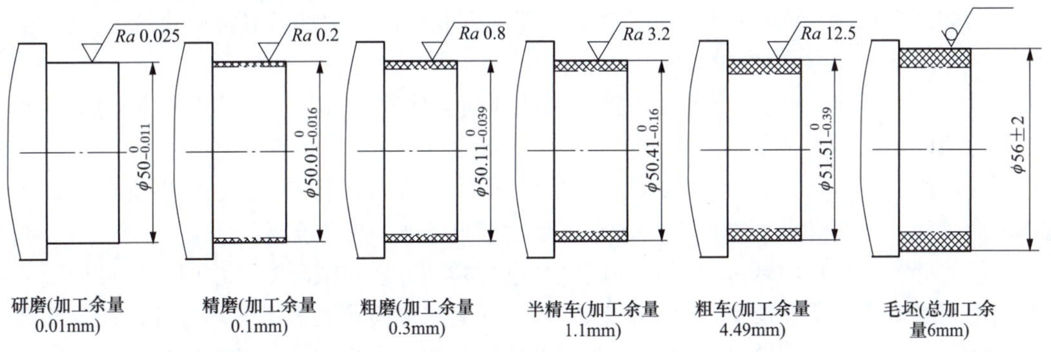

图 7-61　倒推法确定各工序尺寸及公差

（二）基准不重合时工序尺寸与公差的计算

当定位基准与工序基准不重合时，则需要采用求解工艺尺寸链的方法计算工序尺寸和公差。

1. 尺寸链的定义

在零件的加工和装配过程中，经常遇到一些相互联系的尺寸组合，这种相互联系并按一定顺序排列的封闭尺寸组合称为尺寸链。

图 7-62 所示为块状零件加工工艺尺寸链的示例。加工中调整法加工出 A_1 和 A_2 两个工序尺寸，就可以确定尺寸 A_0。这样 A_1、A_2 和 A_0 三个尺寸构成一个封闭的尺寸组合，即形

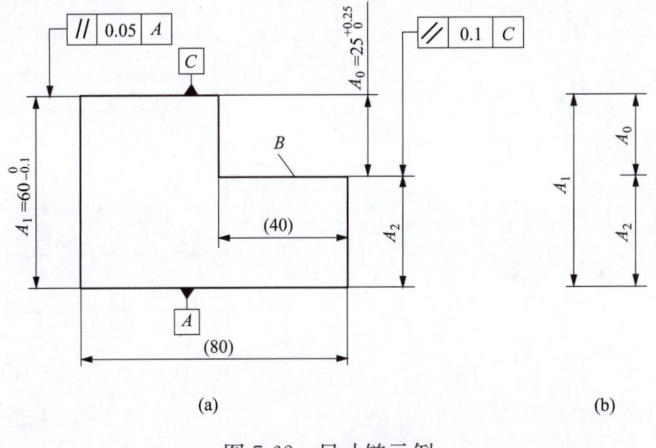

图 7-62　尺寸链示例

成一个尺寸链。为简单扼要地表示尺寸链中各尺寸之间的关系，常将相互联系的尺寸组合从零件（部件）的具体结构中抽象出来，绘制成尺寸链简图，如图 7-62（b）所示。尺寸链简图不需要按比例绘制，只要求保持原有的链接关系。同一个尺寸链中的各个环以同一个大写字母表示，并以脚标加以区别。

2. 尺寸链的组成

尺寸链中的每一个尺寸称为尺寸链的环。根据环在尺寸链中的性质，又可分为封闭环和组成环。

（1）封闭环。在零件加工或机器装配后间接形成的尺寸，称为封闭环。其精度是被间接保证的，如图 7-62 所示的 A_0 即为封闭环。

（2）组成环。在尺寸链中，凡属通过加工直接得到的尺寸或装配直接控制的尺寸，称为组成环。如图 7-62 所示的 A_1 和 A_2 即为组成环。组成环影响封闭环精度，各个组成环按其对封闭环的影响，又分增环和减环。

1）增环：当其余各组成环不变，凡是尺寸变动会使封闭环尺寸随之发生同向变动的组成环称为增环，用字母顶部加向右的箭头表示，如尺寸 $\overrightarrow{A}_1$ 就是增环。

2）减环：当其余各组成环不变，若其尺寸的变动使封闭环尺寸随之发生反向变动的组成环称为减环，用字母顶部加向左的箭头表示，如尺寸 $\overleftarrow{A}_2$ 就是减环。

在尺寸链中，判别增环或减环，除用定义进行判别外，组成环数较多时，还可用画箭头的方法确定增减环。即在绘制尺寸链简图时，用封闭的单向箭头表示各环尺寸。从封闭环开始，按任一方向作一个回路，凡是箭头方向与封闭环的箭头方向相同的组成环就是减环，箭头方向与封闭环箭头方向相反者就是增环，如图 7-63 所示。

3. 尺寸链图的画法

尺寸链的封闭环只能是零件图上的设计尺寸（或设计要求）或者加工过程中的加工余量。从封闭环的两端开始查找各工艺尺寸的加工表面，按照被加工零件上各有关表面加工顺序及其关系，依次查找，首尾相接，将各有关的工艺尺寸作为相应的组成环，直到两端查找的基准端面在某一表面汇合形成封闭为止。为使查找过程直观，可以将有关工艺尺寸按照顺序排列开。

以如图 7-64 所示的轴的有关尺寸为例，画尺寸链的步骤如下：

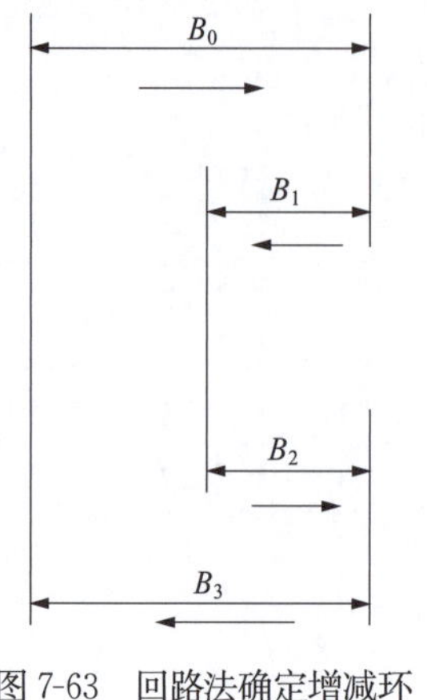

图 7-63　回路法确定增减环

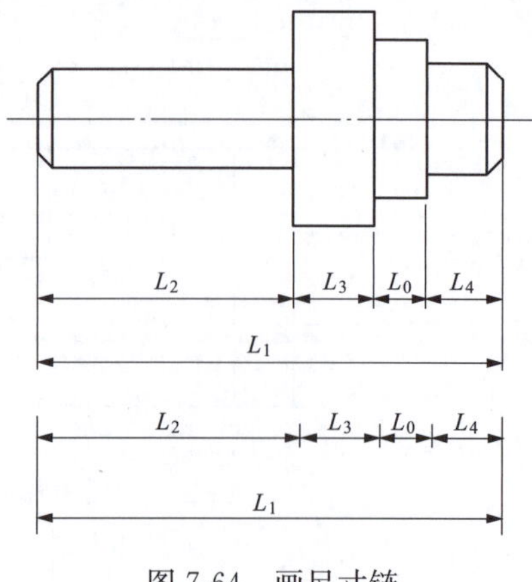

图 7-64　画尺寸链

(1) 根据工艺过程，找出间接保证的尺寸 L_0，作为封闭环。

(2) 从封闭环两端出发，按照工件表面间的尺寸联系，依次画出直接获得的尺寸 L_1、L_2等形成一封闭图形。

(3) 根据定义法或使用画箭头法，从封闭环开始，依次判断出增环、减环。

4. 尺寸链特性

(1) 封闭性。尺寸链是由一个封闭环和若干个（含 1 个）相互关联的组成环所构成的封闭图形，因而具有封闭性。不封闭就不成为尺寸链，一个封闭环对应着一个尺寸链。

(2) 关联性。由于尺寸链具有封闭性，所以尺寸链中的各环都相互关联。尺寸链中封闭环随所有组成环的变动而变动，组成环是自变量，封闭环是因变量。

(3) 尺寸链反映了其中各个环所代表的尺寸之间的关系，这种关系是客观存在的，不是人为构造的。根据封闭环的特性，对于每一个尺寸链，有且只能有一个封闭环。

5. 尺寸链计算

尺寸链的计算方法有两种。一种是用极值法解尺寸链，是按尺寸链各组成环均处于极值条件来分析计算封闭环尺寸与组成环尺寸之间关系的；另一种是用统计法解尺寸链，是运用概率论理论来分析计算封闭环尺寸与组成环尺寸之间关系的。

极值法比较保守，但计算简便。以设计尺寸为封闭环所构成的尺寸链，其组成环的数量一般不超过 4 个（即属于少环尺寸链），因此在求解加工尺寸链时，一般都采用极值法。机械制造中的尺寸及公差通常用基本尺寸（A）、上极限偏差（ES）、下极限偏差（EI）表示，还可以用最大极限尺寸（A_{max}）与最小极限尺寸（A_{min}）与公差（T）表示。用极值法解算尺寸链的计算公式如下：

(1) 封闭环基本尺寸。

$$A_0=\sum_{i=1}^{m}\overrightarrow{A}_i-\sum_{j=m+1}^{n-1}\overleftarrow{A}_j \tag{7-8}$$

式中　A_0——封闭环基本尺寸；

$\overrightarrow{A}_i$——第 i 个增环基本尺寸；

$\overleftarrow{A}_j$——第 j 个减环基本尺寸；

n——尺寸链中包括封闭环在内的总环数；

m——增环的数目。

分析式（7-8）可知，封闭环的基本尺寸 A_0 等于所有增环的基本尺寸之和减去所有减环的基本尺寸之和。

(2) 各环的极限尺寸。由式（7-8）推理可得到封闭环最大极限尺寸与各组成环极限尺寸之间的关系为

$$A_{0\max}=\sum_{i=1}^{m}\overrightarrow{A}_{i\max}-\sum_{j=m+1}^{n-1}\overleftarrow{A}_{j\min} \tag{7-9}$$

即封闭环的最大极限尺寸 $A_{0\max}$ 等于所有增环的最大极限尺寸之和减去所有减环的最小极限尺寸之和。

而在相反的情况下，得到封闭环最小极限尺寸与各组成环极限尺寸之间的关系为

$$A_{0\min}=\sum_{i=1}^{m}\overrightarrow{A}_{i\min}-\sum_{j=m+1}^{n-1}\overleftarrow{A}_{j\max} \tag{7-10}$$

即封闭环的最小极限尺寸 $A_{0\min}$ 等于所有增环的最小极限尺寸之和减去所有减环的最大极限尺寸之和。

（3）各环的极限偏差。由式（7-9）减去式（7-8），可得

$$ES_{A_0}=\sum_{i=1}^{m}ES_{\vec{A}_i}-\sum_{j=m+1}^{n-1}EI_{\overleftarrow{A}_j} \tag{7-11}$$

其中，ES 为上极限偏差；EI 为下极限偏差。

即封闭环的上极限偏差等于所有增环的上极限偏差之和减去所有减环的下极限偏差之和。

由式（7-10）减去式（7-8），得

$$EI_{A_0}=\sum_{i=1}^{m}EI_{\vec{A}_i}-\sum_{j=m+1}^{n-1}ES_{\overleftarrow{A}_j} \tag{7-12}$$

即封闭环的下极限偏差等于所有增环的下极限偏差减去所有减环的上极限偏差之和。

（4）各环的公差。由式（7-11）减去式（7-12），得到尺寸链中各环公差之间的关系为

$$T_0=\sum_{i=1}^{n-1}|\xi_i|T_i=\sum_{i=1}^{n-1}T_i \tag{7-13}$$

式中　T_0——封闭环公差；

　　T_i——第 i 个组成环公差。

即封闭环的公差等于所有增、减环公差之和，也就是说封闭环公差是所有环中数值最大的。由此可见，在封闭环公差一定的条件下，如果能减少组成环的数目，就可以相应放大各组成环的公差，从而使各环容易加工。因此在构成加工尺寸链时，应当尽量减少组成环的数量。

6. 工艺尺寸链的应用实例

（1）设计基准与工艺基准（定位基准、测量基准）不重合时，可以用作尺寸的换算。零件的机械加工过程总是从毛坯开始的，因此零件的加工过程是各个表面由毛坯面向完工表面逐步演变的过程。这就决定了在零件的加工过程中，工件的测量基准、定位基准或工序基准与设计基准不重合的情况必然存在。

【例 7-4】 加工如图 7-65（a）所示的工件，假设 1 面已加工好，现以 1 面定位加工 3 面和 2 面，要求保证尺寸（10±0.3）mm，其工序简图如图 7-65（b）所示，试求工序尺寸 A_2。

注：此例中尺寸关系较为简单，用一个尺寸链即可。

解　1）找封闭环。根据工艺过程，找出间接保证的尺寸 A_0 为封闭环。尺寸 A_1（$30_{-0.2}^{\ 0}$mm）和工序尺寸 A_2，可以通过调整铣刀端面与下表面 1 之间的距离直接加工得到；而 2 面与 3 面之间的距离（10±0.3）mm，这个尺寸只有等其他尺寸调整完成后，才可间接得到。因此，（10±0.3）mm 是封闭环。

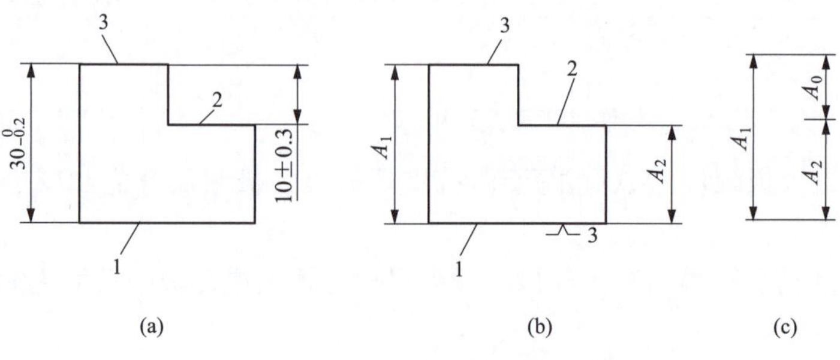

图 7-65　工序尺寸及公差计算示例

2）作尺寸链图。从封闭环 A_0 起，按照零件表面间的联系依次画出各工序尺寸及零件图中有关联尺寸的各组成环，直至尺寸形成一个封闭的图形，见图 7-65（c）。

3）确定增环和减环。从封闭环开始，任意确定一个方向，给每一个环画出箭头，画的箭头像电流一样形成回路。凡箭头方向与封闭环方向相反者为增环（如 A_1），箭头方向与封闭环方向相同者为减环（如 A_2）。

4）计算 A_2 的基本尺寸及基本偏差。

由式（7-8），得　　$A_2=A_1-A_0=30-10=20$（mm）

由式（7-11），得　　$EI_{A2}=ES_{A1}-ES_{A0}=0-0.3=-0.3$（mm）

由式（7-12），得　　$ES_{A2}=EI_{A1}-EI_{A0}=-0.2-(-0.3)=0.1$（mm）

根据计算得出 A_2 的尺寸为 $20^{+0.1}_{-0.3}$ mm，按单向入体原则标注公差，A_2 可写成 $20.1^{0}_{-0.4}$ mm。

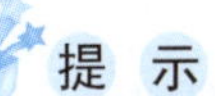

提　示

在加工时，如果 A_2 的尺寸在公差范围内，则设计尺寸 10mm 必是合格的。但当 A_2 的实际尺寸为 20.2mm 时，显然超出了 A_2 的公差范围，判断为不合格。此时，另一个组成环 30mm 的实际尺寸只要在 29.8～30mm 的范围内（显然它也是合格尺寸），则设计尺寸为 9.8mm 仍然在（10±0.3）mm 范围内，产品实际是属于合格品的。这一现象称为假废品现象。

由此可见，在实际加工时，按工艺尺寸链换算出工艺尺寸，当实际尺寸值超出了换算出的公差范围时，还不能简单地认为该零件不合格，应逐个测量各组成环的具体值，并算出间接获得的设计尺寸的实际值，才能最终判别零件是否合格。因此，当出现假废品时，对零件进行最后复检很有必要，可防止将实际上的合格品当作废品处理而造成浪费。出现假废品是设计基准［此例中的设计尺寸是（10±0.3）mm］与定位基准（下底面 1 面）不重合造成的。

（2）一次加工满足多个设计尺寸要求时，工序尺寸及其公差的换算。标注工序尺寸的基准是待加工的设计基准时，对于多个设计尺寸，在最后加工中只能直接控制一个尺寸，这个尺寸通常是精度最高的，其他尺寸需要通过换算间接保证。

【例 7-5】 如图 7-66 所示，加工齿轮中孔及键槽，带有键槽的内孔要淬火及磨削，其设计尺寸如图 7-66（a）所示。要求键槽深度尺寸 $A_\Sigma=43.6^{+0.34}_{0}$ mm，终孔直径尺寸 $D_2=\phi40^{+0.05}_{0}$ mm，且内孔要淬火，表面粗糙度 Ra 值为 0.16μm。内孔及键槽加工顺序如下：

工序 1：镗内孔至尺寸 $D_1=\phi39.6^{+0.1}_{0}$ mm。

工序 2：插键槽至尺寸 A。

工序 3：淬火。

工序 4：磨内孔。同时保证内孔直径 $\phi40^{+0.05}_{0}$ mm 和键槽深度 $43.6^{+0.34}_{0}$ mm 两个设计尺寸的要求。

试确定工序尺寸 A 及其公差（假定淬火后内孔没有胀缩）。

方法一

1）找封闭环。插键槽的工序基准是以镗孔下母线作为基准测量的，而镗孔下母线是一

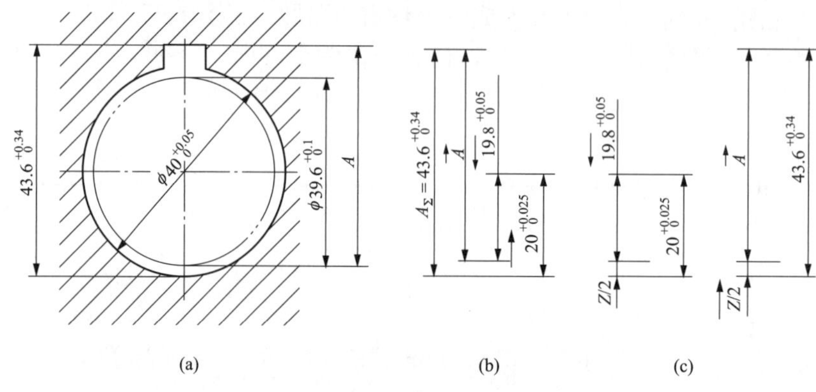

图 7-66　内孔及键槽加工尺寸链

个待加工尺寸，热处理后还要经过磨孔。这时键槽的设计尺寸 A_Σ 是间接保证的，是工艺尺寸链中的封闭环。而工序基准是没有加工到尺寸的设计基准，插键槽的工序尺寸 A 未知，经过计算才能得到。因此，需要以孔中心线作为镗孔和磨孔两次加工时的联系尺寸建立工艺尺寸链。

2）画尺寸链图。根据设计要求，建立一个设计尺寸链，如图 7-69（b）所示。

3）确定增减环。为了能构成一个封闭的尺寸链，镗孔尺寸和磨孔尺寸取半径值，即尺寸和公差各取一半，插键槽的工序尺寸 A 和 $20^{+0.025}_{0}$mm（磨孔半径）是工艺尺寸链中的增环，镗孔半径 $19.8^{+0.05}_{0}$mm 是减环。

4）代入公式，分析计算。

将如图 7-66（b）所示的尺寸链中的参数代入式（7-8），得

$$A=43.6+20-19.8=43.4\ (\text{mm})$$

将尺寸链中已确定的参数分别代入式（7-11）和式（7-12），有

$$0.34=ES_A+0.025-0，得\ ES_A=0.315\text{mm}$$

$$0=EI_A-0.05，得\ EI_A=0.05\text{mm}$$

解得工艺尺寸链的尺寸 A，也就是插键槽的工序尺寸为 $43.4^{+0.315}_{+0.05}$mm。按单向入体原则标注公差，A 也可写成$43.45^{+0.265}_{0}$mm。

方法二

由于方法一看不到尺寸 A 与加工余量的关系，为此引进的半径余量 $Z/2$，可把方法一中的尺寸链分解成两个三环尺寸链，见图 7-66（c）。

图 7-66（c）左图所示为内孔加工的尺寸链，余量 $Z/2$ 为封闭环；图 7-66（c）右图所示为键槽加工相关尺寸链，则 43.6 为封闭环，而 $Z/2$ 为组成环。由此可见，要保证尺寸 43.6mm，就要控制 Z 的变化；而要控制 Z 的变化，又要控制它的两个组成环 19.8 及 20 的变化。故工序尺寸 A，既可从图 7-66（b）求出，也可从图 7-66（c）求出，前者便于计算，后者便于分析。

举一反三

◇ 若磨孔和镗孔有较大的同轴度误差，怎样建立尺寸链。

◇ 设同轴度公差为 0.05mm（工序要求），重新求解插键槽的工艺尺寸。

◇ 与前面的计算结果进行比较，分析结果差异的原因。

解决此问题有困难时，需观察如图 7-67 所示的两个尺寸链的区别，L_4 为同轴度公差数值。

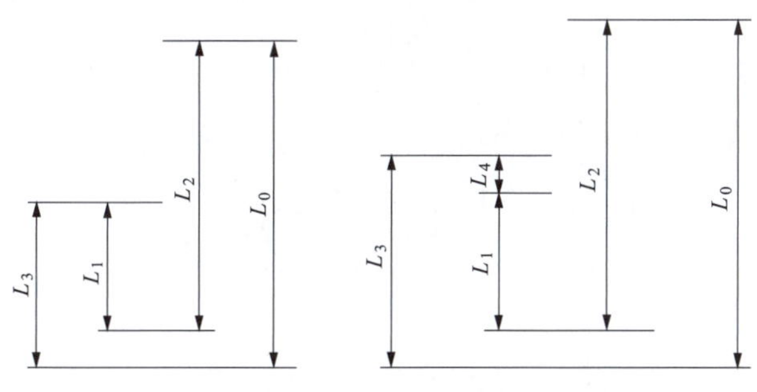

图 7-67　增加同轴度误差尺寸链

(3) 表面热处理（渗碳、渗氮、电镀层）时，为了保证应有的渗碳或渗氮层深度的工序尺寸计算。机器上有些零件（如手柄、罩壳等）需要进行镀铬、镀铜、镀锌等表面工艺，目的是美观和防锈，表面没有精度要求，因此也没有工序尺寸换算的问题；但有些零件则不同，不仅在表面工艺中要控制镀层厚度，也要控制镀层表面的最终尺寸；有些工件根据使用要求需要进行一定深度的表面热处理（渗氮），表面热处理后通常还要进行磨削加工。这些问题就需要用工艺尺寸链进行换算了。

【例 7-6】 轴颈衬套内孔 $\phi145$ 表面需渗氮处理，渗氮层深度要求为 0.3～0.5mm（单边 $0.3^{+0.2}_{0}$mm，双边 $0.6^{+0.4}_{0}$mm）。其加工顺序如下：

工序 1：初磨孔至 $\phi144.76^{+0.04}_{0}$mm，见图 7-68（c）。

工序 2：渗氮处理，渗氮的深度为 t。

工序 3：终磨孔至 $\phi145^{+0.04}_{0}$mm，保证渗氮层深度为 0.3～0.5mm，见图 7-68（a）。

试求终磨前渗氮层深度 t 及其公差。

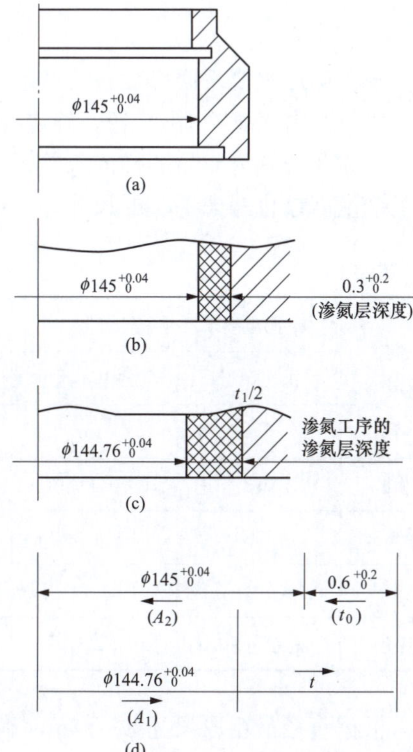

图 7-68　保证渗氮深度的尺寸计算

解　1）寻找封闭环。工件根据使用要求需要进行一定深度的表面热处理，初磨和终磨两次加工的工序尺寸和磨前表面热处理的深度可直接保证，最终保证表面热处理深度 t_0 由两次加工时的工序尺寸和磨前热处理深度间接决定，因此最后保证的渗氮层深度 0.3～0.5mm 是工序尺寸链的封闭环。

2）画出尺寸链。沿封闭环尺寸界线两端，寻找与封闭环有关的尺寸，组成尺寸链见图 7-68（d）。

3）确定增减环。$144.76^{+0.04}_{0}$mm 和磨前渗碳厚度 t 是增环，精磨内孔直径尺寸 $145^{+0.04}_{0}$mm 为减环。

4）代入公式，计算渗氮深度 t。

t 基本尺寸的计算，将相关数值代入式（7-8），有

$$t_0 = A_1 + t - A_2$$

$$0.6 = 144.76 + t - 145，得\ t = 0.84\text{mm}$$

t 上极限偏差的计算，相关数值代入式（7-11），有

$$0.4 = 0.04 + ES_t - 0，得\ ES_t = 0.36\text{mm}$$

t 下极限偏差的计算，相关数值代入式（7-12），有

$$0 = 0 + EI_t - 0.04，得\ EI_t = 0.04\text{mm}$$

双边渗氮深度 $t = 0.84^{+0.36}_{+0.04}$mm，按入体原则标注公差 $t = 0.88^{+0.32}_{0}$mm，单边渗层 $t/2 = 0.44^{+0.16}_{0}$mm。

【任务实施】

一、确定重要表面各段各工序的尺寸和公差

（1）查附表 14～附表 16，确定各工序加工余量，采用倒推法，从最后一工序（最后一工序尺寸及公差为成品图样该段的标注尺寸）开始，依次计算各工序基本尺寸见表 7-15，粗加工余量需综合考虑毛坯的尺寸，为毛坯尺寸减去其余各工序余量的差。

表 7-15　各工序基本尺寸

工序	图纸要求尺寸 $\phi16^{-0.016}_{-0.034}$		图纸要求尺寸 $\phi22^{-0.020}_{-0.041}$		图纸要求尺寸 $\phi16^{0}_{-0.018}$	
	加工余量	工序基本尺寸	加工余量	工序基本尺寸	加工余量	工序基本尺寸
精磨	0.1	16	0.1	22	0.1	16
粗磨	0.3	16+0.1=16.1	0.4	22+0.1=22.1	0.3	16+0.1=16.1
半精车	1.2	16.1+0.3=16.4	1.3	22.1+0.4=22.5	1.2	16.1+0.3=16.4
粗车	4（实际为 4.4）	16.4+1.2=17.6	4（实际为 4.2）	22.5+1.3=23.8	4（实际为 4.4）	16.4+1.2=17.6
毛坯	总余量=6	22	总余量=6	28	总余量=6	22

根据直径最粗段尺寸 $\phi27$mm，确定毛坯为 $\phi30$mm；根据直径 $\phi22^{-0.020}_{-0.041}$mm 段余量，计算确定毛坯 $\phi28$mm；根据直径 $\phi16^{-0.016}_{-0.034}$、$\phi16^{0}_{-0.018}$mm 段余量计算确定毛坯 $\phi22$mm，重新分配粗车余量为括号内的数值。

（2）确定工序尺寸公差及粗糙度值。查表 7-10 或图 7-50 可得各工序的经济精度与粗糙度值；查附表 21，确定各工序的公差；查工艺手册，锻件公差为±2mm，见表 7-16。

表 7-16　各工序的经济精度与粗糙度值

工序	图纸要求尺寸 $\phi16^{-0.016}_{-0.034}$				图纸要求尺寸 $\phi22^{-0.020}_{-0.041}$				图纸要求尺寸 $\phi16^{\ 0}_{-0.018}$			
	工序基本尺寸	公差等级	偏差（mm）	粗糙度（μm）	工序基本尺寸	公差等级	偏差（mm）	粗糙度（μm）	工序基本尺寸	公差等级	偏差（mm）	粗糙度（μm）
精磨	16	IT7	${}^{-0.016}_{-0.034}$	Ra0.8	22	IT7	${}^{-0.020}_{-0.041}$	Ra0.8	16	IT7	${}^{\ 0}_{-0.018}$	Ra0.8
粗磨	16.1	IT9	${}^{\ 0}_{-0.043}$	Ra1.6	22.1	IT9	${}^{\ 0}_{-0.052}$	Ra1.6	16.1	IT9	${}^{\ 0}_{-0.043}$	Ra1.6
半精车	16.4	IT11	${}^{\ 0}_{-0.11}$	Ra6.3	22.5	IT11	${}^{\ 0}_{-0.13}$	Ra6.3	16.4	IT11	${}^{\ 0}_{-0.11}$	Ra6.3
粗车	17.6	IT12	${}^{\ 0}_{-0.18}$	Ra12.5	23.8	IT12	${}^{\ 0}_{-0.21}$	Ra12.5	17.6	IT12	${}^{\ 0}_{-0.18}$	Ra12.5
毛坯	22	IT18	${}^{+2}_{-2}$	毛面	28	IT18	${}^{+2}_{-2}$	毛面	22	IT18	${}^{+2}_{-2}$	毛面

二、绘制工序简图

结合任务六中拟订好的工艺路线，计算出每工序的尺寸及公差，画出工序简图，见表 7-17。

表 7-17　工　序　简　图

工序号	工序内容	加　工　简　图	主要设备	夹具、刀具、量具
1	自由锻毛坯	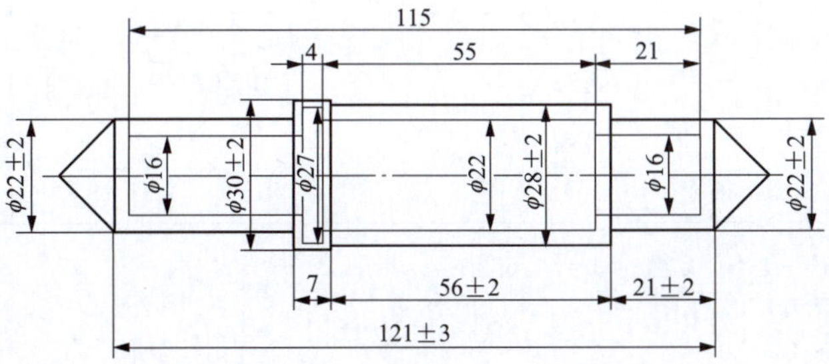 115；4；55；21；$\phi22\pm2$；$\phi16$；$\phi30\pm2$；$\phi27$；$\phi22$；$\phi28\pm2$；$\phi16$；$\phi22\pm2$；7；56 ± 2；21 ± 2；121 ± 3	压力机	
2	夹毛坯外圆，粗车右端面，见平打中心孔（基准先行）（先面后孔），粗车右端外圆	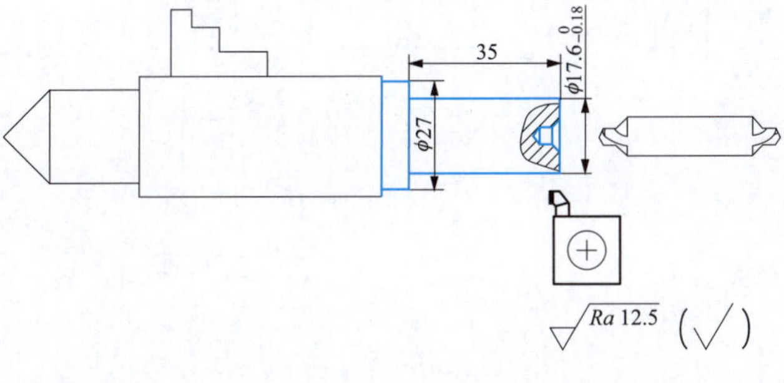 35；$\phi17.6^{\ 0}_{-0.18}$；$\phi27$；$\sqrt{Ra\ 12.5}$ (√)	CA6140 普通车床	三爪卡盘、外圆车刀、中心钻、游标卡尺

续表

工序号	工序内容	加工简图	主要设备	夹具、刀具、量具
3	掉头，夹右端加工过的圆柱段，粗车左端面，定总长度，打中心孔，车左端台阶外圆	115；5.7；$55_{-0.20}^{0}$；20.1；$\phi17.6_{-0.18}^{0}$；$\phi23.8_{-0.21}^{0}$；Ra 12.5 (√)	CA6140普通车床	三爪卡盘、外圆车刀、中心钻、游标卡尺
6	鸡心夹头夹紧，半精车Ⅰ处外圆表面，倒角。（先粗后精）车挡圈槽，车砂轮越程槽（先主后次）	C1.5；35；4；Ⅰ；$\phi16.4_{-0.11}^{0}$；Ra 6.3；$\phi15\times2$；$\phi15.2\times1.1$；Ra 12.5 (√)	CA6140普通车床	鸡心夹头、拨盘、外圆车刀、切槽刀、顶尖、游标卡尺
7	掉头，半精车Ⅱ处外圆表面，轴肩端面，半精车Ⅲ处外圆表面，倒角，车砂轮越程槽	54.5；21；Ra 6.3；Ⅱ；Ⅲ；C1.5；$\phi16.4_{-0.11}^{0}$；Ra 6.3；$\phi22.5_{-0.13}^{0}$；$\phi15\times2$；Ra 12.5 (√)	CA6140普通车床	鸡心夹头、拨盘、外圆车刀、切槽刀、顶尖、游标卡尺

续表

工序号	工序内容	加工简图	主要设备	夹具、刀具、量具
8	在车床上用麻花钻钻螺纹底孔 $\phi5$，用丝锥攻 M6 螺纹，并保证螺纹有效长度	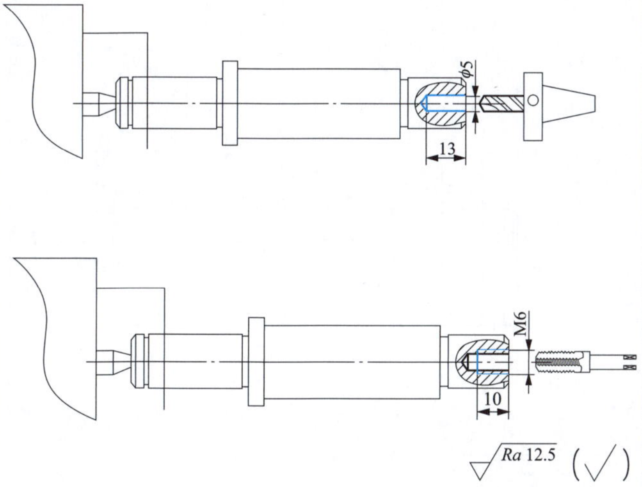 $\phi5$　13　M6　10　$\sqrt{Ra\ 12.5}$ ($\sqrt{}$)	CA6140 普通车床	鸡心夹头、拨盘、$\phi5$ 直柄麻花钻头。M6 丝锥、钻夹头、游标卡尺
9	在立式铣床上，用平口钳夹中间 $\phi22$mm 段，铣键槽 $5^{+0.030}_{0}$。注意深度	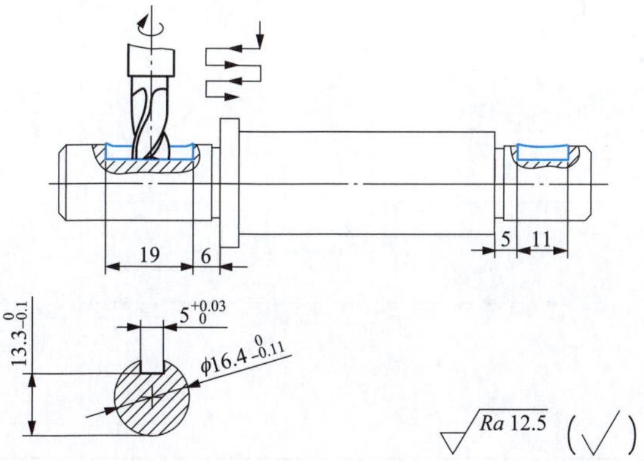 19　6　5　11　$5^{+0.03}_{0}$　$13.3^{0}_{-0.1}$　$\phi16.4^{0}_{-0.11}$　$\sqrt{Ra\ 12.5}$ ($\sqrt{}$)	立式铣床	平口钳、5mm 键槽铣刀、游标卡尺
12	修研中心孔	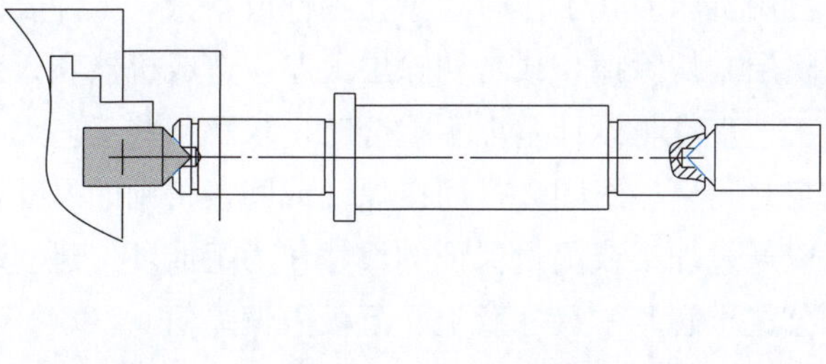	CA6140 普通车床	鸡心夹头、拨盘、油石，顶尖

续表

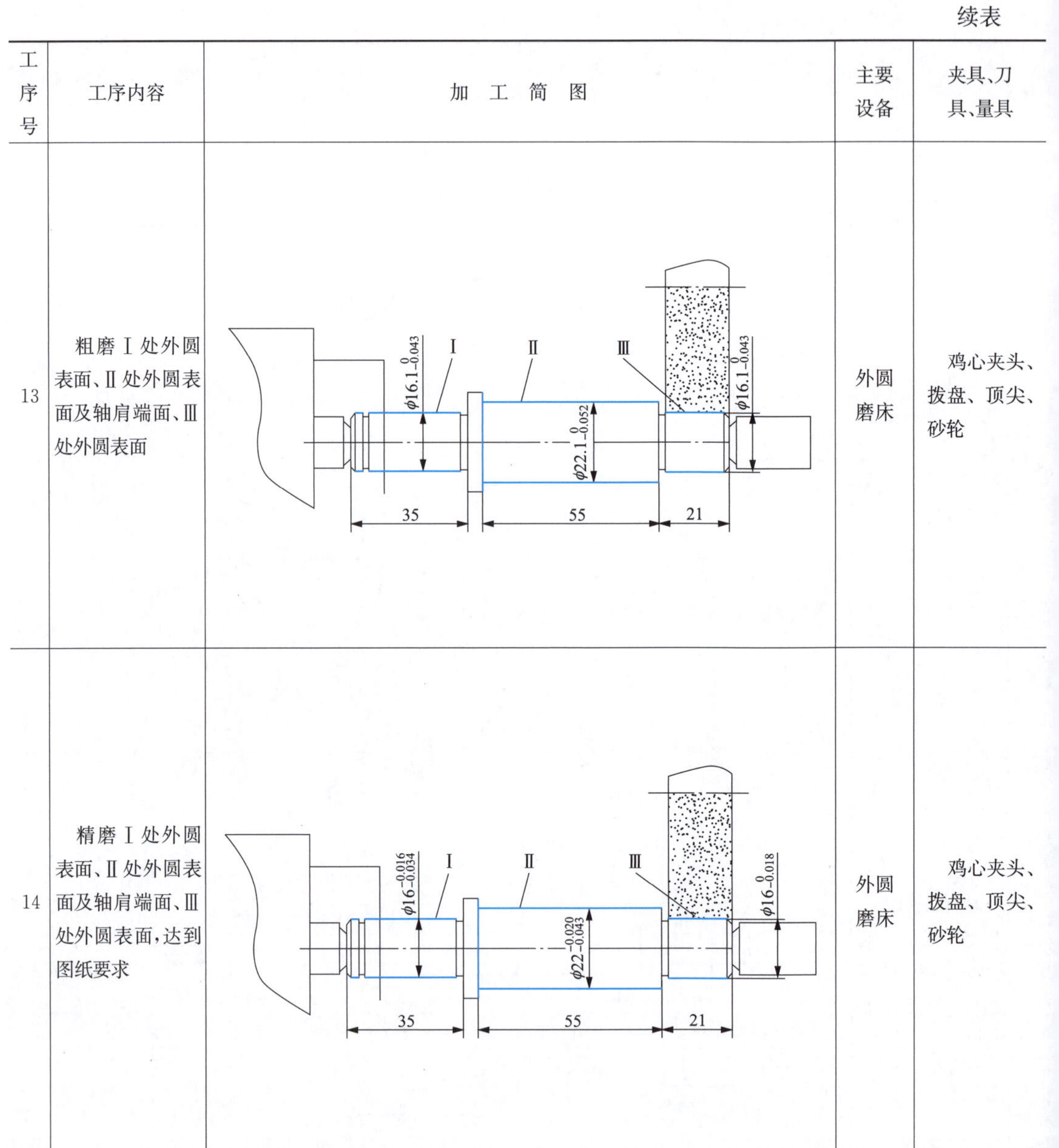

工序号	工序内容	加 工 简 图	主要设备	夹具、刀具、量具
13	粗磨Ⅰ处外圆表面、Ⅱ处外圆表面及轴肩端面、Ⅲ处外圆表面	Ⅰ Ⅱ Ⅲ $\phi16.1_{-0.043}^{0}$ $\phi22.1_{-0.052}^{0}$ $\phi16.1_{-0.043}^{0}$ 35 55 21	外圆磨床	鸡心夹头、拨盘、顶尖、砂轮
14	精磨Ⅰ处外圆表面、Ⅱ处外圆表面及轴肩端面、Ⅲ处外圆表面，达到图纸要求	Ⅰ Ⅱ Ⅲ $\phi16_{-0.034}^{-0.016}$ $\phi22_{-0.043}^{-0.020}$ $\phi16_{-0.018}^{0}$ 35 55 21	外圆磨床	鸡心夹头、拨盘、顶尖、砂轮

【任务小结】

（1）工序余量的确定。工序尺寸的计算是工艺文件编制中很重要的一环，余量确定合理，工件切除材料少，占用机床刀具工作时间少，零件成本低，工件表面质量能保证；余量确定不合理，会导致缺陷层未切除掉，或者切除层太厚，造成机器和人工的浪费。

（2）工艺尺寸链是工艺基准与设计基准不重合时，求解某些工艺尺寸时必须使用的。求解工艺尺寸链，先要确定封闭环。封闭环是间接保证或间接得到的尺寸，然后按照加工顺序把与封闭环有关的、可以通过加工或测量保证的尺寸作为组成环，建立起工艺尺寸链，箭头法判断出增减环，代入公式求解基本尺寸及上、下极限偏差值。

【任务评价】

序号	考核项目	考核内容	检验规则	分值	
				小组互评	教师评分
1	加工余量的确定	叙述机械加工保留加工余量的原因，以及余量确定考虑的因素	每正确回答一问得 10 分		
2	加工余量的计算	说明余量与本工序尺寸之间的关系，以及与上工序尺寸的关系	正确得 10 分		
3	尺寸链	说明尺寸链的定义及其组成	每正确回答一问得 10 分		
4	尺寸链的计算	用公式表示尺寸链基本尺寸、上下极限偏差之间的关系	每正确写出一个公式得 10 分		
合计					

任务七　工时定额的制订

【学习目标】

知识目标

(1) 了解工时定额的含义及组成。

(2) 掌握生产率的概念。

(3) 掌握提高生产率的措施和途径。

(4) 掌握工时定额制订的意义。

技能目标

(1) 能分析生产中的活动是否应计入工时定额。

(2) 能核定产品各工序的工时定额。

(3) 能提出提高生产率的相应措施。

【任务描述】

分析如图 7-21 所示传动轴的加工工艺，实验法拟订出各工序工时定额，并将工时定额填写在工艺文件表格中，最后整理完善工艺文件。

【任务分析】

工时定额的确定是工艺管理的一项重要工作，工时定额确定得合理可以很大程度地提高工人劳动的积极性，工艺定额的确定还与产品的生产成本密切相关。

完成本任务首先了解工时定额的组成及计算方法，一般通过实验测试法取得每工序的工时定额，并将工时定额数值填写进工艺文件，作为计算工人日工资的依据，工时定额制订合理可以促进生产效率，工时定额的构成因素也是提高生产率的重要途径。

知识链接

一、工时定额的组成要素

工时定额是指在一定生产条件下规定完成一道工序所消耗的时间，也称时间定额。工时定额是安排作业计划、进行成本核算的重要依据，也是设计或扩建工厂（或车间）时计算设备和工人数量的依据。

工时定额规定得过紧，会影响生产工人的劳动积极性和创造性，并容易诱发忽视产品质量的倾向；工时定额规定得过松，就起不到指导生产和促进生产发展的积极作用。合理制订工时定额对保证产品加工质量、提高劳动生产率、降低生产成本具有重要意义。工时定额由基本时间、辅助时间、布置工作地时间、休息和生理需要时间、准备与终结时间几个部分组成。

1. 基本时间

直接改变生产对象的尺寸、形状、性能和相对位置关系所消耗的时间称为基本时间。对钻削加工、磨削加工而言，基本时间就是去除加工余量所花费的时间。如图 7-69 所示，车外圆基本时间的计算，还应包括刀具的趋近切入和切出时间。基本时间计算公式为

$$t_m=\frac{L}{v_f}=\frac{\Delta L_1+L_w+\Delta L_2}{2n_w f}\frac{Z}{a_{sp}} \tag{7-14}$$

式中 ΔL_1、ΔL_2——趋近切入、切出的计算长度，mm；

L_w——被加工工件外圆的切削长度，mm；

Z——工件单边加工余量，mm；

n_w——机床主轴转速，r/min；

f——进给量，mm/r；

a_{sp}——背吃刀量，mm。

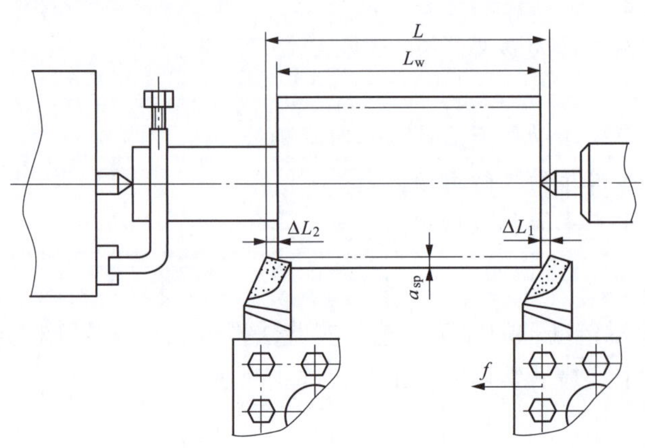

图 7-69 车外圆的基本时间

2. 辅助时间

为实现基本工艺工作所做各种辅助动作所消耗的时间，称为辅助时间。例如，装卸工件、开停机床、改变切削用量、测量加工尺寸、引进或退回刀具等动作所花费的时间。确定辅助时间的方法与零件生产类型有关。在大批大量生产中，为使辅助时间规定得合理，先计算辅助动作各分解动作的时间，通过实测或查表求得各分解动作时间，再累积相加获得；在中小批生产中，一般按占用基本时间的百分比进行估算。

基本时间与辅助时间的总和称为单机作业时间。

3. 布置工作地时间

为使加工正常进行，工人为照管工作地（如更换刀具、润滑机床、清理切屑、收拾工具等）所消耗的时间，称为布置工作地时间，又称工作地服务时间。一般按单机作业时间的2%～7%估算。

4. 休息和生理需要时间

工人在工作班内为恢复体力和满足生理需要所消耗的时间，称为休息和生理需要时间，一般按作业时间的 2%估算。

5. 准备终结时间

在加工一批零件的开始，工人要熟悉工艺文件，领取毛坯，安装刀具和夹具，调整机床及加工完毕后，要卸下并归还工艺装备，发送成品等，这些时间为准备终结时间。

准备终结时间对一批零件只消耗一次，零件批量 N 越大，则分摊到每个零件上的这部分时间越少。在大量生产时，每个工作地点完成固定的一道工序，准备终结时间趋近于零，一般不需考虑准备终结时间。故单件或成批生产的工时定额为

$$T_{定额}=T_{单件}+\frac{T_{准终}}{N}=(T_{基}+T_{辅})\left(1+\frac{\alpha+\beta}{100}\right)+\frac{T_{准终}}{N} \tag{7-15}$$

其中，α、β 分别为布置工作地和休息时间占单机作业时间的比例。

二、提高生产率的工艺途径

劳动生产率是单个工人在单位时间内所生产的合格产品的数量。不断提高劳动生产率是降低成本、增加积累和扩大社会再生产的根本途径。提高劳动生产率是一个与产品设计、制造工艺、组织管理等都有关的综合性任务，此处仅就提高生产率的工艺途径做简要说明。

1. 缩减基本时间的工艺途径

（1）提高切削用量。增大切削速度、进给量和背吃刀量都可缩减基本时间。例如，采用新型刀具材料（如金刚石、聚晶立方氮化硼），切削普通钢材，切削速度可达 900m/min，在加工 HRC60 以上淬火钢、高镍合金钢，切削区温度达 980℃，仍能保持红硬性；使用高速加工设备，高速滚齿机的切削速度可达 65～75m/min；磨削方面，高速磨削、强力磨削、重磨削都使磨削的金属去除率大大提高，高速磨削磨速可达 90～120m/s，强力磨削磨深可达 6～12mm，金属去除率可达 656cm^3/min。但切削用量的提高受到刀具寿命和机床条件（动力、刚度、强度）的限制。

（2）缩减工作行程长度。采用多刀加工可成倍缩减工作行程长度。用几把刀具同时加工一个表面，用宽砂轮做切入磨削，均可减少基本时间。

（3）多件加工。这种方法缩短了刀具切入和切出时间，也缩短了分摊到每个工件上的辅助时间。多件加工有顺序加工、平行加工和平行顺序加工三种不同方式，如图7-70所示。

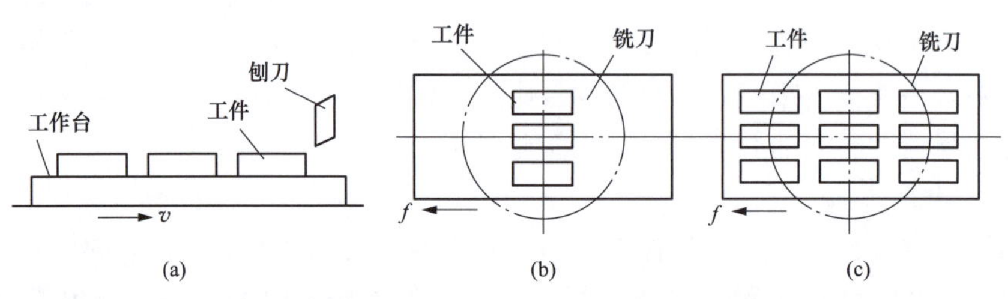

图7-70 多件加工方式

（4）合并工步，采用复合工步和多刀加工（见图7-71），使多个表面加工基本时间重合。例如，采用几把刀具或组合刀具对同一工件的几个不同表面同时进行加工，如图7-72所示；把原来单独的几个工步集中为一个复合工步，如图7-73所示。这些措施工步的基本时间全部重合，从而缩短了工序基本时间。

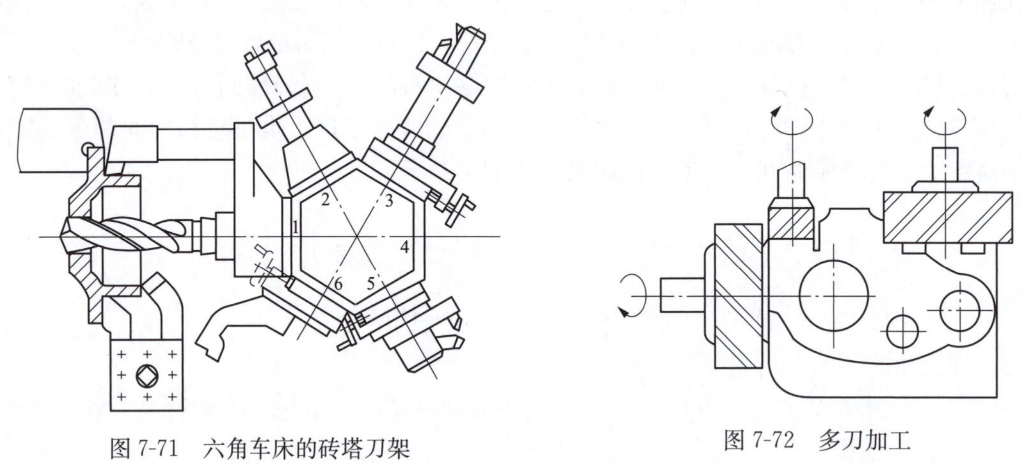

图7-71 六角车床的砖塔刀架

图7-72 多刀加工

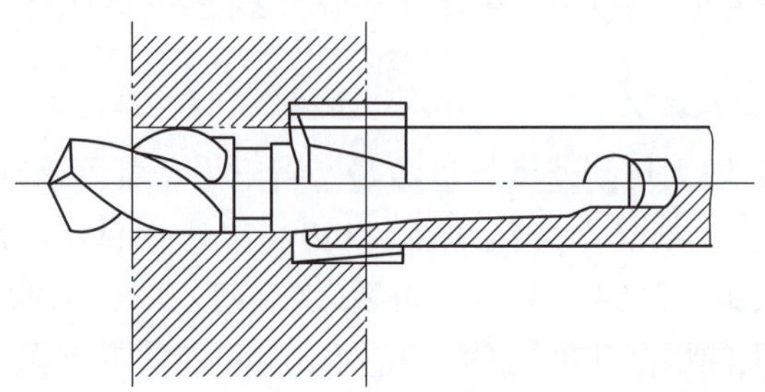

图7-73 钻扩孔复合工步

2. 缩减辅助时间的工艺途径

辅助时间在单件时间中占有较大比重，采取措施缩减辅助时间是提高生产率的重要途径；尤其是在大幅度提高切削用量之后，基本时间显著减少，辅助时间所占比重相对较大的情况下，更显得重要。缩减辅助时间有两种不同途径：一是直接缩减辅助时间；二是设法将辅助时间与基本时间重合。

（1）直接缩减辅助时间。采用先进高效夹具和各种上、下料装置，可缩短装卸工件的时间。大批大量生产中，采用高效气动或液动夹具；在中小批生产中，采用组合夹具，可调夹具，或成组夹具都可以减少找正和装卸工件的辅助时间。

（2）将辅助时间与基本时间重合。图 7-74 采用多工位工作台，机床可不停机地连续加工，使装卸工件时间和基本时间重合；采用主动测量或数字显示自动测量装置，能在加工过程中测量工件的实际尺寸，通过显示装置由荧光屏上直接看出工件尺寸的变化，并能由测量结果操作或控制机床。显然，缩短了停机测量工件尺寸的辅助时间。

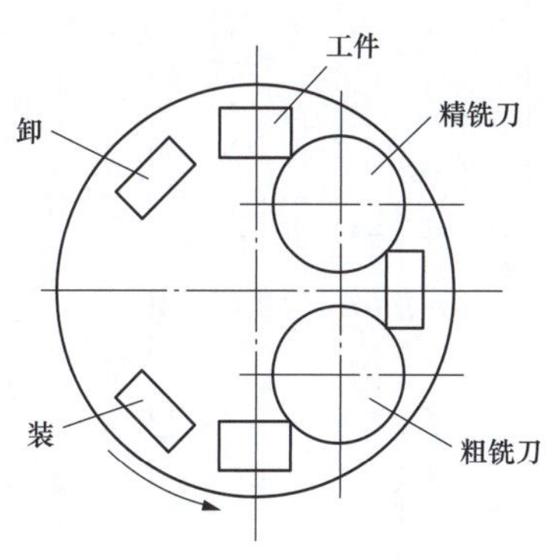

图 7-74　多工位工作台

3. 缩减布置工作地时间的工艺途径

在布置工作地时间中，大部分消耗在更换刀具（包括小调整刀具）的工作上。缩减布置工作地时间的主要途径是减少换刀次数和缩短换刀时间。减少换刀次数就意味着要提高刀具的寿命；而缩短换刀时间，则主要是通过改进刀具的安装方法和采用先进的对刀装置来实现。例如，采用自动换刀装置或快速换刀装置或者使用不重磨刀具；采用样板或对刀块对刀；采用新型刀具材料以提高刀具耐用度等措施，以减少装卸刀具和对刀所花费的时间。

4. 采用新工艺和新方法

在毛坯制造中，冷热挤压、粉末冶金、失蜡浇铸、爆炸成型等新工艺的应用，可以减少大部分的机械加工劳动量，节约原材料，从而取得十分显著的经济效果。例如，用粉末冶金制造齿轮油泵的内齿轮，就完全取消了齿形加工，只需要磨两个平面；在国外用冷挤压齿轮代替剃齿，生产率可提高 4 倍，精锻、精铸技术得到越来越广泛的应用。挤压、滚压、冷轧等无切屑制造技术随之兴起。

大批量生产时，改进加工方法，以拉代镗、以铣代刨、以精磨、精刨代刮研可以在保证质量的前提下，提高生产率。

【任务实施】

采用试验法计算各工序的工时，注意工时定额的取得一定在经济的加工条件下，综合衡量车间操作者的综合操作能力。将工时定额填入下面的工艺过程卡片和工序卡片中（见表 7-18 和表 7-19）。

【任务小结】

本任务主要学习工序工时定额的构成要素：基本作业时间、辅助时间、布置工作场地时间、生理休息时间及准备终结时间。要掌握工时定额的测算方法，为产品的加工制订出合理的工时定额，重点从工时定额构成方面考虑提高生产率的途径。

表 7-18 机械加工工艺过程卡

机械加工工艺过程卡	产品型号	SHJ—03	零部件图号	SHJ—03—022		
	产品名称	变速系统	零部件名称	传动轴	共 2 页	第 1 页

材料	40Cr	毛坯种类	锻件	毛坯外形尺寸	$\phi30\times130$	每个毛坯可制件数	1	每台件数	1	备注	

工序号	工序名称	工序内容	车间	工段	设备	工艺装备	工时（小时）	
							准终	单件
1	锻压		冲压	锻造	锻造机			
2	粗车	粗车一端面，打中心孔，粗车外圆	机加工	车削	CA6140	中心钻、外圆车刀、三爪卡盘、游标卡尺、顶尖		0.18
3	粗车	粗车另一端面，打中心孔，车外圆	机加工	车削	CA6140	中心钻、外圆车刀、三爪卡盘、游标卡尺、顶尖		0.15
4	检验							
5	热处理	调质						
6	半精车	精车一端外圆面、倒角、车挡圈槽、砂轮越程槽	机加工	车削	CA6140	顶尖、外圆车刀、游标卡尺、切槽刀、拨盘、鸡心夹		0.15
7	半精车	精车另一端外圆面、倒角、砂轮越程槽	机加工	车削	CA6140	顶尖、外圆车刀、游标卡尺、切槽刀、拨盘、鸡心夹		0.15
8	钻攻螺纹孔	钻端面螺纹底孔，攻螺纹	机加工	车削	CA6140	平口钳、麻花钻、丝锥、螺纹塞规、卡尺		0.13

										设计（日期）	审核（日期）	标准化（日期）	会签（日期）
标记	处数	更改文件号	签字	日期	标记	处数	更改文件号	签字	日期				

续表

机械加工工艺过程卡			产品型号	SHJ—03	零部件图号	SHJ—03—022			
			产品名称	变速系统	零部件名称	传动轴	共 2 页		第 2 页
材料	40Cr	毛坯种类	锻件	毛坯外形尺寸	$\phi30\times130$	每个毛坯可制件数	1	每台件数	1	备注	

工序号	工序名称	工序内容	车间	工段	设备	工艺装备	工时（小时）	
							准终	单件
9	铣键槽	铣两键槽	机加工	铣削	X5135	平口钳、键槽铣刀、游标卡尺		0.06
10	检验							
11	热处理	淬火						
12	修研中心孔	对淬火后的中心孔，做修研，提高精度	机加工	钳工	CA6140	油石顶尖、普通顶尖		0.02
13	粗磨	外圆磨床粗磨 $\phi16_{-0.034}^{-0.016}$外圆、$\phi22_{-0.041}^{-0.020}$外圆及轴肩端面、$\phi16_{-0.018}^{0}$外圆处	机加工	磨削	M4132B	顶尖、拨盘、鸡心夹、砂轮、千分尺		0.18
14	精磨	外圆磨床粗磨 $\phi16_{-0.034}^{-0.016}$外圆、$\phi22_{-0.041}^{-0.020}$外圆及轴肩端面、$\phi16_{-0.018}^{0}$外圆处	机加工	磨削	M4132B	顶尖、千分尺、砂轮		0.06
15	检验							

										设计（日期）	审核（日期）	标准化（日期）	会签（日期）
标记	处数	更改文件号	签字	日期	标记	处数	更改文件号	签字	日期				

表 7-19　　机械加工工序卡

机械加工工序卡	产品型号	SHJ—03	零部件图号	SHJ—03—022		
	产品名称	变速系统	零部件名称	传动轴	共 1 页	第 1 页

$\sqrt{Ra\ 6.3}$ (√)

车间	工序号	工序名称	材料牌号
机加工	2	粗车一端外圆	40Cr
毛坯种类	毛坯外形尺寸	每个毛坯可制件数	每台件数
锻件	ϕ30×130	1	1
设备名称	设备型号	设备编号	同时加工件数
卧式车床	CA6140	2010-2	1

夹具编号	夹具名称	切削液	
工位器具编号	工位器具名称	工序工时	
		准终	单件
			0.18

工步号	内　容	工艺装备	主轴转速 (r/min)	切削速度 (m/min)	进给量 (mm/r)	切削深度 (mm)	进给次数	工步工时 机动	工步工时 辅助
01	三爪卡盘装夹工件，齐一端面，见平	三爪卡盘、车刀	500		0.3		1		
02	后尾座装夹 ϕ2.5 中心钻，钻中心孔	中心钻头	500		手动	1.25	1		
03	外圆车刀车外圆到 $\phi 17.6_{-0.16}^{0}$，保证长度 35	顶尖、车刀、游标卡尺	710		0.3	6.2	2		
04	外圆车刀车外圆到 ϕ27	车刀、顶尖、游标卡尺	710		0.3	1.5	1		

										设计（日期）	审核（日期）	标准化	会签
标记	处数	更改文件号	签字	日期	标记	处数	更改文件号	签字	日期				

【任务评价】

序号	考核项目	考核内容	检验规则	分值	
				小组互评	教师评分
1	工时定额的组成	叙述工时定额的构成要素及每部分包含的内容	正确回答一问得 10 分		
2	工时定额的含义	叙述工时定额的定义及作用	每正确说出一问得 10 分		
3	劳动生产率的概念	说明劳动生产率的含义，以及提高生产率的方法	每回答对一问得 5 分		
4	常见提高生产率的途径	从工时定额的要素着手，找出提高生产率的途径	每说对一条得 5 分		
合计					

综合练习题

项目八　零件加工质量检测与控制

【项目描述】

如图 8-1 所示的定位套，加工路线为粗车—半精车—热处理—粗磨—精磨，在实训室的专用检测设备上检测零件的加工精度及表面质量的有关指标，根据检测结果分析出现误差的原因，提出控制措施。

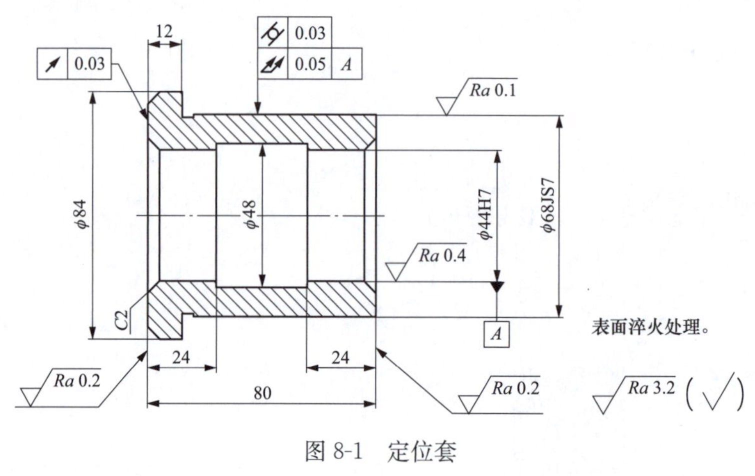

图 8-1　定位套

【项目作用】

随着科学技术的发展和市场竞争的加剧，对零件加工质量的要求也越来越高，因此，对机械加工质量的深入研究并提出解决方案，不仅成为机械制造工艺师的首要任务，也是机械制造工艺学的核心内容。

质量是企业的生命线，通过本项目的学习，不但可以建立对产品质量的感性认识，而且可以树立良好的产品责任意识，对加工出现的问题能查找原因、正确分析并予以解决，同时能采用合理的手段控制产品的质量，达到客户满意的目标。

本部分是机械加工人员、工艺技术人员、质量检验人员必备技能及理论知识。学会检测产品加工精度和表面质量的方法，加深对质量基本概念的理解，为今后工作中能对具体工艺问题进行质量分析、提出改进产品质量工艺途径打好基础。

【项目教学配套设施】

千分尺、百分表、游标卡尺、跳动检查仪、可涨芯轴等一系列量具及设备，车床及工艺装备、磨床及工艺装备，粗糙度检测仪、多媒体教学设备等。

【项目分析】

定位套在夹具中起定位的作用，具有很高的加工尺寸要求及几何公差要求的表面。为检测零件的加工质量指标首先随机抽取小批量产品，在检测设备上依次检测相关项目，用分析法查找误差的产生原因；根据加工误差和影响表面质量有关因素的知识，分析误差及影响表面质量因素对零件使用性能产生的影响；提出合理的应对措施，改善零件的加工质量。

任务一　机械零件加工精度的检测与控制

【学习目标】

知识目标

(1) 掌握加工精度的概念，掌握获得加工精度的方法。

(2) 掌握原始误差对加工精度的影响及控制措施。

(3) 掌握误差敏感方向的概念，并能举例说明。

(4) 掌握误差复映的概念，减少误差复映的措施。

(5) 掌握提高加工精度的方法。

(6) 掌握零件加工精度的检测项目及检测设备的使用方法。

技能目标

(1) 能分析原始误差对加工精度的影响方向。

(2) 根据加工误差的呈现形式能分析出现的原因。

(3) 能分析常见加工方法中可能出现的原始误差。

(4) 能正确检测加工精度的有关项目。

【任务描述】

抽取如图 8-1 所示的定位套加工件，在实训室中检测以下项目并分析出现误差的原因，提出改善加工精度的途径：

(1) 测量零件的有关尺寸与图 8-1 做比较，并做好检测记录。

(2) 检测定位套的外表面的圆柱度误差、端面圆跳动误差、径向全跳动误差，并做记录。

(3) 分析检测记录结果，找出造成加工误差的原因，写出分析报告。

【任务分析】

零件的质量包含加工精度和表面质量两方面的内容，零件的加工精度包括尺寸精度、几何形状和相互位置精度三项指标。

本任务首先从按照图 8-1 加工的一批零件中随机抽取一定数量的产品作为研究对象，在检测设备上依次检测加工精度的相关项目，用分析法查找误差的产生原因；根据加工误差产生的有关因素的知识，提出合理的应对措施，改善零件的加工精度。

知识链接

一、机械零件加工精度的认知

(一) 加工精度和加工误差的关系

机械加工精度是指零件加工后的实际几何参数与理想几何参数相符合的程度。符合程度越高，则加工精度越高。上述理想几何参数是指图纸规定的理想零件的几何参数，即几何误差为零、尺寸误差为零的零件理想状态。

实际上，只要能保证产品的使用性能，不需要把每个零件都加工得绝对准确，由于加工的种种原因，也不可能把零件制造得绝对准确。实际参数与理想几何参数总会发生一些偏离，无法完全相符合。而加工误差是指零件加工后的实际几何参数对理想几何参数的偏差。通常用加工误差的数值表示加工精度高低。加工误差越小，加工精度越高；反之，加工精度越低。

（二）获得加工精度的方法

获得加工精度的方法主要指工件获得一定的尺寸精度、加工形状精度和位置精度的方法。

1. 获得尺寸精度的方法

（1）试切法。通过试切—测量—调整—切削，反复进行，直到被加工尺寸达到要求为止，这种加工方法称为试切法。如图 8-2 所示，试切法的加工精度取决于测量精度和进刀机构的精度，实行费时且生产效率低，加工精度取决于工人的技术水平，但它不需要复杂的装置，常用于单件小批量生产，特别是新产品试制中。

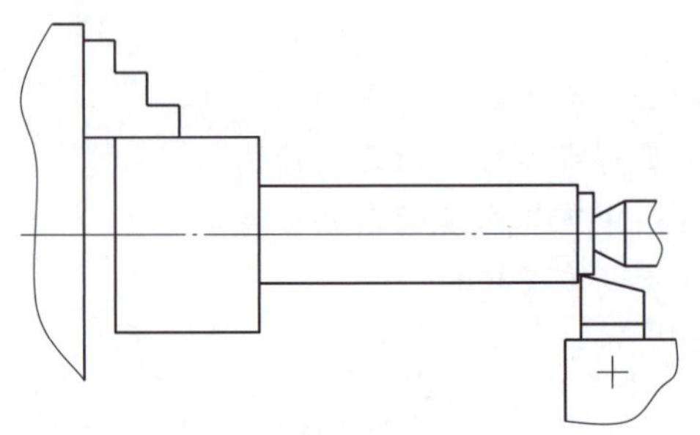

图 8-2　外圆试切对刀

（2）调整法。按工件预先规定的尺寸调整好机床、刀具、夹具和工件之间的相对位置，并在一批工件的加工过程中保持这个位置不变，以保证获得一定尺寸精度的方法，称为调整法。如图 8-3 所示，其加工精度取决于调整精度。在应用调整法加工的过程中，应根据刀具或砂轮的磨损规律，对机床做定期补充调整，以避免工件尺寸超差。当生产批量较大时，调整法有较高的生产率。因此，调整法常用于成批生产和大量生产中。

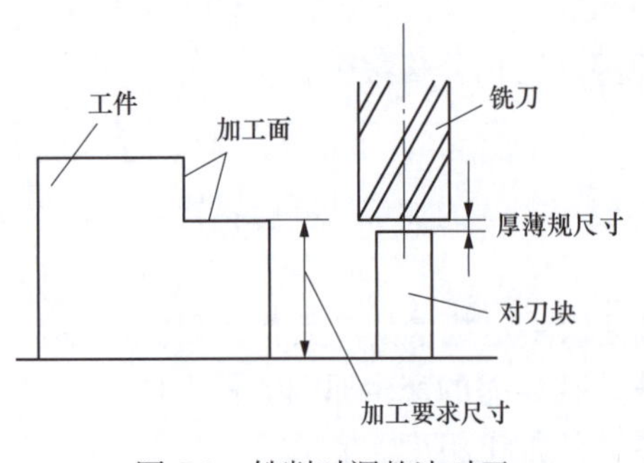

图 8-3　铣削时调整法对刀

（3）定尺寸刀具法。用刀具的相应尺寸（如麻花钻、铰刀、扩孔钻等）来保证工件被加工部位尺寸精度的方法，称为定尺寸刀具法。影响尺寸精度的主要因素有刀具的尺寸精度、磨损和刀具安装等。定尺寸刀具法操作简便，生产效率高，加工精度也比较稳定，几乎与工人技术水平无关，可用于各种生产类型。

（4）自动控制法。用测量装置、进给装置和控制系统组成一个自动加工系统，加工过程中的测量、补偿调整、切削等一系列工作依靠控制系统自动完成，从而获得所要求的尺寸精度的方法，称为自动控制法。例如闭环数控机床的加工，位置软件检测工作台的位置并反馈给数控装置，数控装置自动做出数值补偿，依靠软件输入的信息，通过计算机和数字控制装置，就能使数控机床保证刀具和工件间按预定的相对运动轨迹运动，获得所要求的加工尺寸。自动控制法质量稳定，生产率高，加工柔性好，能适应多品种生产，是目前机械制造的发展方向和计算机辅助制造的基础。图 8-4 所示为自带测量装置的数控机床闭环控制系统框图。

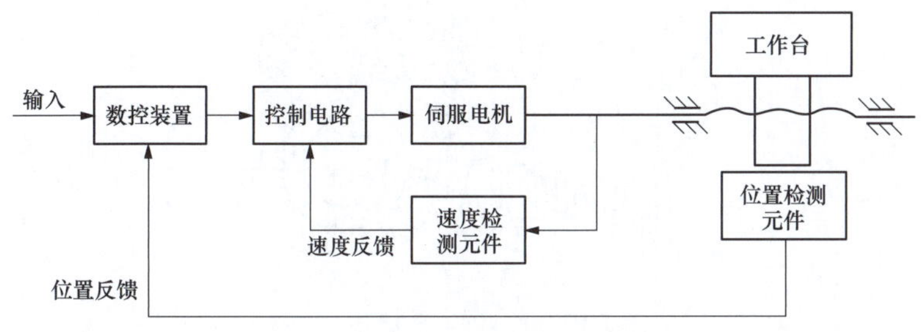

图 8-4　闭环控制系统框图

2. 获得加工形状精度的方法

（1）轨迹法。利用切削运动中刀尖的运动轨迹获得被加工表面形状精度的方法，称为轨迹法。刀尖的运动轨迹取决于刀具和工件的相对成形运动，因而所获得的形状精度取决于成形运动的精度，普通的车削、铣削、刨削、磨削均属于轨迹法。图 8-5 所示为轨迹法车圆锥面。

（2）仿形法。刀具按照仿形装置进给对工件进行加工的方法，称为仿形法。仿形法所获得的形状精度取决于仿形装置的精度和其他成形运动精度。仿形车削、仿形铣削等均属仿形法加工。图 8-6 所示为仿形法车圆弧面。

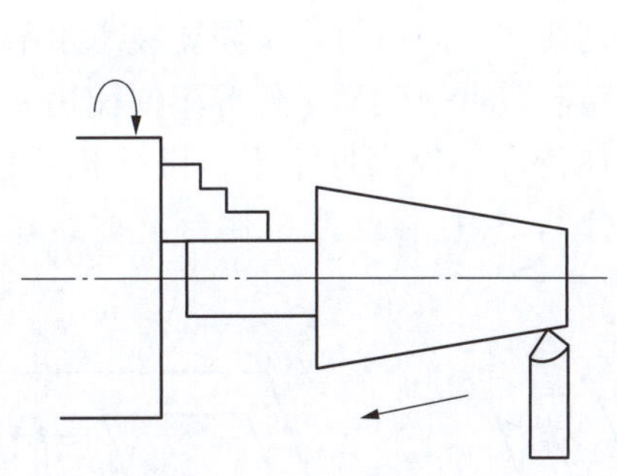

图 8-5　轨迹法车圆锥面

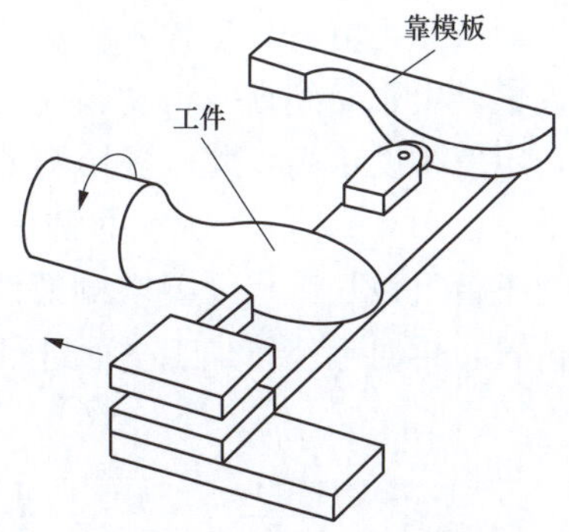

图 8-6　仿形法车圆弧面

（3）成形法。利用成形刀具对工件进行加工的方法，称为成形法。成形刀具代替一个成形运动。所获得的形状精度取决于刀具的形状精度和其他成形运动精度，如用成形刀具车、铣、刨、磨、拉等均属于成形法。图 8-7 所示为用成形车刀成形法车球头。

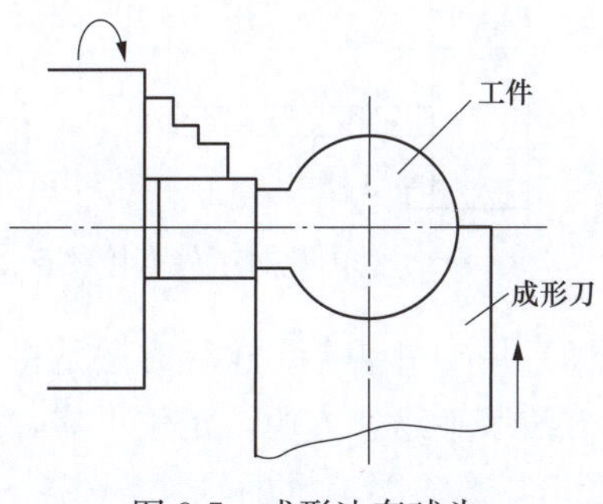

图 8-7　成形法车球头

（4）展成法。利用工件和刀具做展成切削运动进行加工的方法，称为展成法。被加工表面是工件和刀具做展成运动过程中所形成的包络面，刀刃形状必须是被加工面的共轭曲线，所获得的形状精度取决于刀具的形状精度和展成运动精度，如滚齿、插齿、磨齿、滚花键等均属于展成法。图 8-8 所示为齿轮滚刀展成法加工齿轮。

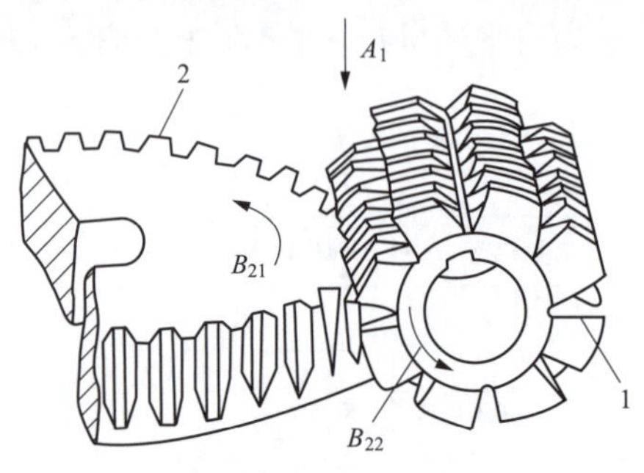

图 8-8 展成法滚齿

3. 获得加工位置精度的方法

工件加工位置精度的保证取决于工件的装夹方法及其精度。获得加工位置精度的方法有以下几种：

（1）直接找正装夹。这种方法是将工件直接放在机床上，用划针、百分表和直角尺或通过目测直接找正工件在机床上的正确位置之后再夹紧。图 8-9 所示为用三爪卡盘装夹套筒，先用百分表找正工件外圆，再夹紧工件，然后进行加工内孔，保证加工后内孔与外圆的同轴度。直接找正法的定位精度和找正的快慢，取决于找正方法、找正工具和工人的技术水平。用此法找正工件往往要花费较多的时间，故多用于单件和小批生产或位置精度要求特别高的工件。

（2）划线找正装夹。这种方法是先在工件上画出待加工表面的位置，安装工件时按划线找正并夹紧。由于受到划线精度和找正精度的限制，划线找正既费时，又需要技术水平高的划线工，定位精度不高，此法多用于批量较小、毛坯精度较低及大型零件等不便使用夹具的粗加工中。如图 8-10（a）所示的铣槽成品，由于毛坯待加工面高低不平，尺寸相差较大，可先在钳工台上按加工尺寸要求划好线，见图 8-10（b），然后在铣床工作台上按线找正铣刀加工位置，再对毛坯待加工平面进行铣槽加工。

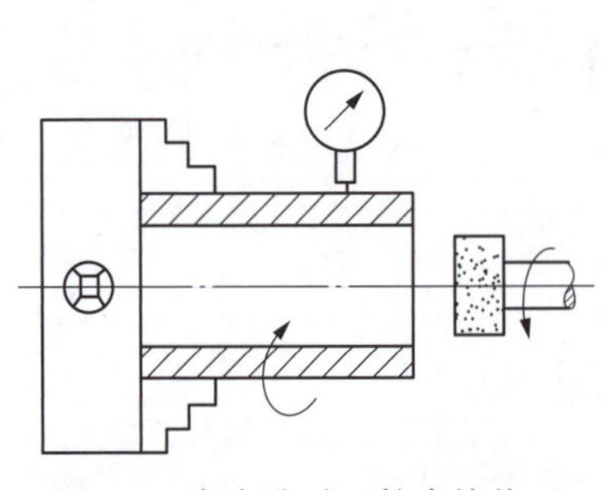

图 8-9 磨内孔时工件直接找正

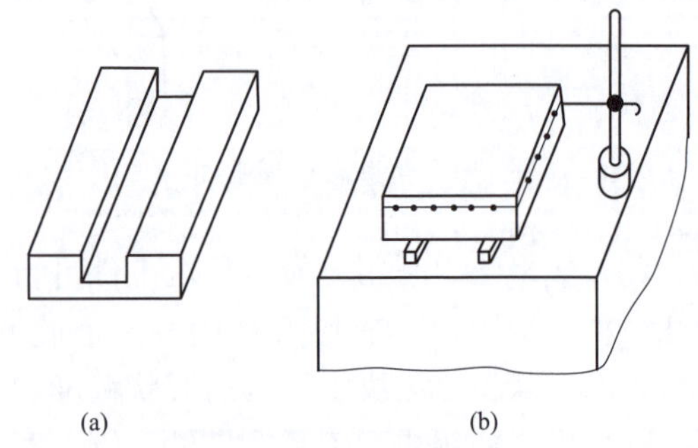

图 8-10 铣槽时划线找正

（3）用夹具装夹。这种方法是将工件直接装在夹具的定位元件上定位并夹紧。用夹具装夹的方法装夹迅速方便，定位可靠，广泛应用于成批和大量生产中。

（三）影响加工精度的误差分类

从如图 8-11 所示的镗削加工分析可知，在机械加工过程中，由机床、夹具、刀具和工件组成的机械加工工艺系统的误差是工件产生加工误差的根源，工艺系统各环节间的相互位置相对于理想状态产生偏移，即工艺系统的误差，称为原始误差。在诸多原始误差中，一部分与工艺系统的初始状态有关，在加工前就已经存在，称为工艺系统的静误差，如镗杆的回转误差、滑台的平面度误差等。另一部分与切削过程有关，称为工艺系统的动误差，如夹紧产生的变形误差、镗刀杆刚度不足受力产生的弯曲变形误差等。

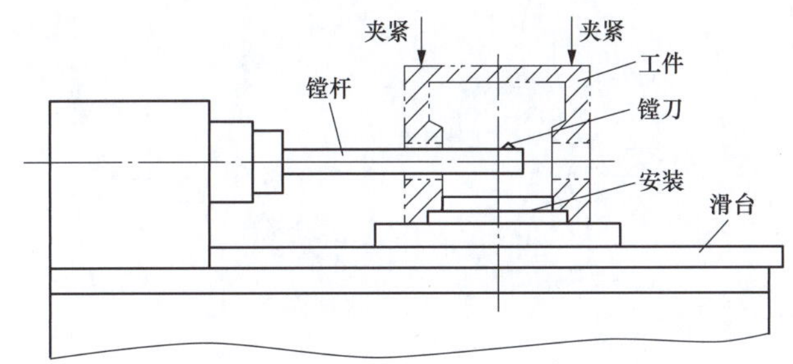

图 8-11　镗削加工中的加工误差

影响加工精度的误差因素按照原始误差性质归类，如图 8-12 所示。

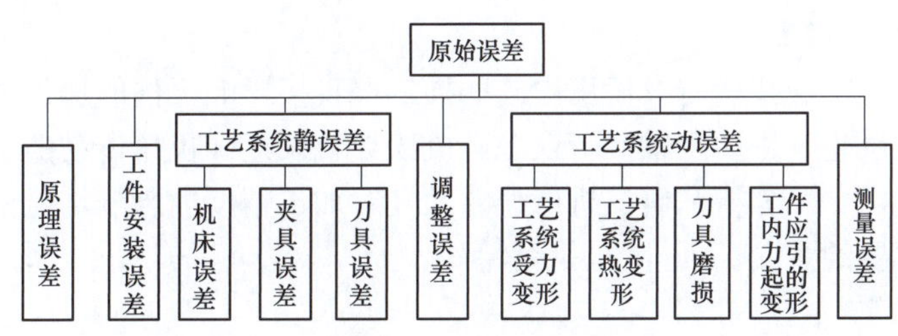

图 8-12　原始误差分类

（四）研究加工精度的方法

（1）单因素分析法：研究某一确定因素对加工精度的影响规律，将其余因素尽量缩小和控制，使之对结果影响最小，而将研究对象因素放大，通过分析计算或测试、实验得出该因素与加工误差的关系。单因素分析法主要是分析各项误差单独的变化规律。

（2）统计分析法：以生产中一批工件的实测结果为基础，用数理统计方法进行数据处理，从中找出加工误差产生和分布的规律，用于控制工艺过程的正常进行。统计分析法适用于大批大量生产中，主要是研究各种误差综合影响条件下的加工误差变化规律。

在实际生产中，常把两种方法结合起来使用。单因素分析方法可以帮助获得误差因素的影响规律，统计分析法寻找判断产生加工误差的可能原因，然后运用单因素分析法找出影响加工精度的主要原因，以便采取有效的工艺措施提高加工精度。

二、工艺系统的几何误差对加工精度的影响

工艺系统的几何误差主要是指机床、刀具和夹具本身在制造中产生的误差，以及使用中产生的调整及磨损误差，这类误差在切削加工之前已经存在。

（一）加工原理误差

加工原理误差也称为理论误差，是由于采用了近似的成形运动或近似的切削刃轮廓所产生的加工误差。如图 8-13 所示，用齿轮滚刀加工齿轮一般都会存在两种加工原理误差：一是刀具齿廓近似齿形误差，这是由于刀具制造上的困难，加工齿轮滚刀时常用阿基米德或法

向直廓基本蜗杆代替渐开线基本蜗杆造成的；二是包络造型原理误差，这是由于滚刀齿数有限，而加工齿形由许多微小折线段组成，与理论上的光滑渐开线有差异而造成的。因此，滚齿加工精度不高（10～7 级精度的齿轮），但生产率高。

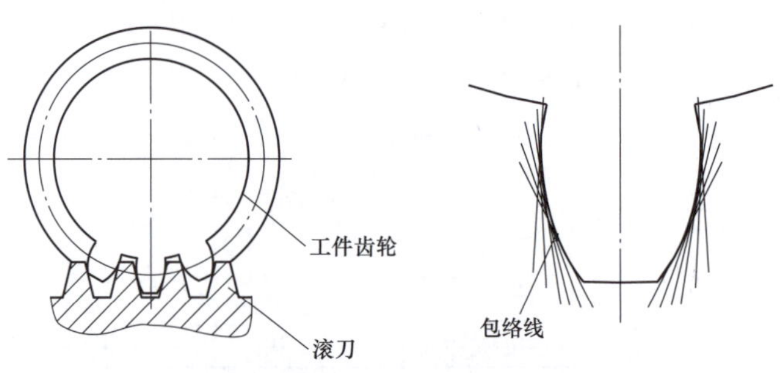

图 8-13 加工原理误差

在实际生产中，采用近似的成形运动或近似的切削刃轮廓，虽然会带来加工原理误差，但往往可以简化机床或刀具的结构，降低生产成本、提高生产率。因此，只要将这种加工原理误差控制在允许的范围内，在实际加工过程中是完全可以利用的。

（二）机床的几何误差

机床的制造误差、安装误差及使用中的磨损，都直接影响工件的加工精度。其中，对加工精度影响较大的误差有机床主轴回转误差、机床导轨误差和机床传动链误差。机床误差是最基本的原始误差之一。分析和研究机床误差及其对加工精度的影响，无论在理论上或是实际应用上都具有重要的意义。

1. 机床主轴回转误差

机床主轴是装夹工件或刀具的基准，并将运动和动力传给工件或刀具，主轴回转误差将直接影响被加工工件的精度。主轴回转误差不仅对加工表面的形状和位置精度影响较大，而且对加工表面的粗糙度和波度影响也较大。尤其是在精密加工中，它是决定工件圆度的主要因素。

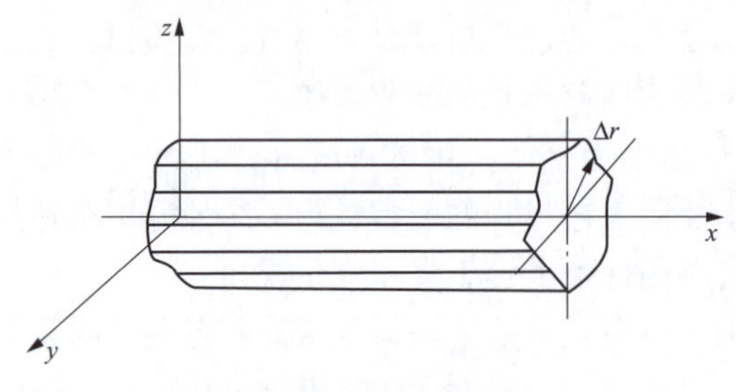

图 8-14 径向圆跳动

（1）主轴回转误差的基本形式。主轴回转误差是指主轴的实际回转轴线相对其理想回转轴线，在规定的测量平面内的变动量。变动量越小，主轴的回转精度越高；反之，回转精度越低。主轴回转误差可以分解为三种基本形式。

1）径向圆跳动：瞬时回转轴线沿平行于理想回转轴线方向的径向运动，如图 8-14 所示。它主要影响圆柱面的精度，会使工件产生圆度误差，但加工方法不同，影响程度也不尽相同。

例如，镗床的主轴安装的是镗刀，当主轴有径向圆跳动时，则使镗刀产生径向圆跳动误差，工件上镗出的是椭圆孔，见图 8-15（a）。而车床主轴有径向圆跳动，在工件 1 处的切出半径比在 2、4 处小一个振幅 A，在工件 3 处的切出半径则比 2、4 处大一个振幅 A。这样在工件的上述四点直径都相等，在其他各点处的直径误差也很小，故车削出的工件表面接近于一个真圆，但在整个长度上车削出的工件有圆柱度误差，见图 8-15（b）。

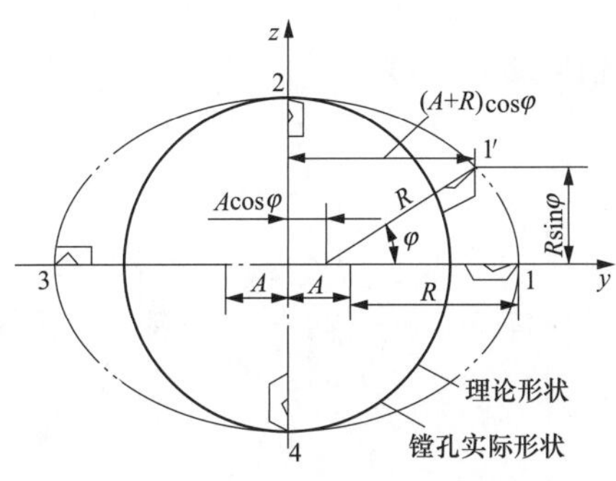

(a) 镗孔时纯径向跳动对圆度的影响

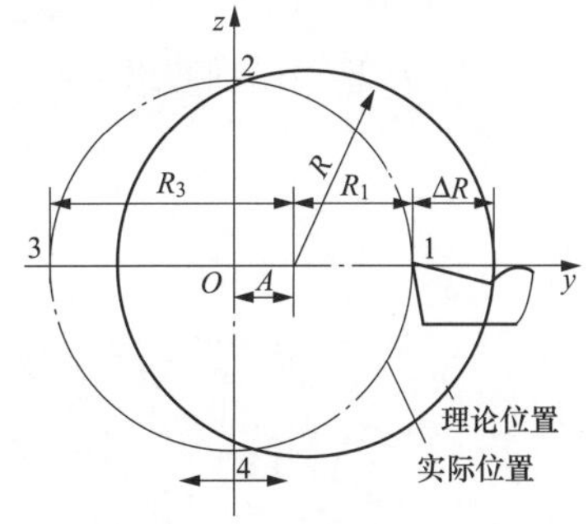

(b) 车削时纯径向跳动对圆度的影响

图 8-15　径向圆跳动对加工的影响

2）端面圆跳动（轴向窜动）：瞬时回转轴线沿理想回转轴线方向的轴向运动，如图 8-16 所示。它主要影响端面形状和轴向尺寸精度，对内、外圆加工没有影响。

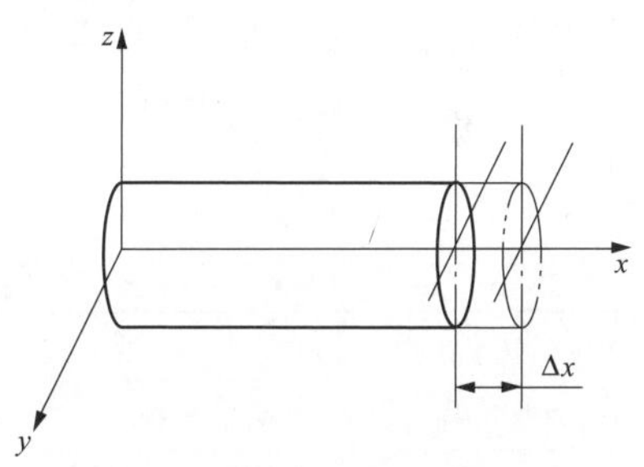

图 8-16　端面圆跳动

当加工端面时，如果主轴转一周，沿轴向窜动一次，这样向前窜动的半周加工出右螺旋面，向后窜动的半周形成了左螺旋面，最后切出如同端面凸轮一般的形状，在工件端面中心附近形成凸台，使车出的端面与圆柱面不垂直［见图 8-17（a）］，端面对轴线的垂直误差随切削半径的减小而增大。加工螺纹时，轴向窜动会产生螺距周期性误差。

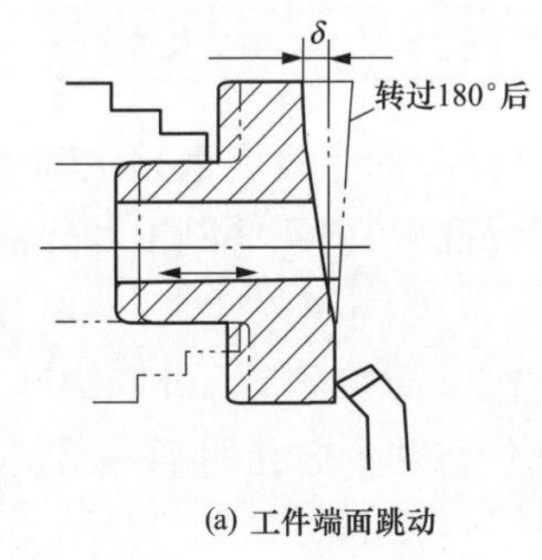

(a) 工件端面跳动

x
$\frac{\pi}{2}$　π　$\frac{3\pi}{2}$　2π　φ

(b) 螺距周期误差

图 8-17　主轴端面跳动引起的加工误差

3）主轴的纯角度摆动：瞬时回转轴线与平均回转轴线呈一倾斜角度，但其交点位置固定不变的运动，如图 8-18 所示。几何轴线在某一平面内做角度摆动，主要影响圆柱面和端面的加工精度。

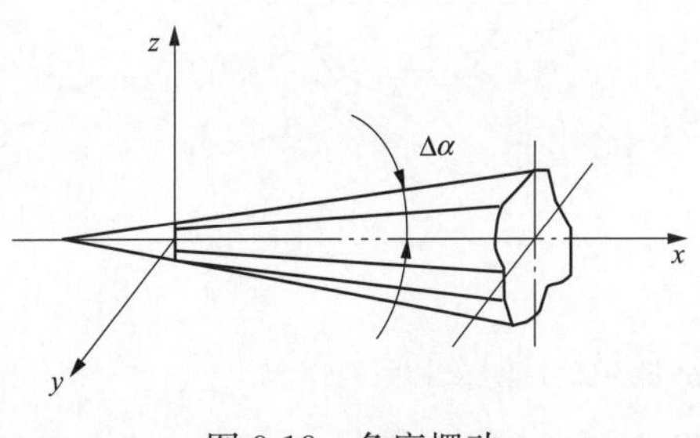

图 8-18　角度摆动

若频率和主轴回转频率一致，沿与平均回转轴线垂直的各个截面看，相当于几何轴线绕平均轴心做偏心运动，只是各截面的偏心量不同，车削外圆表面仍然是一个圆，工件整体为一圆锥体；镗床镗孔时，在垂直于主轴平均轴线的各个截面内都形成椭圆，整体加工出椭圆柱，如图 8-19 所示。图 8-19 中，O 为工件孔轴心线，O_m 为主轴回转轴心线。

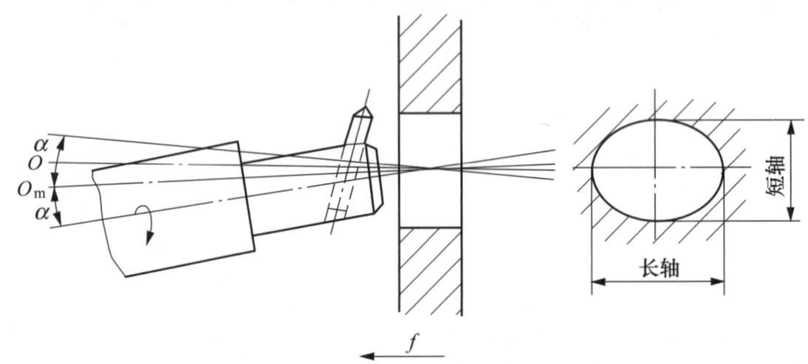

图 8-19　纯角度摆动对镗孔的影响

实际加工中的主轴回转误差是上述三种误差基本形式的合成。相同形式的主轴回转误差，对不同机床和加工表面将产生不同形式的加工误差。机床主轴回转误差产生的加工误差见表 8-1。

表 8-1　　机床主轴回转误差产生的加工误差

主轴回转误差的基本形式	车床上车削			镗床上镗削	
	内、外圆	端面	螺纹	孔	端面
纯径向跳动	圆度误差影响极小，同轴度误差	无影响	同轴度误差	圆度误差	无影响
纯轴向窜动	无影响	平面度误差 垂直度误差	螺距误差	无影响	平面度误差 垂直度误差
纯角度摆动	圆柱度误差	影响极小	螺距误差	圆柱度误差	平面度误差

（2）影响主轴回转误差的主要因素。造成主轴回转误差的主要因素是主轴的误差、轴承的误差、轴承的间隙、与轴承配合零件的误差及主轴系统的径向不等刚度和热变形等。不同类型的机床，其影响因素也各不相同。

1）机床主轴采用滑动轴承结构。对于工件回转类机床（如车床、外圆磨床等），因切削力的方向不变［见图 8-20（a）］，主轴轴颈以不同的部位与轴承内孔的某一固定部位相接触，

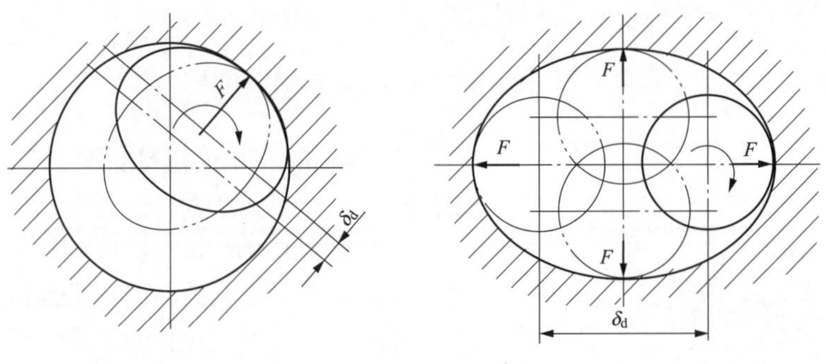

(a) 轴颈不圆引起车床主轴径向跳动　　(b) 轴承孔不圆引起镗床主轴径向跳动

图 8-20　滑动轴承主轴轴颈与轴孔圆柱度对加工的不同影响

此时主轴支承轴颈的圆度误差将直接反映为主轴径向圆跳动 δ_d。因此，这种情况下影响主轴回转精度的，主要是轴承处主轴轴颈的圆度，轴承孔的圆度影响不大。

如图 8-20（b）所示，对于刀具回转类机床（如钻床、镗床、铣床等），因切削力的方向随主轴旋转而改变，主轴总是以其支承轴颈某一固定部位与轴承内表面的不同部位接触。此时，轴承内表面的圆度误差将直接反映为主轴径向圆跳动 δ_d，主轴支承轴颈的圆度误差影响很小，而轴承孔的圆度误差影响较大。

2）机床主轴采用滚动轴承结构。主轴回转精度不仅取决于滚动轴承本身的精度（包括内、外圈滚道的圆度误差，滚动体的形状、尺寸误差），还与轴承配合件（主轴颈、轴承座孔）的精度密切相关。图 8-21（a）所示为轴承滚道存在圆柱度误差，图 8-21（b）所示为滚动体存在形状误差。

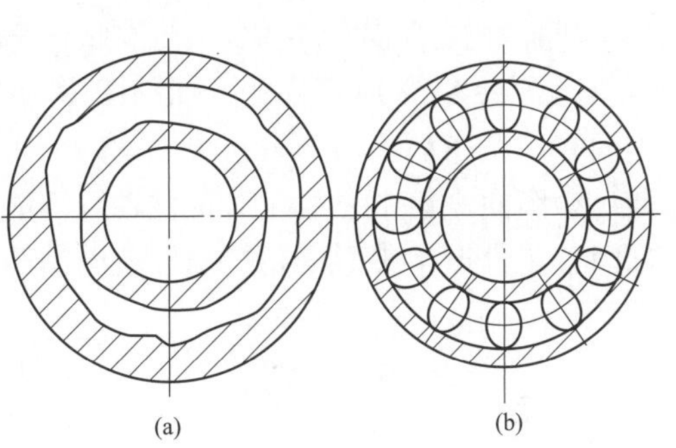

图 8-21　滚动轴承自身误差

（3）提高主轴回转精度的措施。

1）提高主轴部件的制造精度。首先应提高轴承的回转精度，如选用高精度的滚动轴承，或采用高精度动压滑动轴承（多油楔）和静压轴承等。其次是提高箱体支承孔、主轴轴颈与轴承相配合有关表面的加工精度。此外，还可在装配时先测出滚动轴承及主轴锥孔的径向圆跳动，然后调节径向圆跳动的方位，使误差相互补偿或抵消，以减小轴承误差对主轴回转精度的影响。

2）对滚动轴承进行预紧，消除间隙。对滚动轴承适当预紧以消除间隙，甚至产生微量过盈。由于轴承内、外圈和滚动体弹性变形的相互制约，既增加了轴承刚度，又对轴承内、外圈滚道和滚动体的误差起均化作用，因而可提高主轴的回转精度。

3）使主轴的回转误差不反映到工件上（误差转移）。直接使工件在加工过程中的回转精度不依赖于主轴，是保证工件形状精度的最简单而又有效的方法。如图 8-22（a）所示，在外圆磨床上磨削外圆柱面时，为避免工件头架主轴回转误差的影响，工件由头架和尾架的两个固定顶尖支承，头架主轴只起传动作用，工件的回转精度完全取决于顶尖和中心孔的形状精度、同轴度。如图 8-22（b）所示，在镗床上加工箱体类零件上的孔时，可采用镗模加工，刀杆与主轴为浮动连接，则刀杆的回转精度与机床主轴回转精度无关，工件的加工精度仅由刀杆和导套的配合质量决定。

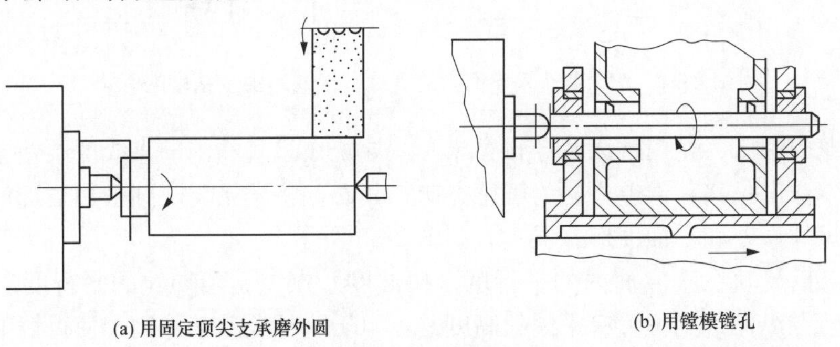

图 8-22　转移误差

2. 机床导轨误差

导轨是机床中确定主要部件相对位置的基准，也是运动的基准，它的各项误差直接影响被加工工件的精度。其制造和装配精度直接影响机床移动部件的直线运动精度，影响机床成形运动之间的相互位置关系，造成加工表面的几何误差。

（1）导轨在水平面内的直线度误差。对于车床和外圆磨床，导轨在水平面内有直线度误差 Δy，它使刀具在水平面内产生位移 Δy，如图 8-23 所示。由于刀尖相对于工件回转轴线在加工表面径向方向的变化，引起加工表面的形状误差，造成工件在半径方向上的误差 ΔR，且 $\Delta R=\Delta y$，对零件的形状精度影响很大。我们把刀刃加工面的法线方向称为误差敏感方向。对车床而言，导轨在水平面内的直线度误差，属敏感方向，车床导轨在水平面内有弯曲后，纵向进给中刀具相对工件轴线不能平行，因而工件表面上形成形状误差。当导轨向后凸时，工件产生鞍形误差；当导轨向前凸时，工件产生鼓形误差。

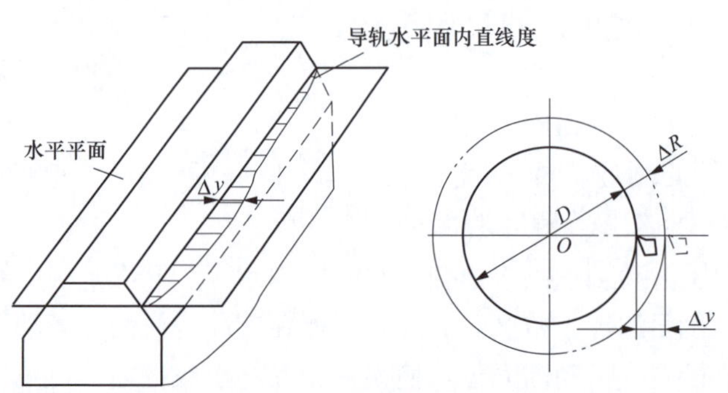

图 8-23 车床导轨水平面内的直线度误差对加工精度的影响

（2）导轨在垂直面内的直线度误差。卧式车床或外圆磨床在垂直面内有直线度误差 Δz，该方向为外圆加工面的切线方向，即为误差不敏感方向，垂直面内直线度误差虽会引起车削加工表面的形状误差，如图 8-24 所示。但 $\Delta R \leqslant \Delta z$，影响较小，可以忽略不计。

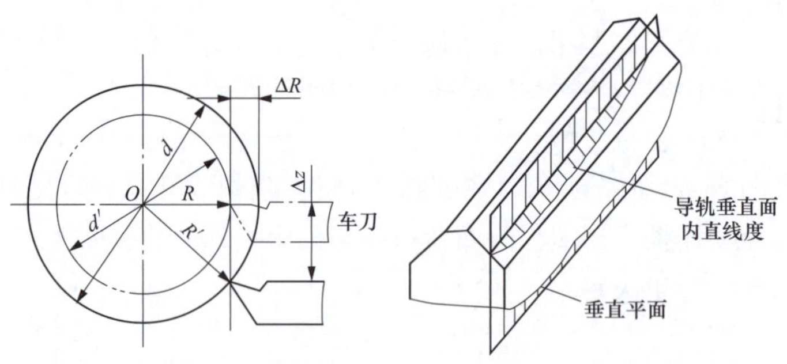

图 8-24 车床导轨垂直面内的直线度误差对加工精度的影响

但对于龙门刨床、龙门铣床及导轨磨床等，导轨在垂直面内的直线度误差会引起工件相对于刀具产生法向位移，误差方向为敏感方向，其误差将直接反映到被加工工件上，会造成工件的加工尺寸误差和平面度形状误差，如图 8-25 所示。

（3）前、后导轨在垂直面内的平行度（扭曲度）误差。两导轨的平行度误差（扭曲），使前、后导轨在纵向不同位置有不同的高度差，由于这种误差的作用，使得切削过程中，工作台沿导轨纵向移动时发生倾斜［见图 8-26（a）］，使刀尖相对于工件在水平和垂直两个方向上产生偏移。造成加工表面的形状误差。因δ很小，α很小，故刀尖位置可以看成是水平移动，则导轨扭曲量δ引起工件半径的变化量为

$$\Delta R \approx \Delta y = H\tan\alpha = \frac{H\delta}{B} \tag{8-1}$$

式中　α——导轨的倾斜角；

δ——前、后导轨的扭曲量（平行度）。

一般车床 $H \approx \frac{2}{3}B$，外圆磨床 $H=B$，可见导轨扭曲量此项误差会造成加工面的圆柱度误差，对加工精度影响很大。

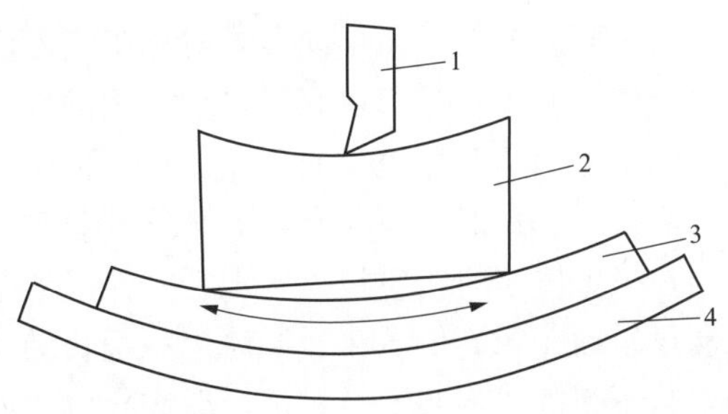

图 8-25　龙门刨床导轨垂直面内的直线度误差对加工精度的影响

1—车刀；2—工件；3—工作台；4—机床导轨

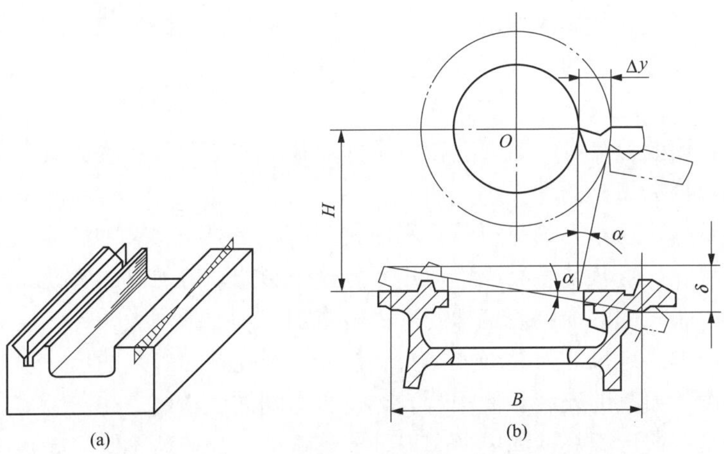

图 8-26　前、后导轨平行度误差对加工精度的影响

（4）导轨与主轴回转轴线的平行度误差。若车床导轨与主轴回转轴线在水平面内有平行度误差，该方向为误差敏感方向，对加工精度的影响比较大。车出的内、外圆柱面会产生锥度形状的圆柱度误差，如图 8-27（a）所示。

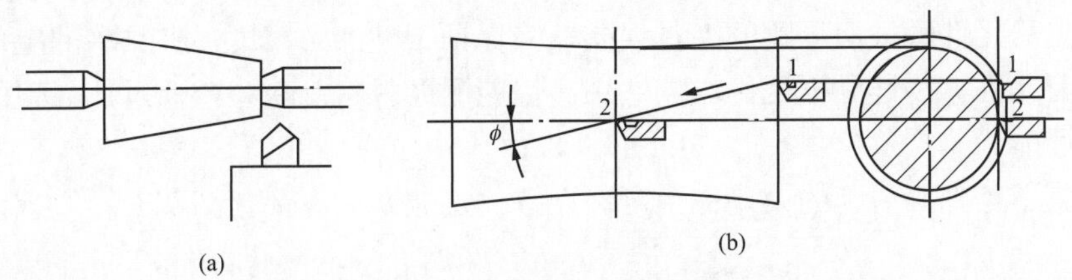

图 8-27　导轨与主轴回转轴线的平行度误差

若车床导轨与主轴回转轴线在垂直面内有平行度误差，车出的内、外圆柱面会产生圆柱度误差，形状为双曲线回转面（单叶双曲面），如图 8-27（b）所示。该方向为误差不敏感方向，对加工精度影响较小，可忽略不计。车端面时，若两者出现垂直度误差，会引起加工面的平面度误差。

由此可见，对于不同的机床、不同的加工方式和加工对象，机床导轨误差产生的加工误差形式不同。分析导轨导向误差对加工精度的影响时，应着重分析在误差敏感方向的影响。

导轨导向精度是指机床导轨副的运动件实际运动方向和理想运动方向的符合程度。两者之间的偏差值称为导轨导向误差。提高机床导轨导向精度的措施如下所述。对于制造误差，在机床设计制造时，应从结构、润滑、防护装置方面采取措施提高导向精度。对于安装误差，在机床安装时，应校正好水平，保证地基质量。例如，对长度较长的龙门刨床、龙门铣床和导轨磨床，它们的床身导轨为一细长结构，刚性较差，在自身重力作用下就容易变形，若安装不正确或地基不良，都会造成导轨弯曲变形。对于磨损误差，应注意调整导轨配合间隙，同时保证良好的润滑和维护。

由于使用程度不同及受力不均，机床使用一段时间后，导轨全长上各段的磨损量不等，并且在同一横截面各导轨面的磨损量也不相等。可以通过以下措施来减小导轨的磨损：整体处理或表面热处理、化学处理、涂耐磨镀层、堆焊耐磨材料等；提高导轨摩擦副材料的硬度和韧性，改变摩擦形式，例如以滚动导轨代替滑动导轨结构；添加硫、磷、氯等表面活性剂的抗擦伤润滑油，在导轨表面持久形成足够强度的润滑膜等。

（三）刀具误差

机械加工中常用的刀具有一般刀具、定尺寸刀具、成形刀具和展成法刀具。刀具误差对加工精度的影响，根据刀具的种类不同而异。

（1）一般刀具。普通车刀、单刃镗刀和面铣刀等的制造误差对加工精度没有直接影响，但磨损后对工件尺寸或形状精度有一定影响，且这个影响随着刀具的磨损而增加。例如，用车刀车削长轴时，车刀的磨损会使工件产生锥度或加工尺寸的增大。

（2）定尺寸刀具。定尺寸刀具（如钻头、铰刀、圆孔拉刀等）的尺寸误差直接影响被加工工件的尺寸精度。刀具的安装和使用不当，也会影响加工精度。

（3）成形刀具。成形刀具（如成形车刀、成形铣刀、盘形齿轮铣刀等）的误差主要影响被加工面的形状精度。

（4）展成法刀具。展成法刀具（如齿轮滚刀、插齿刀等）加工齿轮时，要求刀具与工件保持严格的啮合运动关系，刀刃的形状是加工表面的共轭曲线，因而刀刃的几何形状及有关尺寸精度会直接影响齿轮加工精度。

（四）夹具误差

对于因夹具元件磨损而导致的夹具误差，为保证工件加工精度，夹具中的定位元件、导向元件、对刀元件等关键易损元件均需选用高性能耐磨材料制造，或通过热处理的方法提高材料的耐磨性能。

由于定位不正确而引起的误差称为定位误差。定位误差主要包括基准不重合误差和基准位移误差。

（1）基准不重合误差。由于定位基准与工序基准不重合所导致的工序基准在加工尺寸方向上的最大位置变动量，称为基准不重合误差。

如图 8-28 所示，用调整法铣削工件表面，由于调整铣刀位置时，调整的是铣刀下底面与定位基准 A 面之间的距离，当铣削加工 E 面时，由于 E 面的定位基准是 A 面，工序基准也是 A 面，基准重合没有定位误差。但铣削 D 面工序时，定位基准仍然是 A 面，而工序基准是 E 面，定位基准与工序基准不重合，尺寸 E 面的工序尺寸 h_2 的公差 δ_{h2} 会体现到本工序

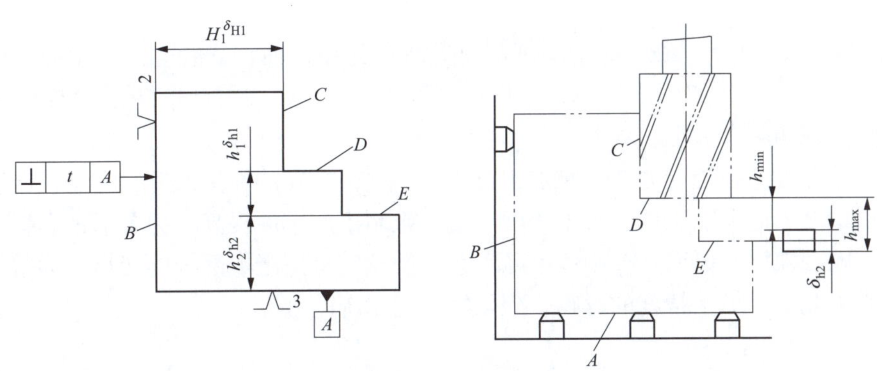

图 8-28　基准不重合误差

加工尺寸上，造成尺寸误差，即出现基准不重合误差。

（2）基准位移误差。由于定位基准面与定位元件制造不准确引起的偏移量在加工尺寸方向上的投影即为基准位移误差。

如图 8-29 所示，铣套类零件的上平面，工序尺寸为 $H_{-T_H}^{\ 0}$，工序基准 A，孔中心线是定位基准，孔表面是定位基面，孔的尺寸为 $\phi D_{\ 0}^{+T_D}$，内、外圆同轴度公差要求为 $\phi\delta$，定位心轴直径尺寸为 $\phi d_{-T_轴}^{\ 0}$。工件以圆孔在圆柱销、圆柱心轴上定位，由于定位副之间存在配合间隙，会使工件上圆孔中心线（定位基准）的位置发生偏移。在加工一批工件的过程中，铣刀位置保持不变，但工件内、外圆直径却是变化的，工序基准 A 的位置将随着工件内、外圆直径和心轴直径实际尺寸变化而变化，这会给加工带来误差，其值为工序基准在工序尺寸方向上的最大变动量，即基准位移误差。

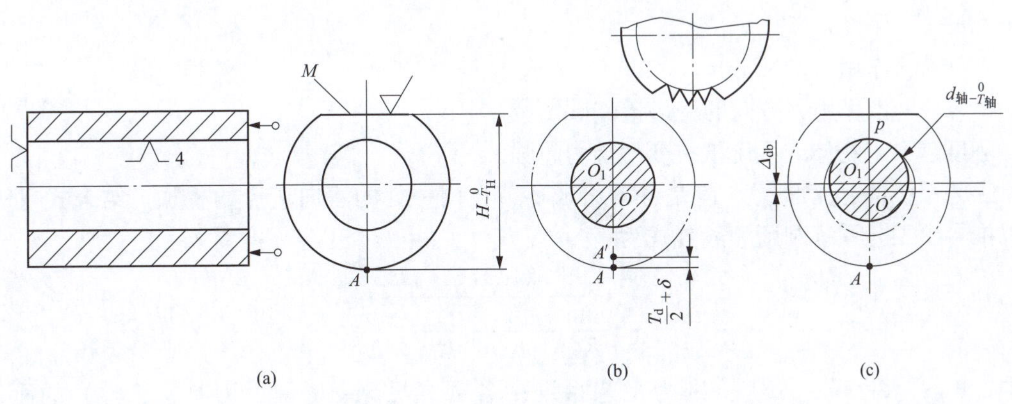

图 8-29　基准位移误差

定位误差 Δ_{dw} 由基准不重合误差 Δ_{jb} 和定位副（含工件定位基面和定位元件）制造不准确引起的基准位移误差 Δ_{db} 两部分组成，有

$$\Delta_{dw}=\Delta_{jb}+\Delta_{db} \tag{8-2}$$

三、工艺系统受力变形对加工精度的影响

机械加工过程中，工艺系统在切削力、夹紧力、传动力、重力、惯性力等外力作用下会产生变形，破坏已调整好的刀具和工件之间的正确位置关系，使工件产生加工误差。

（一）工艺系统受力变形现象

如图 8-30（a）所示，在车床上车削用顶尖装夹的细长轴，一般会产生中间粗两头细的腰鼓形的圆柱度误差。如图 8-30（b）所示，磨内孔时，如果内圆磨头的刀杆伸出长度太长，工件会出现喇叭口的形状误差。

由此可见，工艺系统受力变形是加工过程中一项很重要的原始误差。它不仅严重地影响工件的加工精度，还影响工件的加工表面质量，限制生产率的提高。为了保证和提高工件的加工精度，就必须深入研究并控制以消除工艺系统及其有关组成部分的变形。为了便于描述工艺系统受力变形对加工精度的影响，先了解工艺系统的刚度。

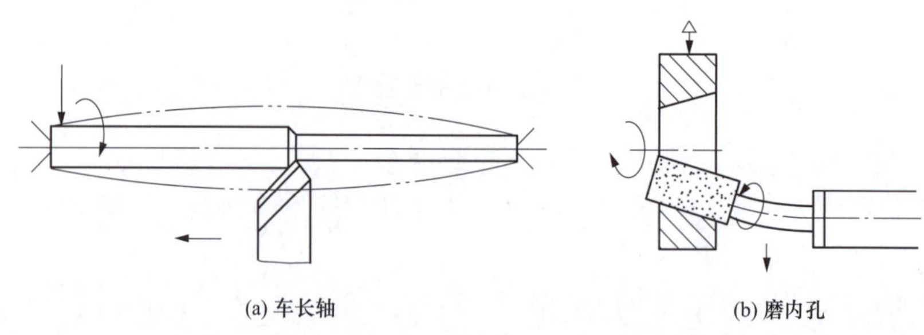

图 8-30 受力变形对工件精度的影响

（二）工艺系统的刚度

刚度是指物体或系统抵抗变形的能力，用加到物体的作用力与沿此作用力方向上产生的变形量的比值表示，即

$$K=\frac{F}{y} \tag{8-3}$$

式中 K——刚度，N；

F——作用力，N/mm；

y——沿作用力方向的变形量，mm。

刚度越大，物体或系统抵抗变形能力越强。

工艺系统的总变形量 y 应是各个组成环节在同一处的法向变形的叠加，结合式（8-3）可以推导出工艺系统刚度一般公式为

$$K_{xt}=\frac{1}{\frac{1}{K_{jc}}+\frac{1}{K_{jj}}+\frac{1}{K_{d}}+\frac{1}{K_{g}}} \tag{8-4}$$

其中，K_{jc}、K_{jj}、K_{d}、K_{g} 分别为工艺系统中各环（机床、夹具、刀具、工件）的刚度。式（8-4）表明，工艺系统刚度小于其中任何一环的刚度，即工艺系统刚度是最差、最容易发生变形的。

（三）工艺系统受力变形对加工精度的影响

1. 切削力作用点位置变化引起的加工误差

以车床两顶尖间加工光轴为例，假定切削过程中切削力保持不变，即 F_Y＝常量；车刀悬伸很短，受力变形可忽略。因此，工艺系统的总变形为

$$y_{xt}=y_{jc}+y_{g}$$

（1）机床的刚度差。假定车削粗而短的光轴，工件的刚度很好，工件自身的变形可忽略

不计，即此时工艺系统刚度主要取决于机床刚度。工艺系统的总变形 y_{xt} 取决于前顶尖、尾座（包括顶尖）和刀架的变形。机床的刚度或变形是随受力点位置的变化而变化的，变形大的地方（刚度小的部位）切除的金属层薄，变形小的地方（刚度大的部位）切除的金属层厚。因此，机床受力变形会使加工出来的工件产生两端粗、中间细的鞍形的圆柱度误差，如图 8-31 所示。

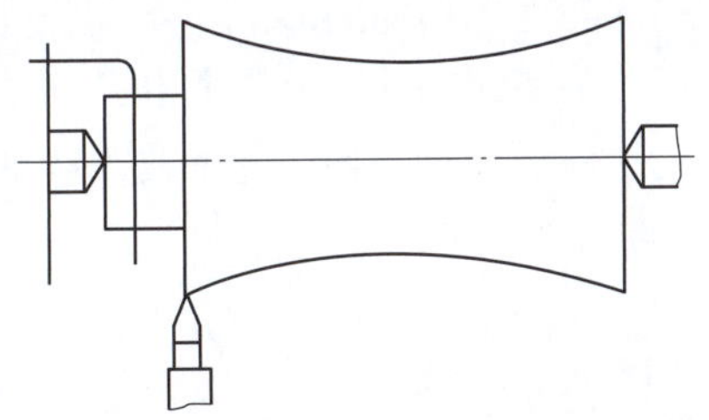
图 8-31　机床变形引起鞍形圆柱度误差

（2）工件的刚度差。由于工件的不同位置，刚度不同，受力变形使加工后工件的径向尺寸不同，从而产生形状误差。如图 8-32 所示，在两顶尖间车削细长轴。当工件的刚度比较差时，相对工件而言机床的变形可以忽略不计，工件的刚度或变形是随受力点位置的变化而变化的。工件中间部分刚度最小，变形最大，切除的金属层薄；工件两端部分刚度大，变形小，切除的金属层厚。因此，由于工件的受力变形而使加工出来的工件产生两端细、中间粗的腰鼓形圆柱度误差。

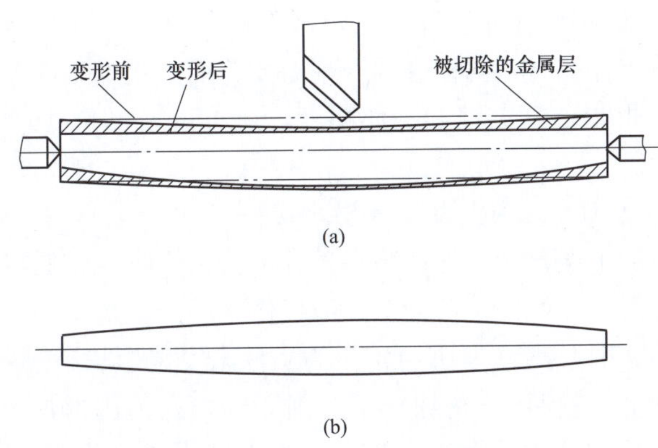

图 8-32　工件变形引起腰鼓形圆柱度误差

2. 切削力大小变化引起的加工误差

在加工过程中，工件加工余量变化或材料硬度不均匀等因素，都会引起切削力的变化，从而使工艺系统受力变形不一致而产生加工误差。

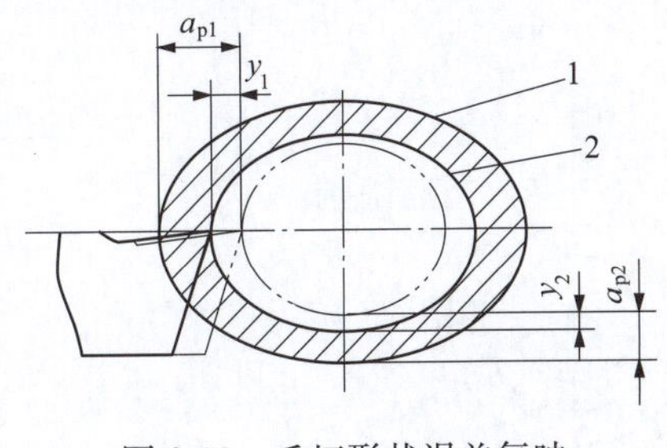

图 8-33　毛坯形状误差复映

如图 8-33 所示，车削一个椭圆形（圆度误差）的短圆柱毛坯（图中 1 位置）。将刀具调整到图示的双点画线位置，由于在毛坯椭圆长轴方向上的背吃刀量为 a_{p1}，短轴方向的背吃刀量为 a_{p2}，背吃刀量不同，切削力不同，工艺系统产生的让刀变形也不同。对应于 a_{p1} 产生的让刀为 y_1，对应于 a_{p2} 产生的让刀为 y_2，车削时切削深度在 a_{p2}～a_{p1} 范围内变化。因此，切削分力 F_Y 也随着切削深度 a_p 的变化由最大（F_{Y1}）变到最小（F_{Y2}），工艺系统将产生相应的变形，即由 y_1 变到 y_2（刀尖相对于工件在法线方向的位移变化）。工件转一周工艺系统变形不同，故加工后工件表面仍有椭圆形的圆度误差（图 8-33 中的 2 位置），且毛坯的圆度误差越大，加工后的圆度误差也越大。

（1）误差复映的概念。有误差（尺寸误差和几何误差）的工件毛坯，再次加工后，其误差仍以与毛坯相似的形式，不同程度地再次反映在新加工表面上，这种由于工艺系统受力变形而使毛坯误差（尺寸误差和几何误差）反映到加工后工件表面的现象称为误差复映。

工件误差对毛坯误差的复映程度用误差复映系数 ε 表示，ε 为工件误差 Δ_g 与毛坯误差 Δ_m 的比值，即

$$\varepsilon = \frac{\Delta_g}{\Delta_m} \tag{8-5}$$

复映系数定量地反映了毛坯误差经过加工减小的程度，它与工艺系统的刚度成反比。工艺系统的刚度越大，复映系数 ε 越小，毛坯误差复映到工件上去的部分就越少。如果我们已知某加工工序的复映系数，就可以通过测量毛坯的误差值来估算加工后工件的误差值。

（2）降低复映误差的主要工艺措施。

1）提高工艺系统刚度。提高工艺系统刚度是降低误差复映的一个有效措施。

2）增加走刀次数。增加走刀次数，减小每次走刀的背吃刀量，可大大降低工件的复映误差，但走刀次数太多，会降低生产率。

3）提高毛坯精度（减小尺寸变动范围）和材质的均匀性，可降低复映误差。当毛坯材料硬度不均匀或有硬质点存在时，同样会因切削力变化而产生加工误差。因此，在大批大量生产中用调整法加工一批工件，应控制毛坯精度，还可以通过热处理（如正火、退火、调质）改善材质的均匀性。

3. 切削过程中受力方向变化引起的工件形状误差

（1）夹紧力引起的加工误差。工件在装夹过程中，由于刚度较低或着力点不当，都会引起工件变形，造成加工误差。特别是薄壁套、薄板件，易产生此类加工误差。用三爪卡盘夹紧薄壁套筒车内孔时，如图 8-34（a）所示，1 为工件未安装形状；2 为工件用卡爪夹紧，由于套筒壁薄，受力变形呈三棱形；3 为用车刀车削工件内孔为圆形；4 为松开卡爪后，由于套筒的弹性变形，加工好的圆内孔呈三棱形，产生形状误差。为避免夹紧力引起的工件变形，产生形状误差，应当采取相应措施。如图 8-34（b）所示，加工中在套筒外面加上一个厚壁的开口过渡环，或采用专用夹头，使夹紧力均匀分布在套筒上，可避免套筒的受力变形。

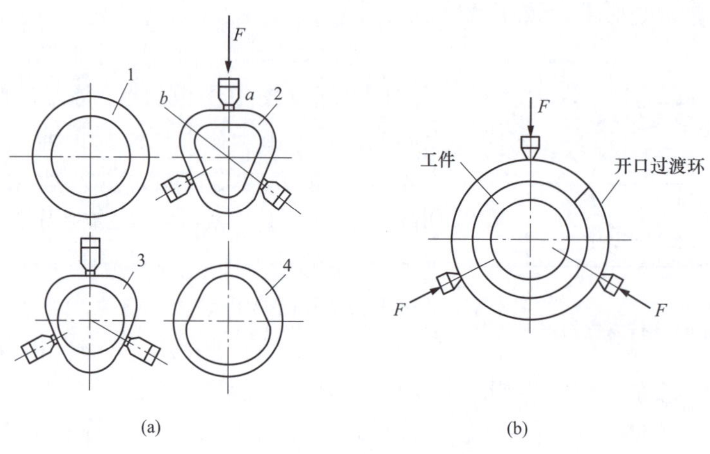

图 8-34　套筒夹紧变形误差

（2）重力引起的加工误差。在工艺系统中，由于零部件的自重也会引起变形。例如，龙门刨床刀架导轨横梁的变形（见图 8-35）、龙门铣床刀架导轨横梁的变形，铣镗床镗杆伸长而下垂变形等，都会造成工件的加工误差。

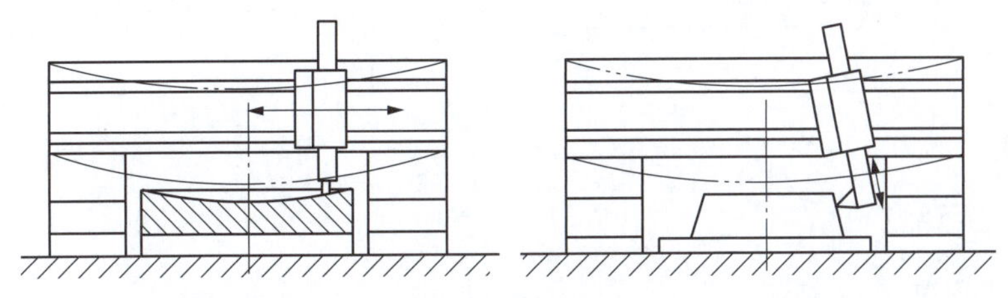

图 8-35　机床部件自重引起的横梁变形

（3）离心力引起的加工误差。在切削加工中，高速旋转的零部件（包括夹具、工件和刀具等）的不平衡将产生离心力 F_Q。F_Q 在每一转中不断地改变着方向，它的分力会使工艺系统的受力变形也随之变化而产生加工圆度误差。此时可采用配重平衡的方法来消除这种影响，必要时也可适当降低主轴转速，以减小离心力的影响。

另外在车床或磨床类机床上加工轴类零件时，常用单爪拨盘带动工件旋转。如图 8-36 所示，传动力 F_1 在拨盘的每一转中，经常改变方向，其在 y 方向上的分力 F_1' 有时与切削力 F_y 方向相同，有时相反。因此，传动力 F_1 也会造成工件的圆度误差。为此，加工精密零件时，改用双爪拨盘或柔性连接装置带动工件旋转。

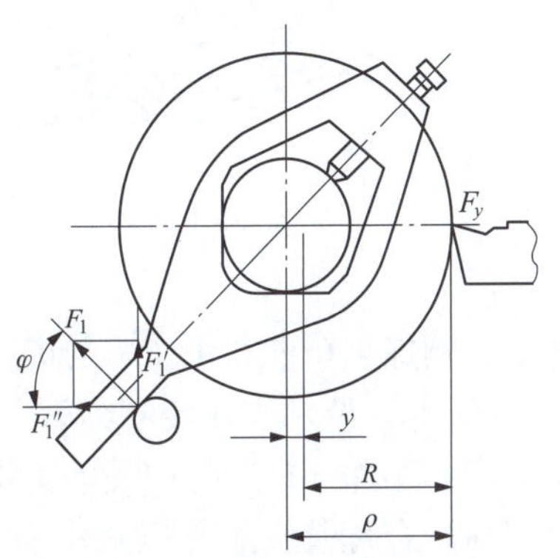

图 8-36　传动力方向变化引起的加工误差

（四）减小工艺系统受力变形的措施

减小工艺系统受力变形，是机械加工中保证产品质量和提高生产率的主要途径之一。根据生产实际情况，可采取以下几方面措施：

（1）提高接触刚度。由于部件的接触刚度低于实体零件本身刚度，所以提高接触刚度是提高工艺系统刚度的关键。常用的方法是改善工艺系统主要零件接触面的配合质量，如导轨结合面、锥体与锥孔、顶尖与中心孔等配合面采用刮研与研磨，以提高配合表面的形状精度，减小表面粗糙度，使实际接触面积增加，从而有效地提高接触刚度。

提高接触刚度的另一措施是在接触面间预加载荷，这样可以消除配合面间的间隙，增加接触面积，减小受力后的变形。例如，机床主轴部件轴承常采用预加载荷的办法进行调整。

（2）提高工件刚度。在机械加工中，由于工件本身的刚度较低，特别是薄壁套件、细长轴等零件，容易变形。此时，如何提高工件的刚度是提高加工精度的关键。对细长轴类零件，其主要措施是缩小切削力的作用点到支承之间的距离，以增大工件切削时的刚度。图 8-37（a）所示为不采取任何措施的车削加工，由于工件刚度差，加工后呈腰鼓形；图 8-37（b）所示为在工件中间刚度最差的位置采用中心架增加支承，以提高工件刚度。

（3）提高机床部件的刚度。在切削加工中，有时由于机床部件刚度低而产生变形和振

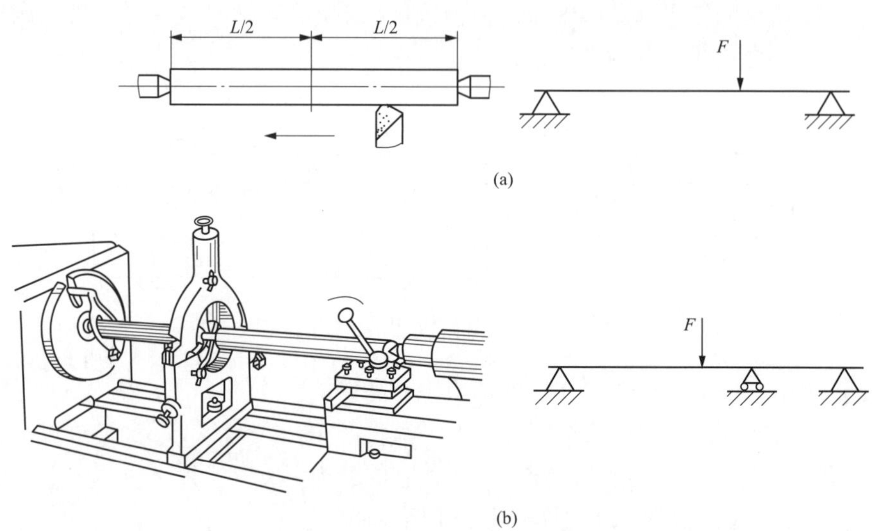

图 8-37 增加支承以提高工件的刚度

动，影响加工精度和生产率的提高，此时可以用加强杆或导向支承套提高机床部件的刚度。图 8-38（a）所示为在转塔车床上采用固定导向支承套；图 8-38（b）所示为采用转动导向支承套，用加强杆和导向支承套提高机床部件的刚度。

（4）合理装夹工件以减小夹紧变形。对刚性较差的工件选择合适的夹紧方法，能减小夹紧变形，提高加工精度，增大接触面积，使各点受力均匀。图 8-39（a）所示为采用开口过渡环，图 8-39（b）所示为采用专用卡爪。此外，还可采用轴向夹紧或采用弹性套筒夹紧。

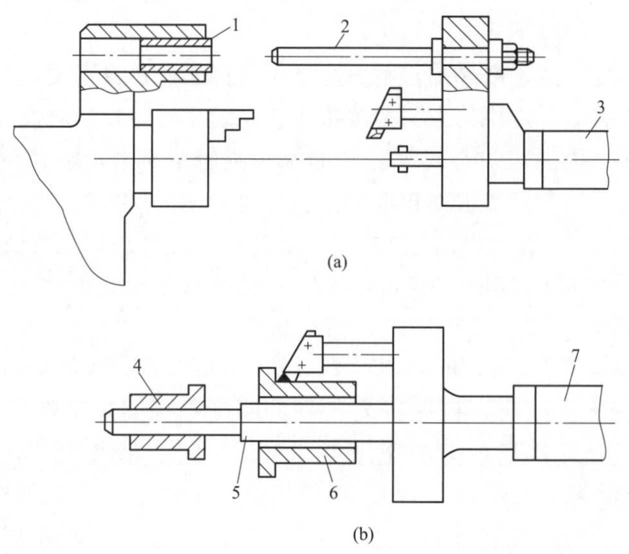

图 8-38 提高机床部件刚度的装置

1—固定导向支承套；2、5—加强杆；3、7—六角刀架；4—转动导向支承；6—工件

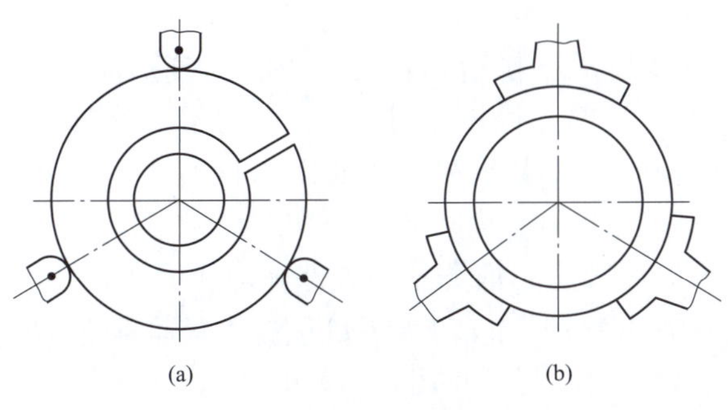

图 8-39　薄壁套的合理装夹方式

四、工件内应力变化对加工精度的影响

内应力也称残余应力，是指除去加在工件上的外部载荷后，仍残存在工件内部的应力。内应力产生的本质原因在于金属内部不均匀的体积变化。工件一旦有内应力产生，就会使工件材料处于一种高能位的不稳定状态，它本能地要向低能位转化，转化的速度取决于外界条件。当带有内应力的工件受到力或热的作用而失去原有的平衡时，内应力就将重新分布以达到新的平衡，并伴随有工件变形，使工件产生加工误差。在以下三种情况下，工件会产生内应力。

（一）内应力产生的情况

1. 毛坯制造或淬火等热处理

在铸造、锻压、焊接和热处理中，由于工件各部分不均匀地热胀冷缩及金相组织转变时的体积改变，工件内部会产生很大的内应力。工件结构越复杂、壁厚相差越大、散热条件越差，内应力就越大。后续加工中再切去金属，工件内部的应力将重新分布，从而导致加工误差的产生。

如图 8-40（a）所示的内、外截面厚薄不等的铸件，浇铸后在冷却的过程中，由于壁 A、C 比较薄，散热容易，所以冷却较快；而壁 B 较厚，冷却较慢。当 A、C 从塑性状态冷却至弹性状态时（约 620℃），B 尚处于塑性状态，A、C 继续收缩时，B 不起阻止变形的作用，故不会产生残余应力。当 B 也冷却到弹性状态时，A、C 的温度已经降低很多，收缩速度变得很慢，但这时 B 收缩较快，因而受到 A、C 的阻碍。因此，B 内就产生拉应力，而 A、C 内产生压应力，形成了相互平衡的状态。

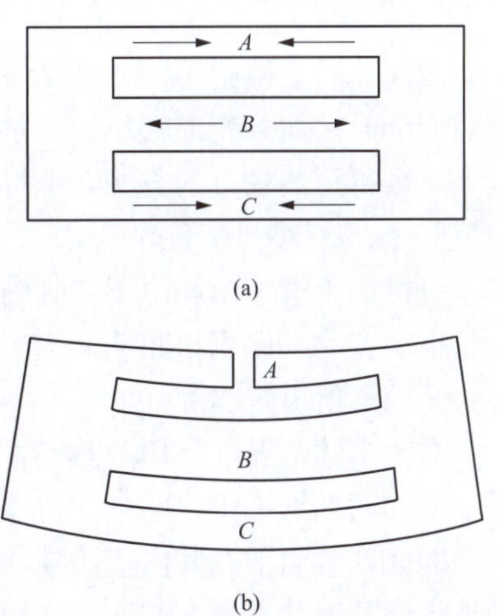

图 8-40　铸件内应力的产生及变形

如果在铸件 A 部分切开一个缺口，如图 8-40（b）所示，则 A 的压应力消失。铸件在 C、B 的残余应力作用下，B 收缩，C 伸长，铸件产生弯曲变形，直到残余应力重新分布、达到新的平衡为止。

2. 对细长轴进行冷校直

细长的轴类零件，如光杠、丝杠、曲轴、凸轮轴等，在加工和运输中很容易产生弯曲变形，因此，通常采用冷校直的方法纠正弯曲变形。为使工件变直，部分材料的应力必须超过其弹性极限，即产生塑性变形。外力去除后，工件内弹性变形部分要恢复原有形状，而塑性变形后的材料已不能恢复。两部分材料互相牵制，应力重新分布，达到新的平衡状态。这时，将会在工件内部产生内应力。如果在后续加工中再切去一层金属，工件内部的应力将重新分布而导致弯曲，因而产生几何形状误差。

如图 8-41（a）所示，在弯曲的轴类零件中部施加压力 F，使其产生反弯曲［见图 8-41（b)］。这时，轴的上层 AO 受压力，下层 OD 受拉力，而且使 AB 和 CD 产生塑性变形，为塑变区，内层 BO 和 CO 为弹变区［见图 8-41（d)］。如果外力加得适当，在去除外力后，塑变区的变形将保留下来，而弹变区的变形将全部恢复，应力重新分布，工件变形如图 8-41（c）所示。但是，零件的冷校直只是处于一种暂时的相对平衡状态，只要外界条件变化，就会使内应力重新分布而导致工件产生变形。例如，将已冷校直的轴类零件进行加工（如磨削外圆）时，由于外层 AB、CD 变薄，破坏了原来的应力平衡状态，使工件产生弯曲变形［见图 8-41（f)］，其方向与工件的原始弯曲一致，但其弯曲度有所改善。

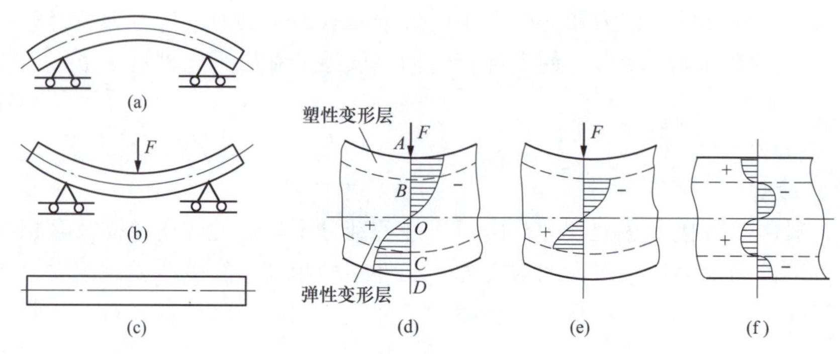

图 8-41　冷校直轴引起的内应力

因此，对于精密零件的加工是不允许安排冷校直工序的。例如高精度丝杠，当零件产生弯曲变形时，如果变形较小，可加大加工余量，利用切削加工方法去除其弯曲度；如果变形较大，则可用热校直的方法，这样可减小内应力，但操作比较麻烦。

3. 金属切削带来的内应力

机械加工过程中，由于切削力和切削热的综合作用，会使表面层金属晶格发生变形或使金相组织变化，体积膨胀从而会造成表面层的内应力。这种内应力的分布情况由加工时的各种工艺因素所决定。

在大多数情况下，切削热的作用大于切削力的作用。特别是高速切削、强力切削、磨削等，例如磨削加工中，磨削热导致表层拉力严重时而产生裂纹。存在内应力零件的金属组织，即使在常温下，其内应力也会缓慢而不断地变化，直到内应力消失为止。在变化过程中，零件的形状将逐渐改变，使原有的加工精度逐渐消失。

（二）减小或消除内应力变形误差的途径

（1）合理设计零件结构。如图 8-42 所示，在设计铸造零件结构时，应尽量做到壁厚均匀、结构对称，尽量减小由零件各部分厚度尺寸的差异而产生的内应力。

（2）合理安排工艺过程。工件中若有内应力产生，必然会有变形发生，应使内应力重新分布引起的变形能在进行机械加工之前或在粗加工阶段尽早完成，不让内应力变形发生在精加工阶段或精加工之后。铸件、锻件、焊接件在进入机械加工之前，应安排退火、回火等热处理工序；对箱体、床身等重要零件，在粗加工之后尚需适当安排时效工序；工件上一些重要表面的粗、精加工工序宜分阶段安排，使工件在粗加工之后能有更多的时间通过变形使内应力重新分布，待工件充分变形之后再进行精加工，以减小内应力对加工精度的影响。

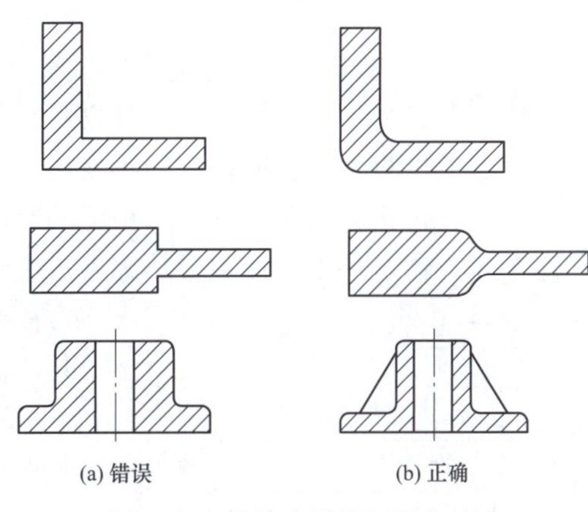

图 8-42　铸件壁厚均匀圆角过渡

五、工艺系统的热变形对加工精度的影响

在机械加工过程中，工艺系统会受到各种热源的影响产生热变形，从而破坏刀具与工件的正确几何关系和运动关系，致使工件产生加工误差。据统计，在精密加工中，由于热变形引起的加工误差占总加工误差的 40%～70%。高效、高精度、自动化加工技术的发展使工艺系统热变形问题变得更加突出，已成为机械加工技术发展的重要研究课题。

（一）工艺系统的热源

（1）切削热。切削加工过程中，消耗于切削层的弹、塑性变形及刀具与工件、切屑间摩擦的能量，绝大部分转化为切削热。切削热将传入工件、刀具、切屑和周围介质，它是工艺系统中工件和刀具热变形的主要热源。在车削加工中，传给工件的热量占总切削热的 30%左右，切削速度越高，切屑带走的热量越多，传给工件的热量就越少；在铣削、刨削加工中，传给工件的热量占总切削热的比例小于 30%；在钻削加工中，因为大量的切屑滞留在所加工的孔中，传给工件的热量往往超过 50%；磨削加工中传给工件的热量有时多达 80%以上，磨削区温度可高达 800～1000℃。

（2）摩擦热和动力装置能量损耗发出的热。机床运动部件（如轴承、齿轮、导轨等）为克服摩擦所做机械功转变的热量，机床动力装置（如电动机、液压马达等）工作时因能量损耗发出的热量，它们是机床热变形的主要热源。切削热和摩擦热它们产生于工艺系统内部，称为内部热源，属于传导传热。

（3）外部热源。外部热源主要是指周围环境温度通过空气的对流，以及日光、照明灯具、取暖设备等热源通过辐射传到工艺系统的热量。外部热源的热辐射及环境温度的变化对机床热变形的影响，有时也是不可忽视的。靠近窗口的机床受到日光照射的影响，上、下午的机床温升和变形就不同，而且日照通常是单向的、局部的，受到照射的部分与未经照射的部分之间就有温差。

外部热源对大型和精密件的加工影响较大，外部热源属于对流传热。

工艺系统在工作状态下，一方面经受各种热源的作用使温度逐渐升高，另一方面也通过各种传热方式向周围介质散发热量。当工件、刀具和机床的温度达到某一数值时，单位时间内传出和传入的热量接近相等时，工艺系统就达到了热平衡状态。在热平衡状态下，工艺系统各部分的温度保持在某一相对固定的数值上，工艺系统的热变形将趋于相对稳定。

（二）工艺系统的热变形对加工精度的影响

1. 机床的热变形对加工精度的影响

机床受热源的影响，各部分温升将发生变化。由于各种机床的结构不同，热量分布不均匀，从而各部件将发生不同程度的热变形，破坏了机床原有的几何精度，从而降低了机床的加工精度。各种机床对于工件加工精度的影响方式和影响结果也各不相同。

对于车、铣、钻类机床主要热源来自主轴箱，主轴箱中的齿轮、轴承的摩擦发热、主轴箱中油池的发热是其主要热源，车床主轴箱的温升将使主轴升高；由于主轴前轴承的发热量大于后轴承的发热量，故主轴前端比后端高，主轴倾斜；主轴箱的热量传给床身，还会使床身和导轨向上凸起，导致工件产生圆柱度误差。图 8-43 所示为车床的热变形趋势。

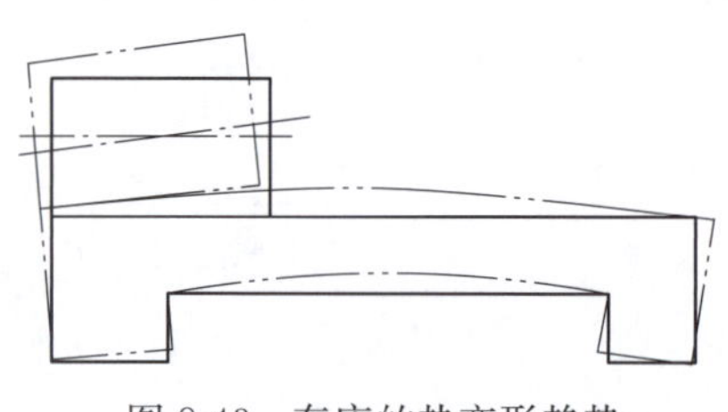

图 8-43 车床的热变形趋势

2. 工件的热变形对加工精度的影响

工件在加工中产生的热变形，主要是由于切削热引起的，它改变了被切削表面相对于刀具的预定位置，从而造成加工误差。工件的热变形主要有均匀受热和不均匀受热两种情况。

（1）工件均匀受热。对于形状比较简单的轴、套、盘类工件的内、外圆加工，如图 8-44 所示，切削热比较均匀地传入工件，工件的热变形主要影响工件的尺寸精度，有时也会引起形状误差，例如当工件在两固定顶尖上定位加工时，其伸长量将使工件产生压应力，从而使工件产生腰鼓形的圆柱度误差。一般说来，工件的热变形在精加工中比较突出，特别是长度尺寸大、精度要求高的零件。

（2）工件不均匀受热。板类工件单面加工（如铣、刨、磨平面）时，单面受切削热的作用，就属于不均匀受热的情况，上、下表面之间形成温度差，导致工件出现弯曲变形（中凸变形），如图 8-45 所示，在这种变形状态下加工，待工件冷却后，则加工面产生中凹的平面度、直线度误差。工件凸起量与工件长度的平方成正比，且工件越薄，工件的凸起量越大。

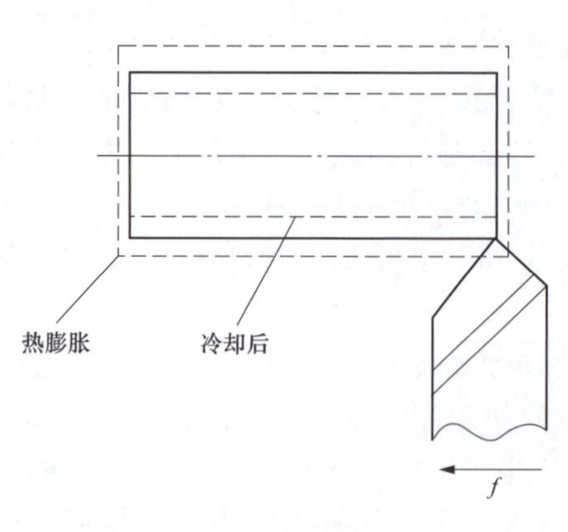

图 8-44 工件均匀受热

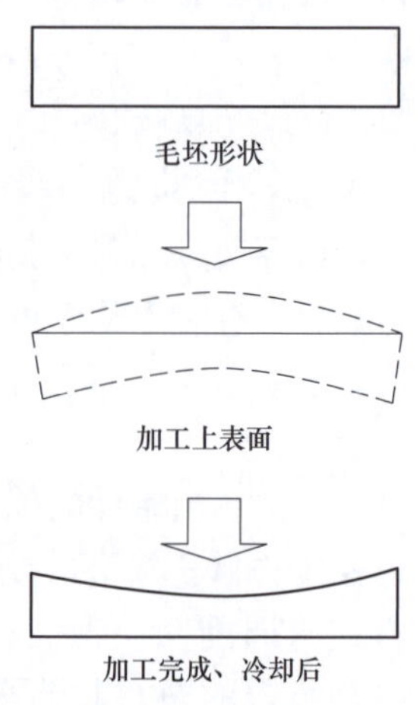

图 8-45 工件单面受热时的弯曲变形

3. 刀具的热变形对加工精度的影响

刀具的热变形主要是由于切削热引起的，传给刀具的热量虽不多（车削时约为5%），但由于刀具体积小、热容量小且热量集中在切削部位，因此切削部位仍会产生很高的温升。例如，高速钢刀具车削时刃部的温度可高达700～800℃，刀具的热伸长量可达0.03～0.05mm，因此其影响不可忽略。尤其是对于加工要求较高的零件，刀具热变形对加工精度的影响较大，将使加工表面产生尺寸误差或形状误差。

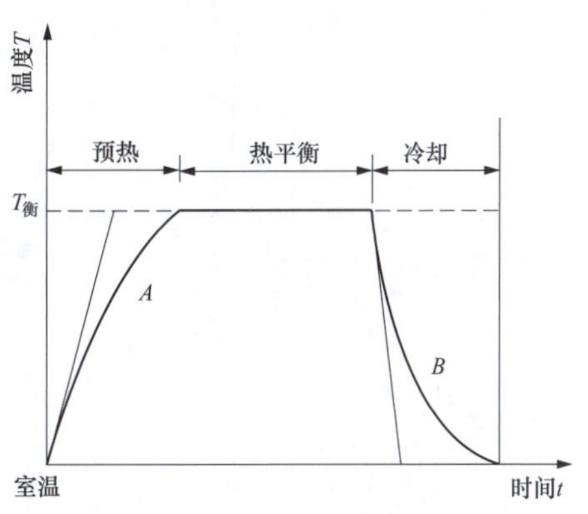

图8-46　车刀温度与切削时间的关系曲线

图8-46所示为车刀温度与切削时间的关系曲线。连续车削时，车刀的温度升高情况如曲线A，车刀随温度上升而热变形伸长，经过10～20min，车刀温度即可达到热平衡，车刀几乎不再热变形；随后的车削，刀具冷却温度变化过程如曲线B，车刀热变形伸长量随温度降低而减小。因此，在开始切削阶段，其热变形显著；达到热平衡后，车刀几乎不再变形，对加工精度的影响不明显。

（三）减小工艺系统热变形的措施

1. 减少热源的发热

机床内部的热源是产生机床热变形的主要热源。为减小机床的热变形，凡是可能分离出去的热源，如电动机、变速箱、液压系统、冷却系统等，均应尽量放在机床外部。对于不能分离的热源，如主轴轴承、丝杠螺母副、高速运动的导轨副等，则可以从结构、润滑等方面改善其摩擦特性，例如，选用发热较少的静压轴承或空气轴承作主轴轴承；在润滑方面也可改用低黏度的润滑油、锂基油脂或油雾润滑等减少发热；也可用隔热材料将发热部件和机床大件（如床身、立柱等）隔离开来。对于发热量大的热源，如果既不能从机床内移出，又不便隔热，则可采用冷却措施，如增加散热面积或使用强制式的风冷、水冷、循环润滑等，控制机床的局部温升和热变形。通过控制切削用量和刀具几何参数，或向切削区加注冷却润滑液，可减少切削热。如图8-47所示，采用隔热罩将发热严重的主轴箱和电机分离出来，减少向外散发的热量。

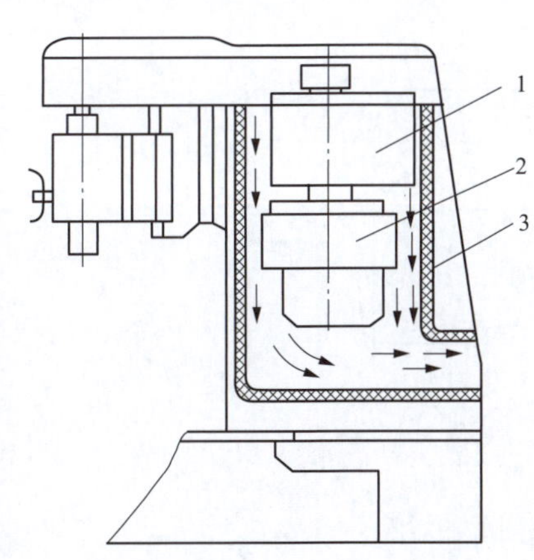

图8-47　采用隔热罩减小热变形

1—变速箱；2—主电动机；3—隔热罩

2. 用热补偿方法减小热变形（均衡温度场）

单纯地减少温升有时不能收到满意的效果，可采用热补偿的方法使机床的温度场比较均匀，从而使机床产生不影响加工精度的均匀变形。如图8-48（a）所示，平面磨床上使冷却油在导轨、床身上下循环；如图8-48（b）所示，把主轴处的热空气通过管道送到后立柱，使之均匀受热，减小了热变形。

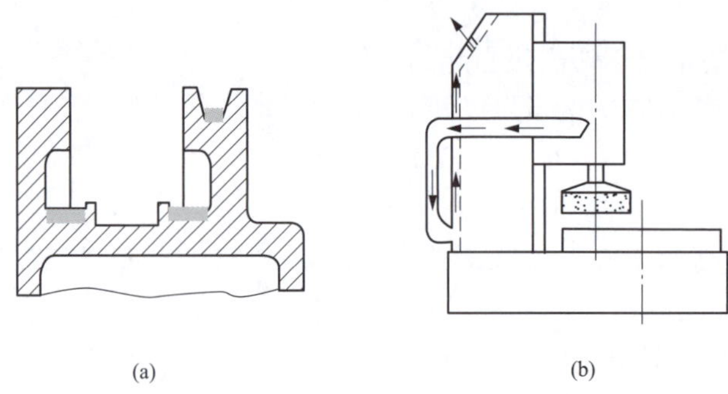

图 8-48 热补偿图

3. 采用合理的机床部件结构减小热变形的影响

（1）采用热对称结构。将轴、轴承、传动齿轮尽量对称布置，可使变速箱箱壁温升均匀，减小箱体变形。机床大件的结构和布局对机床的热态特性有很大影响。以加工中心为例，在热源的影响下，单立柱结构的机床会产生相当大的扭曲变形，而双立柱结构的机床由于左右对称，仅产生垂直方向的热位移，很容易通过调整的方法予以补偿。因此，双立柱结构机床的热变形比单立柱结构的机床小得多。

（2）合理选择机床部件的装配基准。图 8-49 所示为车床主轴箱在床身上的两种不同定位方式。因主轴部件是车床主轴箱的主要热源，故在图 8-49（b）中，主轴轴心线相对于装配基准 H 而言，主要在 z 方向产生热位移，对加工精度影响较小；而在图 8-49（a）中，y 方向的受热变形对加工精度的影响较大。

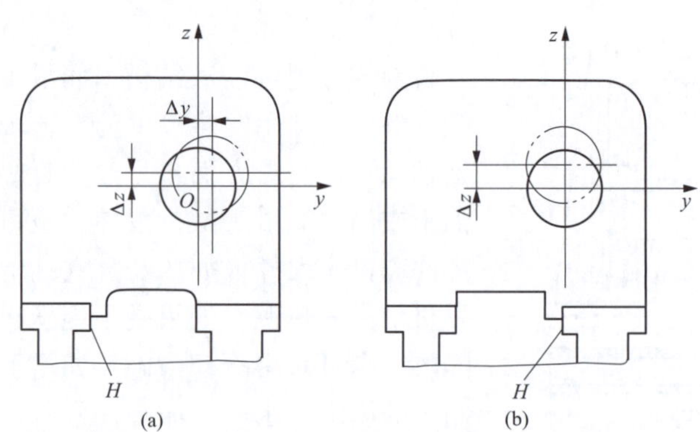

图 8-49 车床主轴箱定位面位置对热变形的影响

4. 加速达到工艺系统热平衡状态

对于精密机床特别是大型机床，达到热平衡的时间较长。为了缩短这个时间，可以在加工前，使机床高速空运转，或在机床的适当部位设置控制热源，人为地给机床加热，使之较快地达到热平衡状态，然后进行加工。基于相同原因，精密机床应尽量避免中途停车。

六、统计分析法中加工误差的分类

实际生产中，影响加工精度的因素往往是错综复杂的，很难用单因素分析法来分析计算加工误差，只能通过对实际加工出的一批工件进行检查测量，运用数理统计的方法分析误差的规律，找出解决加工精度问题的途径。

根据加工一批工件时误差的出现规律，加工误差可以分为系统性误差和随机性误差。

1. 系统性误差

系统性误差根据误差大小和方向是否变化，分为常值系统性误差和变值系统性误差两类。

（1）常值系统性误差。在一批工件的加工过程中，误差的大小和方向不变。此误差称为常值系统性误差，例如原理误差、机床或夹具的制造误差、工艺系统静态变形、机床一次调整情况下的调整误差、定尺寸刀具的制造误差等都属于常值系统性误差。

（2）变值系统性误差。在一批工件的加工过程中，误差的大小和方向按一定规律变化，称为变值系统性误差。例如，当刀具处于正常磨损阶段时，由于刀具尺寸磨损所引起的误差、热平衡之前的热变形误差等都属于变值系统性误差。

常值系统性误差与加工顺序无关，变值系统性误差与加工顺序有关。对于常值系统性误差，若能掌握其大小和方向，可以通过调整消除；对于变值系统性误差，若能掌握其大小和方向随时间变化的规律，也可通过采取自动补偿措施加以消除。

2. 随机性误差

随机性误差也称为偶然性误差。它是指在一批工件的加工过程中，误差的大小、方向不同，且呈现不规则变化。例如，测量误差、工件的定位误差、复映误差、内应力引起的变形等，都属于随机性误差。虽然是不规则的变化，但是只要统计数量足够多，仍然可以找到一定的统计规律性。通过分析随机性误差的统计规律，对工艺过程进行控制。

注意，同一原始误差有时引起系统性误差，有时引起随机性误差。例如，在一批零件的加工中，机床调整产生系统性误差，但如果经过几次调整才加工成这批零件，则调整误差就无明显的规律，而成为随机性误差。

七、控制和提高零件加工精度的途径

（1）直接减小误差法。直接减小误差法是在查明产生加工误差的主要因素之后，设法对其直接进行消除或减弱，在生产中的应用较广。例如，细长轴的车削由于受到力和热的作用，而使工件产生弯曲变形，如图 8-50（a）所示，增大主偏角，减小背向力，用中心架或跟刀架也会提高工件的刚度，还可采用反拉法切削，工件受拉不受压，不会因偏心压缩而产生弯曲变形。再辅以弹簧后顶尖，可进一步消除由于切削热而使工件发生热伸长的危害，如图 8-50（b）所示。

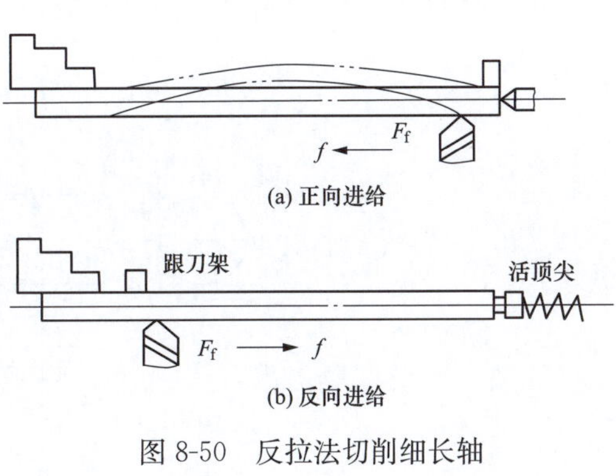

图 8-50　反拉法切削细长轴

（2）误差补偿法。误差补偿法又称误差抵消法，是人为地造出一种新的原始误差来抵消原来工艺系统中的原始误差，并使两者大小相等、方向相反，从而达到减小加工误差的目的。例如，龙门铣床在铣头自重的影响下产生弹性挠曲变形，使横梁导轨向下弯曲，造成加工时平面度的误差。为减小该误差，可以采用预变形的办法，先通过近似计算，找出横梁的弹性变形曲线，据此确定横梁导轨几何形状及所采用的预变形形状。将导轨的支承面做成反向弯曲面，如图 8-51 所示，当受铣头重力作用时，则近似平直，从而补偿了其弹性变形产生的误差。

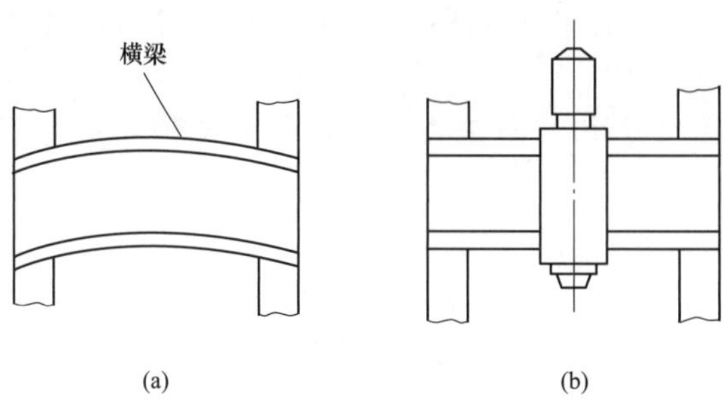

图 8-51　龙门铣床通过导轨预先凸起补偿横梁变形

（3）误差分组法。在生产中会遇到这种情况：本工序的加工精度是稳定的，工序能力也足够，但毛坯或上工序加工的半成品精度太低，引起定位误差或复映误差过大，因而不能保证加工精度。如果要提高毛坯精度或上工序的加工精度，往往是不经济的。这时可采用误差分组法，即把毛坯（或上工序）尺寸按误差大小分为 n 组，每组毛坯的误差范围就缩小为原来的 $1/n$，然后按各组的平均尺寸分别调整刀具与工件的相对位置或调整定位元件，这样就大大地减小了整批工件的尺寸分散范围，进而显著减小上工序加工误差对本工序加工精度的影响。例如，在精加工齿轮齿圈时，为保证加工后齿圈与内孔的同轴度要求，应尽量减小齿轮内孔与心轴的配合间隙。为此，可将齿轮内孔尺寸分为 n 组，然后配置相应的 n 根不同直径的心轴，一根心轴相应加工一组孔径的齿轮，这样可显著提高齿圈与内孔的同轴度。

（4）误差转移法。误差转移法实质上是将工艺系统的几何误差、受力变形和热变形等转移到不影响加工精度的方向去。如图 8-52（a）所示，对具有分度或转位的多工位加工工序或转位刀架加工工序，其分度、转位误差将直接影响有关表面的加工精度。若采用立刀安装法（刀具垂直安装），如图 8-52（b）所示，可将转塔刀架转位时的重复定位误差转移到零件内孔加工表面的误差不敏感方向上，以减少加工误差的产生，提高加工精度。

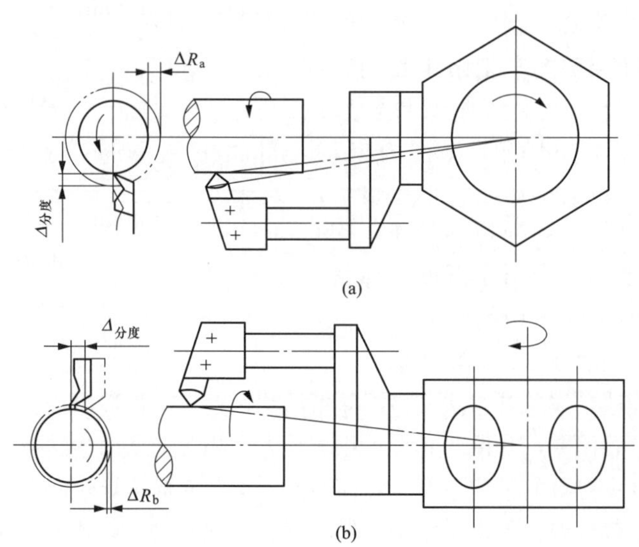

图 8-52　砖塔车床刀架转位误差的转移

【任务指导】 加工精度检测与分析实训

一、实训目的

通过检测机械零件的尺寸精度和几何精度（圆柱度、端面跳动、同轴度）等项目，学会加工精度的检测方法和检具、量具的使用，对加工精度的概念有更深层次的认识，增强产品质量意识；对今后工作过程中遇到影响加工精度问题，可以更快地找到解决办法。

二、实训内容

按照经济加工精度的办法，加工 40～60 个工件。为了体现机床系统误差对加工精度的影响，建议采用多台机床加工（4～5 台）。

（1）内外径、长度尺寸的测量。每小组随机从每台机床加工的零件中抽取几个，用游标卡尺、外径千分尺、内径百分表等量具测量加工后工件的尺寸，特别是高精度表面的尺寸。

（2）圆柱坐标测量法测量外表面圆柱度误差。

（3）用百分表在跳动检查仪上测量工件的端面圆跳动。

（4）用打表法测量外径的全跳动误差。

三、实训使用设备及相关工具

游标卡尺、外径千分尺等量具，回转分度装置、直线导向刻度装置、百分表、表座、表架等测量圆柱度的量具，跳动检查仪、模拟心轴等测量跳动度的量具。

四、实训步骤

内外径尺寸的测量工作比较简单，在此不再赘述。

1. 圆柱度误差值的测量

（1）圆柱度误差的定义。根据 GB/T 1182—2018 的规定，圆柱度误差是指实际圆柱面要素对其理想圆柱面的变动量，圆柱度公差带的含义指半径差为公差值 t 的两同轴圆柱面之间的区域，如图 8-53 所示。

（2）圆柱度误差的检测。为加深理解圆度误差与圆柱度误差的概念以及两者之间的区别，采用三点测量法测量外圆表面的圆柱度。

采用 V 形座测量装置，如图 8-54 所示。V 形座的长度应不短于被测圆柱表面的长度，这样，可以综合反映横向截面内的圆度误差和轴向截面内的素线平行度误差。

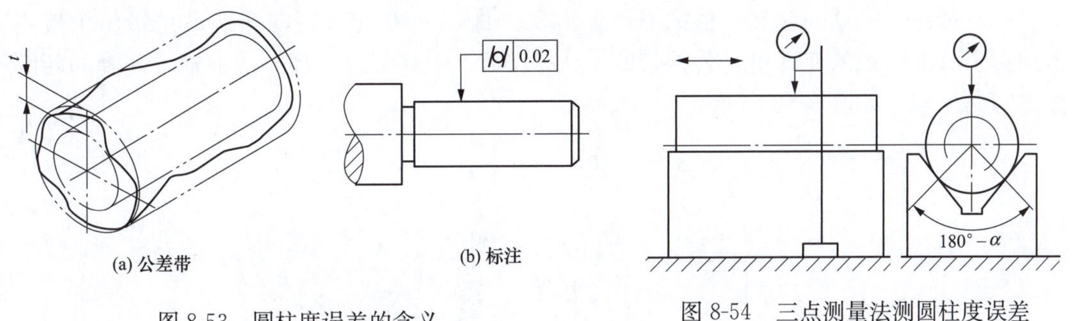

(a) 公差带　(b) 标注

图 8-53　圆柱度误差的含义

图 8-54　三点测量法测圆柱度误差

1）用棉纱布将被测工件和测量器具擦干净，然后把工件被测圆柱段支承在 V 形座上。

2）安装好百分表、表座、表架，调整好表头，使测头与工件被测表面接触，并有 1～2 圈的压缩量。

3）缓慢而均匀的转动被测工件旋转一周，观察百分表指针的波动。取其中最大读数 d_{max} 和最小读数 d_{min} 差值的一半，这个值为该横向截面的圆度误差值，记录在表 8-2 中。

表 8-2　几何公差测量记录

测量次数 \ 测量数据 \ 实验项目	圆柱度	径向全跳动	端面圆跳动
1			
2			
3			
4			
最大值			
图纸标注值	0.03	0.05	0.03
是否合格			

4）轴线移动被测工件，用同样的方法测量下一个截面的圆度误差值，依次测出等距的 4 个截面的圆度误差值并记录。

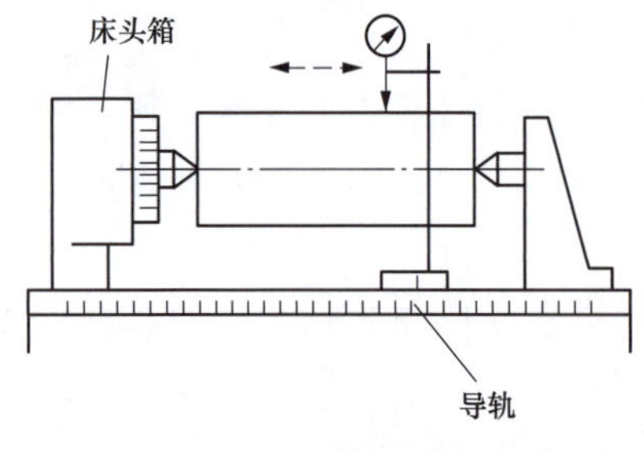

图 8-55　利用外圆磨床测圆柱度误差

5）圆度误差值中的最大值，表示外圆表面沿轴向和径向的最大变动量，即圆柱度误差。三点测量法所用测量设备简单，方法也简便易行，尤其在生产车间进行测量更有实用价值。但这种测量方法受 V 形座功能上的限制，故只适用于测量外表面的圆柱度。

还有其他测量圆柱度的方法，例如采用外圆磨床装夹待测工件并慢速旋转（见图 8-55），可以测量圆柱度误差。

2. 径向全跳动误差值的测量

（1）径向全跳动的含义。根据 GB/T 1182—2018 的规定，径向全跳动是指整个被测要素相对于基准轴线的变动量。公差带的形状是半径为公差值 t，且与基准轴线同轴的两圆柱面之间的区域，如图 8-56 所示。

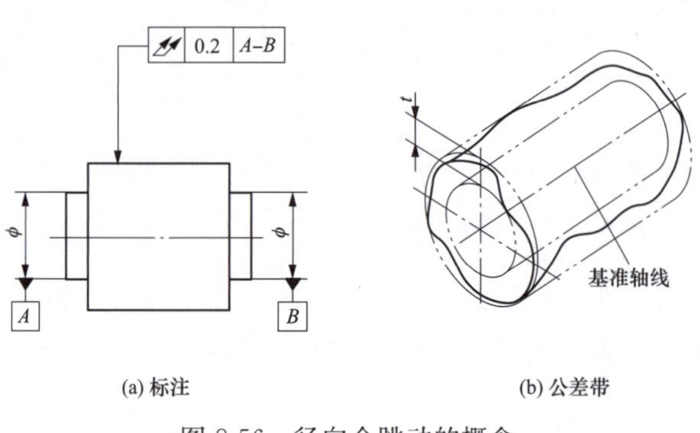

图 8-56　径向全跳动的概念

测量套类零件外表面的径向圆跳动误差，关键是要解决基准要素的支承问题，把待测零件安装到模拟可涨式心轴上，心轴与工件孔之间没有间隙，心轴的中心线可以认为是工件的基准轴线，就可以用测量轴类零件的方法测量了。

（2）径向全跳动的测量步骤。

1）把被测工件用棉纱布擦干净，然后安装到模拟心轴上，并与心轴一起支承到偏摆仪上，如图 8-57 所示。

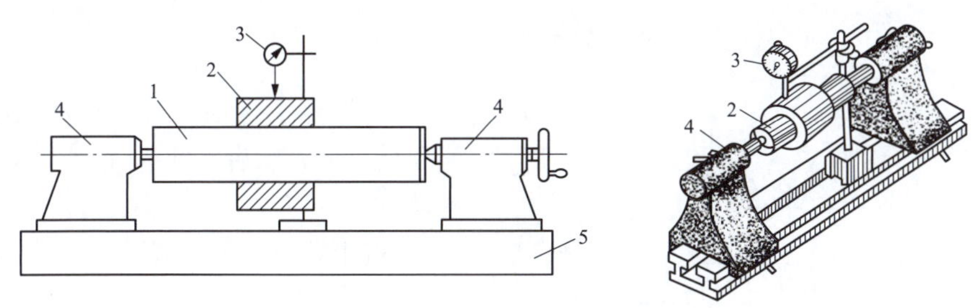

图 8-57　定位套全跳动测量装置

1—心轴；2—工件；3—百分表；4—偏摆仪；5—底座

2）安装好百分表、表座、表架，调整好表头，使测头与工件被测表面接触，并有 1～2 圈的压缩量。

3）缓慢而均匀的转动被测工件旋转一周，观察百分表指针的波动，取最大读数 d_{max} 和最小读数 d_{min} 差值，即该截面的圆度误差值。

4）沿导轨移动百分表，用同样的方法测量下一个截面的圆度误差值，依次测出等距的 4 个截面的圆度误差值，并记录。

5）圆度误差值中的最大值，表示外圆表面沿轴向和径向的最大变动量，即径向圆跳动误差，记录在表 8-2 中。

提　示

圆柱度公差带与径向全跳动公差带的形状是相同的，但后者的轴线与基准轴线同轴，而前者的轴线是浮动的，随圆柱度误差形状而定，径向全跳动控制的范围更广，包含圆柱度和内外表面的同轴度两项误差，因此设定几何误差时径向全跳动的误差值应比圆柱度大一些。

3. 端面圆跳动误差值的测量

（1）端面圆跳动的含义。根据 GB/T 1182—2018 的规定，端面圆跳动是当工件绕基准轴线无轴向移动回转时，端面上某圆位置处沿母线方向的最大变动量，如图 8-58 所示。

（2）端面圆跳动的测量方法。偏摆仪测量端面圆跳动如图 8-59 所示。采用的测量装备与径向全跳动一样，由于测量要素是端面，需要将表头的方向做相应的调整，步骤如下：

1）工件清洁后，将工件及模拟心轴一起安装在偏摆仪的两顶尖之间。

2）将百分表指针压两圈，测头垂直放到被测工件端面某一半径位置。

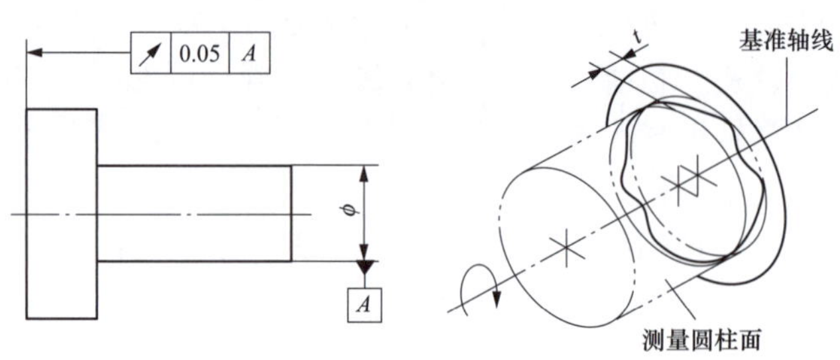

图 8-58 端面圆跳动的概念

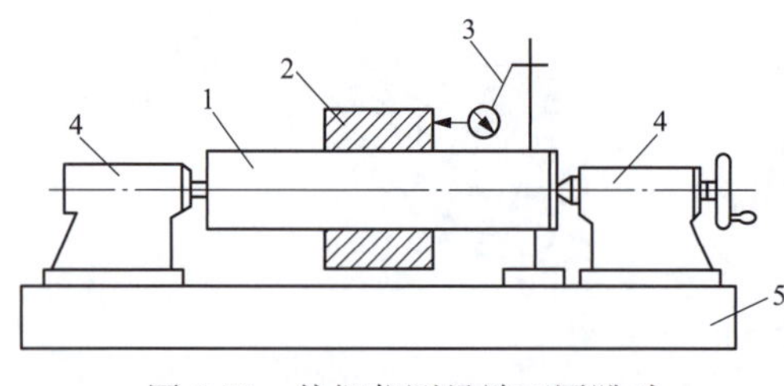

图 8-59 偏摆仪测量端面圆跳动

1—心轴；2—工件；3—百分表；4—偏摆仪；5—底座

3）将被测工件回转一圈，读出指针的最大值和最小值，二者之差为该半径处端面的最大变动量。

4）按上述方法等距测量 4 个圆上的变动量，并记录在表 8-2 内，变动量最大的值即为端面圆跳动的误差值。

4. 实训总结

总结分析结果，说明影响精度的误差因素，指出提高精度的途径。

【任务小结】

在影响机械加工精度的诸多误差因素中，机床的几何误差、工艺系统的受力变形和受热变形占有突出的位置。学习者应了解这些误差因素如何影响加工误差，掌握单因素原始误差对加工误差的影响规律，能够根据生产中出现的加工误差分析造成的原因，从而找到提高加工精度、减小加工误差的途径。同时，还应了解运用统计学方法对加工误差进行统计分析的方法，从加工误差的统计特征，确定加工误差变化规律及可能采取的控制方法。

加工精度指标需要专用仪器、量具做检测，仪器和量具的使用方法、调整方法、观察方法对检测的数值影响非常大，稍不注意就有可能把不合格品判定为合格品，给企业带来损失。作为质检品保人员必须有责任心和扎实的检测基本知识，才能保证产品的质量，避免不合格品流入市场。

【任务评价】

序号	考核项目	考核内容	检验规则	分值	
				小组互评	教师评分
1	加工精度	说明加工精度的概念和获得加工精度的方法	每正确说明一条得 10 分		
2	原始误差	说明原始误差的类型及其对加工精度的影响	说明原始误差类型得 10 分，说明影响一条得 3 分		

续表

序号	考核项目	考核内容	检验规则	分值	
				小组互评	教师评分
3	误差敏感方向	举例说明误差敏感方向	回答正确得10分		
4	减小加工误差的措施	举例说明减小加工误差的途径有哪些	每正确说明一条得10分		
5	刚度	说明刚度的概念及与工艺系统刚度有关的因素	每正确回答一问得5分		
合计					

任务二　零件表面质量的检测与控制措施

【学习目标】

知识目标

(1) 掌握表面质量对零件使用性能的影响。

(2) 掌握影响零件表面质量的因素。

(3) 掌握磨削烧伤的原因及预防措施。

(4) 掌握表面加工硬化的概念及影响加工硬化的因素。

(5) 掌握提高零件表面质量的途径。

技能目标

(1) 能根据加工表面出现的质量问题分析提高表面质量的途径。

(2) 能说明出现的表面质量问题会影响工件的哪些使用性能。

(3) 能对出现的裂纹、加工硬化、烧伤等表面质量问题分析原因，并提出改进措施。

【任务描述】

从加工完的定位套零件中随机抽取一组，并在实训室中检测以下表面质量项目，分析记录数据并观察加工表面出现的问题，找出影响表面质量的因素，并提出改善途径。

(1) 检测外表面 $\phi68$ 段、两端面、内孔 $\phi44$ 段的表面粗糙度 Ra 值，并做记录。

(2) 观色法检验零件表面是否有烧伤。

(3) 磁力探伤法检测工件表面及内部是否有裂纹。

(4) 分析出现的表面质量问题，并写出分析报告。

【任务分析】

机器零件的破坏一般都是从表面层开始的，这说明零件的表面质量至关重要，它对产品质量有很大影响。

要完成任务，首先要了解影响工件表面质量的指标有哪些，影响这些指标的加工因素有哪些，通过检测表面质量实训找到影响工件表面质量的因素，分析这些因素对工件的使用性能产生的影响，查找提高工件表面质量的因素。

研究表面质量的目的就是要掌握机械加工中各种工艺因素对表面质量影响的规律，以便应用这些规律控制加工过程，最终达到提高表面质量、提高产品使用性能的目的。

知识链接

一、表面质量指标

由于加工方法原理的近似性和加工表面是通过金属材料的弹、塑性变形而得到的，机械加工后的表面不可能是理想的光滑表面，总存在一定的微观几何形状偏差。表面层材料在加工时受到切削力、切削热及其他因素的影响，使原有的内部组织结构和物理、化学及力学性能均发生了变化。这些都会对加工表面质量造成一定的影响。下面主要讨论对机械加工表面质量有重要影响的两个方面：加工表面的几何特征和表面层物理力学性能的变化。

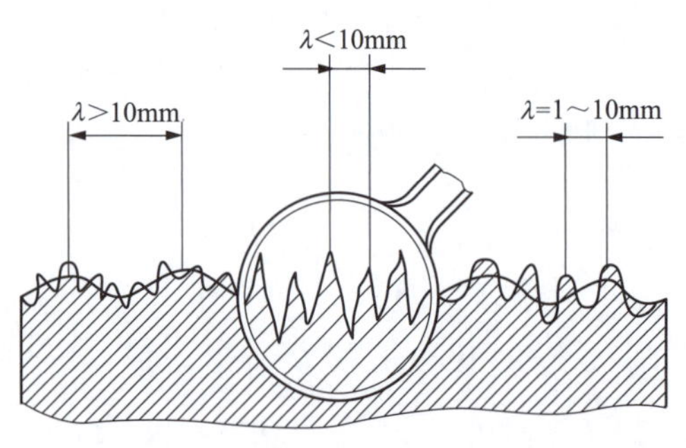

图 8-60　表面几何形状误差分析

1. 加工表面的几何特征

加工表面的几何特征是指其微观几何形状，主要包括表面粗糙度和表面波度。一般认为，相邻两波峰或波谷之间的距离（即波距）$\lambda < 1\text{mm}$ 的称为表面粗糙度；$\lambda = 1 \sim 10\text{mm}$ 的称为表面波纹度；$\lambda > 10\text{mm}$ 的归属于宏观形状误差，如圆度误差、直线度误差等，如图 8-60 所示。

GB/T 3505—2009 规定，从表面微观几何形状的高度、间距和形状三方面的特征，相应规定了有关参数：高度特征参数——轮廓算术平均偏差 Ra 和轮廓最大高度 Rz；间距特征参数——轮廓单元平均宽度 RS_m；形状特征参数——轮廓支承长度率 $R_{mr}(C)$。

2. 加工表面层物理力学性能的变化

表面层物理力学性能的变化主要受表面层加工硬化、残余应力和表面层的金相组织变化的影响。

加工表面在加工过程中受到切削力、切削热和其他因素的综合作用，在加工表面产生了加工硬化、残余应力和表面层金相组织的变化等现象，使表面金属层的物理力学性能相对于基体金属的物理力学性能发生了变化。图 8-61 所示为零件表面层沿深度方向的变化情况。表面层可分为吸附层和压缩层。最外层是吸附层，由氧化膜或其他化合物及吸收、渗进的气体粒子而形成的一层组织。第二层是压缩层，是由于切削力和基体金属共同作用造成的塑性变形区域，在其上部存有纤维组织，是由于刀具摩擦挤压而形成的。有时在切削热的作用下，表面层的材料还会产生相变和晶粒大小的变化。

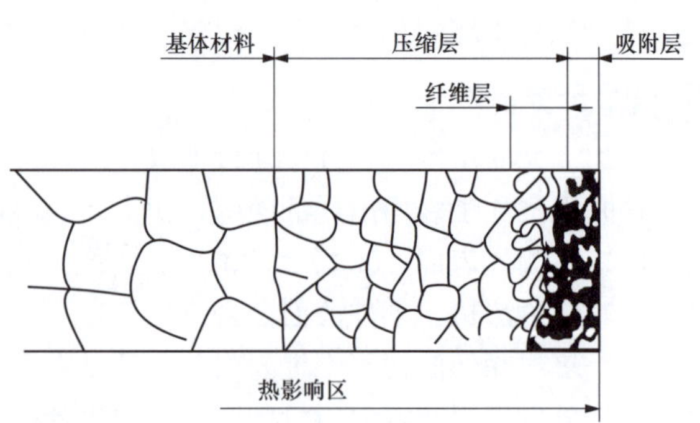

图 8-61　加工表面层模型

（1）表面层冷作硬化的影响。在机械加工过程中，表面层金属产生强烈的塑性变形，使晶格扭曲、畸变，晶粒间产生剪切滑移，晶粒被拉长，这些都会使表面层金属的硬度增加，塑性减小，统称为冷作硬化。表面层的物理力学性能主要受压缩层组织结构的影响。表面层的物理力学性能随表面层的加工硬化程度而变化，硬化程度越大，表面层的物理力学性能变化越大。

（2）表面层残余应力的影响。在机械加工过程中，由于切削变形和切削热等因素的作用在工件表面层材料中产生的内应力，称为表面层残余应力。表面层残余应力是在加工过程中，由于弹、塑性变形及温度和金相组织的变化造成的不均匀体积变化而在表面层中产生的。目前对残余应力的判断大多是定性分析。

在铸、锻、焊、热处理等加工过程产生的内应力与这里介绍的表面残余应力的区别如下：前者是在整个工件上平衡的应力，它的重新分布会引起工件的变形；后者是在加工表面材料中平衡的应力，它的重新分布不会引起工件变形，但它对机器零件表面质量有重要影响。

（3）表面层金相组织变化的影响。机械加工过程中，在工件的加工区域，温度会急剧升高，当温度升高到超过工件材料金相组织变化的临界点时，就会发生金相组织变化。这种变化包括相变、晶粒大小和形状的变化、析出物的产生和再结晶等。金相组织的变化主要通过显微组织观察来确定，将严重影响零件的使用性能。

二、表面质量对零件使用性能的影响

1. 表面质量对耐磨性的影响

（1）表面粗糙度对耐磨性的影响。零件的耐磨性主要与摩擦副的材料、热处理状态、表面质量和使用条件有关。在其他条件相同的情况下，零件的表面质量对零件的耐磨性有重要影响。当摩擦副的两个接触表面存在表面粗糙度时，只是在两个接触表面的凸峰处接触，实际接触面积远小于理论接触面积，相互接触的凸峰受到非常大的单位应力，使实际接触处产生弹、塑性变形和凸峰之间的剪切破坏，使零件表面在使用初期产生严重磨损，如图 8-62 所示。

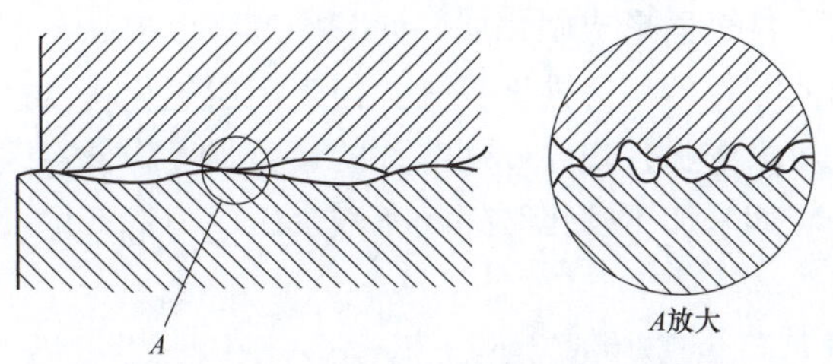

图 8-62　两零件结合面间的接触情况

表面粗糙度对零件表面初期磨损的影响很大。一般情况下，表面粗糙度值大，接触表面的实际压强增大，粗糙不平的凸峰间相互咬合、挤裂，使磨损加剧，表面粗糙度值越大越不耐磨；表面粗糙度值越小，其耐磨性就越好。但表面粗糙度值太小，润滑油不易储存，接触面之间容易发生分子粘接，磨损反而增加。因此，接触面的表面粗糙度有一个最佳值，其值与零件的工作条件有关。工作载荷增大时，初期磨损量增大，表面粗糙度最佳值也随之增大。图 8-63 所示为初期磨损量与表面粗糙度之间的关系。载荷加大时，磨损曲线向上向右位移，最佳粗糙度值也随之右移。

（2）表面层加工硬化对耐磨性的影响。表面层的加工硬化使零件表面层金属的显微硬度提高，故一般可提高耐磨性。随着加工硬化程度的提高，工件磨损量越来越小，但不是加工硬化程度越高，耐磨性就越好，过度的加工硬化将引起表面层金属脆性增大、组织疏松，甚至出现裂纹和表层金属的剥落，从而使耐磨性下降，如图 8-64 所示。

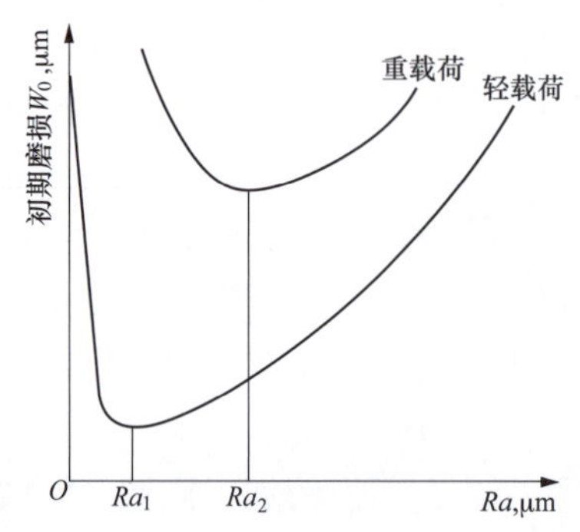

图 8-63 初期磨损量与表面粗糙度之间的关系

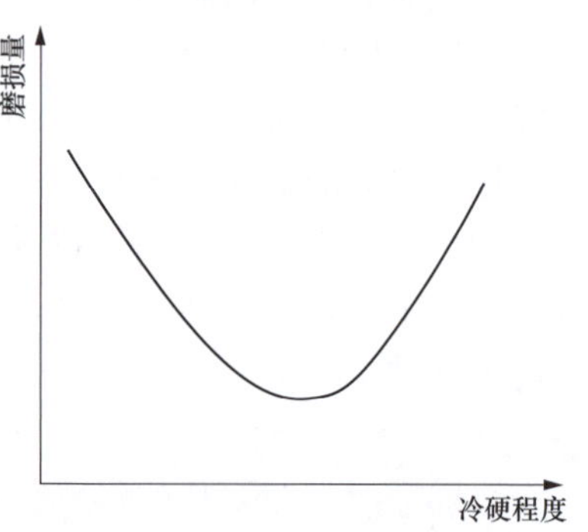

图 8-64 钢冷硬程度与耐磨性关系

2. 表面质量对疲劳强度的影响

（1）表面粗糙度对疲劳强度的影响。实验表明，金属受交变应力作用后产生的疲劳破坏往往起源于零件表面和表面冷硬层，在交变载荷作用下，表面粗糙度的凹谷部位容易产生应力集中，出现疲劳裂纹，加速疲劳破坏。表面粗糙度值越大，表面的纹痕越深，纹底半径越小，抗疲劳破坏的能力就越差。零件上容易产生应力集中的沟槽、圆角等处的表面粗糙度，对疲劳强度的影响更大。因此，减小表面粗糙度值可以提高零件的疲劳强度。

（2）残余应力、加工硬化对疲劳强度的影响。表面层存在的残余拉应力将使疲劳裂纹扩大，加速疲劳破坏；而表面层存在的残余压应力能够阻止疲劳裂纹的扩展，延缓疲劳破坏的产生。加工硬化可以在零件表面形成硬化层，使其硬度强度提高，可以防止裂纹产生并阻止已有裂纹的扩展，从而使零件的疲劳强度提高。但表面层硬化程度过高，会导致表面层的塑性降低，反而易于产生较大的脆性裂纹，使零件的疲劳强度降低。因此，零件的硬化程度应控制在一定的范围之内。如果加工硬化时伴随有残余压应力的产生，能进一步提高零件的疲劳强度。

3. 表面质量对耐蚀性的影响

当大气中所含的气体和液体与零件接触时，会凝聚在零件表面上使表面腐蚀。零件的耐蚀性在很大程度上取决于表面粗糙度。表面粗糙度值越大，加工表面与气体、液体接触面积越大，则凹谷中聚积的腐蚀性物质就越多，渗透与腐蚀作用越强烈，表面的抗蚀性越差。

表面层的残余拉应力，使表层材料处于高能位状态，会产生应力腐蚀开裂，有加速腐蚀的作用，降低零件的耐蚀性，而残余压应力则能防止应力腐蚀开裂。降低表面粗糙度值，控制表面的加工硬化和残余拉应力，可以提高零件的抗腐蚀性能。

4. 表面质量对配合质量的影响

表面粗糙度值的大小会影响配合表面的配合质量。对于表面粗糙度值大的表面，由于其初期耐磨性差，初期磨损量较大。对于间隙配合，零件表面越粗糙，磨损越大，使配合间隙增大，破坏了要求的配合性质，降低配合精度；对于过盈配合，装配过程中一部分表面凸峰被挤平，实际过盈量减小，降低了配合件间的连接强度，使配合的可靠性下降。

5. 表面质量对其他性能的影响

表面质量对零件的接触刚度、结合面的导热性、导电性、导磁性、密封性、光的反射与吸收、气体和液体的流动阻力均有一定程度的影响。

由以上分析可以看出，表面质量对零件的使用性能有重大影响。提高表面质量对保证零件的使用性能、提高零件寿命是很重要的。

三、影响加工表面质量的因素

加工表面质量主要受到表面粗糙度值的大小、加工硬化程度、残余应力和金相组织变化的影响。因而分析影响加工表面质量的因素，就需要分析加工过程中的各因素对表面粗糙度、加工硬化程度、残余应力状态和金相组织变化的影响。

（一）影响表面粗糙度的因素

表面粗糙度产生的主要原因是加工过程中切削刃在已加工表面上留下的残留面积，切削过程中产生的塑性变形及工艺系统的振动等。

1. 车削加工对表面粗糙度的影响因素

（1）刀具几何形状及切削运动的影响。刀具相对于工件做进给运动时，在加工表面留下了切削层残留面积，从而产生表面粗糙度。残留面积的形状是刀具几何形状的复映。残留面积的高度 H 受刀具的几何角度和切削用量大小的影响，如图 8-65 所示。减小进给量 f，减小主偏角 κ_r、副偏角 κ_r'，增大刀尖圆弧半径 r_ε，均可减小残留面积的高度。

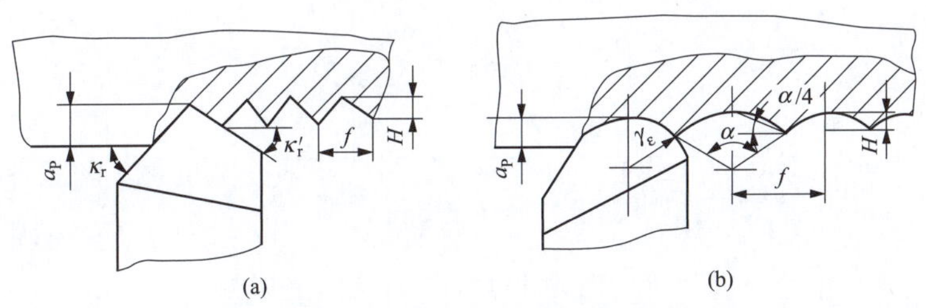

图 8-65　车削时工件表面的残留面积

（2）工件材料性质的影响。由于切削加工中有塑性变形发生，而工件材料的机械性能对切削过程中的切削变形有重要影响。加工塑性材料时，由于刀具对加工表面的挤压和摩擦，使之产生了较大的塑性变形，加之刀具迫使切屑与工件分离时的撕裂作用，使表面粗糙度值加大。工件材料韧性越好，金属的塑性变形越大，加工表面就越粗糙。

加工相同材料的工件，晶粒越粗大，切削加工后的表面粗糙度值越大。为减小切削加工后的表面粗糙度值，常在加工前或精加工前对工件进行正火、调质等热处理，以得到均匀细密的晶粒组织，并适当提高材料的硬度。

加工脆性材料时，塑性变形很小，形成崩碎切屑，由于切屑的崩碎而在加工表面留下许多麻点，使表面变得粗糙。

（3）积屑瘤的影响。在切削过程中，当刀具前刀面上存在积屑瘤时，由于积屑瘤的顶部很不稳定，容易破裂，一部分附于切屑底部而排出，一部分则残留在加工表面上，如图 8-66 所示，使表面粗糙度值增大。积屑瘤突出刀刃部分尺寸的变化，会引起切削层厚度的变化，从而使加工表面的粗糙度值增大。因此，在精加工时必须避免或减小积屑瘤。

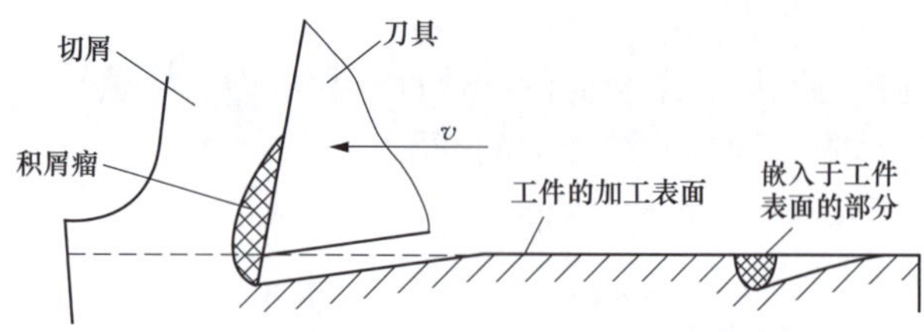

图 8-66 积屑瘤的存在影响工件表面粗糙度

（4）切削用量的影响。在各个切削用量中，切削速度对表面粗糙度的影响比较复杂。

在切削塑性材料时，切削速度对表面粗糙度的影响规律见图 8-67。一般情况下低速或高速切削时不会产生积屑瘤，加工表面粗糙度值较小。但在中等速度切削时，塑性材料由于容易产生积屑瘤与鳞刺，且塑性变形较大，因此表面粗糙度值会变大。在高速切削时，由于变形的传播速度低于切削速度，表面层金属的塑性变形较小，因而高速切削时表面粗糙度值较小。

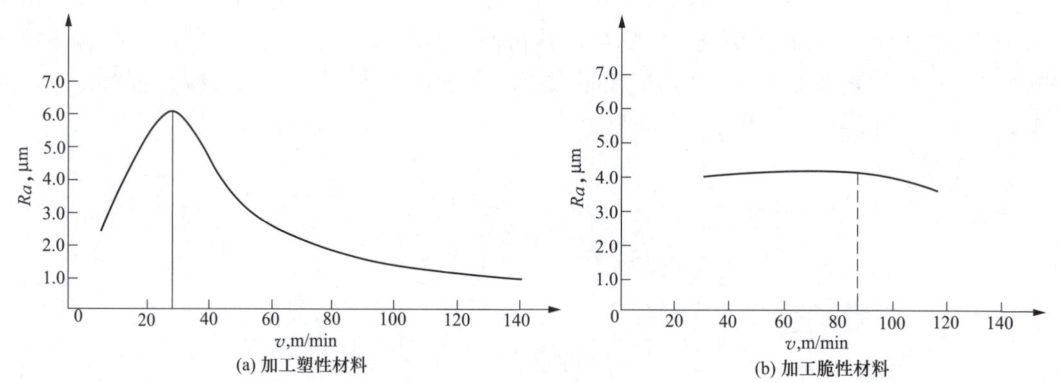

图 8-67 切削速度对表面粗糙度的影响

加工脆性材料时，由于塑性变形很小，主要形成崩碎切屑，切削速度的变化对脆性材料的表面粗糙度影响较小。

切削深度对表面粗糙度影响不明显，一般可忽略。但当 $a_p < 0.02 \sim 0.03$mm 时，由于刀刃有一定的圆弧半径，使正常切削不能维持，刀刃仅与工件发生挤压与摩擦，从而使表面恶化。因此，加工时不能选用过小的切削深度。

减小进给量 f 可以降低切削残留面积的高度，使表面粗糙度值减小。但进给量 f 太小则刀刃不能切削而形成挤压，增大了工件的塑性变形，反而使表面粗糙度值增大。

适当增大刀具的前角，可以降低被切削材料的塑性变形；降低刀具前刀面和后刀面的表面粗糙度值可以抑制积屑瘤的生成；增大刀具后角，可以减小刀具和工件的摩擦；合理选择冷却润滑液，可以减小材料的变形和摩擦，降低切削区的温度。采取上述各项措施均有利于降低加工表面的粗糙度值。

2. 磨削加工影响表面粗糙度的因素

正像切削加工时表面粗糙度的形成过程一样，磨削加工表面粗糙度的形成也是由几何因素和表面金属的塑性变形来决定的。表面粗糙度的高度和形状是由起主要作用的某一类因素或是某一个别因素决定的。例如，当所选取的磨削用量不至于在加工表面上产生显著的热现象和塑性变形时，几何因素就可能占优势，对表面粗糙度起决定性影响的可能是砂轮的粒度和砂轮的修正用量；与此相反，如果磨削区的塑性变形相当显著时，砂轮粒度等几何因素就不起主要作用，磨削用量可能是影响磨削表面粗糙度的主要因素。

（1）砂轮的粒度。砂轮的粒度越细，则砂轮工作表面单位面积上的磨粒数越多，因而在工件上的刀痕也越密越细，所以表面粗糙度值越小。但是粗粒度的砂轮如果经过精细修整，在磨粒上车出微刃后，也能加工出粗糙度值小的表面。

（2）砂轮的硬度。砂轮的硬度太大，磨粒钝化后不容易脱落，工件表面受到强烈的摩擦和挤压，加剧了塑性变形，使表面粗糙度值增大甚至产生表面烧伤。砂轮太软则磨粒易脱落，会产生不均匀磨损现象，影响表面粗糙度。因此，砂轮的硬度应适中。

（3）砂轮的修整。砂轮的修整是用金刚石笔尖在砂轮的工作表面上车出一道螺纹，修整导程和修整深度越小，修出的磨粒的微刃数量越多，修出的微刃等高性也越好，因而磨出的工件表面粗糙度值也就越小。修整用的金刚石笔尖是否锋利对砂轮的修整质量有很大影响。图 8-68 所示为经过精细修整后砂轮磨粒上的微刃。

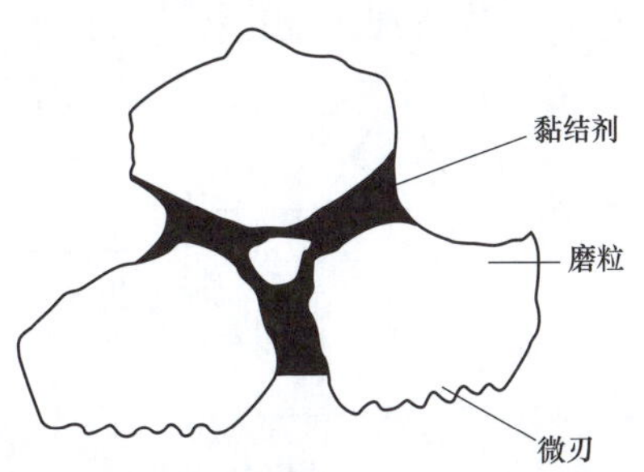

图 8-68　精修后磨粒上的微刃

（4）磨削速度。提高磨削速度，会增加工件单位面积上的磨削磨粒数量，使刻痕数量增大，同时塑性变形减小，因而表面粗糙度值降低。高速切削时塑性变形减小是因为高速下塑性变形的传播速度小于磨削速度、材料来不及变形所致。

（5）磨削径向进给量与光磨次数。磨削径向进给量增大使磨削时的切削深度增大，加剧塑性变形，因而表面粗糙度值增大。适当增加光磨次数，可以有效减小表面粗糙度值。

（6）工件圆周进给速度与轴向进给量。工件圆周进给速度和轴向进给量增大，均会减少工件单位面积上的磨削磨粒数量，进而使刻痕数量减少，表面粗糙度值增大。

（7）工件材料。一般来讲，太硬、太软、韧性大的材料都不易磨光。太硬的材料使磨粒易钝，磨削时的塑性变形和摩擦加剧，使表面粗糙度值增大，且表面易烧伤甚至产生裂纹而使零件报废。铝、铜合金等较软的材料，由于塑性大，在磨削时磨屑易堵塞砂轮，使表面粗糙度值增大。韧性大导热性差的耐热合金易使砂粒早期崩落，使砂轮表面不平，导致磨削表面粗糙度值增大。

（8）切削液。磨削时切削温度高，热的作用占主导地位，因此切削液的作用十分重要。采用切削液可以降低磨削区温度，减少烧伤，冲去脱落的磨粒和切屑，可以避免划伤工件，从而降低表面粗糙度值，但必须合理选择冷却方法和切削液。

（二）影响加工表面层质量的其他因素

在切削加工中，工件由于受到切削力和切削热的作用，使表面层金属的物理力学性能产生变化，最主要的是表面层金属显微硬度的变化、金相组织的变化和残余应力的产生。磨削加工时所产生的塑性变形和切削热比刀刃切削时更为严重。

1. 表面层加工硬化

（1）冷作硬化的衡量指标。冷作硬化，也称强化。冷作硬化的程度取决于塑性变形的程度。表面层金属产生冷作硬化，会增大金属变形的阻力，降低金属的塑性，金属的物理性质也会发生变化。

被冷作硬化的金属处于高能位的不稳定状态，只要一有可能，金属的不稳定状态就要向比较稳定的状态转化，这种现象称为弱化。弱化作用的大小取决于温度的高低、热作用时间的长短和表层金属的强化程度。由于在加工过程中表层金属同时受到变形和热的作用，加工后表层金属的最后性质取决于强化和弱化综合作用的结果。

评定加工硬化的指标有三项，即表层金属的显微硬度 HV、硬化层深度 h 和硬化程度 N。硬化程度 N 与表层金属显微硬度之间的关系表示为

$$N=[(HV-HV_0)/HV_0]\times 100\%$$

式中　HV_0——工件原材料内部金属的显微硬度。

（2）影响加工硬化的主要因素。

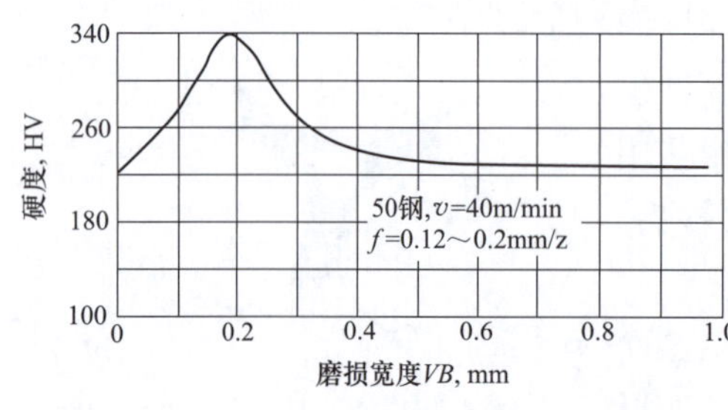

图 8-69　后刀面磨损对加工硬化的影响

1）刀具的影响。切削刃钝圆半径越大，已加工表面在形成过程中受挤压程度越大，加工硬化也越大。当刀具后刀面的磨损量增大时，后刀面与已加工表面的摩擦随之增大，冷作硬化程度也增加；当后刀面的磨损量到达一定值时，摩擦热越来越多，热软化作用越来越强，加工硬化现象会有所下降，如图 8-69 所示。减小刀具的前角，加工表面层塑性变形增加，切削力增大，冷作硬化程度和深度都将增加。

2）切削用量的影响。切削速度增大，刀具与工件的作用时间缩短，使塑性变形扩展深度减小，塑性变形不充分，加工硬化层深度减小。随着切削速度的增大和切削温度的升高，冷作硬化程度将会减小。进给量增大，切削力也增大，表层金属的塑性变形加剧，加工硬化程度增大。如图 8-70 所示，磨削加工时，随着背吃刀量的增加，工件表面的冷硬程度增加，且普通磨削时背吃刀量的影响显著于高速磨削时的影响。

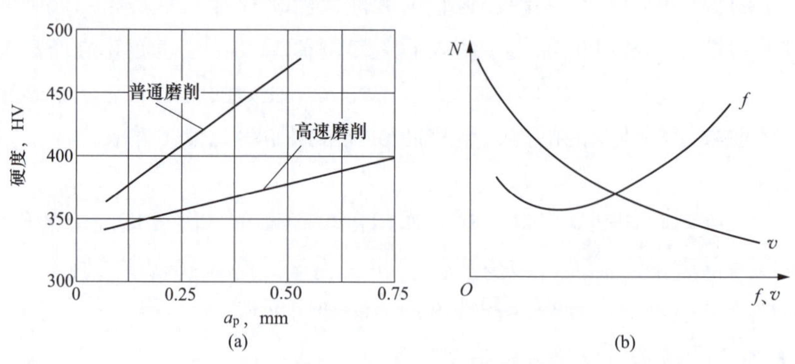

图 8-70　切削用量对表面层硬化程度的影响

3）加工材料的影响。工件材料的硬度越低，塑性越大，冷硬现象越严重。有色金属的再结晶温度低，容易弱化，因此，切削有色合金工件时的冷硬倾向程度要比切削钢件时小。

2. 表面层材料金相组织的变化

金相组织的变化主要受温度的影响，当加工表面温度超过相变温度时，表层金属的金相组织将会发生相变。切削加工时，切削热大部分被切屑带走，因此影响较小，多数情况下，

表层金属的金相组织没有质的变化。磨削加工时，切除单位体积材料所需消耗的能量远大于切削加工，磨削加工所消耗的能量绝大部分要转化为热，磨削热大部分传给工件，带来工件表面温度的升高，极易引起表面层的金相组织的变化和表面的氧化，严重时会造成工件报废。

（1）磨削烧伤的形式。当被磨削工件表面层温度达到相变温度以上时，表层金属发生金相组织的变化，使表层金属强度和硬度发生变化，并伴有残余应力产生，甚至出现微观裂纹，这种现象称为磨削烧伤。

磨削烧伤根据冷却方式和磨削温度的不同，呈现以下三种烧伤形态：

1）回火烧伤。如果磨削区温度超过马氏体转变温度而未超过相变临界温度（碳钢的相变温度为 723℃），这时工件表层金属的金相组织，由原来的马氏体转变为硬度较低的回火组织（索氏体或托氏体），这种烧伤称为回火烧伤。

2）淬火烧伤。如果磨削区温度超过了相变温度，在切削液急冷作用下，使表层金属发生二次淬火，此时在表层金属中出现二次淬火马氏体组织，硬度高于原来的回火马氏体，里层金属则由于冷却速度慢，出现了硬度比原先的回火马氏体低的回火组织（索氏体或托氏体），这种烧伤称为淬火烧伤。

3）退火烧伤。如果磨削区温度超过了相变温度，而磨削区域又无冷却液进入，表层金属将产生退火组织，表面硬度将急剧下降，这种烧伤称为退火烧伤。

（2）防止磨削烧伤的途径。磨削烧伤会严重影响零件的使用性能，必须采取措施加以控制。磨削热是造成磨削烧伤的根源，故防止和抑制磨削烧伤有两个途径：一是尽可能地减少磨削热的产生；二是改善冷却条件，尽量使产生的热量少传入工件。具体工艺措施如下：

1）正确选择砂轮。采用硬度稍软的砂轮，一般选择砂轮时，应考虑砂轮的自锐能力。同时磨削时砂轮应不致产生粘屑堵塞的现象。硬度太高的砂轮由于自锐性能不好，磨粒磨钝后使磨削力增大，摩擦加剧，产生的磨削热较大，容易产生烧伤，故当工件材料的硬度高时选用软砂轮较好。立方氮化硼砂轮其磨粒的硬度和强度虽然低于金刚石，但其热稳定性好，且与铁元素的化学惰性高，磨削钢件时不产生粘屑，磨削力小，磨削热也较低，能磨出较高的表面质量，因此是一种很好的磨料，适用范围也很广。

砂轮的结合剂也会影响磨削表面质量。选用具有一定弹性的橡胶结合剂或树脂结合剂砂轮磨削工件时，当由于某种原因而导致磨削力增大时，结合剂的弹性能够使砂轮做一定的径向退让，从而使磨削深度自动减小，以缓和磨削力突增而引起的烧伤。

另外，为了减少砂轮与工件之间的摩擦热，将砂轮的气孔内浸入某种润滑物质，如石蜡、锡等，对降低磨削区的温度、防止工件烧伤也能收到良好的效果。

2）合理选择切削用量。适当减小磨削深度和磨削速度，适当增加工件的回转速度和纵向进给量，磨削用量的选择应在保证表面质量的前提下尽量不影响生产率和表面粗糙度。

磨削深度增加时，温度随之升高，易产生烧伤，故磨削深度不能选得太大。一般在生产中常在精磨时逐渐减小磨削深度，以便逐渐减小热变质层，并能逐步去除前一次磨削形成的热变质层；最后再进行若干次无进给磨削。这样可有效地避免表面层的热烧伤。

工件的纵向进给量增大，砂轮与工件的表面接触时间相对减少，因而热的作用时间较短，散热条件得到改善，不易产生磨削烧伤。为了弥补纵向进给量增大而导致表面粗糙的缺陷，可采用宽砂轮磨削。

工件线速度增大时磨削区温度会上升，但热的作用时间却缩短了。因此，为了减少烧伤并保持高的生产率，应选择较大的工件线速度和较小的磨削深度，同时为了弥补工件线速度增大而导致表面粗糙度值增大的缺陷，一般在提高工件速度的同时应提高砂轮的速度。

3）改善冷却条件。采用高效冷却方式（如高压大流量冷却、喷雾冷却、内冷却）等措施，可以降低磨削区温度，防止磨削烧伤。

由于现有的冷却方法切削液不易进入到磨削区域内，往往冷却效果很差。高速旋转的砂轮表面上产生的强大气流层阻隔了切削液进入磨削区，大量的切削液常常是喷注在已经离开磨削区的已加工表面上，此时磨削热量已进入工件表面造成了热损伤，因此改进冷却方法提高冷却效果是非常必要的。具体改进措施有以下几种：

a. 采用高压大流量切削液，不但能增强冷却作用，还能对砂轮表面进行冲洗，使其空隙不易被切屑堵塞。

b. 为了减轻高速旋转的砂轮表面高压附着气流的作用，可以加装空气挡板，使冷却液能顺利地喷注到磨削区，这对于高速磨削尤为必要。图 8-71 所示为改进后的切削液喷嘴。

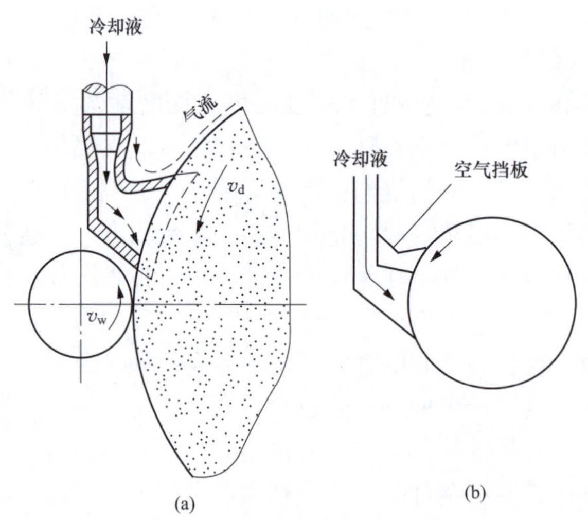

图 8-71 带空气挡板的冷却液喷嘴

c. 采用内冷却法。如图 8-72 所示，其砂轮是多孔隙能渗水的。切削液被引入砂轮中心孔后靠离心力的作用甩出，从而使切削液可以直接冷却磨削区，起到有效的冷却作用。由于冷却时有大量喷雾，机床应加防护罩。使用内冷却的切削液必须经过仔细过滤，以防止堵塞砂轮空隙。这一方法的缺点是操作者看不到磨削区的火花，在精密磨削时不能判断试切时的吃刀量，很不方便。

4）改善工件材料。工件材料硬度越高，磨削热量越多。但材料过软，易堵塞砂轮，使砂轮失去切削作用，反而使加工表面温度急剧上升。工件强度越高，磨削时消耗的功率越多，发热量也越多。工件材料韧性越大，磨削力越大，发热越多。导热性能较差的材料，如耐热钢、轴承钢、高速钢、不锈钢等，在磨削时都容易产生烧伤。

3. 表面层残余应力

表面层残余应力主要是因为在切削加工过程中工件受到切削力和切削热的作用，在表面层金属和基体金属之间发生了不均匀的体积变化而引起的。加工表面产生残余应力的原因有以下几点：

（1）冷态塑性变形引起表层材料体积比增大产生的残余应力。在切削加工过程中，工件表面层受到切削刃钝圆部分与后刀面的挤压与摩擦，产生塑性变形。由于塑性变形只在表层金属中产生，而晶粒拉长等原因，使表面金属体积比增大，体积膨胀，不可避免地要受到与它相连的里层金属的限制，在表面金属层中产生残余压应力，在里层金属中产生与之相平衡的残余拉应力。

（2）切削热引起的残余应力。切削加工中，切削区会有大量的切削热产生，工件表面的温度往往很高。使工件产生不均匀的温度变化，从而导致不均匀的热膨胀。切削加工进行时，当表面温度升高到使表层金属进入到塑性状态时，其体积膨胀受到温度较低的基体金属的限制而产生热塑性变形。切削加工结束后，表面温度下降，由于表面已产生热塑性变形要收缩，此时又会受到基体金属的限制，在表面产生残余拉应力。热塑性变形主要在磨削时产生，磨削温度越高，热塑性变形越大，残余拉应力越大，有时甚至会产生裂纹。

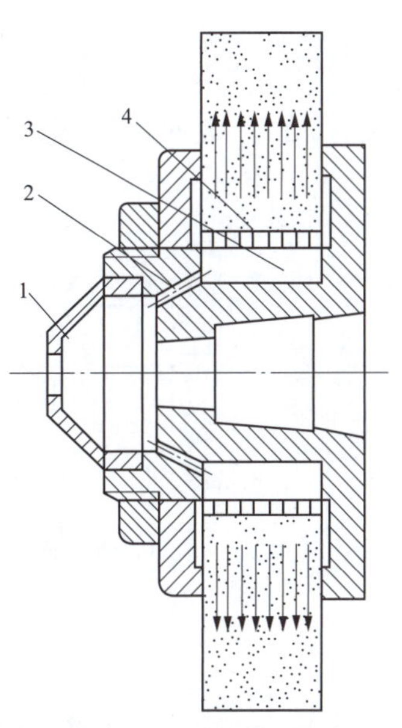

图 8-72　内冷却砂轮结构

1—锥形盖；2—主轴法兰套；3—砂轮中心腔；4—薄壁套

（3）金相组织变化引起的残余应力。加工过程中，切削时的高温使表面层金属产生了金相组织的变化，不同的金相组织有不同的密度，即具有不同的体积比。表面层金属金相组织变化引起的表面层金属体积变化，必然受到与之相连的基体金属的阻碍，因此就产生残余应力。当表面层金属体积膨胀时，表层金属产生残余压应力，里层金属产生残余拉应力；当表面层金属体积缩小时，表层金属产生残余拉应力，里层金属产生残余压应力。

四、控制和提高加工表面质量的工艺途径

1. 减小残余拉应力、防止磨削烧伤和磨削裂纹

对零件使用性能危害甚大的残余拉应力、磨削烧伤和磨削裂纹均起因于磨削热，所以如何减少磨削热并降低其影响是生产上的一项重要问题。解决的原则如下：一是减少磨削热的发生；二是加速磨削热的传出。

（1）选择合理的磨削参数。为了直接减少磨削热的发生，降低磨削区的温度，应合理选择磨削参数：减小砂轮速度和背吃刀量；适当提高进给量和工件速度。但这会使表面粗糙度 Ra 值增大而造成矛盾。

生产中比较可行的办法是通过试验来确定磨削参数；先按初步选定的磨削参数试磨，检查工件表面热损伤情况，据此调整磨削参数直至最后确定下来。

（2）选择适宜的磨削液和有效的冷却方法。

2. 采用冷压强化工艺

对于承受高应力、交变载荷的零件可以用喷丸、液压、挤压等表面强化工艺使表面层产生残余压应力和冷硬层并降低表面粗糙度值，从而提高耐疲劳强度及抗应力腐蚀性能。

（1）表面喷丸处理。喷丸是一种用压缩空气或离心力将大量直径细小（0.4～2mm）的

丸粒（钢丸、玻璃丸），以 35～50m/s 的速度向零件表面喷射的方法，见图 8-73（d）。

（2）表面滚压处理。用工具钢淬硬制成的滚压工具在零件上进行滚压，如图 8-73（a）、（b），使表层材料产生塑性流动，形成新的光洁表面。表面粗糙度 Ra 值可从 1.6μm 降至 0.1μm，表面硬化深度达 0.2～1.5mm，硬化程度 10%～40%。

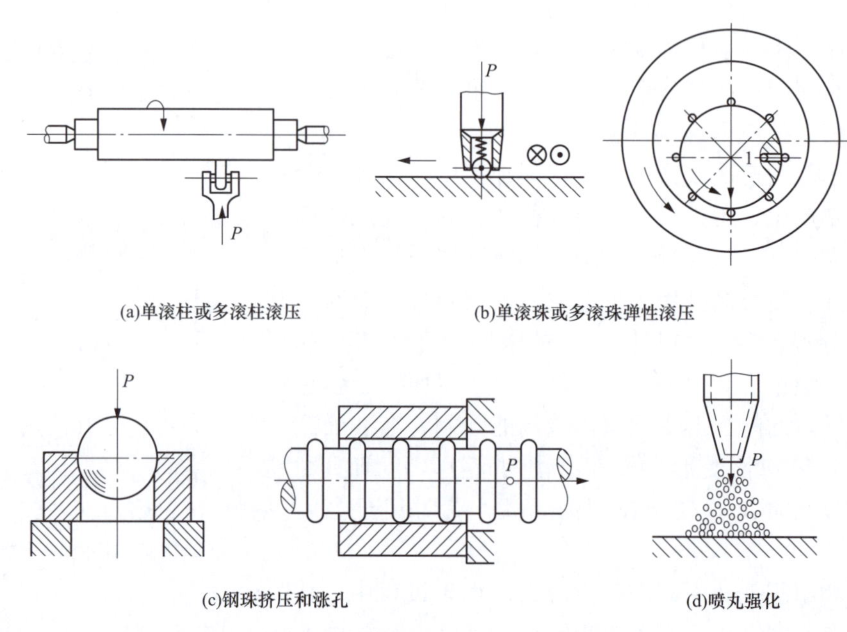

图 8-73　常用冷压强化工艺方法

3. 采用精密和光整加工工艺

精密加工工艺方法有高速精镗、高速精车、宽刃精刨和细密磨削等。

下面详细介绍光整加工工艺。光整加工是用粒度很细的磨料对工件表面进行微量切削和挤压、擦光的过程。

光整加工工艺的共同特点如下：没有与磨削深度相对应的磨削用量参数，一般只规定加工时的很小的单位切削压力，因此加工过程中的切削力小、切削热少，从而能获得很低的表面粗糙度值，表面层不会产生热损伤，并具有残余压应力。这些加工方法的主要作用是降低表面粗糙度值，一般不能纠正几何误差，加工精度主要由前面工序保证。主要的光整加工方法有以下几种：

（1）珩磨。珩磨是利用珩磨头上的细粒度砂条对孔进行加工的方法，在大批量生产中应用很普遍。

（2）超精加工。超精加工是用细粒度的砂条以一定的压力压在做低速旋转运动的工件表面上，并在轴向做往复振动，工件或砂条还做轴向进给运动以进行微量切削的加工方法。

（3）研磨。研磨是用研具以一定的相对滑动速度（粗研时取 0.67～0.83m/s，精研时取 0.1～0.2m/s），在 0.12～0.4MPa 压力下，与被加工面做复杂相对运动的一种光整加工方法。研磨外圆及研具见图 8-74。

研磨可以达到很高的精度和表面质量，通过介于工件和硬质研具之间的磨料或研磨液的流动产生机械摩擦和化学作用去除微小加工余量，其加工基本原理见图 8-75。

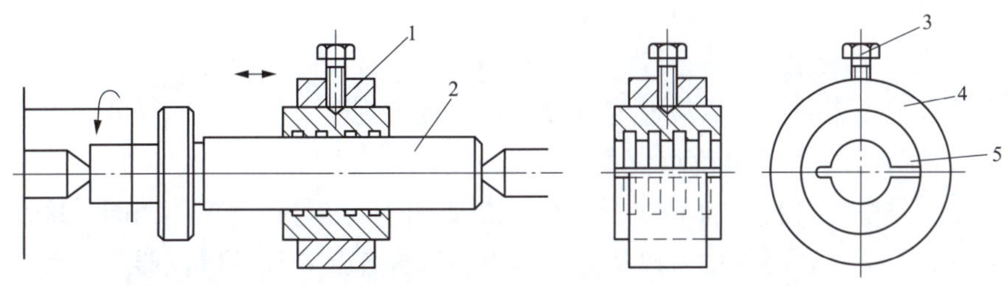

图 8-74　研磨外圆操作及研具

1—研具（手握）；2—工件；3—调节螺钉；4—研磨夹；5—开口研磨环

（4）抛光。抛光是在布轮、布盘或砂带等软的研具上涂以抛光膏来加工工件的。抛光器具高速旋转，由抛光膏的机械刮擦和化学作用将粗糙表面的峰顶去掉，从而使表面获得光泽镜面（Ra0.16～0.04μm）。抛光的加工原理（见图 8-76）与研磨相似，只是研具采用无纺布等软质材料。抛光可用于自由曲面加工。

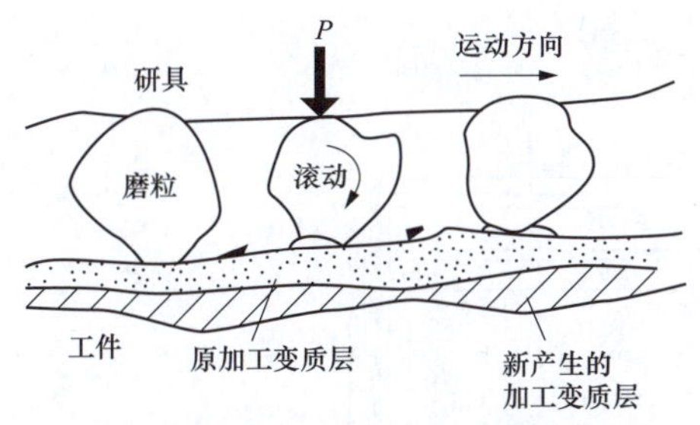

图 8-75　研磨加工原理示意

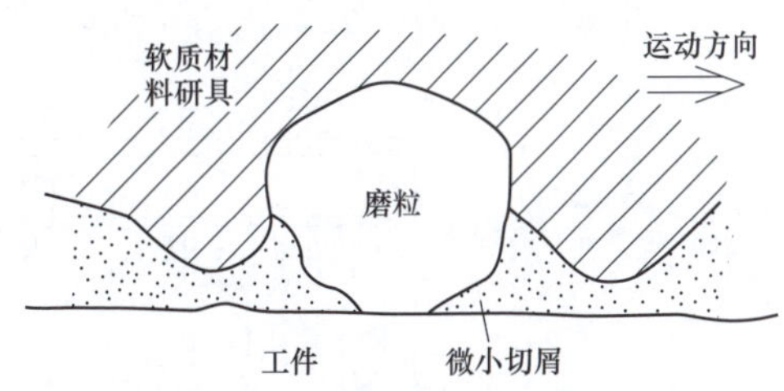

图 8-76　抛光加工原理示意

【任务指导】　加工表面质量检测与分析实训

一、实训目的

（1）了解常见表面质量检测的项目、检测方法和需测定的参数。

（2）掌握检测仪器的使用方法和注意事项。

（3）加深对表面质量的理解，强化质量意识。

（4）学会查找加工表面质量出现问题的原因。

二、实训内容

（1）样板比较法评定粗糙度等级。

（2）用 TR200 手持粗糙度仪测量工件表面粗糙度。

（3）观色法检查磨削烧伤。

（4）磁粉探伤法检查工件表面的微观裂纹。

三、实训使用设备及相关工具

TR200 手持式粗糙度仪（包括标准传感器一只、主机一台、标准样板一块、电源适配器一台），磨削表面粗糙度样板一套，放大镜，磁力探伤仪，磁粉，煤油等。

四、实训步骤

机械加工完后的零部件，不仅要进行尺寸和几何公差等加工精度的测量，还要进行表面粗糙度和烧伤裂纹的表面质量检测。

1. 比较法检测工件表面粗糙度值

比较法是将被测表面与表面粗糙度样板块相比较来判断工件表面粗糙度是否合格的检验方法。图 8-77 所示为车削和磨削粗糙度样板。

表面粗糙度样块的材料、加工方法和加工纹理方向最好与被测工件相同，这样有利于比较，提高判断的准确性。另外也可以从生产零件中选择样品，经精磨仪器鉴定后，作为标准样板使用。

用样板比较时，可以用肉眼判断，也可以用手触摸感觉，为了提高比较的准确性，还可以借助放大镜和比较显微镜，常用于评定中等或较粗糙的表面，其判断的准确性很大程度上取决于检验人员的经验。

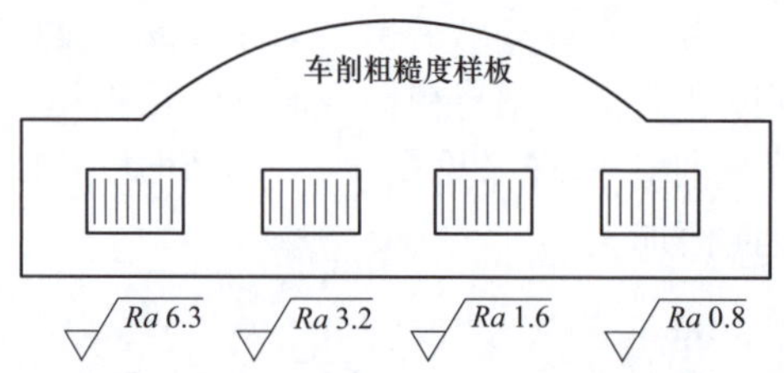

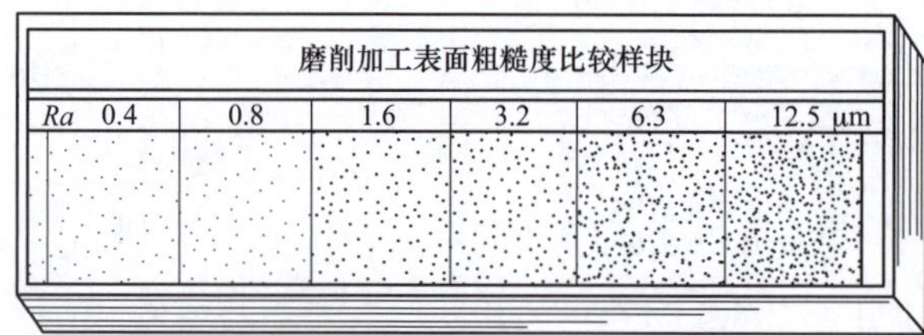

图 8-77　车削和磨削粗糙度样板

2. 粗糙度仪检测表面粗糙度值

对于粗糙度评定参数值较小的表面或用比较法有争议的表面，必须用专业仪器进行测量，较为先进和简便的是手持式粗糙度测量仪。下面应用 TR200 手持粗糙度仪测量工件的表面粗糙度。

（1）粗糙度仪的工作原理。TR200 手持粗糙度仪适用于生产现场。测量工件表面粗糙度时，将传感器放在工件被测表面上，由仪器内部的驱动机构带动传感器沿被测表面做等速滑动，传感器通过内置的锐利触针感受被测表面的粗糙度。此时，工件被测表面的粗糙度引起触针位移，该位移使传感器电感线圈的电感量发生变化，从而在相敏整流器的输出端产生与被测表面粗糙度成比例的模拟信号。该信号经过放大及电平转换之后进入数据采集系统，DSP 芯片将采集的数据进行数字滤波和参数计算，测量结果在液晶显示器上读出，还可以与 PC 机进行通信。TR200 手持粗糙度仪的组成见图 8-78，结构及外观见图 8-79。

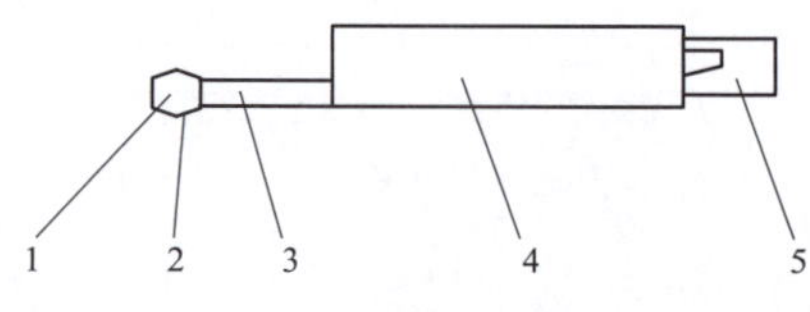

图 8-78　TR200 手持粗糙度仪的组成

1—导头；2—触针；3—保护套管；4—主体；5—插座

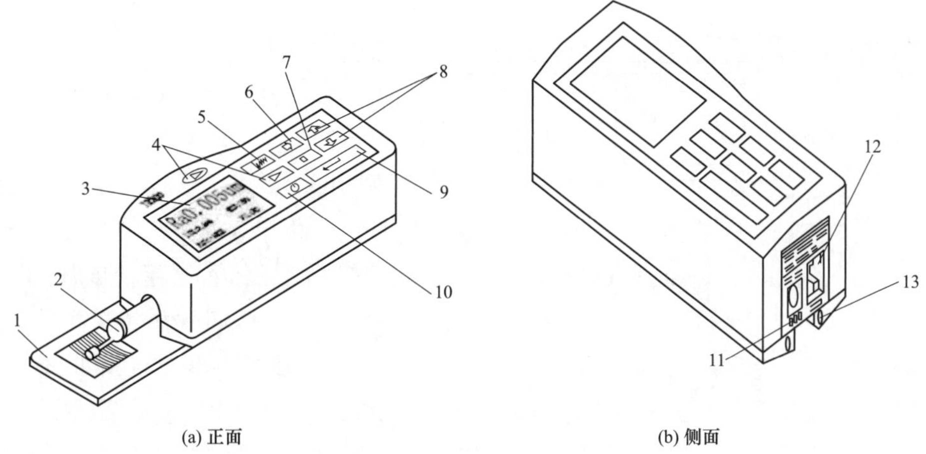

图 8-79　粗糙度仪的结构及外观

1—标准样板；2—传感器；3—显示器；4—启动键；5—显示键；6—退出键；7—菜单键；8—滚动键；9—回车键；10—电源键；11—电源插座；12—RS232 接口；13—附件安装孔

(2) 测量前的工作及注意事项。使用时，需要将传感器连接到仪器主体上。安装时，用手拿住传感器的主体部分，如图 8-80 所示，将传感器插入仪器底部的传感器连接套中，然后轻推到底。拆卸时，用手拿住传感器的主体部分或保护套的根部，慢慢地向外拉出。

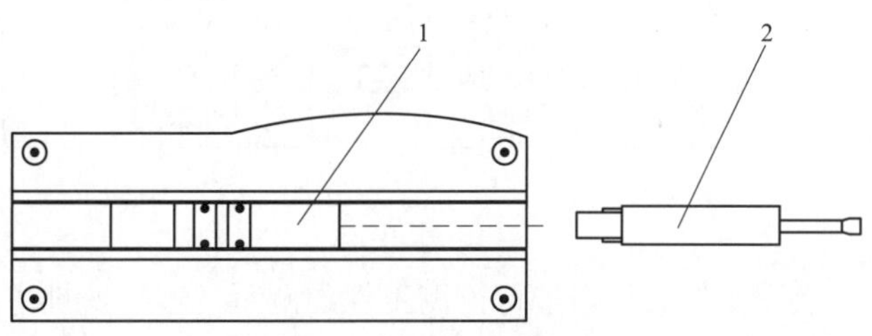

图 8-80　传感器的拆装

1—连接套；2—传感器

传感器的触针是本仪器的关键部位，应注意保护。在进行传感器的装卸过程中，应特别注意不要碰及触针，以免造成破坏，影响测量。在安装传感器时，要确保连接可靠。测量前，还要注意以下几点：开机后，检查电源电压是否正常；擦净工件待测表面，不允许有污物；参照图 8-81 和图 8-82，将测量仪正确、平稳地放在工件被测表面；参照图 8-83，传感器的滑行轨迹必须垂直于工件被测表面的加工纹理方向。

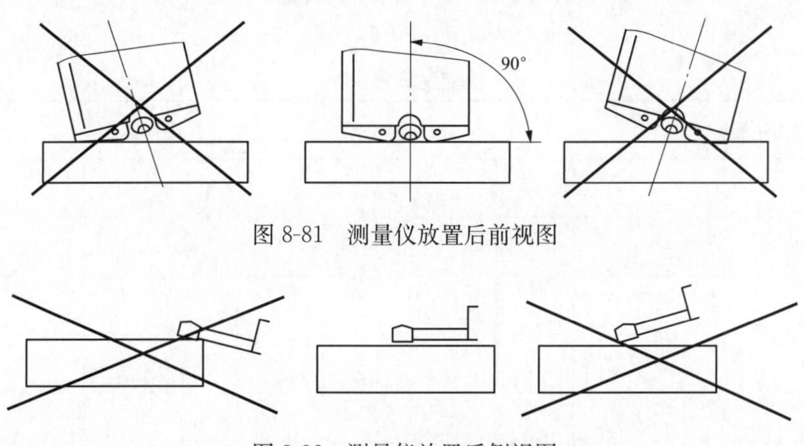

图 8-81　测量仪放置后前视图

图 8-82　测量仪放置后侧视图

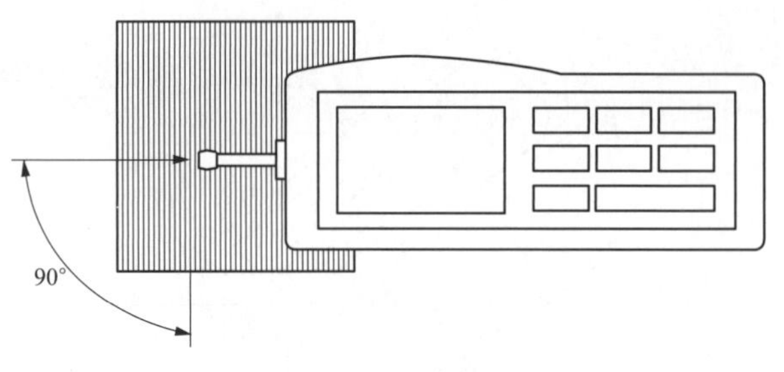

图 8-83 传感器测量方向

（3）TR200 粗糙度仪的使用方法。按电源键 [⏻] 并立即松开后仪器开机，自动显示粗糙度仪的型号、名称及制造商信息，进入基本测试状态，在基本测试状态下，按启动键 [▷] 开始测量；按菜单键 [⇤] 进行菜单操作，菜单详细操作参照粗糙度仪的说明书；第一次按 [Ra] 显示本次测量全部参数值，按滚动键 [⇧] [⇩] 滚动翻页；第二次按参数键显示本次测量的轮廓曲线，按滚动键可滚动显示其他取样长度上的轮廓曲线；在每一个状态下按推迟键 [⇥] 都会返回到基本测试状态。按回车键 [↵] 进入测量条件设置状态，在测量条件设置状态下，可以修改全部测量条件，如图 8-84 所示。

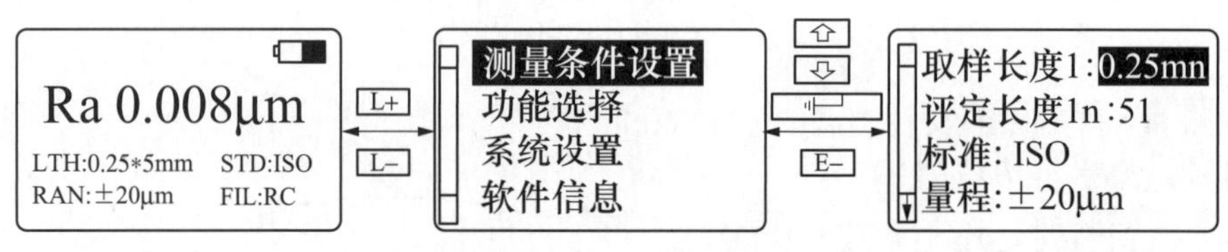

图 8-84 测量条件设置

熟悉操作之后，进行待测工件的测量，本次实训主要是测量工件表面的 *Ra* 值，在测量条件设置里选择“参数”可修改测量参数的类型，如图 8-85 所示。每个小组分别由三名同学在待测表面各测量 1 次，分别把数值计入表 8-3。

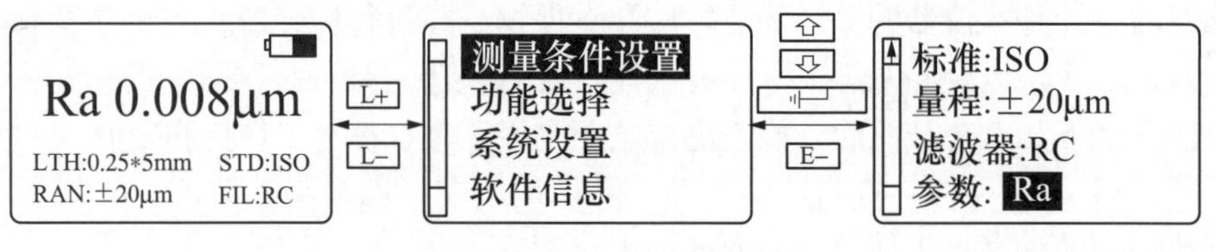

图 8-85 显示参数的设置

表 8-3 **粗糙度测量记录** μm

测定项目：表面粗糙度 *Ra* 值			设备型号：________	
测量表面	第 1 次	第 2 次	第 3 次	最大值
ϕ68 外表面				
ϕ44 内表面				
左端面				
右端面				

3. 观色法确定工件表面是否有烧伤及烧伤的程度

随着磨削区温度的升高，工件表面氧化膜的厚度不同，因而会呈现出白、淡黄、草黄、褐、紫、青等不同的回火色。根据工件表面呈现的不同颜色，对磨削烧伤的程度做出相应的判断。若色泽没有变化，就表明情况正常；而当颜色变成黄色，则说明已有烧伤情况存在，随着色泽变得越来越深，表示工件表面因温度更高，引起的磨削烧伤更为严重。以此将烧伤等级从 0～8 级，共分九级。但表面没有烧伤色并不意味着表层没有烧伤。此判别法准确性较低，目前较为准确的检验磨削烧伤的方法为酸洗法。

4. 磁粉探伤法检测工件表面裂纹

磁粉探伤法是把将要被检查的表面磁化并将磁性粉末（检验介质）敷于该表面。这些粉末将在裂缝和其他间断在正常磁场中导致磁场变形的表面上形成图案。

5. 实训总结

分析测量结果找出影响表面质量的因素，并分析提高表面质量的途径，写出检测结果分析报告。

【任务小结】

本任务重点学习影响表面粗糙度的因素及改进措施部分，掌握切削加工表面粗糙度影响因素。

（1）掌握表层材料的冷作硬化、表层金属金相组织变化、表层材料的残余应力等的产生原因，以及对零件使用性能的影响、控制措施等。

（2）在影响机械加工表面质量的诸多因素中，切削用量、刀具几何角度以及工件、刀具材料等起重要作用，学习者应注重了解这些因素对加工表面质量的影响规律。

（3）通过表面质量指标的检测，重点掌握每一指标的检测设备、操作方法、注意事项等问题，为今后质检品保工作的开展打下基础。

【任务评价】

序号	考核项目	考核内容	检验规则	分值	
				小组互评	教师评分
1	表面质量评定参数	说明表面质量由哪几项构成	正确得 10 分		
2	表面质量对零件使用性能的影响	说明各质量参数如何影响零件的使用性能	每正确说出一条得 10 分		
3	影响表面质量的因素	分别说明主要影响表面质量的参数，如何影响	说清楚一问得 10 分		
4	磨削烧伤	说明磨削烧伤的类型及产生的原因	每正确说出一种得 10 分		
合计					

参 考 文 献

［1］张念淮，王彦林．机械制造技术．2 版．北京：中国铁道出版社，2016.
［2］吕济柱，王平双，崔利华．机械设计与制造实训教程．3 版．济南：山东大学出版社，2010.